美容美体化妆品：产品与方法

Cosmetics and Dermatological Problems and Solutions
A Problem Based Approach

第 3 版

主　编　Zoe Diana Draelos

主　审　李承新

主　译　王　颖　赵敏玲

副主译　王海涛　黄小晏　王学敏　陈胡林

译　者　余　晨　张晋荣　薛芳斌　刘小娇

　　　　柳　盈　刘　娇　白雅君

秘　书　王学敏

河南科学技术出版社
· 郑州 ·

内容提要

本书共 43 章，重点阐述了与美容美体化妆品相关的皮肤生理学，美容皮肤活性物质的传递，清洁、遮瑕技术，唇和口红，染发、烫发、发型设计技术和配方，润肤霜，个人护理用品，修饰用品，彩妆，美甲化妆品，毛发化妆品，眼、面部装饰，人体光保护，妊娠纹，身体干燥（症）与保湿，手部皮炎与保湿，多汗（症）和止汗剂，术后化妆品，抗衰技术和药物，药妆品，痤疮处方治疗，皮肤调节技术，皮肤轮廓技术，美容美体化妆品在皮肤中的应用等，可供皮肤科医师、化妆品经营者、美容经营者阅读参考。

图书在版编目（CIP）数据

美容美体化妆品：产品与方法：第 3 版/（美）佐伊·戴安娜·德雷洛斯（Zoe Diana Draelos）主编；王颖，赵敏玲主译. 一郑州：河南科学技术出版社，2023.7
　　ISBN 978-7-5725-1231-5

Ⅰ.①美…　Ⅱ.①佐…②王…③赵…　Ⅲ.①化妆品－基本知识　Ⅳ.①TQ658

中国国家版本馆 CIP 数据核字（2023）第 103912 号

Cosmetics and Dermatological Problems and Solutions，3rd Edition /Zoe Diana Draelos/ISBN 9780367382452
All Rights Reserved. Copyright © 2011 by Taylor & Francis Group，LLC.
Authorised translation from the English language edition published by CRC Press，a member of the Taylor & Francis Group.
本书原版由 Taylor & Francis 出版集团旗下 CRC 出版公司出版，并经其授权翻译出版，版权所有，翻录必究。

Henan Science and Technology Press is authorised to publish and distribute exclusively the Chinese（Simplified Characters）language edition. This edition is authorised for sale throughout Mainland of China. No part of publication may be reproduced or distributed by any means，or stored in a database or retrieval system，without the prior written permission of the publisher. 本书中文简体翻译版授权由河南科学技术出版社独家出版并限在中国大陆地区销售。未经出版者书面许可，不得以任何方式复制或发行本书的任何部分。
备案号：豫著许可备字-2020-A-0031

Copies of this book sold without a Taylor & Francis sticker on the cover are unauthorized and illegal.
本书封面贴有 Taylor & Francis 公司防伪标签，无标签者不得销售。

出版发行：河南科学技术出版社
　　　　　北京名医世纪文化传媒有限公司
　　地址：北京市丰台区万丰路 316 号万开基地 B 座 115 室　　邮编：100161
　　电话：010-63863186　010-63863168
策划编辑：焦万田　刘英杰
责任编辑：焦万田　刘新瑞
责任审读：周晓洲
责任校对：龚利霞
封面设计：中通世奥
版式设计：崔刚工作室
责任印制：程晋荣
印　　刷：河南瑞之光印刷股份有限公司
经　　销：全国新华书店、医学书店、网店
开　　本：787 mm×1092 mm　1/16　印张：24　　字数：510 千字
版　　次：2023 年 7 月第 3 版　　2023 年 7 月第 1 次印刷
定　　价：298.00 元

如发现印、装质量问题，影响阅读，请与出版社联系并调换

原著前言

随着对皮肤、毛发和指甲生理学的理解的发展，也有相应的产品设计来增强它们外部结构的外观。本书旨在帮助皮肤科医师在日常实践中了解和使用这些产品。本书首先按照皮肤、毛发和指甲的结构进行说明。之所以选择这种布局，是因为皮肤科医师是负责与皮肤、毛发、指甲相关疾病和外观问题的医学专家。读完本书后，皮肤科医师应该对配方、应用、副作用和与保持及增强外观相关的非处方产品的特殊问题有一个基本的了解。所有讨论的产品都在非处方领域，传统上皮肤病学教科书并未涵盖。然而，皮肤、毛发和指甲的健康是可以通过使用非处方药来实现的，这使得阅读本书很重要。皮肤科医师必须学会提出建议，并找出与非处方产品相关的问题。

在皮肤、毛发和指甲的广泛主题中，有几个细分。皮肤被分解为面部和躯体的身体部位。因为面部皮肤用彩妆装饰，而身体只需要清洁和保湿，故两者有很大区别；然而，腋下排汗的控制也很重要。考虑到皮肤颜色的所有变化，探讨了女性和男性皮肤需求之间的差异，并对用于卫生的产品进行了评估。

本书进一步讨论了化妆品和护肤品在常见的、与化妆品相关的皮肤病中的使用，如痤疮、湿疹、酒渣鼻和敏感性皮肤。此外，皮肤可以通过年龄和油脂分泌量来区分。所有这些变量都会影响洁面乳和保湿霜的选择，而为制造商提供了定制配方的机会。提供这些配方是为了更好地了解可购买的无数定制产品之间的细微差别。

在面部，有独特的卫生和产品应用领域。眼部用彩色化妆品精心装饰，但眼部是一个敏感的皮肤区域，此处角质化皮肤和黏膜连接。口唇周围也有类似的连接处，唇上也涂有唇膏，并且会受到说话和咀嚼的创伤。讨论耳部时要注意耳道和耳垂的健康。最后，面部必须考虑光保护需求，以防止晒伤和光老化。防晒霜可以作为单独的产品使用，也可以通过保湿霜、面部粉底或粉剂涂抹。化妆品可以通过光保护提供装饰以外的功能。

面部瘢痕的美学问题、不对称和术后面部皮肤护理得到解决，也需要了解掩盖技术。皮肤科医师的知识基础的一部分是使用艺术色彩，通过重新化妆来改善外观，并用不透明化妆品尽量减少瘢痕。正确使用化妆品可以提高患者对创伤性手术后的愈合或切口手术后最终皮肤外观的满意度。

尽管头发和指甲是无生命的结构，但它们具有巨大的美容价值。所有类型的毛发结构的修饰问题，例如洗发和调理，对于毛发外观和在治疗脂溢性皮炎、银屑病、绝经后干燥头皮和脱发后保持头皮健康都是重要的。不正确的头发造型程序和产品随着染发、烫发、拉直可能会导致头发的断裂与脱落，需要特别讨论。头发美容背后的化学操作是复杂的，并且会损害发根独特的角蛋白结构。

改变外观的愿望必须与保持头发健康相平衡，有时需要患者做出妥协。虽然头皮上的毛发生长丰富是可取的，但女性面部、腋窝和腿部长出大量毛发是不可取的。本书还涵盖了多毛症和脱毛的选项问题。

指甲也可以从功能和外观的角度来处理。我们讨论了脆性指甲、儿童指甲和趾甲，以及从指甲油到假体的指甲化妆品的使用。不恰当的美容程序和美容延长操作会影响指甲健康，但使用指甲化妆品也可以改善指甲疾病。

简而言之，本书涵盖了美容皮肤病学的各个方面，以一种时尚，允许皮肤科医师在日常实践中使用这种材料的方式呈现。这种以问题为导向的方法在该主题的任何其他教科书中都找不到，它是第 3 版的新补充。当本书的第 1 版在大约 20 年前的 1990 年出版时，采用了一种更为百科全书式的方法，因为这是皮肤病学中第 1 本涉及化妆品领域的书。第 1 版为平装书，上面有几张表格和线条图。该书的第 2 版于 1995 年推出精装版，书中有更多的表格，但只有黑白布局。

2011 年出版的第 3 版是精装版，全彩色，有许多文本框、图像、表格和数字。出版技术的进步补充了化妆品的进步，这在第 3 版中亦有所展示。本书 20 年的发展历程代表了我作为一名人类、一名皮肤病医师和一名教师的成长，是我对学习和分享的热情的顶峰。我希望您能感受到我对这个主题的热情，以及我在开发材料时所体验到的乐趣。毕竟，写作是一项独特的事业。它是在安静中完成的，需要集中思想，用谨慎的双手敲击键盘，花费了很多时间。本书是一些想法的顶峰，这些想法出乎意料地穿越了潜意识的大脑，只是为了找到它们进入组织和逻辑框架的方式。我希望您能够在我们共同分享对化妆品在皮肤病学中所处位置的更多了解的同时，得到启示和乐趣！

Zoe Diana Draelos

原著序言

    很高兴为 Dr. Zoe Draelos 的第 3 版《美容美体化妆品：产品与方法》撰写序言。Zoe 对这一领域一直很感兴趣，并通过将科学原理应用于化妆品功效的评估，对该领域做出了重大贡献。她作为工程师、临床研究人员和临床皮肤科医师的培训是该领域的独特组合，对用作化妆品的各种制剂的理解达到了一个新的水平。

    本书是 Dr. Draelos 致力于为皮肤科医师提供帮助，让他们了解患者可以使用的各种产品以及化妆品的科学基础。这对所有的皮肤科医师都是有益的，有助于我们回答患者对大量产品和令人困惑的广告存在的问题。

    第 3 版是在前 2 版的基础上续写的，是全面的，包括了我们的患者可以使用的大量产品。然而，它不仅仅是一个列表，因为在其中 Zoe 已经包含了每个产品的作用机制。最后，本书具有独立性，包括所有的产品，而不考虑化妆品行业的任何特定成员。《美容美体化妆品：产品与方法》是对我们专业的重要贡献，对经验丰富的皮肤科医师和大众都很有帮助。

Russell P. Hall
Department of Dermatology
Duke University School of Medicine
Durham，North Carolina，USA

致　谢

许多人为我探索知识和编写本书做出了贡献。感谢在亚利桑那大学培养我从事皮肤科实践的人，他们是 Peter Lynch，MD，Norman Levine，MD 和 Ron Hansen，MD。Peter Lynch，MD 是一位富有远见的人，在我住院期间他鼓励我在皮肤美容学领域的知识发展，并在 1990 年为我提供了出版本书第 1 版的机会。第 2 版于 1995 年出版，这是第 3 版，将于 2011 年出版。

我还要感谢我的儿子 Matthew Draelos，他帮助我准备了本书的参考资料，并编辑了文本和照片。简而言之，第 3 版承载了许多人的累积努力，积极影响了我对皮肤病学的热爱。

本书包含了许多产品的图片来说明所讨论的主题。这些不是产品宣传，而是目前市场上广泛使用的配方的代表。除非只有一家公司在某一细分市场占据主导地位，否则人们一直在努力拍摄来自许多不同制造商的产品。

感　谢

谨以此书献给在过去 25 年的皮肤科实践中触动我生命的每一个人，特别是我的丈夫 Michael，他一直支持我努力写作，并激发我无限灵感，激励我用新的想法超越自己。我也把本书献给我的儿子 Mark 和 Matthew，他们让我全新地认识到了电子世界，并为我准备本书提供了巨大的帮助。随着我对化妆品领域中影响皮肤科实践的复杂配方的理解不断加深，第 3 版为持续学习的结果。

目 录

第三部分　头　发

第四部分　指　甲

第一部分 面部美容化妆品皮肤病学

引 言

面部皮肤在美容皮肤病学领域受到主要关注,因为它是我们与世界交流的外部渠道。由于几乎持续暴露在阳光下,它比其他部位的皮肤老化得更快。面部皮肤装饰是世界上许多民族的一项历史悠久的传统。大多数现代化妆品都是用来突出面部特征和掩盖面部缺陷的。最早用来遮盖面部瑕疵的化妆品是美容贴片,这些贴片于 17 世纪开始流行,用来覆盖欧洲天花流行幸存者脸上留下的永久性瘢痕。这些贴片是黑色丝绸或天鹅绒般的碎片,有星星、月亮和心形等形状,被小心地贴放在脸上。贴片盒(盖子上有一面镜子的浅金属盒)被随身携带到任何地方,以便贴片在公共场合掉下时可以随时更换。现代面部化妆品是从装饰性贴片发展而来的。

用色素霜覆盖面部的概念起源于剧院的一款名为(French White)的产品,该产品是由混合在液体载体中的敷面粉组成的。由于其优越的黏附性,被认为是一种比简单地粉化皮肤更新的改进。后来,"油彩"被发展成厚的油性颜料,但它们不适合在剧院外使用。1936 年,Max Factor 发明了膏状化妆品,并申请了专利,这是针对普通女性面部粉底的首次重大突破。本品能掩饰底层皮肤,提供柔和的质感和微妙的颜色。

然而,面部不仅需要用化妆品装饰,而且还需要清洁和保湿。化妆品不仅用于卫生目的,还用于保持和增强皮肤的美丽。1878 年,Harley Procter 发明了美国首款广受市场欢迎的洁面皂,当时他决定在他父亲的肥皂和蜡烛工厂生产一种香味细腻的乳白色香皂,以与欧洲进口产品竞争。在其表弟,化学家 James Gamble 的帮助下,他完成了这一壮举。Gamble 制造了一种叫"白肥皂"的泡沫丰富的产品。意外的是,他们发现在成型前将空气吹入肥皂溶液中会产生一种漂浮的肥皂,这种肥皂不会在水流或浴缸中丢失。这就产生了一种被称为"象牙"肥皂的产品,至今仍在生产。

第一代肥皂去除皮脂的效果非常好,因此需要用保湿霜来弥补皮肤的剥落和干燥。令人惊讶的是,美国第一款保湿霜至今仍在使用,它被称为"凡士林",由 Robert A. Chesebrough 命名,他于 1872 年制造并获得专利。Chesebrough 最初建议将凡士林作为一种化学物质来处理皮革;然而,它很快就被认为是治疗双手皲裂和润发的良药。由于猪油经常变质,凡士林具有不含防腐剂的稳定性。后来,制药业用凡士林代替猪油作为工具。

面部皮肤护理有着悠久的历史,但现代配方明显更优越,能够更好地满足皮肤需求。本文的这一部分是用以疾病为导向的方法检查面部皮肤护理,考察了痤疮油性皮肤、湿疹干性皮肤和酒渣鼻敏感皮肤的需求,对这些不同分型皮肤的清洁、保湿和面部粉底的使用进行了检查。然后,讨论转向大范畴的老化面部皮肤,以进一步涵盖药妆品领域。最后,这部分的重点是面部的特殊需求区域,特别是眼部和口唇。希望在本部分内容结束时,皮肤科医师能够了解这些非处方产品和相应医疗器械的使用。

皮肤生理学

为了了解所有肤色、肤色类型和年龄的患者,并为他们创造健康的正常面部皮肤所面临的挑战,本文对皮肤生理学进行简要讨论。当"正常"皮肤的成分还没有明确定义时,这尤其具有挑战性;相反,世界上所有人都有一系列正常皮肤。皮肤是身体最大的器官,拥有有规律的不规则表面,具有毛发、汗腺和皮脂腺,使皮肤有光泽,这样的皮肤被认为是美丽的。不幸的是,随着时间的推移,美丽的皮肤会褪色,即使这可能被认为是"正常的"。阳光、吸烟、压力、疾病、瘢痕和老化会

改变皮肤的结构,并降低其出生时的原始外观。

皮肤结构

皮肤由表皮和真皮两层组成,每层都有不同的功能(图Ⅰ-1)。外表皮形成了一道屏障,阻挡了水、阳光、昆虫、细菌、毒素和过敏原。它是人体和环境之间的一道美丽的屏障,并呈现皮肤外观的所有变化。表皮下面是真皮,占皮肤总量的90%以上,为皮肤提供力量。真皮由乳头状真皮和网状真皮组成,乳头状真皮与表皮直接接触。它由含有血管和淋巴管的胶原蛋白与弹性蛋白纤维组成。另外,还有结缔组织细胞和糖胺聚糖,它们负责在真皮中保持水分和维持皮肤水合作用。乳头状真皮下为网状真皮,细胞较少,血管相对较少,胶原束密集,弹性蛋白纤维粗糙。乳头状真皮为皮肤提供力量,是小汗腺、顶泌汗腺、皮脂腺和毛囊的所在地。

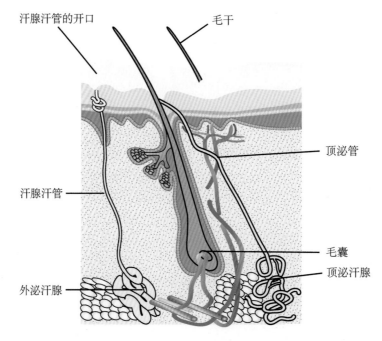

图Ⅰ-1 皮肤由表皮和真皮组成,其中有一层薄薄的无生命层,称为角质层。所有化妆品都会影响角质层,角质层是皮肤视觉美的基础

角质层

从化妆品的角度来看,也许皮肤最重要的一层是角质层,也被称为表皮角质层。表皮的最外层受到清洁、保湿和最大程度地使用其他皮肤护理疗法的影响。这是一种通过眼评估为可爱皮肤的层,但厚度只有 $15\sim150\mu m$。本章的其余部分将从化妆品的角度来阐述。

角质层是由被称为角蛋白螺旋多肽排列成角质层细胞组成。角质细胞被称为皮肤屏障"砖和砂浆"结构中的砖块。砂浆由细胞间脂质组成,细胞间脂质在身体上形成防水的覆盖物,在其上可应用清洁剂、保湿霜和化妆品。皮肤中有两种脂质:极性脂质和非极性脂质。极性脂质具有电荷,由磷脂、糖脂和胆固醇组成。不带电的非极性脂质是三酰甘油(甘油三酯)、角鲨烯和蜡。表Ⅰ-1给出了细胞间脂质的百分比细目。

表Ⅰ-1 细胞间脂质组成

脂质	数量(%)
三酰甘油	12～25
脂肪酸	12～20
蜡	6
胆固醇,脂,神经酰胺	14～25

保湿霜试图模仿细胞间脂质的作用,但它们只能创造一个屏障,减少水分流失到环境中。清洁剂必须使这些细胞间脂质保持完整,而不引起角质细胞的刺激或使其过早脱落。最后,彩妆品和药妆品必须增强面部角质层的外观,以创造视觉美感。通过上文介绍,我们的注意力现在转向将这些概念纳入患者治疗方案中。

参 考 文 献

[1] Panati C. Beauty patch and compact. In: Extraordinary Origins of Everyday Things. New York: Perennial Library, Harper & Row, 1987: 225-6.

[2] Schlossman ML, Feldman AJ. Fluid foundations and blush make-up. In: deNavarre MG, ed. The Chemistry and Manufacture of Cosmetics, 2nd edn. Wheaton, IL: Allured Publishing Corporation, 1988: 741-65.

[3] Wells FV, Lubowe II. Cosmetics and the Skin. New York: Reinhold Publishing Corporation, 1964: 141-9.

[4] Panati C. Soap. In: Extraordinary Origins of Everyday Things. New York: Perennial Library, Harper & Row Publishers, 1987: 217-19.

第1章

痤疮与化妆品

痤疮是皮肤科医师使用处方和非处方（OTC）药治疗的最常见的炎症性疾病。本章重点介绍在治疗维持阶段与处方药一起使用的OTC药物和化妆品。消费者每年在OTC抗痤疮产品上花费约1亿美元，其中包括清洁剂、面霜和保湿霜。

OTC药物痤疮疗法

美国食品和药物管理局将列出有效成分的痤疮产品作为OTC药物进行监管。只有某些成分可以用于痤疮产品，这些都列于痤疮专著中。在专著中批准用于此用途的成分是水杨酸、硫、硫结合间苯二酚和过氧化苯甲酰。这些成分只能单独使用，不能混合使用。它们与护肤品联合治疗痤疮的效用将在下文进行讨论。

过氧化苯甲酰

在痤疮OTC药物制剂中最有效和最常用的活性成分是过氧化苯甲酰。最终，甚至所有的处方过氧化苯甲酰产品都将作为OTC药物出售。大约23%的13－27岁的人使用过OTC过氧化苯甲酰产品。它是有机过氧化物家族的一员，由两个苯甲酰基团和一个过氧化物基团组成。甲酰过氧化物通过用过氧化钠处理苯甲酰氯来制备，得到过氧化苯甲酰和氯化钠。它是一种自由基引发剂，具有高度易燃性、爆炸性，可能是肿瘤促进剂和诱变剂。

过氧化苯甲酰是OTC市场上最有效的痤疮治疗成分。

过氧化苯甲酰具有许多与痤疮有关的特性，包括抗菌、抗炎和痤疮溶解作用。当过氧化苯甲酰接触皮肤时，它会分解成苯甲酸和氧气，这两种物质都没有问题。局部应用5%过氧化苯甲酰2天后，痤疮丙酸杆菌浓度下降了，证明其对痤疮丙酸杆菌有抗菌性能。在使用10%过氧化苯甲酰乳膏3天后，也观察到了同样的抗菌效果，这导致微生物浓度平均下降了；然而，在7天后，未观察到痤疮丙酸杆菌浓度的进一步下降。

过氧化苯甲酰是一种重要的抗菌药物，与红霉素、克林霉素等外用抗生素相比，对痤疮丙酸杆菌具有更好的效力。然而，与外用抗生素不同，过氧化苯甲酰不会产生耐药微生物。过氧化苯甲酰还通过减少氧自由基起到抗炎的作用。此外，由于产生肿瘤坏死因子α、白细胞介素1β和白细胞介素8的细菌诱导单核细胞减少，其减少痤疮丙酸杆菌数量的功能导致了炎症的减少。消费者认为这种消炎作用可以减少发红和疼痛。

最后，过氧化苯甲酰也是一种痤疮溶解剂，能够使粉刺（黑头粉刺）减少10%。粉刺溶解剂可使堵塞毛孔的东西与周围的毛囊松动，从而恢复皮脂向皮肤表面的正常流动。

最初认为,高浓度的过氧化苯甲酰制剂将提供优越的消粉刺效果;然而,现在看来,即使是 2.5% 的过氧化苯甲酰也是有效的。这是消费者市场上产品中的最常见优势。高浓度的过氧化苯甲酰可能会增加皮肤刺激,导致脱皮和发红。此外,过氧化苯甲酰会导致 1%～2.5% 的消费者发生过敏性接触性皮炎,引起发红、肿胀、渗液和疼痛。

> 小颗粒 2.5% 过氧化苯甲酰可能与痤疮治疗面霜中的 5%～10% 过氧化苯甲酰一样有效。

关于过氧化苯甲酰的主要未解决问题之一是其安全性。生产过氧化苯甲酰是一种高活性分子,能够在 20% 或更高浓度下引发爆炸。生产过氧化苯甲酰产品需要特殊的设备,而稳定性问题在新配方中很常见。过氧化苯甲酰能够产生 DNA 链断裂,但啮齿动物的致癌性研究是阴性的。过氧化苯甲酰的使用与人类皮肤癌之间没有相关性。

过氧化苯甲酰配方的当前趋势集中于使用刺激性较小的水凝胶配方和粒径较小的过氧化苯甲酰。未加工的过氧化苯甲酰是一种必须溶解到溶液中的微粒。只有过氧化苯甲酰颗粒接触皮肤表面才能有效杀死痤疮丙酸杆菌。虽然较大的颗粒会在配方中产生较高的浓度,但大多数过氧化苯甲酰颗粒不会接触皮肤。由于浓度降低,更小的颗粒尺寸可以使皮肤覆盖更好,刺激性更小。根据与活性成分的皮肤接触,可以创造出一种效力等同于 10% 过氧化苯甲酰配方的 2.5% 过氧化苯甲酰配方。谨慎、创新的配方可以最大限度地减少与 OTC 过氧化苯甲酰配方相关的耐受性问题(图 1-1)。

水杨酸

水杨酸是另一种主要的粉刺溶解剂,在 OTC 药物痤疮治疗中用作活性成分,浓度高

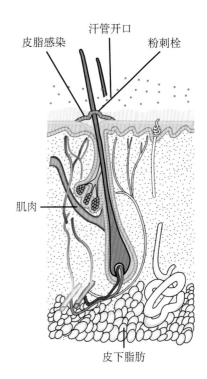

图 1-1　过氧化苯甲酰颗粒会接触到口内和周围的皮肤,通过使皮肤脱落粉刺"塞子",从而起到消肿和抗菌的作用。粉刺"塞子"会封住被感染的皮脂,引起炎症

达 2%。水杨酸是一种无色、结晶、油溶性酚类化合物,最初从柳树中提取。它是一种 β-羟基酸,其中羟基与羧基相邻。该化合物是在 100 大气压和 390K 温度下用二氧化碳处理苯酚钠盐苯酚钠,然后用硫酸酸化而合成的。

> 水杨酸能在有孔的油性环境中使表皮脱落。

水杨酸,也称为 2-羟基苯甲酸,在医学上有着悠久的历史。可抑制花生四烯酸,有抗炎作用,在化学上与阿司匹林有关。阿司匹林具有特征性冬青味道,是治疗肌肉酸痛和痤疮的搽剂。水杨酸能渗透到毛囊内,使毛囊内膜上的粉刺栓脱落。它既不能杀死痤疮丙酸杆菌,也不能阻止抗生素耐药性的发生。因此,水杨酸在治疗痤疮方面可能不如

过氧化苯甲酰有效,但它的刺激性和过敏性也较低。一些专有的水杨酸制剂显示出与5%过氧化苯甲酰相当。水杨酸有时用于低过敏性和成熟个体的痤疮治疗。

水杨酸可以多种不同的配方应用于皮肤上。它可以作为乙醇(酒精)清洁剂载体中的溶液或以浸渍垫的形式作为溶液使用。它可以配制成2%的水杨酸擦洗剂,临床数据显示开放性粉刺减少。此外,10%和20%的水杨酸剥脱剂被用来促进粉刺溶解。

虽然有些人在摄入水杨酸时会出现变态反应;但是,它通常被认为是一种安全的成分。过量的水杨酸可导致水杨酸中毒,表现为代谢性酸中毒状态,伴有代偿性呼吸性碱中毒。目前还没有局部应用导致中毒的报道,水杨酸痤疮制剂被认为是安全有效的,即使是在妊娠期间。

硫

在过氧化苯甲酰和水杨酸之前,治疗痤疮最古老的方法是硫。硫是一种已知的抑菌和抗真菌剂。它是一种黄色的非金属元素,数百年来一直用于治疗各种皮肤病。硫的作用机制还不完全清楚,但它被认为与角质层中的半胱氨酸相互作用,导致硫还原为硫化氢。硫化氢反过来降解角蛋白,产生硫的角质溶解作用。有研究认为硫可导致粉刺,但这是有争议的。在OTC痤疮制剂中硫的浓度为3%~8%。它具有特有的恶臭和不寻常的黄色。它会弄脏衣服,通常被配制成浓稠的糊状物。

> 硫被认为与角质层中的半胱氨酸相互作用,导致硫还原为硫化氢,其具有治愈痤疮的粉刺溶解作用。

美容痤疮疗法

除了过氧化苯甲酰、水杨酸和硫(磺)等痤疮治疗成分在专著中有论述外,其他物质在痤疮美容治疗中也有使用,尚未做专论。这些成分在美容痤疮疗法中被发现,包括羟基酸、视黄醇、三氯生和茶树油。

羟基酸

羟基酸,如乙醇酸,作为角质剥脱剂用于痤疮的美容治疗。乙醇酸是最小的α羟基酸,表现为无色、无味、吸湿的结晶固体。虽然乙醇酸可以从甘蔗发酵中获得,但更常见的合成方法是氯乙酸与氢氧化钠反应,然后再酸化。

乙醇酸治疗痤疮的疗效与游离酸浓度有关。游离酸能够溶解形成角质层的角质细胞之间的离子键。这种脱皮可以去除粉刺栓;然而,水溶性乙醇酸不能进入孔隙的油性环境。因此,水杨酸是一种更好的粉刺溶解剂。

> 乙醇酸是一种在清洁痤疮性皮肤中使用的去角质剂。

乙醇酸可以以清洁剂、保湿霜或角质剥脱剂的形式应用到皮肤。与免洗保湿霜相比,冲洗清洁剂在痤疮治疗中效果较差。更高浓度的乙醇酸(如20%~70%乙醇酸)可以以角质剥脱剂的形式应用到皮肤上,保持3~5分钟,然后冲洗干净。还可用于改善与痤疮相关的黑色瘢痕,即炎症后色素沉着。

三氯生

局部抗菌剂也可用于痤疮的治疗。三氯生是除臭皂和无水洗手液中常用的一种抗菌剂。三氯生没有出现在美国的痤疮专著上,但在其他国家,如英国,被用于治疗痤疮。三氯生可以减少皮肤表面的痤疮丙酸杆菌数量,这也是皮肤科医师建议痤疮患者使用除臭皂作为痤疮治疗方案的一部分的原因。三氯生的其他OTC给药方法,包括水凝胶贴剂给药,已经有报道。

三氯生是一种抗菌剂，用于许多痤疮患者常用的除臭皂中。

到目前为止，尚未发现细菌对三氯生的耐药性，但随着含三氯生的抗菌无水洗手液在消费者和医院使用中的普及，三氯生的使用正在急剧增加。人们认为，三氯生由于具有广泛的抗菌作用，会干扰细菌细胞壁的脂质合成。

OTC 维 A 酸

维生素 A 衍生物被称为维 A 酸（维甲酸），用于治疗痤疮。现有 3 种处方痤疮治疗类维 A 酸：阿达帕林、维 A 酸和他扎罗汀。目前有多种 OTC 维 A 酸，这可能有助于痤疮的治疗。这些维 A 酸包括视黄醇和视黄醛。视黄醇可被角质形成细胞吸收并可逆地氧化成视黄醛。视黄醛不可逆地被转化为全反式视黄酸，也被称为维 A 酸。维 A 酸被转运到角质形成细胞核，调节毛囊角化。关于在痤疮治疗中使用 OTC 维 A 酸的大型、多中心、双盲、安慰剂对照研究尚待进行。然而，视黄醇的效力比局部维 A 酸低 20 倍，但比维 A 酸具有更强的渗透力。

视黄醇和视黄醛被用于一些化妆品痤疮面霜中，但它们对微型粉刺没有类似维 A 酸的作用。

茶树油

茶树油是治疗痤疮最常用的草本精油。茶树油从澳大利亚茶树（Melaleuca alternifolia）中提取，含有多种抗菌物质，如松油烯-4-醇、α-松油醇和 α-蒎烯。该油呈淡金色，带有新鲜的樟脑气味。它作为防腐剂、抗真菌剂和灭菌剂用于医疗用途。

已显示 10% 茶树油对金黄色葡萄球菌（包括耐甲氧西林金黄色葡萄球菌）具有抗菌活性，但无耐药性。然而，较低的浓度已显示出细菌的耐药性。茶树油已经被发现在治疗痤疮方面与 5% 的过氧化苯甲酰一样有效，因为它能减少粉刺和炎症性痤疮病变；然而，茶树油的起效较慢。茶树油组的不良反应确实比过氧化苯甲酰组少。另一项针对轻度至中度痤疮患者的随机、60 名受试者安慰剂对照研究发现，与安慰剂相比，5% 的局部茶树油产生了具有统计学意义的总病变数和痤疮严重指数的减少。茶树油还可以减少痤疮病变周围的炎症，从而减少红肿。

茶树油在一些天然植物化妆品痤疮治疗产品中被用作抗菌剂。

茶树油吞食时有毒。当以高浓度局部应用于猫和其他动物时，也会产生毒性。低浓度局部使用治疗痤疮没有产生毒性问题。

然而，茶树油是过敏性接触性皮炎的其中一项已知病因。意大利对 725 名受试者进行了一项研究，分别用未稀释的、1% 的和 0.1% 的茶树油进行贴片测试，结果发现 6% 的受试者对未稀释的茶树油有阳性反应，1 名受试者对 1% 的茶树油有变态反应，没有任何受试者对 0.1% 的茶树油稀释液有任何反应。因此，茶树油变态反应的发生率取决于浓度。

其他痤疮治疗成分

锌是治疗痤疮的一种重要成分。锌盐对痤疮丙酸杆菌具有抑菌作用，因此它已作为顺势疗法被局部及口服摄入来治疗痤疮。Dreno 等的一项研究表明，痤疮丙酸杆菌培养基中的锌盐可以阻止对红霉素产生耐药性的微生物的生长。由于许多痤疮丙酸杆菌对局部应用红霉素耐药，局部应用克林霉素已在很大程度上取代了红霉素，这可能是预防细菌耐药性的一个重要机制。锌与烟酰胺口服治疗痤疮可减少炎症。理论上，它们通过抑制白细胞趋化性、溶酶体酶释放和肥大细胞脱粒来减轻炎症。

局部使用烟酰胺治疗痤疮的价值随着口服已经被报道。一种市场上可买到的含有烟酰胺的OTC维生素制剂,已被证明其可以在8周内改善痤疮。局部应用4%烟酰胺治疗中度痤疮的效果与1%克林霉素凝胶相当。

痤疮患者的皮肤护理

除了前面讨论的痤疮治疗外,护肤品和化妆品可以治疗痤疮,也可以导致痤疮恶化。这些辅助护肤品包括清洁剂、收敛剂、去角质剂、面部磨砂膏、表皮磨砂剂、纹理布、机械化皮肤护理设备和面膜。

清洁剂

多种清洁剂有助于去除皮脂和使痤疮表面生物膜正常化。肥皂是痤疮治疗中使用的主要清洁剂。其中包括由长链脂肪酸碱盐组成的真正的肥皂,pH为9～10。许多温和的痤疮肥皂是由合成洗涤剂组成的,被称为syndets。这些清洁剂含有少于10%的肥皂,中性pH调整为5.5～7.0。痤疮患者最常用的肥皂是由碱性肥皂组成的复合皂,其中添加了pH为9～10的表面活性剂。这些复合皂中还含有三氯生,是一种对痤疮有帮助的强效抗菌剂,上文已讨论过。

治疗痤疮除了传统肥皂之外,通常还使用被称为面部磨砂膏的特殊配方。面部磨砂膏是机械性去角质剂,与前面讨论的乙醇酸化学去角质剂不同,它在清洁基底中使用小颗粒来增强角质细胞脱落。洗涤颗粒可以是聚乙烯珠、氧化铝、磨碎的果核或十水四硼酸钠颗粒,有助于从面部去除脱皮的角质层(图1-2)。Sibley等认为研磨性擦洗乳膏可有效控制皮脂过多和去除脱落组织。然而Mills和Kligman认为,如果使用过度,它们可能会导致上皮损伤。他们注意到,这类产品使用后产生脱皮和红斑,而不会减少粉刺。氧化

铝和磨碎的果核由于其具有粗糙的边缘颗粒,提供了最具磨蚀性的磨砂,其次是聚乙烯珠,它们更光滑,去除角质层作用更少。十水四硼酸钠颗粒在摩擦过程中溶解且变得更柔软,提供的摩擦力最小。

图1-2　磨砂膏用于OTC痤疮清洁剂,以使毛孔内和毛孔周围的脱落增加

> 痤疮磨砂膏可能含有聚乙烯珠、氧化铝、磨碎的果核或十水四硼酸钠颗粒。

目前,面部磨砂膏的流行趋势是产生热量。这些产品被称为"自加热"洗涤剂。热量作为放热反应的一部分产生,产生热副产物。热量不会增加去角质功效,但会增加消费者的舒适度达到营销目的。有时,在加热去角质前,先自我进行羟基酸去角质处理,从而将化学和物理去角质结合在一起。

收敛剂和去角质剂

许多公司将收敛剂和去角质剂用于化妆品作为痤疮治疗方案去推广。收敛剂是洁面

后涂抹在脸上的液体,广泛用于化妆品痤疮治疗。它们包含许多广泛配方,为人所熟知的术语有爽肤水、清洁水、控制水、保护水、皮肤清爽剂、调理露、T 区补水等。最初,开发收敛剂是为了去除用碱基肥皂和高矿物质含量的井水洁面后脸上的碱性皂渣。合成洗涤剂和公共软化水系统的开发大大减少了洗涤后残留物的数量。当清洁膏成为去除面部化妆品和环境污垢的首选方法时,人们发现了收敛剂的新用途。然后收敛剂成为去除清洁膏使用后留下的油性残留物的有效产品。

收敛剂配方目前可用于所有皮肤类型(油性、正常、干性、敏感性、光老化等);有多种用途,它们主要是针对易患痤疮的油性皮肤。油性皮肤收敛剂含有高浓度的乙醇、水和香味,能够去除洁面后留下的皮脂,产生清洁的感觉,还可以把一些治疗产品应用到面部。例如,可添加 2% 水杨酸或金缕梅酊剂对痤疮患者的面部皮肤产生角质溶解和干燥作用。可以添加黏土、淀粉或合成聚合物来吸收皮脂,并尽量减少面部油脂的出现。

> 化妆品痤疮治疗收敛剂可能含有 2% 的水杨酸作为活性成分。

去角质剂类似于收敛剂,但这些都是洁面后使用的溶液、乳液或面霜。使用去角质产品后,可以加速角质层的角质脱落,促进痤疮患者的粉刺溶解。它们的去角质效果基于使用于 α-羟基酸、聚-羟基酸,或 β-羟基酸,从而诱导化学性角质剥脱。这样做的目的是用化学方法从孔内壁上松解残留的粉刺栓。许多化妆品痤疮治疗去角质剂使用这一理论来支持声称和声称的疗效。基于 α-羟基酸的乙醇酸去角质剂可能对痤疮和光老化皮肤的患者有用,以改善外观;然而,水杨酸(β-羟基酸)去角质剂更有效。这是由于它们固有的油溶性使它们能够在孔隙的油性环境中使角质脱落。以葡萄糖酸内酯为基础的多羟基酸

去角质剂也在市场上销售,以减少刺激为主要卖点。它们的大分子量阻碍皮肤渗透从而减少刺激。

表皮磨砂剂和纹理布

与化学剥脱的去角质剂相反,表皮磨砂剂和纹理布可以引发粉刺栓的机械脱落。Durr 和 Orentreich 将机械脱落称为表皮磨损,他们研究了使用非织造聚酯纤维网海绵去除毛囊皮脂腺管中的角蛋白赘生物和滞留毛发。其他的表皮磨损工具包括橡胶泡芙、海绵、丝瓜络,以及最新添加的纹理纤维面巾。纤维面巾已经成为当前表皮磨损市场的主要部分,并进行了详细讨论。纤维布是用途极其广泛的皮肤科设备。它们可以被预先润湿并用表面活性剂浸渍,以清洁面部;可使用含有挥发性溶剂的香水来清爽面部;它们可以与油脂和清洁剂一起打包干燥,用来清洁面部;还可以用具有微孔的塑料薄膜袋覆盖,以便将活性痤疮成分释放到皮肤表面上。此外,它们还可以带有纹理来去除皮肤上的角质。尽管使用面部纤维布作为美容痤疮治疗是一种新方法,但这种布已经存在了约 30 年(图 1-3)。

> 纤维布有助于清洁痤疮患者的面部,清洁毛孔内部和周围。

现代纤维布技术专注于创造优异的强度,以防止撕裂。所使用的纤维是聚酯纤维、人造纤维、棉和纤维素纤维的组合,用热黏合的技术通过加热结合在一起。通过对纤维的水缠结赋予擦布额外的强度。这是通过将人造纤维、聚酯纤维和木浆纤维与高压水射流缠绕在一起实现的。热黏合和水缠绕消除了黏合剂的使用,从而创造出适合面部使用的柔软、结实的布料。

面巾既有干的也有湿的。干燥包装的布浸有清洁剂,当布被水润湿时,清洁剂会适度

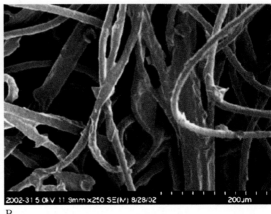

图 1-3　A. 清洗前纤维布的扫描电子显微镜图像显示缠绕的纤维被压缩形成连续的织物；B. 一块用过的清洁布，显示冲洗前附着在纤维上的皮肤鳞屑和碎屑

起泡。布上的清洁剂能有效去除油性皮肤的皮脂，并且含有水杨酸。还可以在布上添加保湿剂和润肤剂，以减少屏障损伤或缓解处方治疗中痤疮患者常见的干燥皮肤。

除了预先涂在干布上的成分组成外，布的编织也将决定其对痤疮的效果。两种类型的纤维编织用于面部痤疮布：开放式编织和封闭式编织。由于相邻纤维束之间的布上有 2～3mm 的窗口，所以称为开放式编织布。这些布用于干性和（或）敏感皮肤及痤疮患者，以增加布的柔软度，减少布与皮肤之间的表面积接触，产生温和的去角质效果。另一方面，封闭式编织布的编织结构更加紧密，是双面的。封闭式编织布的一面是有纹理的，并浸渍了一种合成洗涤剂清洁剂，这种清洁剂旨在优化去除皮脂、化妆品和环境污垢，同时提供去角质的效果。布的另一面是光滑的，设计用于擦洗面部，并可能应用皮肤调理剂或痤疮剂。

布料的质地可提供温和的机械去角质作用，这种方法对于不能耐受羟基酸化学去角质的患者可能很有价值。由于具有纹理的布料比手或毛巾更能有效地穿过不平的皮肤，因此可以在皮肤表面和毛囊口周围实现机械去角质。去角质程度取决于织物的组织、织物在皮肤表面上的压力，以及织物的使用时间。这种布有助于去除粉刺栓。

机械化皮肤护理设备

表皮磨损过程的机械化被称为微晶磨皮术。这是一项由美容师和辅助医务人员进行的手术，将诸如铝、二氧化硅、小苏打等小颗粒喷在皮肤表面，同时用真空吸尘器将其去除。微晶磨皮术只是另一种诱导角质层脱落的技术。

> 机械化清洁设备可以旋转、振动或超声处理，以帮助去除皮肤鳞屑和皮脂。

有多种设备可用于面部皮肤去角质。其中包括旋转刷，将合成刷毛经过皮肤表面，以物理方式去除角质层。这些设备与特殊清洁剂一起出售，以去除皮脂并同时清洁皮肤。这种技术的一种变体是使用粗糙度不同的擦洗垫来产生去角质。擦洗垫被黏合剂固定在设备头上，有磨损时可以更换。这些设备通过振动而不是旋转来去除皮肤鳞屑。

第三种面部清洁设备产生一种超声运

动,类似于超声波电动牙刷。手持式设备使用可充电电池运行,该电池连接至微型电机上,从而产生刷头的振荡运动。这种振荡的声波运动使刷毛能够比其他机械清洁方法更熟练地穿过皮纹、面部毛孔和面部瘢痕。这些设备可能对面部瘢痕痤疮患者有用。

面膜

面膜也用于痤疮的美容治疗。通常情况下,每周都要敷一次面膜,作为积极的痤疮治疗方法,但医疗效果可能很小。用于治疗痤疮的面膜是土制的。土基面膜,也被称为糊状面膜或泥包,是由膨润土、高岭土或瓷土等吸收性黏土制成的。黏土对皮肤产生收敛效果,使这款面膜最适合油性皮肤病患者。通过添加镁、氧化锌、水杨酸等物质,可以增强面膜的收敛效果。面膜可以作为布敷在整个脸上,也可作为从罐子中挖出的糊状物涂抹。面膜在脸上停留 15～30 分钟,然后用水冲洗干净。

致粉刺性和皮肤护理配方

与化妆品有关的粉刺性问题出现于 1972 年,当时 Kligman 和 Mills 描述了一种轻度粉刺,其特征是 20—25 岁女性面颊上出现了闭合性粉刺。他们将这种现象称为“化妆品痤疮”。这些女性中的许多人没有经历过青春期痤疮。作者提出,化妆品中存在的物质会诱导闭合性粉刺的形成,并且在某些情况下会引起丘疹脓疱疹。这导致了护肤品和化妆品可能导致痤疮。

对化妆品诱发痤疮的进一步研究导致了兔耳粉刺成因模型的发展,该模型有时仍然被化妆品公司用于测试产品。这种化妆品被应用到新西兰白化病兔的耳朵上。一只耳朵作为对照,另一只耳朵接受 0.5ml 的测试物质,每周 5 天,连续 2 周。每天对毛孔扩大和角化过度进行肉眼观察。在研究完成时,对皮肤进行活检,以检查皮脂腺毛囊是否角化过度。

尽管该模型多年来一直是粉刺性问题的标准测试,但由于许多化妆品公司已经放弃了动物测试,并且该模型存在固有的问题,因此该模型目前已不受欢迎。首先,一些研究没有进行活体组织检查,而是依靠肉眼检查兔耳,其不如显微镜检查敏感。现在已知是重要的痤疮前体病变的微粉刺只能通过显微镜检查来鉴定。其次,一些研究混淆了毛囊扩张和粉刺形成。毛囊扩张是皮肤刺激的副作用,不一定与粉刺形成相同。再次,使用未成熟或年老的兔子可能无法获得准确的数据,因为在非壮年时期的兔子皮脂分泌会减少。最后,兔耳可能无法准确模拟人脸:兔耳模型中产生粉刺的许多物质在人脸上产生脓疱和炎性丘疹,而不是粉刺。

毛囊活检已成为评估皮肤护理配方中致粉刺性的标准技术。

由于上述兔耳模型的局限性,许多化妆品公司现在正在使用男性和女性志愿者的上背部进行致粉刺性评估。首先通过毛囊活组织检查志愿者产生粉刺的能力。将一滴氰基丙烯酸酯胶水放在显微镜载玻片上,让其在受试者的背部干燥。然后将显微镜载玻片从皮肤上取下,在 5 倍显微镜下观察该载玻片,去除表现为蜡质山状的粉刺栓。闭塞贴片试验:将材料应用于上背部 30 天,每天重复更换。在试验结束时重复进行毛囊活组织检查,并检查载玻片是否存在粉刺栓。使用非治疗性贴片作为阴性对照组,也使用含有煤焦油的贴斑作为阳性对照组。除了上市前和上市后的市场监督外,还进行了致粉刺性试验。

表 1-1 所示的已确定的致粉刺物质清单,被外部监督网站和一些公司用来展示营销优势。这些清单是多年前通过研究兔耳试验中 100% 浓度的物质而产生的,这可能与实际的化妆品配方无关。给患者列出这些要避免的致粉刺物质并不是很有用,因为几乎不可能找到不含这些成分的配方。该清单包

含化妆品行业中发现的一些最有效的润肤剂（硬脂酸辛酯、硬脂酸异乙酰酯），洗涤剂（十二烷基硫酸钠），封闭性保湿霜（矿物油、凡士林、芝麻油、可可脂）和乳化剂。不含所有这些物质的产品对皮肤作用不大，并且作为化妆品的可接受性较低。致粉刺性只能根据患者对粉刺栓形成的易感性来评估。有些人一生中从未长过粉刺，每天都用可可脂作为面部保湿霜。由于某种原因，目前尚不清楚为什么某些患者比其他患者产生更少的粉刺。

表 1-1　可能致粉刺物质的标准清单

硬脂酸丁酯
可可脂
玉米油
D&C 红色染料
油酸癸酯
异硬脂酸异丙酯
肉豆蔻酸异丙酯
新戊酸异硬癸酯
棕榈酸异丙酯
硬脂酸异乙酰酯
羊毛脂，乙酰化
月桂醇聚醚
亚麻籽油
矿物油
肉豆蔻醚丙酸酯
乳酸肉豆蔻酯
肉豆蔻酸肉豆蔻酯
油酸甲酯
油酸
油醇
橄榄油
棕榈酸辛酯
硬脂酸辛酯
花生油
凡士林
硬脂酸丙二醇酯
红花油
芝麻油
十二烷基硫酸钠
硬脂酸

在为痤疮患者选择护肤产品配方时，致粉刺物质列表并没有特别的帮助。

致痤疮性和皮肤护理配方

致痤疮性和致粉刺性是完全不同的问题。致粉刺物质会导致粉刺或黑头，而致痤疮物质会导致丘疹和脓疱。致粉刺性是由于毛囊堵塞，而致痤疮性是由于毛囊刺激。因此，致粉刺物质不一定会致痤疮，反之亦然（图 1-4）。

图 1-4　基于外观或成分披露，不可能确定化妆品是致粉刺性的还是致痤疮性的。临床试验是必需的

乍一看，致痤疮性也可能看起来相当简单。一系列刺激毛囊口的物质可能会被产生，然后被用来挑选皮肤护理产品和化妆品的患者使用。不幸的是，由于成分之间的相互作用以及它们的浓度很重要，所以致痤疮性物质的清单是无用的。但更重要的是，个体患者对痤疮形成的易感性。在一名患者中是致痤疮性的药物在另一名患者中不一定是致痤疮性的。

值得注意的是，在一般皮肤科医师的实践中，由化妆品引起的致痤疮性现象比由化妆品引起的致粉刺性现象更常见。这使得致痤疮性比致粉刺性更重要。然而，考虑到每天使用化妆品的人数，由化妆品引起的粉刺和痤疮的发生率是罕见的。

小结

本章讨论了目前市场上治疗痤疮的各种成分和辅助护肤品。收敛剂是一个广泛的类别，根据配方和皮肤类型，它可以给皮肤带来清洁和保湿效果。当乙醇酸被引入化妆品痤疮治疗市场时，去角质剂变得很流行，它可以包含化学和物理去角质成分，以增强角质层的脱落。物理去角质剂通常被包装为颗粒状面部磨砂、机织海绵或有纹理布。有纹理布是最新推出的产品，它可以像一次性毛巾一样使用，也可以在皮肤表面留下成分。机械化的皮肤护理设备试图通过旋转、振动或超声波电机在家中进行微晶磨皮术。最后，面膜有护肤功效。这些是皮肤科医师应该了解的常用的去痤疮成分和设备。

参 考 文 献

[1] Management of acne. Agency for healthcare research and quality. 2001 March 2001 Contract No. :01-E018.

[2] 21 CFR Part 333. 350（b）（2），21 CFR（1991）.

[3] Kraus AL，Munro IC，Orr JC，et al. Benzoyl peroxide：an integrated human safety assessment for carcinogenicity. Regul Toxicol Pharmacol 1995；21：87-107.

[4] Tanghetti E. The evolution of benzoyl peroxide therapy. Cutis 2008；82：5-11.

[5] Bojar RA，Cunliffe WJ，Holland KT. Short-term treatment of acne vulgaris with benzoyl peroxide：effects on the surface and follicular cutaneous microflora. Br J Dermatol 1995；132：204-8.

[6] Pagnoni A，Kligman AM，Kollias N，Goldberg S，Stoudemayer T. Digital fluorescence photography can assess the suppressive effect of benzoyl peroxide on Propionibacterium acnes. J Am Acad Dermatol 1999；41（5 Pt 1）：710-16.

[7] Leyden JJ. Current issues in antimicrobial therapy for the treatment of acne. J Eur Acad Dermatol Venereol 2001；15（Suppl 3）：51-5.

[8] Kim J，Ochoa M，Krutzik S，et al. Activation of toll-like receptor 2 in acne triggers inflammatory cytokine responses. J Immunol 2002；169：1535-41.

[9] Bojar RA，Cunliffe WJ，Holland KT. Short-term treatment of acne vulgaris with benzoyl peroxide：effects on the surface and follicular cutaneous microflora. Br J Dermatol 1995；132：204-8.

[10] Mills OH Jr，Kligman AM，Pochi P，Comite H. Comparing 2.5%，5%，and 10% benzoyl peroxide on inflammatory acne vulgaris. Int J Dermatol 1986；25：664-7.

[11] Morelli R，Lanzarini M，Vincenzi C. Contact dermatitis due to benzoyl peroxide. Contact Dermatitis 1989；20：238-9.

[12] Kraus AL，Munro IC，Orr JC，et al. Benzoyl peroxide：an integrated human safety assessment for carcinogenicity. Regul Toxicol Pharmacol 1995；21：87-107.

[13] Tanghetti E，Popp KF. A current review of topical benzoyl peroxide：new perspectives on formulation and utilization. Dermatol Clin 2009；27：17-24.

[14] Eady EA，Burke BM，Pulling K，Cunliffe WJ. The benefit of 2% salicylic acid lotion in acne. J Dermatol Ther1996；7：93-6.

[15] Bissonnette R，Bolduc C，Seite S，et al. Randomized study comparing the efficacy and tolerance of a lipophilic hydroxy acid derivative of salicylic acid and 5% benzoyl peroxide in the treatment of facial acne vulgaris. J Cosmet Dermatol 2009；8：19-23.

[16] Chen T，Appa Y. Over-the-Counter Acne Medications. In：Draelos ZD，Thaman LA，eds. Cosmetic Formulations of Skin Care Products. New York：Taylor & Francis，2006：251-71.

[17] Shalita AR. Treatment of mild and moderate

acne vulgaris with salicylic acid in an alcohol-detergent vehicle. Cutis 1981;28:556-8.

[18] Zander E, Weisman S. Treatment of acne with salicylic acid pads. Clin Ther 1992;14:247-53.

[19] Pagnoni A, Chen T, Duong H, Wu IT, Appa Y. Clinical evaluation of a salicylic acid containing scrub, toner, mask and regimen in reducing blackheads. 61st meeting, American Academy of Dermatology. 2004 February 2004;Poster 61.

[20] Gupta AK, Nicol K, Gupta AK, Nicol K. The use of sulfur in dermatology. J Drugs Dermatol 2004;3:427-31.

[21] Lin AN, Reimer RJ, Carter DM. Sulfur revisited. J Am Acad Dermatol 1988;18:553-8.

[22] Mills OH Jr, Kligman AM. Is sulphur helpful or harmful in acne vulgaris? Br J Dermatol 1972;86:620-7.

[23] Berardesca E, Distante F, Vignoli GP, Oresajo C, Green B. Alpha hydroxy-acids modulate stratum corneum barrier function. Br J Dermatol 1997;137:934-8.

[24] Garg VK, Sinha S, Sarkar R. Glycolic acid peels versus salicylic acid peels in active acne vulgaris and post-acne scarring and hyperpigmentation: a comparative study. Dermatol Surg 2009;35:59-65.

[25] Lee TW, Kim JC, Hwang SJ. Hydrogel patches containing triclosan for acne treatment. Eur J Pharm Biopharm 2003;56:407-12.

[26] Duell EA. Unoccluded retinol penetrates human skin in vivo more effectively than unoccluded retinyl palmitate or retinoic acid. J Invest Dermatol 1997;109.

[27] Raman A. Antimicrobial effects of tea-tree oil and its major components on Staphylococcus aureus, Staph. epidermidis and Propionibacterium acnes. Lett Appl Microbiol 1995;21:242-5.

[28] Hammer KA, Carson CF, Riley TV. Susceptibility of transient and commensal skin flora to the essential oil of Melaleuca alternifolia.

Am J Infect Control 1996;24:186-9.

[29] Shemesh A, Mayo WL. Australian tea tree oil:a natural antiseptic and fungicidal agent. Aust J Pharm 1991;72:802-3.

[30] Bassett IB, Pannowitz DL, Barnetson RS. A comparative study of tea-tree oil versus benzoyl peroxide in the treatment of acne. Med J Aust 1990;153:455-8.

[31] Enshaieh S, Jooya A, Siadat AH, Iraji F. Indian J Dermatol Venereol Leprol 2007; 73:22-5.

[32] Koh KJ, Pearce AL, Marshman G, Finlay-Jones JJ, Hart PH. Tea tree oil reduces histamine-induced skin inflammation. Br J Dermatol 2002;147:1212-17.

[33] Bischoff K, Guale F. Australian tea tree oil poisoning in three purebred cats. J Vet Diag Invest 1998;10:208.

[34] Lisi P, Melingi L, Pigatto P, et al. Prevalenza della sensibilizzazione all'olio exxenziale di Melaleuca. Ann Ital Dermatol Allergol 2000;54:141-4.

[35] Elston D. Topical antibiotics in dermatology: emerging patterns of resistance. Dermatol Clin 2009;27:25-31.

[36] Dreno B, Trossaert M, Boiteau HL, Litoux P. Zinc salts effects on granulocyte zinc concentration and chemotaxis in acne patients. Acta Derm Venereol 1992;72:250-2.

[37] Fivenson DP. The mechanisms of action of nicotinamide and zinc in inflammatory skin disease. Cutis 2006;77 (1 Suppl):5-10.

[38] Otte N, Borelli C, Korting HC. Nicotinamide biologic actions of an emerging cosmetic ingredient. Int J Cosmet Sci 2005;27:255-61.

[39] Niren NM. Pharmacologic doses of nicotinamide in the treatment of inflammatory skin conditions:a review. Cutis 2006; 77 (1 Suppl):11-16.

[40] Niren NM, Torok HM. The Nicomide Improvement in Clinical Out-comes Study (NICOS):results of an 8-week trial. Cutis 2006; 77 (1 Suppl):17-28.

［41］ Shalita AR，Smith JG，Parish LC，Sofman MS，Chalker DK. Topical nicotinamide compared with clindamycin gel in the treatment of inflammatory acne vulgaris. Int J Dermatol 1999；34：434-7.

［42］ Wortzman MS，Scott RA，Wong PS，et al. Soap and detergent bar rinsability. J Soc Cosmet Chem 1986；37：89-97.

［43］ Mills OH，Kligman AM. Evaluation of abrasives in acne therapy. Cutis 1979；23：704-75.

［44］ Sibley MJ，Browne RK，Kitzmiller KW. Abradant cleansing aids for acne vulgaris. Cutis 1974；14：269-74.

［45］ Wilkinson JB，Moore RJ. Astringents and skin toners. In：Harry's Cosmeticology，7th edn. New York：Chemical Publishing，1982；74-81.

［46］ Durr NP，Orentreich N. Epidermabrasion for acne. Cutis 1976；17：604-8.

［47］ Mackenzie A. Use of But-Puf and mild cleansing bar in acne. Cutis 1977；20：170-1.

［48］ Kligman AM，Mills OH. Acne cosmetica. Arch Dermatol 1972；106：843.

［49］ Kaufman PJ，Rappaport MJ. Skin care products. In：Whittam JH，ed. Cosmetic Safety a Primer for Cosmetic Scientists. New York：Marcel Dekker，Inc，1987；179-204.

［50］ Frank SB. Is the rabbit ear model，in its present state，prophetic of acnegenicity？ J Am Acad Dermatol 1982；6；373.

［51］ Mills OH，Kligman AM. A human model for assessing comedeogenic substances. Arch Dermatol 1982；118：903-5.

［52］ Kaufman PJ，Rappaport MJ. Skin care products. In：Whittam JH，ed. Cosmetic Safety a Primer for Cosmetic Scientists. New York：Marcel Dekker，Inc，1987；179-204.

［53］ Fulton JE，Pay SR，Fulton JE. Comedogenicity of current therapeutic products，cosmetics，and ingredients in the rabbit ear. J Am Acad Dermatol 1984；10：96-105.

［54］ Fulton JE，Bradley S，Aqundez A，Black T. Non-comedogenic cosmetics. Cutis 1976；17；344.

［55］ Report of the 1988 American Academy of Dermatology Invitational Symposium on Comedogenicity. J Am Acad Dermatol 1989；20：272-7.

［56］ Mills OH，Berger RS. Defining the susceptibility of acne-prone and sensitive skin populations to extrinsic factors. Dermatol Clin 1991；9：93-8.

建 议 阅 读

Barker MO. Masks and astringents/toners (Chapter 13). In：Baran R，Maibach H，eds. Textbook of Cosmetic Dermatology，2nd edn. Martin Dunitz Ltd，1998：155-65.

Cunliffe WJ，Holland DB，Clack SM，Stables GI. Comedogenesis：some new aetiological，clinical and therapeutic strategies. Br J Dermatol 2000；142：1084-91.

Cunliffe WJ，Holland DB，Jeremy A. Comedone formation：etiology，clinical presentation，and treatment. Clin Dermatol 2004；22：367-74.

Draelos ZD. A Re-evaluation of the Comedogenicity Concept. J Am Acad Dermatol 2006；54：507-12.

Draelos ZD. Cosmetics in acne and rosacea. Semin Cutan Med Surg 2001；20：209-14.

Draelos ZD. Treating the patient with multiple cosmetic product allergies. A problem-oriented approach to sensitive skin. Postgrad Med 2000；107：70-2，75-7.

Draelos ZD，DiNardo JC. A re-evaluation of the comedogenicity concept. J Am Acad Dermatol 2006；54：507-12.

Katsambas AD，Stefanaki C，Cunliffe WJ. Guidelines for treating acne. Clin Dermatol 2004；22：439-44.

Kiken DA，Cohen DE. Contact dermatitis to botanical extracts. Am J Contact Dermat 2002；13：148-52.

Klock J，Ikeno H，Ohmori K，et al. Sodium ascorbyl phosphate shows in vitro and in vivo efficacy in the prevention and treatment of acne vulgaris. Int J Cosmet Sci 2005；27：171-6.

Leyden JJ. Antibiotic resistance in the topical treatment of acne vulgaris. Cutis 2004；73（6 Suppl）：6-10.

Mirshahpanah P，Maibach HI. Models in acnegenesis. Cutan Ocul Toxicol 2007；26：195-202.

Nguyen SH，Dang TP，Maibach HI. Comedogenicity in rabbit：some cosmetic ingredients/vehicles. Cutan Ocul Toxicol 2007；26：287-92.

Zatulove A，Konnerth NA. Comedogenicity testing of cosmetics. Cutis 1987；39：521.

第2章

酒渣鼻与化妆品

化妆品在酒渣鼻患者中的使用对于减少炎症以及掩饰面部发红非常重要。酒渣鼻患者常常合并敏感性肌肤,选择皮肤护理产品和化妆品时会遇到问题。一般情况下对普通患者没有任何影响的成分却会对酒渣鼻患者造成严重的刺痛和灼烧感。有时不良反应是看不见的;典型的特征是面部潮红的快速发作。因此,为酒渣鼻患者制定产品推荐方法变得很重要。本章将讨论为酒渣鼻患者选择洁面乳、保湿霜、药妆品和面部化妆品的基本原理。

许多护肤品和化妆品都标明适合敏感性肌肤,包括酒渣鼻患者,但这个术语没有任何科学定义。大多数做出这种声明的制造商会在至少 30% 酒渣鼻患者组成的人群中测试敏感的护肤品。在整个人群中,大约有 40% 的人认为自己具有敏感性皮肤的特征。敏感的皮肤可以用主观和客观两种表现来定义。对敏感性肌肤的主观感知来源于患者对各种环境刺激后的刺痛、灼痛、瘙痒和紧绷。这些症状可能会在使用产品后立即发现,或延迟几分钟、几小时或几天。此外,症状可能仅在累积产品应用后或与伴随产品组合后出现。敏感性肌肤的客观表现包括应用后出现面部潮红和(或)炎性丘疹。对化妆品或皮肤护理产品的不良反应可引起酒渣鼻患者的主观和(或)客观体征。

酒渣鼻患者面部产品的测试

为酒渣鼻患者设计的皮肤护理产品和化妆品必须经过专门测试,以适合敏感性肌肤。其中一种测试方法是简单地采用使用模型,招募 40~60 名轻度至中度酒渣鼻的受试者,让他们使用新开发的产品 4 周,同时在日记中记录他们的感受。皮肤科调查员还可以每隔 2 周评估受试者酒渣鼻的状态,以了解与研究产品相关的改善或恶化情况。这是应该执行的最基本的测试方法。

面部刺痛试验对于皮肤护理产品和化妆品的测试很有用,可以确定它们是否适合酒渣鼻患者。

应该采用更复杂的测试方法来评估酒渣鼻患者的亚群,这些患者可能具有更敏感的皮肤和更高的美容问题发生率。这种评估酒渣鼻产品适用性的方法是使用乳酸面部刺痛试验的改进。这项测试是通过在温暖的环境中将皮肤暴露在刺激性化学物质中而引起酒渣鼻的发作。该试验通过将酒渣鼻患者置于温暖的面部桑拿浴室中 15 分钟或直到出现大量出汗和发红,然后在室温下用棉尖涂抹器将 5% 的乳酸水溶液轻快地涂抹到随机的鼻唇沟。将所讨论的产品应用于另一个鼻唇沟,并要求受试者评价两个应用区域的刺痛感。实验对象对所使用的产品不知情,这样就不会对刺痛反应产生偏倚。患者在用药后 2.5 分钟和 5 分钟以顺序 4 分量表评估刺痛(0＝无刺痛,1＝轻微刺痛,2＝中度刺痛,3＝

严重刺痛）。尽管这项测试是相当人工的，但它似乎与可能给酒渣鼻患者带来困难的皮肤护理产品和化妆品有很好的相关性，但这仍然存在争议。这种类型的皮肤测试可以于皮肤科办公室应用。

酒渣鼻患者产品测试中最重要的部分是，当面部存在活动性炎症时，需要在酒渣鼻发作期间将皮肤暴露于化妆品中。血管舒张和炎症介质释放必须获得准确的评估。使酒渣鼻患者面部刺痛的产品可能会引起发炎，这是不可取的，并且不应该售予敏感性肌肤者。一般来说，酒渣鼻患者可以使用声誉良好的制造商生产的、贴有可用于敏感性肌肤标签的护肤品和化妆品。

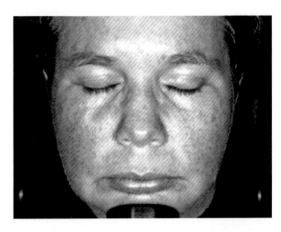

图 2-1 酒渣鼻患者典型的炎症外观，由表面活性剂屏障损伤导致的过度清洁引起的刺激

洗面奶

适当的皮肤护理可以增强酒渣鼻治疗，或者在某些情况下，完全不起作用。没有任何护肤行动比面部清洁更重要。由于蠕形螨和痤疮丙酸杆菌可能会导致某些形式的酒渣鼻，因此皮肤清洁是恢复和维持健康皮肤正常的第一步。在酒渣鼻和脂溢性皮炎重叠综合征患者菌群中，彻底清洁皮肤也是必要的，可以控制糠秕孢子菌的生长。简言之，酒渣鼻患者的清洁目标是去除多余的皮脂、环境碎屑、脱落的角质细胞、多余的生物体以及残存的皮肤护理和化妆品，同时保持皮肤屏障不受影响。这可能是一个挑战，因为洁面乳无法区分皮脂和细胞间脂质，这意味着清洁得太好的产品可能会有问题（图 2-1）。本文讨论的重点是使用洁面乳在酒渣鼻患者的各种皮肤需求，包括油性、正常和干性的皮肤。还讨论了化妆品去除、清洗设备和有问题的产品。

面部清洁在酒渣鼻中非常重要，可以保持健康的皮肤菌群而不会损坏皮肤屏障。

油性皮肤

许多具有活跃皮脂腺皮肤的酒渣鼻患者产生丰富的皮脂。即使你的皮肤是油性的，过度清洁也会让你的皮肤发亮，容易脱落。这是由于去除细胞间脂质而造成的屏障破坏，导致角质层过早脱屑，随后皮脂再次堆积。洁面后面部立即变得过度干燥，但在洁面后 2～4 小时再次变得油腻。这是一个具有挑战性的情况，因为清洁不会减少皮脂分泌；它只会去除清洁时存在的皮脂。这一观察结果解释了一些酒渣鼻患者认为洁肤会使皮肤发红和皮脂增多的错误观点。

油性皮肤最基本的清洁剂是肥皂，是脂肪和碱之间发生反应，产生具有清洁特性的脂肪酸盐。肥皂由 pH 在 9～10 之间的长链脂肪酸碱盐组成。高 pH 值会彻底去除皮脂，但也会损害细胞间脂质。对于皮肤极油性的人来说，这种类型的清洁剂可能是合适的（乳白色，宝洁）。当试图去除大量皮脂时，应避免用毛巾或其他工具用力擦洗，因为对皮肤的操作可能会引起酒渣鼻症状。更好的解决办法是洗两次脸，每次都去除更多的皮脂。用手轻柔地按摩洁面乳进入皮肤，然后用温水冲洗是最好的。重要的是避免将面部暴露在极端水温下,因为这可能会引起潮红。

正常皮肤

正常皮肤没有定义;然而,在本讨论中,该术语是指无油性或干性皮肤的患者。肥皂可能会清除这些人群中过多的皮脂,这使 Syndets 清洁剂成为首选。Syndets 也被称为合成洗涤剂,含有少于 10% 的肥皂,调整后的 pH 为 5.5～7。中性 pH,更接近皮肤的天然 pH,产生的刺激性较少。一般来说,所有的美容皂、温和洁面皂和敏感肌肤皂都是 Syndet 品种(玉兰油,宝洁公司;多芬,联合利华;丝塔芙棒,高德美)。最常用的洗涤剂是椰油基亚磺酸钠。这些清洁剂还具有极好的可冲洗性,这意味着当与不同硬度的水一起使用时,肥皂渣膜不会留在皮肤上。对于皮肤敏感的酒渣鼻患者来说,这是一个重要的特性,因为肥皂膜可能会产生刺激。

对于酒渣鼻患者来说,如果他们担心体味,并且想要拥有一种"非常干净的"皮肤感觉,那么可以使用另一种类型的洁面乳,称为 combar。Combar 是将碱性肥皂与 syndet 结合起来制造的,其去除皮脂的力度比肥皂小,但比 syndet 更大。大多数 combars 还添加了抗菌剂,如三氯生,作为气味控制的成分。这些清洁剂通常被标记为除臭剂肥皂(代尔,代尔公司;爱尔兰春天,高露洁棕榄)。对于皮脂分泌丰富且难以控制脓疱的酒渣鼻患者,这种洁面乳可能是有益的。三氯生在美国未被批准作为痤疮治疗成分,但在欧洲用于此治疗痤疮。对于皮脂分泌正常的患者,除臭剂洁面乳可以每天使用一次或每隔一天使用一次,以提供抗菌效果,且不会过度刺激皮脂分泌。

干性和(或)敏感性肌肤

许多酒渣鼻患者的皮肤很敏感,由于皮脂分泌有限,必须轻轻清洁。这些患者通常是绝经后女性。无脂洁面乳可作为该人群的

清洁替代品。无脂洁面乳是不含脂肪的清洁液体,这一点使其与肥皂(丝塔芙洗面奶,高德美;CeraVe,科里亚;阿奎尼尔,Person & Covey)不同。洁面乳适用于干性或湿润的皮肤,揉搓产生轻微的泡沫,然后冲洗或擦拭。这些产品可能含有水、甘油、鲸蜡醇、硬脂醇、月桂硫酸钠,偶尔也含有丙二醇。它们会留下一层薄薄的保湿膜,但不具备强大的抗菌性能。因此,无脂洁面乳对干性面部效果极佳,但不建议用于清洁腹股沟或腋窝。它们也不擅长去除多余的环境污垢或皮脂。

化妆品去除

无脂洁面乳也可用于去除酒渣鼻患者的化妆品(丝塔芙,高德美;CeraVe 洗面奶,威朗)。它们可以干敷,并在眼睑、脸颊和口唇上摩擦,以去除水溶性和防水化妆品,然后用温水冲洗干净。如有必要,可以使用另一种清洁剂进行额外清洁。许多市面上销售的化妆品清除剂含有挥发性溶剂,会破坏细胞间脂质,从而引发酒渣鼻。

> 无脂或低泡沫的洁面乳对于酒渣鼻患者的卸妆效果非常好。

去除化妆品的另一种产品是清洁霜。清洁霜由水、矿物油、凡士林和蜡(白凡士林)组成。清洁霜最常见的变种,称为冷霜,是通过在矿物油和蜂蜡中加入硼砂制成的(旁氏冷霜)。这些产品在成熟女性中很受欢迎,因为它们可以一步去除化妆品和有温和清洁作用。

清洁仪

清洁仪将清洁剂与工具结合起来清洗皮肤。最常见的清洁仪是浸渍有清洁剂的一次性清洁布。这种布料可以是聚酯纤维、人造丝、棉和纤维素纤维,被加热可以产生热黏合。通过高压水射流对纤维进行水缠结,赋

予织物额外的强度,从而消除对黏合剂的需求。这就形成了柔软耐用的布料。这种布料通常可以用 syndet 清洁剂包装成干燥或潮湿。干布在使用前要弄湿。

> 可使用开放式编织的清洁布轻柔而彻底地清洁酒渣鼻患者的面部。

这种布料去除皮脂的程度根据清洁剂的用量以及布料的编织类型而有所不同。有两种类型的纤维编织用于面布:开放式编织和封闭式编织。开放式编织布在相邻纤维束之间有 2～3mm 的窗口。这些布用于干性和(或)敏感性肌肤,因为它增加了布的柔软度并减少了清洁表面积。另一方面,封闭式编织布的编织结构更加紧密,能提供更彻底的清洁,但也会导致角质脱落。去角质是为了去除脱落的角质细胞。虽然这对一些酒渣鼻患者可能是有益的,但对其他患者可能是有问题的。获得的去角质程度取决于布料的编织、布料在皮肤表面的压力,以及布料使用时间的长短。敏感性肌肤的人可以每周一次在脸上使用开放式编织布进行温和的去角质。

保湿清洁布也是可用的,并且可能是酒渣鼻患者的首选。布料有两面,两面的设计可能不同,不同的设计可以提供不同的好处。保湿布在纹理面含有清洁剂,在光滑面含有保湿霜。把布浸入水中弄湿;首先使用它有纹理的一面来清洁和轻轻去除皮肤上的角质;然后把布冲洗干净。将布翻转过来,同时冲洗并保湿面部。这种布料技术还可以用于一些患者的化妆品去除。

清洁布的另一种变体是清洁袋。将两块清洁布放在皮肤清洁和调理成分周围,形成清洁袋。在两块含有不同直径孔的纤维布之间放置一层塑料薄膜,以控制成分释放到皮肤表面上。很多时候,清洁袋含有多种植物制剂,这可能对酒渣鼻患者产生影响。

有问题的清洁剂和清洁工具

对于酒渣鼻患者,其他清洁剂和清洁工具也可能存在问题。强烈去角质的产品,如磨砂膏,可能会引起潮红。磨砂膏包括聚乙烯珠、氧化铝、磨碎的果核或十水四硼酸钠颗粒,以诱导不同程度的去角质。最强烈的去角质是由不规则形状的氧化铝颗粒和磨碎的果核产生的,酒渣鼻患者应该避免使用。温和的去角质是由聚乙烯珠产生的,它具有光滑的圆形表面。程度最轻的去角质是由十水四硼酸钠颗粒产生的,它在使用过程中可以软化和溶解角质。

> 酒渣鼻患者应避免使用具有"刺激性"的洗面奶和擦洗工具。

强烈去角质的另一种形式是由非织造聚酯纤维(Buf Puf)组成的海绵制作的。这些海绵对大多数酒渣鼻患者来说过于激进。酒渣鼻患者皮肤敏感,必须像细丝巾一样轻轻处理。用力拉、拽、揉和使用强力清洁剂会立即损坏丝巾,不建议敏感肌肤的酒渣鼻患者使用。一些酒渣鼻患者使劲地擦洗脸,希望能够清除炎症性病变和发红,而实际上它们只会加重屏障损伤。然而,屏障损伤的修复可以通过保湿霜来促进,这是下一个讨论的话题。

面部保湿霜

保湿霜对于提供适合于酒渣鼻患者屏障修复的环境是非常重要的。面部保湿霜是预防面部酒渣鼻发炎最重要的化妆品(图 2-2)。这些保湿霜试图模仿皮脂和由鞘脂、游离甾醇、游离脂肪酸组成的细胞间脂质的作用。它们可以提供一个环境,通过替换角质细胞和细胞间脂质使角质层屏障愈合。然而,滋润物质不能堵塞汗管,否则会产生粟粒疹;不得在毛囊口产生刺激,否则会暴发痤疮样疹;而且不能形成粉刺。此外,面部保湿霜不得产生伤害性感觉刺激,否则也可能引起酒渣鼻发作。

图 2-2　可用于酒渣鼻患者的各种抗炎面部保湿霜的实例,通常被标记为减红保湿霜

保湿霜通过减少经皮水丢失(TEWL)和为控制酒渣鼻创造最佳环境来修复屏障受损的皮肤。可结合使用提高皮肤含水量的 3 类物质是封闭剂、保湿剂和水胶体。封闭剂是一种油性物质,通过在皮肤表面涂抹一层油膜来延缓 TEWL。保湿剂是吸引皮肤水分的物质,不是来自环境,而是来自皮肤内层,除非环境湿度为 70%。保湿剂把水从活真皮吸到活性表皮,然后从非活性表皮吸到角质层。最后,水胶体是物理上较大的物质,它覆盖在皮肤上,从而延缓 TEWL。

> 保湿霜可预防面部酒渣鼻发作,并可与封闭剂和保湿剂结合使用,以防止水丢失、吸引水分并促进屏障修复。

防止面部酒渣鼻的最佳保湿霜结合了封闭剂和保湿成分。例如,配方良好的保湿霜可能含有凡士林、矿物油和二甲硅油作为封闭剂。凡士林是一种合成物质,主要类似于细胞间脂质,但浓度过高会产生黏稠的油膏。添加二甲硅油可以改善凡士林的美观性,二甲硅油也可以防止失水,但降低了凡士林的浓度,得到更合适的稀释剂配方。矿物油,油腻如凡士林,但仍然是一种极好的屏障修复剂;它进一步提高了保湿霜的扩散能力,增强了美感。在配方中加入甘油可吸引真皮中的水分,加速水合作用。正是通过这些成分的精心组合,面部保湿霜才能预防酒渣鼻的发作。

面部药妆品

药妆品是一种非处方保湿霜,含有多种活性成分,旨在改善皮肤外观。大多数为酒渣鼻患者设计的药妆品含有消炎成分,旨在减少红肿。消炎剂是植物提取物,可以补充酒渣鼻治疗维持阶段的处方治疗。目前市场上常用的植物性消炎剂包括银杏叶、绿茶、芦荟、尿囊素和甘草查尔酮。下文将讨论它们用于减少发红药妆品的基本原理。

> 用于酒渣鼻患者的药妆品通常含有消炎剂,以减少面部发红。

银杏叶

银杏叶含有独特的多酚类化合物,如萜类(银杏内酯、银杏叶苷)、黄酮类化合物和具有抗炎作用的黄酮苷。在实验性成纤维细胞模型中,这些抗炎作用与抗自由基和抗脂质过氧化物作用有关。据说银杏叶还可以通过减少毛细血管水平的血流量和诱导毛细血管下皮肤丛小动脉的血管舒缩性变化来改变皮肤微循环。总之,这些变化可能减少皮肤发红。

绿茶

绿茶,也称为山茶,是另一种含有多酚类化合物的抗炎植物制剂,如表儿茶素、表儿茶素-3-没食子酸酯、表棓儿茶素和表棓儿茶素-3-没食子酸酯。"绿茶"一词是指从茶树的新鲜叶子中提取植物提取物，通过高温蒸煮和干燥来避免多酚成分的氧化和聚合。Katiyar 等的一项研究证明了局部绿茶应用对 C3H 小鼠的抗炎作用。同一作者的第二项研究发现，局部应用含有表棓儿茶素-3-没食子酸酯的绿茶提取物可以减少 UVB 诱导的炎症，这是通过皮肤双重皱褶肿胀来衡量的。在撰写本文时，绿茶提取物是最常用的植物性抗炎药妆。

芦荟

第二种最常用的抗炎植物药草是芦荟。黏液以无色凝胶的形式从植物叶片中释放出来，含有 99.5% 的水和黏多糖、氨基酸、羟基醌糖苷和矿物质的复杂混合物。从芦荟汁中分离出的化合物包括芦荟素、芦荟大黄素、阿来替尼酸、胆碱和水杨酸胆碱。据报道，芦荟对酒渣鼻的皮肤作用包括减少炎症、减少皮肤细菌定植和促进伤口愈合。芦荟的抗炎作用可能是由于其通过汁液中的胆碱水杨酸成分抑制花生四烯酸途径中环氧化酶的能力。然而，任何保湿霜中芦荟的最终浓度必须至少为 10%，才能达到与酒渣鼻患者相关的药妆效果。

尿囊素

尿囊素是最古老的消炎成分，被添加到许多适合敏感性肌肤的保湿霜中。它天然存在于紫草根中，但通常在寒冷环境下通过尿酸的碱性氧化合成。尿囊素是一种白色结晶粉末，易溶于热水，使其易于在专为敏感性肌肤设计的乳霜和保湿霜中配制。尿囊素被称为皮肤保护剂，可能有助于减少发红。

甘草查尔酮 A

甘草查尔酮 A 是通过加热从膨胀甘草植物的根中分离出来的。它具有抗炎特性，在体外可抑制 UVB 照射引起的红斑，以及脂多糖诱导成人真皮反应诱发的角质形成细胞释放 PGE_2。甘草查尔酮 A 是目前国际上为减少发红而销售的最大产品系列之一（优色林，贝尔斯多夫）的活性剂。

面部遮盖化妆品

很多时候，由于存在毛细血管扩张，用药物和护肤品完全消除红肿是不可能的，这两种治疗方式都无法解决。这使得彩色化妆品成为所有女性酒渣鼻患者的可行选择，也可能是一些男性的选择。这种化妆品可以通过混合颜色或隐藏底层皮肤来掩盖潜在的红色，从而获得更理想的外观。

> 绿色保湿霜可用于酒渣鼻患者，可最大限度地减少面部基础下的面部发红。

混合颜色以减少面部发红，使用了与红色互补的绿色。应用处方药后，使用带有轻微绿色色调的保湿霜，并充分混合。由于红色和绿色的混合物会产生棕色，因此纯粹的绿色色调会使明亮的红色脸颊更加柔和。有时，在绿色色调上涂上与理想肤色相匹配的棕褐色粉底。绿色的色调可以让面部粉底更好地掩饰红色的色调。如果红色仍然明显，可以使用更加半透明甚至不透明的面部粉底。

解决酒渣鼻患者面部化妆品和护肤问题

偶尔，酒渣鼻患者会出现不能使用任何外用药物和皮肤护理或没有副作用的化妆品的情况。皮肤科医师一开始可能会认为患者是在演戏，因为这些患者面对的是一篮子有问题的产品，而且通常会看很多皮肤科医师。在这种情况下，有必要着手制定一个合乎逻辑的消除方案，以确定哪些产品可以被允许，哪些产品是不能被允许的。下文讨论介绍了一种处理这些问题多的患者的方法，它更多地基于医学艺术，而不是科学，即首先停止所有不必要的产品，然后系统地重新引入它们。现将该方法概述如下。

1. 停止使用所有局部化妆品、非处方治疗产品、洁面乳、保湿霜和香水。只使用无脂洁面乳和温和保湿霜 2 周。

2. 停止所有局部处方药 2 周。特别是避免服用含有维 A 酸、过氧化苯甲酰、乙醇酸和丙二醇的药物。口服治疗酒渣鼻的药物可以继续使用。

3. 选择宽松柔软的衣服，消除所有皮肤摩擦的来源。

4. 停止任何涉及皮肤摩擦的体育活动，如举重、跑步、骑马等。

5. 在 2 周时对患者进行评估，以确定是否发生任何改善或是否存在任何伴随的皮肤病。如果出现潜在的皮肤病，如脂溢性皮炎、牛皮癣、湿疹、特应性皮炎或口周皮炎，请酌情治疗，直到新诊断的皮肤病的所有可见症状消失后 2 周。

6. 用标准的皮肤斑贴试验物质对患者进行斑贴试验，以确定过敏原。确定哪些过敏原是临床相关的，并提出避免使用的建议。

7. 特别要评估患者的精神状态，注意抑郁症、更年期或精神疾病的迹象。

8. 允许女性患者按以下顺序添加一种面部化妆品：唇膏、扑面粉、腮红。

9. 通过每晚在眼外侧 2cm 处涂抹至少连续 5 晚，以测试患者使用的所有剩余化妆品。化妆品应按以下顺序进行测试：睫毛膏、眼线笔、眉笔、眼影膏、面部粉底、腮红、面部粉饼和任何其他彩色的面部化妆品。

10. 最后，通过每晚在眼外侧 2cm 处连续 5 晚使用，以测试所有局部外用酒渣鼻药物。

11. 分析所有数据，并向患者提供适合使用的药物、护肤品和化妆品的清单。

这确实是一项耗时的工作，但它是确定适合具有挑战性的患者的局部产品的彻底方法。

小结

对于皮肤科医师来说，酒渣鼻患者是一个挑战，因为他们的目的是在选择皮肤护理和化妆品方面提供实用的建议。本章讨论了当前市场上可能适合或不适合酒渣鼻患者的各种洁面乳、保湿霜和药妆品。成功的关键在于为每名患者订制皮肤治疗方案。确定皮肤需求并开出符合这些需求的产品，不仅可以治疗酒渣鼻，而且可以满足患者的需求。还提出了一种用于识别适合于有问题的患者的产品的方法。本章所讨论的观点应该为传统的酒渣鼻疗法提供补充，包括皮肤护理和美容产品。

参 考 文 献

[1] Jackson EM. The science of cosmetics. Am J Contact Dermat 1993；4：108-10.

[2] Draelos ZD. Sensitive skin：perceptions，evaluation，and treatment. Contact Derm 1997；8：67.

[3] Facial Sting Task Group，ASTM Committee E-18.03.01.

[4] Grove G，Soschin D，Kligman AM. Guidelines for performing facial stinging tests. In：Proc 12th Congress Internat Fed Soc of Cosmet Chem. Paris：September 13-17，1982.

[5] Laden K. Studies on irritancy and stinging potential. J Soc Cosmet Chem 1973；24：385-93.

[6] Basketter DA，Griffiths HA. A study of the relationship between susceptibility to skin stinging and skin irritation. Contact Derma 1993；29：185-8.

[7] Willcox MJ，Crichton WP. The soap market. Cosmet Toilet 1989；104：61-3.

[8] Wortzman MS. Evaluation of mild skin cleansers. Dermatol Clin 1991；9：35-44.

[9] Wortzman MS，Scott RA，Wong PS，et al. Soap and detergent bar rinsability. J Soc Cosmet Chem 1986；37：89-97.

[10] deNavarre MG. Cleansing creams. In：deNaarre MG，ed. The Chemistry and Manufacture of Cosmetics. Vol. 3，2nd edn. Wheaton，Illinois：Allured Publishing Corporation，1975：251-64.

[11] Jass HE. Cold creams. In：deNaarre MG，ed. The Chemistry and Manufacture of Cosmetics. Vol. 3，2nd edn. Wheaton，Illinois：Allured Publishing Corporation，1975：237-49.

[12] Mills OH，Kligman AM. Evaluation of abrasives in acne therapy. Cutis 1979；23：704-5.

[13] Durr NP，Orentreich N. Epidermabrasion for acne. Cutis 1976；17：604-8.

[14] Katiyar SK，Elmets CA. Green tea and skin. Arch Dermatol 2000；136：989.

[15] Katiyar SK，Elmets CA，Agarwal R，et al. Protection against ultraviolet-B radiation-induced local and systemic suppression of contact hypersensitivity and edema responses in C3H/HeN mice by green tea polyphenols. Photochem Photobiol 1995；62：861.

[16] Kolbe L，Immeyer J，Batzer J，et al. Anti-inflammatory efficacy of Licochalcone A：correlation of clinical potency and in vitro effects. Arch Derm Res 2006；298：23-30.

第3章

面部保湿霜和湿疹

面部保湿霜是一些最重要的非处方护肤品。通过补充或丢失水分，皮肤会发生剧烈变化。水分充足的面部皮肤是柔软、光滑、美丽的，而水分不足的面部皮肤是粗糙、丑陋、难看的（图 3-1）。大多数减少皱纹的药妆品产生的主要效果是由于其有良好的皮肤水合作用。从脱水引起的面部皱纹到面部湿疹都可以通过保湿来治疗。

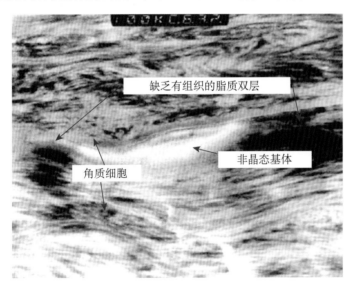

图 3-1　干性皮肤的 SEM 图像显示，存在无组织的脂质双层，屏障受损

化妆品行业使用各种术语来描述护肤霜和润肤乳的效果：润滑剂、保湿霜、修复或补充产品、润肤剂等。这些术语没有科学意义，因为干性皮肤补水或修复受损皮肤的机制仍有待阐明。在基本术语中，润滑剂是指那些在粗糙和片状的干燥皮肤中增加皮肤润滑的产品；保湿霜通过增加皮肤柔韧性赋予皮肤水分；修复或补充产品旨在逆转老化皮肤的外观。所有 3 类产品均以润肤剂为基础。了解面部保湿霜的功能及其配方对皮肤科医师来说至关重要，一旦皮炎得到解决，皮肤科医师必须保持面部皮肤的健康。

干燥症的生理学

干燥症是角质层含水量减少导致角质细胞异常脱落的结果（图 3-2）。为了使皮肤显示并感觉正常，该层的含水量必须在 10% 以上。水分在低湿度条件下蒸发到环境中流失,必须由下层表皮和真皮层的水分补充。角质层必须具有保持这种水分的能力,否则皮肤会感觉粗糙、有鳞屑和干燥。然而,这确实是一个过于简单的观点,因为干性皮肤和正常皮肤的角质层中存在的水分差别极小。干燥的皮肤不仅仅是由于低含水量。对干性皮肤的电子显微镜照片研究表明,角质层较厚、有裂缝且无组织(图 3-3)。

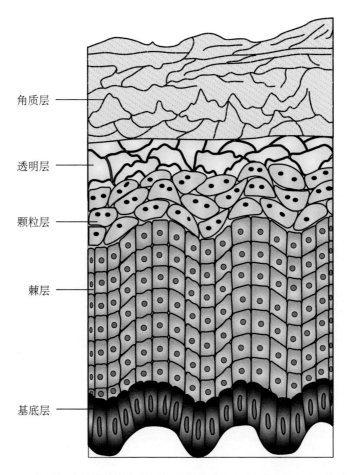

图 3-2　角质细胞的成熟过程需要细胞从基底层向角质层移动时逐渐脱水

角质层

透明层

颗粒层

棘层

基底层

> 水分在低湿度条件下蒸发到环境中流失,必须由下层表皮和真皮层的水分补充。

表皮屏障功能涉及 3 种细胞间脂质:鞘脂、游离甾醇和游离脂肪酸。此外,人们认为含有鞘脂、游离甾醇和磷脂的板层小体(奥德兰体、膜包衣颗粒和牙骨质)在屏障功能中发挥关键作用,对锁水和防止过度失水至关重要。脂质对于屏障功能是必需的,因为这些化学物质的溶剂萃取会导致干燥,直接与脂质去除量成正比。角质层中的主要脂质(按重量计)是神经酰胺,如果通过鞘氨醇的伯醇进行糖基化,神经酰胺就会变成鞘脂。神经酰胺在皮肤中具有大部分长链脂肪酸和亚油酸。皮肤屏障受损导致板层小体快速分泌和与黏附分子表达、生长因子产生相关的细胞因子级联变化。如果屏障受损的皮肤被一层不透气的覆盖物包裹住,预期的脂质合成就被阻止了。然而,用透气性覆盖物覆盖并不

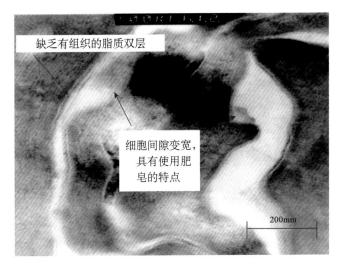

图 3-3　表面活性剂诱导的具有屏障损伤的干性皮肤的 SEM 图像

会阻止屏障恢复。因此,经表皮水丢失(TEWL)是启动脂质合成以允许屏障修复的必要条件。

> 涉及表皮屏障功能的 3 种细胞间脂质是鞘脂、游离甾醇和游离脂肪酸。

皮肤再湿润必须分 4 个步骤进行:屏障修复的开始、皮肤表面水分分配系数的改变、真皮-表皮水分扩散的开始,以及细胞间脂质的合成。化妆品行业普遍认为,含水 20%～35% 的角质层会表现出正常角质层的柔软和柔韧性。

其他疾病状态,如面部特应性皮炎,也表现出神经酰胺分布导致的屏障功能异常。有趣的是,由于角质层固有的含水量较低,干燥症会随着年龄的增长而增加。但这并不能完全解释老化皮肤的鳞屑和粗糙,可能还存在异常脱皮过程。

角质层中除上述脂质外,还有其他脂质值得一提:硫酸胆固醇、游离甾醇、游离脂肪酸、三酰甘油、甾醇蜡/酯、角鲨烯和正构烷烃。硫酸胆固醇仅占表皮脂质总量的 2%～3%,但在角质细胞脱屑中起重要作用。似乎

角质细胞脱屑是通过硫酸胆固醇的脱硫介导的。脂肪酸也很重要,已经证明在必需脂肪酸缺乏的大鼠中,通过局部或全身给予富含亚油酸的油可以恢复其屏障功能。

> 皮肤再湿润的两种主要方法是封包剂和保湿剂。

保湿机制

角质层可以通过 4 种机制再水化:封包剂、保湿剂、亲水基质和防晒霜。

封包剂

有 20 种不同种类的化学物质可以起到延缓 TEWL 的封包作用。每种化学物质赋予保湿霜不同的感觉和厚度。下面列出的是一些被广泛使用的物质。

1. 烃类油和蜡:凡士林、矿物油、石蜡和角鲨烯。

2. 硅油。

3. 植物和动物脂肪。

4. 脂肪酸:羊毛脂酸和硬脂酸。

5. 脂肪醇:羊毛脂醇和鲸蜡醇。

6. 多元醇:丙二醇。

7. 蜡酯:羊毛脂、蜂蜡和硬脂酸硬脂酯。

8. 植物蜡:巴西棕榈蜡和蜡大戟。

9. 磷脂:卵磷脂。

10. 甾醇:胆固醇。

上述化学物质中,最具封包性的是凡士林油。然而,角质层完全被封闭似乎是不可取的。虽然 TEWL 可以完全停止,但一旦闭塞物被移除,水分流失将恢复到应用前的水平。因此,封包性保湿剂阻碍角质层修复其屏障功能。但是,凡士林似乎不能起到不可渗透的屏障的作用;相反,它渗透到整个角质层的空隙中,使屏障功能得以重建。

> 凡士林仍然是最有效的封包保湿剂。

虽然凡士林是一种非常有效的面部保湿剂,但除了在非常干燥的皮肤配方中,并不常用。它很油腻,影响了化妆品的发挥。它也阻碍汗液从皮肤表面蒸发,阻止了蒸发产热。最后,它会弄脏衣服。凡士林少量用于面部保湿霜,但通常与二甲硅油和鲸蜡醇混合,以形成更具美容效果的配方。对美容的需求导致了当今市场上无数的面部保湿霜的出现。

保湿剂

面部角质层补水的另一个概念是使用保湿剂。多年来,保湿剂一直用于化妆品中,通过防止产品因温度和湿度的变化而蒸发和随后增稠来延长保质期。例如,保湿剂是所有水包油型面霜的必要组成部分,以保持其所需的含水量。起保湿剂作用的物质有甘油、蜂蜜、乳酸钠、尿素、丙二醇、山梨醇、吡咯烷酮羧酸、明胶、透明质酸、维生素和一些蛋白质。

化妆品药剂师从理论上推测,在环境湿度超过 70% 的情况下,保湿剂可以用来从环境中吸取水分,更常见的情况是从深层表皮和真皮组织中取水,使角质层补水。在没有保湿剂的情况下涂抹在皮肤上的水分会迅速流失到空气中。保湿剂还可以通过膨胀填充角质层中的孔洞,使皮肤感觉更光滑。然而,在低湿度条件下,甘油等保湿剂实际上会从皮肤中吸取水分并增加 TEWL。因此,一个好的保湿霜应该结合封包性和保湿性。

在许多面部保湿霜中,甘油与封闭的凡士林油和二甲硅油混合在一起,有助于将水分吸引到由人工屏障固定的皮肤表面。过多的甘油可以通过将汗液保持在皮肤表面,从而使面部保湿剂变得黏稠。添加其他保湿剂,如维生素和蛋白质,以补充甘油的效果。虽然患者可能认为蛋白质或多肽正在影响皮肤胶原蛋白,但它们实际上正在通过保湿作用防止面部皮肤水分流失。这是面部润肤霜配方的艺术。

亲水基质

亲水基质是一种大分子量物质,可在物理上阻止面部水分流失。面部保湿的一些最新进展就属于这一类。局部透明质酸是一种高分子量物质,是面部润肤霜中较新的亲水基质之一。它附着在皮肤表面,不仅能阻止身体水分流失,还能起到保湿剂的作用来保持水分。许多蛋白质也同时起到保湿剂和亲水基质的作用。一家制造商生产了一种基于胶原燕麦的面部保湿霜,皮肤科医师应用燕麦浴来进行治疗,这种润肤霜也能防止水分流失。亲水基质是面部保湿霜中最不常用的保湿机制。

> 亲水性保湿霜是一种大分子量物质,可阻止水分流失。

防晒霜

任何面部保湿霜中最有效的抗衰老成分是防晒霜。事实上,大多数涉及老龄化的说法主要由防晒霜支撑，其次是保湿霜。人们普遍认为，抵御 UVB 和 UVA 辐射有助于防止皮肤老化，但这一理论从未被检验过，只是被观察过。防晒霜被列为保湿剂，因为它们可以防止细胞损伤，从而防止脱水。防晒霜被认为具有保湿成分，但不会以闭塞和保湿成分来明显改变面部皮肤水分流失。

润肤的机制

润泽性是保湿霜的另一个重要特征，与增加皮肤含水量的能力无关。润肤剂通过用油滴填充脱落的角质细胞之间的空隙起作用，但它们的效果只是暂时的。它们使皮肤感觉光滑和柔软，这是大多数患者使用的主要面部保湿属性（图 3-4）。有些保湿成分是润肤剂，但并非所有润肤剂都是保湿成分。

图 3-4　大多数患者评价润肤霜的功效是因为它的润肤特性，而不是因为它的屏障修复特性

润肤剂通过填充脱落的角质细胞之间的空隙起作用，使皮肤感觉光滑和柔软。

润肤剂可分为以下几类：保护性润肤剂、脂肪润肤剂、干性润肤剂和收敛性润肤剂。保护性润肤剂是诸如二亚油酸二异丙酯和异硬脂酸异丙酯之类的物质，其在皮肤上停留的时间长于平均时间，使用后立即感觉皮肤光滑。脂肪润肤剂，如蓖麻油、丙二醇、荷荷巴油、异硬脂酸异硬脂酯和硬脂酸辛酯，也会在皮肤上留下一层持久的薄膜，但可能会感到油腻。干性润肤剂，如棕榈酸异丙酯、油酸癸酯和异硬脂醇不会提供太多皮肤保护，但会产生干燥感。最后，收敛性润肤剂，如二甲硅油和环甲基硅酮、肉豆蔻酸异丙酯和辛酸辛酯，油脂残留量最少，可以减少其他润肤剂的油腻感。

二甲聚硅氧烷可以起到润肤剂和封闭保湿霜的作用。

面部保湿霜配方

大多数保湿霜由水、脂类、乳化剂、防腐剂、香水、色素和特殊添加剂组成。有趣的是，水在所有润肤霜中占 60%～80%；然而，外用的水并不能使脸部恢复弹性。事实上，水分通过皮肤的速率随着水分的增加而增加。水起到稀释剂的作用，蒸发后留下活性剂。乳化剂通常是浓度为 0.5% 或更低的肥皂，其功能是将水和脂质保持在一个连续相中。对羟基苯甲酸酯是保湿霜中最常用的防腐剂，通常与一种甲醛供体防腐剂联合使用。保湿霜中加入的各种特殊添加剂是无穷无尽的，只有化妆品药剂师的想象力才有限制（图 3-5）。

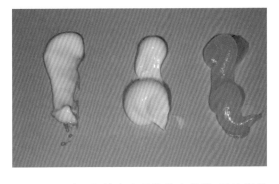

图 3-5　通过目视检查产品的黏度特性，无法评估润肤霜为面部屏障修复创造环境的能力

面部保湿霜由水、脂类、乳化剂、防腐剂、香水、色素和特殊添加剂组成。

有销路的面部保湿霜配方必须满足 3 个标准：必须增加皮肤的含水量（保湿），必须使皮肤感觉光滑柔软（润泽），必须保护受伤或暴露的皮肤免受有害或恼人的刺激（皮肤保护）。

面部保湿霜和相关产品是增长最快的化妆品交易（图 3-6）。有两种基本配方：以水为主相的水包油乳液和以油为主相的油包水乳液。水包油配方被用于较薄的日间面部润肤霜，油包水配方被用于晚霜或面部补充霜。水包油乳液可通过其凉爽的手感和无损耗的外观来识别，而油包水乳液可通过其温暖的手感和光泽的外观来识别。日间保湿霜通常由矿物油、丙二醇和足量的水组成，以形成乳液（图 3-7）。晚霜由矿物油、羊毛脂醇、凡士林和水组成，以形成乳霜（图 3-8）。专业眼霜是一种晚霜，去除了一些更刺激的成分以防眼刺痛。因此，产品之间的差异在于添加了香味、异国情调的精油、维生素、蛋白质或氨基酸产品以及其他次要保湿剂。

图 3-6　面部保湿霜通过补充水分，特别是眼周围的水分来改善外观

过多的面部保湿霜使得对各种产品进行分类变得困难；然而，对一些关键产品的声明

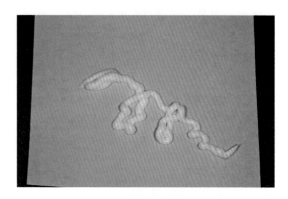

图 3-7　日霜配方黏性的演示

图 3-8　晚霜配方黏性的演示

和成分做一个简要的了解是有必要的。这些化妆品公司根据皮肤类型销售面部保湿霜。当然，专为油性皮肤设计的产品不含油或含有少量轻质油。正常皮肤产品含有适量的轻质油，干性皮肤产品含有更多的重油。使用的较轻的油通常是矿物油，较重的油是凡士林。因此，可以基于不同的水-油比为所有皮肤类型开发保湿产品。

油性皮肤保湿霜不含油，由水和硅氧烷衍生物组成，如环甲基硅酮或二甲硅油。

无油的油性皮肤保湿霜由水和硅氧烷衍生物组成，如环甲基硅酮或二甲硅油。在兔耳试验中，这种结合体已被证明是不会引发粉刺的。这些产品不油腻，因为大部分产品会从脸上蒸发。许多油性皮肤保湿霜也声称能控制油脂，这是通过使用滑石粉、黏土、淀粉或合成聚合物等吸油物质实现的。为正常或混合皮肤设计的产品主要含有水、矿物油和丙二醇以及极少量的凡士林。与无油配方相比，这些产品会在面部留下更多的油性残留物。如果含有防晒剂，该系列保湿霜也被称为抗皱乳液、防护霜或运动霜。

> 正常皮肤面部保湿霜（润肤霜）主要由水、矿物油、丙二醇和极少量的凡士林组成。

干性皮肤保湿霜含有水、矿物油、丙二醇和大量的凡士林或羊毛脂，此外还含有低浓度的声称可以修复、更新或补充皮肤的多种添加剂。患者应该意识到没有完美的皮肤保湿霜。声称能恢复或重建真皮组织的面霜和乳液不会深入渗透产生任何效果。某些保湿霜的高昂成本并不能从成分的价值来判断。患者购买的是某种感觉、香味或形象。如果患者在使用某种面霜后获得更多的自信或增加了幸福感，那么这笔钱花得很值。医师的作用应该是确定哪些化妆品宣称是没有根据的作用，以便患者对他或她选择购买的产品有医学观点的指导。

> 干性皮肤面部保湿霜含有水、矿物油、丙二醇和大量的凡士林。

重要的是，患者应根据皮肤类型选择适合的面部保湿霜。大多数化妆品公司都清楚标明哪些保湿霜适合油性、正常和干性皮肤。尽管油性皮肤的患者可能不愿使用保湿霜，但含有吸油滑石粉或高岭土的产品会降低面部光泽。油性皮肤患者通常使用含有过氧化苯甲酰的肥皂去除多余的油脂以帮助治疗痤疮。应用肥皂会在随后的清洗过程中在脸上产生皮屑，从而影响到粉底的使用。无油保湿霜可以帮助皮肤平滑，使粉底更加光滑，而不是优先黏附在皮肤上。选择无油粉底的患者必须使用无油保湿霜，以确保最长的持妆时间和色差最小。

选择合适的保湿霜会使干性皮肤患者受益。由于皮肤脱水引起的皮肤皱褶和皮肤鳞片引起的粗糙可以得到改善（图3-9）。

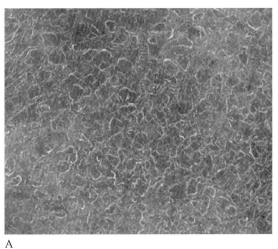

A   B

图 3-9　A. 在使用保湿霜之前皮肤干燥的外观；B. 与 A 图中的相同干性皮肤在使用保湿霜后立即暂时平滑皮肤鳞屑并改善外观

面部保湿霜的功效评估

面部保湿霜的功效可能难以评估。目前已经开发了几种优秀的非侵入性方法：回归分析法、轮廓测定法、鳞片测定法、活体图像分析法、角膜测量法和蒸发测定法。这些方法用于评估对皮肤无损伤的指定保湿剂配方的功效。

回归分析法是一种在临床条件下评估保湿霜功效的方法。被选定的患者在预定的测试部位使用保湿霜治疗 2 周，并由客观观察者来观察、评估。在第 7 天和第 14 天对测试部位进行评估。如果发现有改善，则停止使用保湿霜，并在接下来 2 周内每天对测试部位进行评估，或直到基线皮肤再次出现干燥。这种方法特别有价值，因为所有的面部保湿霜在使用后立即有效性都很好，但真正的有效性只能随着时间的推移进行评估。

> 回归分析法可以评估保湿霜对皮肤影响的持久性。

轮廓测定法包含皮肤表面的硅橡胶（西弗罗）复制品的分析。这些硅树脂复制品被浇铸成塑料正片，然后用电脑控制的触控笔进行测量，可以描摹出表面的轮廓。因此，创建了二维或三维拓扑图。不幸的是，这种方法可能是不准确的，因为硅胶应用于皮肤表面往往会使皮肤变平整并干扰脱皮的皮肤鳞屑。现在有时会被皮肤表面的视频成像取代实际硅胶复制品的应用，但复制品仍然是更精确的标准。

> 视频成像和硅胶复制品可检查皮肤表面形貌。

鳞片测定法包括将胶带贴在皮肤上获得的皮肤鳞屑的分析。然后除去最外层的松散黏附的皮肤鳞片。胶带提供了保留皮肤表面的地形关系和脱屑模式的样本。然后使用图像处理来评估皮肤的多鳞屑。这项技术在评估面部保湿霜对脱屑缺损患者的效果时非常有用。鳞片测定法也可用于以无痛的方式获取角质细胞，用于提取神经酰胺和脂质，以确定面部保湿剂对细胞间脂质成分的影响。此外，可以用溶剂溶解鳞片，以检查外用保湿剂对皮肤的渗透情况。多个鳞片相继移除为保湿霜提供了渗透图。

> 鳞片测定法可以用来追踪保湿成分渗透到角质层的情况。

活体图像分析法是利用视频显微镜对皮肤表面进行放大，实时观察面部角质细胞的状态。必须注意照明和摄像机角度的标准化，以确保分析数据的准确。活体成像还可以测量色素沉着和红斑，以检查皮肤美白制剂的效果或酒渣鼻红斑。

最后，有两种技术可用于测量皮肤中存在的水分或从皮肤中流出的水分。角膜测量法可以用来评估皮肤的传导性，从而评估皮肤中的水分含量。角膜测量法通过由针组成的电极将低压电流输入皮肤。一组引脚提供电流，而另一组引脚检测电流。皮肤中的水分越多，存在的水合作用越多。因此，增加的角膜测量读数表明皮肤水合作用增加。蒸发测定法测量从皮肤中流出的水量，称为经皮水丢失（TEWL）。这是通过使用两个距离皮肤已知距离的湿度计来完成的，并评估每次通过探头时的水蒸气通过量。更多的封闭性物质有望降低水分流失，而保湿剂，如甘油，实际上会增加水分流失。较低的蒸发测量值意味着皮肤屏障更好，而较高的蒸发测量值意味着皮肤屏障受损。高质量的保湿霜有望降低 TEWL，并降低蒸发量读数。

> 角膜测量法评估皮肤中的水量，而蒸发测定法评估皮肤丢失的水量。

尽管这些复杂的非侵入性皮肤评估方法听起来很有吸引力，但在评估保湿霜有效性时，没有什么可以替代训练有素的公正观察者的意见。机械评估很容易产生偏差，以产生符合制造商最佳利益的数据。计算机还不能准确地综合人类评估可以获得的所有触觉和视觉信息。非侵入性技术只是简单地提供了另一种评估面部保湿功能的工具。

面部保湿霜：不良反应

许多皮肤干燥的患者会声称他们对大多数保湿霜（润肤霜）"过敏"，因为在使用后皮肤会被刺痛。这可能意味着这是一种刺激性接触性皮炎，而不是真正的过敏性接触性皮炎。这些患者应避免使用含有丙二醇的保湿霜，因为这些保湿霜在涂抹于受损皮肤时可能会引起灼热。在面部保湿霜中发现的引起刺痛的其他物质包括苯甲酸、肉桂酸化合物、乳酸、尿素、乳化剂、甲醛和山梨酸。

保湿软膏、面霜、乳液和凝胶应"按原样"进行斑贴测试。如果封闭式斑贴试验中出现刺激性反应，则该产品应通过开放式斑贴试验和刺激性使用试验进行重新测试。

小结

面部保湿霜是最重要的护肤产品类别之一。它们可以减少皱纹，减少皮肤干燥。它们的构成很简单，但效果却很大。使用封包剂和保湿成分，它们可以在几分钟内改善皮肤的外观和感觉。保湿霜也是所有处方外用配方的基础，可以补充或影响药物的功能。

参 考 文 献

[1] Goldner R. Moisturizers：a dermatologist's perspective. J Toxicol Cut Ocular Toxicol 1992；11：193-7.

[2] Boisits EK. The evaluation of moisturizing products. Cosmet Toilet 1986；101：31-9.

[3] Wu MS，Yee DJ，Sullivan ME. Effect of a skin moisturizer on the water distribution in human stratum corneum. J Invest Dermatol 1983；81：446-8.

[4] Wildnauer RH，Bothwell JW，Douglass AB. Stratum corneum biomechanical properties. J Invest Dermatol 1971；56：72-8.

[5] Pierard GE. What does "dry skin" mean? Int J Dermatol 1987；26：167-8.

[6] Elias PM. Lipids and the epidermal permeability barrier. Arch Dermatol Res 1981；270：95-117.

[7] Holleran WM，Man MQ，Wen NG，et al. Sphingolipids are required for mammalian epidermal barrier function. J Clin Invest 1991；88：1338-45.

[8] Downing DT. Lipids：their role in epidermal structure and function. Cosmet Toilet 1991；106：63-9.

[9] Grubauer G，Elias PM，Feingold KR. Transepidermal water loss：the signal for recovery of barrier structure and function. J Lipid Res 1989；30：323-33.

[10] Petersen RD. Ceramides key components for skin protection. Cosmet Toilet 1992；107：45-9.

[11] Nickoloff BJ，Naidu Y. Perturbation of epidermal barrier function correlates with initiation of cytokine cascade in human skin. J Am Acad Dermatol 1994；30：535-46.

[12] Elias PM. Epidermal lipids，barrier function，and desquamation. J Invest Dermatol 1983；80：44s-9s.

[13] Jass HE，Elias PM. The living stratum corneum：implications for cosmetic formulation. Cosmet Toilet 1991；106：47-53.

[14] Holleran W，Feingold K，Man MQ，et al. Regulation of epidermal sphingolipid synthesis by permeability barrier function. J Lipid Res 1991；32：1151-8.

[15] Jackson EM. Moisturizers：What's in them? How do they work? Am J Contact Dermatitis 1992；3：162-8.

[16] Reiger MM. Skin, water and moisturization. Cosmet Toilet 1989;104:41-51.

[17] Motta S, Monti M, Sesana S, et al. Abnormality of water barrier function in psoriasis. Arch Dermatol 1994;130:452-6.

[18] Imokawa G, Abe A, Jin K, et al. Decreased level of ceramides in stratum corneum of atopic dermatitis: an etiologic factor in atopic dry skin? J Invest Dermatol 1991;96:523-6.

[19] Potts RO, Buras EM, Chrisman DA. Changes with age in the moisture content of human skin. J Invest Dermatol 1984;82:97-100

[20] Wepierre J, Marty JP. Percutaneous absorption and lipids in elderly skin. J Appl Cosmetol 1988;6:79-92.

[21] Brod J. Characterization and physiological role of epidermal lipids. Int J Dermatol 1991;30:84-90.

[22] Lampe MA, Williams ML, Elias PM. Human epidermal lipids: characterization and modulation during differentiation. J Lipid Res 1983;24:131-40.

[23] Long SA, Wertz PW, Strauss JS, et al. Human stratum corneum polar lipids and desquamation. Arch Dermatol Res 1985;277:284-7.

[24] Elias PM, Brown BE, Ziboh VA. The permeability barrier in essential fatty acid deficiency: Evidence for a direct role for linoleic acid in barrier function. J Invest Dermatol 1980;75:230-3.

[25] Baker CG. Moisturization: new methods to support time proven ingredients. Cosmet Toilet 1987;102:99-102.

[26] De Groot AC, Weyland JW, Nater JP. Unwanted Effects of Cosmetics and Drugs Used in Dermatology, 3rd edn. Amsterdam: Elsevier, 1994:498-500.

[27] Friberg SE, Ma Z. Stratum corneum lipids, petrolatum and white oils. Cosmet Toilet 1993;107:55-9.

[28] Grubauer G, Feingold KR, Elias PM. Relationship of epidermal lipogenesis to cutaneous barrier function. J Lipid Res 1987;28:746-52.

[29] Ghadially R, Halkier-Sorensen L, Elias PM. Effects of petrolatum on stratum corneum structure and function. J Am Acad Dermatol 1992;26:387-96.

[30] Spencer TS. Dry skin and skin moisturizers. Clin Dermatol 1988;6:24-8.

[31] Rieger MM, Deem DE. Skin moisturizers II The effects of cosmetic ingredients on human stratum corneum. J Soc Cosmet Chem 1974;25:253-62.

[32] Robbins CR, Fernee KM. Some observations on the swelling of human epidermal membrane. JSCC 1983;37:21-34.

[33] Idson B. Dry skin: moisturizing and emolliency. Cosmet Toilet 1992;107 69-78.

[34] Wehr RF, Krochmal L. Considerations in selecting a moisturizer. Cutis 1987;39:512-15.

[35] Brand HM, Brand-Garnys EE. Practical application of quantitative emolliency. Cosmet Toilet 1992;107:93-9.

[36] Warner RR, Myers MC, Taylor DA. Electron probe analysis of human skin: Determination of the water concentration profile. J Invest Dermatol 1988;90:218-24.

[37] Idson B. Moisturizers, emollients, and bath oils. In: Frost P, Horwitz SN, eds. Principles of Cosmetics for the Dermatologist. St. Louis: CV Mosby Company, 1982:37-44.

[38] Grove GL. Noninvasive methods for assessing moisturizers. In: Waggoner WC, ed. Clinical Safety and Efficacy Testing of Cosmetics. New York: Marcel Dekker, Inc, 1990:121-48.

[39] Kligman AM. Regression method for assessing the efficacy of moisturizers. Cosmet Toilet 1978;93:27-35.

[40] Lazar AP, Lazar P. Dry skin, water, and lubrication. Dermatol Clin 1991;9:45-51.

[41] Grove GL, Grove MJ. Objective methods for assessing skin surface topography noninvasively. In: Leveque JL, ed. Cutaneous Investigation in Health and Disease. New York: Marcel Dekker, 1988:1-32.

[42] Grove GL. Dermatological applications of the

Magiscan image analysing computer. In: Marks R, Payne PA, eds. Bioengineering and the Skin. Lancaster, England: MTP Press, 1981:173-82.

[43] Prall JK, Theiler RF, Bowser PA, Walsh M. The effect of cosmetic products in alleviating a range of skin dryness conditions as determined by clinical and instrumental techniques. Int J Cosmet Sci 1986;8:159-74.

[44] Tagami H. Electrical measurement of the water content of the skin surface. Cosmet Toilet 1982;97:39-47.

[45] Grove GL. The effect of moisturizers on skin surface hydration as measured in vivo by electrical conductivity. Curr Ther Res 1991;50:712-19.

[46] Idson B. In vivo measurement of transdermal water loss. J Soc Cosmet Chem 1976;29:573-80.

[47] Rietschel RL. A method to evaluate skin moisturizers in vivo. J Invest Dermatol 1978;70:152-5.

[48] Rietschel RL. A skin moisturization assay. J Soc Cosmet Chem 1979;30:360-73.

[49] Grove GL. Design of studies to measure skin care product performance. Bioeng Skin 1987;3:359-73.

[50] Lazar PM. The toxicology of moisturizers. J Toxicol Cut Ocular Toxicol 1992;11:185-91.

[51] Maibach HI, Engasser PG. Dermatitis due to cosmetics. In:Fisher AA, ed. Contact Dermatitis. 3rd edn. Philldelphia: Lea & Febiger, 1986:371.

建 议 阅 读

Altemus M, Rao B, Dhabhar F, Ding W, Granstein R. Stress-induced Changes in Skin Barrier Function in Healthy Women. J Invest Dermatol 2001;117:309-17.

Ananthapadmanabhan KP, Subramanyan K, Rattinger GB. Moisturizing cleansers (Chapter 20). In:Leyden JJ, Rawlings AV, eds. Skin Moisturization. Vol. 25. Marcel Dekker, Inc. , 2002:405-32.

Arct J, Gronwald M, Kasiura K. Possibilities for the Prediction of an Active Substance Penetration through Epidermis. IFSCC Magazine 2001;4:179-83.

Atrux-Tallau N, Romagny C, Padois K, et al. Effects of Glycerol on Human Skin Damaged by Acute Sodium Lauryl Sulphate Treatment. Arch Dermatol Res 2009;[Epub ahead of print].

Barton S. Formulation of Skin Moisturizers (Chapter 25). In:Leyden JJ, Rawlings AV, eds. Skin Moisturization. Vol. 25. Marcel Dekker, Inc. , 2002:547-75.

Bikowski J. The use of therapeutic moisturizers in various dermatologic disorders. Cutis 2001;68 (5 Suppl):3-11.

Bissonnette R, Maari C, Provost N, et al. A Double-Blind Study of Tolerance and Efficacy of a New Urea-Containing Moisturizer in Patients with Atopic Dermatitis. J Cosmet Dermatol 2010;9:16-21.

Buraczewska I, Berne B, Lindberg M, Torma H, Loden M. Changes in skin barrier function following long-term treatment with moisturizers, a randomized controlled trial. Br J Dermatol 2007;156:492-8.

Chamlin SL, Kao J, Frieden IJ, et al. Ceramide-dominant Barrier Repair Lipids Alleviate Childhood Atopic Dermatitis:Change in Barrier Function Provide a Sensitive Indicator of Disease Activity. J Am Acad Dermatol 2002;47:198-208.

Coderch L, Lopez O, de la Maza A, Parra JL. Ceramides and Skin Function. Am J Clin Dermatol 2003;4:107-29.

Crowther JM, Sieg A, Clenkiron P, et al. Measuring the effects of topical moisturizers on changes in stratum corneaim thickness, water gradients and hydration in vivo. Br J Dermatol 2008;159:567-77.

Denda M, Kumazawa N. Negative electric potential induces alteration of ion gradient and lamellar body secretion in the epidermis, and accelerates skin barrier recovery after barrier disruption. J

Invest Dermatol 2002;118:65-72.

Draelos ZD. Concepts in skin care maintenance. Cutis 2005;76 (6 Suppl):19-25.

Draelos ZD. The ability of onion extract gel to improve the cosmetic appearance of postsurgical scars. J Cosmet Dermatol 2008;7:101-4.

Draelos ZD. Therapeutic moisturizers. Dermatol Clin 2000;18:597-607.

Draelos ZD, Ertel K, Berge C. Niacinamide-containing facial moisturizer improves skin barrier and benefits subjects with rosacea. Cutis 2005;76:135-41.

Endo K, Suzuki N, Yoshida O, et al. Two factors governing transepidermal water loss: barrier and driving force components. IFSCC Magazine 2003;6:9-13.

Fluhr JW, Bornkessel A, Berardesca E. Glycerol—Just a Moisturizer? (Chapter 20). In: Loden M, Maibach HI, eds. Biological and Biophysical Effects. Dry Skin and Moisturizers, 2nd edn. Taylor & Francis Group, LLC, 2006:227-43.

Fluhr J, Holleran WM, Berardesca E. Clinical effects of emollients on skin (Chapter 12). In: Leyden JJ, Rawlings AV, eds. Skin Moisturization. Vol. 25. Marcel Dekker, Inc., 2002:223-43.

Ghali FE. Improved clinical outcomes with moisturization in dermatologic disease. Cutis 2005;76 (6 Suppl):13-18.

Giusti F, Martella A, Bertoni L, Seidernari S. Skin Barrier, Hydration, and pH of the Skin of Infants Under 2 years of Age. Pediatr Dermatol 2001;18:93-6.

Hannuksela A, Kinnunen T. Moisturizers prevent irritant dermatitis. Acta Derm Venereol 1992;72:42-4.

Hannuksela M. Moisturizers in the prevention of contact dermatitis. Curr Probl Dermatol 1996;25:214-20.

Harding CR. The stratum corneum: structure and function in health and disease. Derm Ther 2004;17:6-15.

Harding CR, Rawlings AV. Effects of natural moisturizing factor and lactic acid isomers on skin function (Chapter 18). In: Loden M, Maibach HI, eds. Dry Skin and Moisturizers. 2nd edn. Taylor & Francis Group, LLC,2006:187-209.

Hawkins SS, Subramanyan K, Liu D, Bryk M. Cleansing. Moisturizing, and sun-protection regimens for normal skin, self-perceived sensitive skin, and dermatologist-assessed sensitive skin. Derm Ther 2004;17:63-8.

Held E, Lund H, Agner T. Effect of different moisturizers of SLS-irritated human skin. Contact Dermatitis 2001;44:229-34.

Held E, Sveinsdottir S, Agner T. Effect of long-term use of moisturizer on skin hydration, barrier function and susceptibility to irritants. Acta Derm Venereol 1999;79:49-51.

Held E, Agner T. Effect of moisturizers on skin susceptibility to irritants. Acta Derm Venereol 2010;81:104-7.

Herman S. Lipid Assets. GCI. 2001 Dec:12-14.

Herman S. The new polymer frontier. GCI. January 2002.

Jemec GB, Wulf HC. Correlation between the greasiness and the plasticizing effect of moisturizers. Acta Derm Venereol 1999;79:115-17.

Johnson AW. Overview: fundamental skin care—protecting the barrier. Derm Ther 2004;17:1-5.

Kao JS, Garg A, mao-Qiang M, et al. Testosterone perturbs epidermal permeability barrier homeostasis. J Invest Dermatol 2001;116:443-50.

Kraft JN, Lynde CW. Moisturizers: what they are and a practical approach to product selection. Skin Ther Lett 2005;10:1-8.

Lachapelle JM. Efficacy of protective creams and/or gels. Curr Probl Dermatol 1996;25:182-92.

Lebwohl M, Herrmann LG. Impaired skin barrier function in dermatologic disease and repair with moisturization. Cutis 2005;76 (6 Suppl):7-12.

Le Fur I, Reinberg A, Lopez S, et al. Analysis of Circadian and Ultradian Rhythms of Skin Surface Properties of Face and Forearm of Healthy Women. J Invest Dermatol 2001;117:718-24.

Leyden JJ, Rawlings AV. Humectants (Chapter

13）. In: Leyden JJ, Rawlings AV, eds. Skin Moisturization. Vol. 25. Marcel Dekker, Inc., 2002:245-66.

Lipozencic J, Pastar Z, Marinovic-Kulisic S. Moisturizers. Acta Dermatovenerol Croat 2006; 14: 104-8.

Loden M. Barrier recovery and influence of irritant stimuli in skin treated with a moisturizing cream. Contact Dermatitis 1997;36:256-60.

Loden M. Do moisturizers work? J Cosmet Dermatol 2003;2:141-9.

Loden M. Hydrating Substances (Chapter 20). In: Paye M, Barel AO, Maibach HI, eds. Handbook of Cosmetic Science and Technology. 2nd edn. Informa Healthcare USA, Inc., 2007:265-80.

Loden M. Role of topical emollients and moisturizers in the treatment of dry skin barrier disorders. Am J Clin Dermatol 2003;4:771-88.

Loden M. Skin Barrier Function: Effects of Moisturzers. C & T.

Loden M. The clinical benefit of moisturizers. J Eur Acad Dermatol Venereol 2005; 19: 672-88; quiz 686-7.

Loden M. Urea-containing moisturizers influence barrier properties of normal skin. Arch Dermatol Res 1996;288:103-7.

Loden M, Andersson AC, Lindberg M. Improvement in skin barrier function in patients with atopic dermatitis after treatment with a moisturizing cream (Canoderm). Br J Dermatol 1999;140: 264-7.

Lynde CW, Moisturizers: What They are and How They Work. Skin Terapy Lett 2001;6:3-5.

Madison KC. Barrier Function of the Skin: "La Raison d'Etre" of the Epider-mis. J Invest Dermatol 2003;121:231-41.

Maes DH, Marenus KD. Main finished products: moisturizing and cleansing creams (Chapter 10). In: Baran R, Maibach HI, eds. Textbook of Cosmetic Dermatology. 2nd edn. Martin Dunitz Ltd, 1998:113-24.

Mandawgade SD, Patravale VB. Formulation and evaluation of exotic fat based cosmeceuticals for skin repair. Indian J Pharm Sci 2008;70:539-42.

Norlen L. Skin barrier formation: the membrane folding model. J Invest Dermatol 2001; 117: 823-36.

Prasch TH, Schlotmann K, Schmidt-fonk K, Forster Th. The influence of cosmetic products on the stratum corneum by infrared and spectroscopy. IFSCC Magazine 2001;4:201-3.

Rawlings AV, Canestrari DA, Dobkowski B. Moisturizer technology versus clinical performance. Dermatol Ther 2004;17 (Suppl 1):49-56.

Rawlings AV, Harding CR. Moisturization and skin barrier function. Dermatol Ther 2004;17:43-8.

Rieger M. Moisturizers and humectants. In: Rieger MM, ed. Harry's Cosmeticology. 8th edn. Chemical Publishing Co., Inc., 2000.

Simion FA, Abrutyn ES, Draelos ZD. Ability of moisturizers to reduce dry skin and irritation and to prevent their return. J Cosmet Sci 2005; 56: 427-44.

Simion FA, Starch MS, Witt PS, Woodford JK, Edgett KJ. Hand and body lotions (Chapter 24). In: Baran R, Maibach HI, eds. Textbook of Cosmetic Dermatology. 2nd edn. Martin Dunitz Ltd, 1998:285-308.

第4章

敏感性皮肤和接触性皮炎

治疗敏感性皮肤确实会给皮肤科医师带来挑战，因为通常对于一般人群来说没有问题的配方会在敏感性皮肤的个体中引起强烈的刺痛、灼烧和发红。皮肤敏感的患者表现为看起来皮肤正常或者有明显的皮肤病。那些患有明显皮肤病的患者有时更容易评估，因为目视检查可以提供解决问题的方法。隐性敏感性皮肤是一个巨大的挑战，因为除了患者的病史之外，没有什么可评估的。这对于皮肤科医师来说是最令人困惑的，因为当所有其他方法都失败了，仍然没有明确诊断时，他们只能依靠病史。这是治疗敏感性皮肤的令人困惑的部分，本章将讨论治疗隐性和可见面部敏感性皮肤的方法。然后，它会延伸到接触性皮炎以及其与化妆品和护肤品的关系上。

可见敏感性皮肤的特征是湿疹、特应性皮炎和酒渣鼻。

可见的面部敏感性皮肤

可见的面部敏感性皮肤是最容易诊断的情况，因为红斑、脱皮、苔藓化和炎症的外观表现表明存在严重的屏障受损（图 4-1）。任何屏障受损的患者将表现出敏感性皮肤的体征和症状，直至完全愈合。屏障受损引起的面部敏感性皮肤的 3 个最常见原因是湿疹、特应性皮炎和玫瑰痤疮。这 3 种疾病很好地

说明了敏感性皮肤的 3 个组成部分，即屏障破坏、免疫高反应性和神经感觉反应增强。

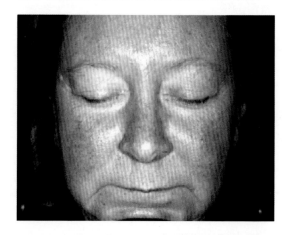

图 4-1　可见的敏感性皮肤易于被皮肤科医师诊断

可见的敏感性皮肤的 3 个组成部分是屏障破坏、免疫高反应性和神经感觉反应增强。

湿疹

湿疹的特点是屏障破坏，这是面部敏感性皮肤最常见的原因。使用去除细胞间脂质的清洁剂和化妆品，或者使用导致角质层脱落的研磨性物质，可以从化学上破坏屏障。在某些情况下，屏障可能由于皮脂分泌不足、细胞间脂质不足、角质形成细胞组织异常等原因而存在缺陷。最终结果是诱发炎症级联

反应,伴有红斑、脱皮、瘙痒、刺痛、灼烧和可能的疼痛。治疗的直接目标是根据湿疹的严重程度,使用局部、口服或注射皮质类固醇来阻止炎症。用于治疗湿疹引起的敏感面部皮肤的较新局部选择包括钙调神经磷酸酶抑制药、吡美莫司和他克莫司。

然而,炎症的消除并不足以治疗湿疹。适当的皮肤护理也必须建立,以最大限度地减少导致湿疹发作的疾病的复发。这包括皮肤护理保养产品的选择,如洁面乳和保湿霜。因此,对敏感性皮肤的护理不仅包括急性皮肤病的治疗,还包括通过适当的皮肤护理保养预防复发。

特应性皮炎

由湿疹引起的敏感面部皮肤仅基于物理屏障破坏,而与特应性皮炎相关的敏感面部皮肤则基于屏障受损和免疫高反应性,如哮喘和花粉病的关联所示。特应性皮炎患者不仅在身体外部有敏感性皮肤,而且在眼、鼻和肺部也有敏感的黏膜。因此,特应性人群中敏感面部皮肤的治疗涉及局部和全身。花粉症的恶化与出现的皮肤症状之间也存在显著联系,需要更广泛的治疗考虑。

上文针对湿疹描述的所有治疗也适用于特应性皮炎,但特应性皮炎需要额外的治疗以减少免疫高反应性。虽然可以采取口服或注射皮质类固醇的形式,但通常加入抗组胺药(羟嗪、盐酸西替利嗪、苯海拉明和盐酸非索非那定等)以减少皮肤和眼部瘙痒。抗组胺药也可以改善花粉症的症状,如果患者暴露在花粉或其他吸入的过敏原中,应用抗组胺药可能会防止发病。特应性皮炎患者避免敏感性皮肤的发生很大程度上是基于避免刺激性物质。可以移除或远离旧地毯、不可洗的窗帘、可能会积尘的物品、羽毛枕头和床上用品、填充的动物玩具、大量授粉的树木和植物、活体宠物等,创造一个无过敏环境。防止组胺释放是控制特应性皮炎敏感面部皮肤的关键。

玫瑰痤疮

玫瑰痤疮是敏感面部皮肤 3 个组成原因之一,是一种增强的神经感觉反应。这意味着玫瑰痤疮患者比普通人群更容易受到轻微刺激物的刺激和灼伤。这种敏感的面部皮肤是否是由于慢性光损伤、血管舒缩不稳定、摄入组胺的全身效应改变或中央面部淋巴水肿引起的神经改变尚不清楚。

玫瑰痤疮引起的敏感面部皮肤的治疗与湿疹或特应性皮炎的治疗大不相同。以口服和局部抗生素形式的抗炎药形成治疗方案。四环素类抗生素最常用于口服,而壬二酸、甲硝唑、硫和磺胺醋胺钠是最常用的外用药物。然而,抗生素的消炎效果可以通过使用具有屏障功能的补充性护肤产品来增强。

> 隐性敏感性皮肤的特征是瘙痒、刺痛、灼烧感,可能还有疼痛。

隐性敏感性皮肤

湿疹、特应性皮炎和玫瑰痤疮在某些方面是最容易治疗的敏感性皮肤病。这种皮肤病很容易被发现,治疗效果也可以被明显地监测到。如果皮肤看起来更正常,通常瘙痒、刺痛、灼热和疼痛的症状也会得到改善。不幸的是,有些患者面部肌肤敏感,没有临床表现。这些患者通常会带有一袋装满他们声称无法使用的护肤产品,因为它们会引起面部痤疮、皮疹和(或)不适。这种情况对医师来说是一个挑战,因为不清楚该如何继续治疗。

有几种治疗方法值得考虑。患者可能有亚临床屏障破坏。因此,建议使用适当强度的局部皮质类固醇治疗 2 周。如果症状改善,答案是清楚的。患者可能患有亚临床湿疹性疾病,如果症状没有改善,那么值得探讨最常见的隐性敏感性皮肤原因,即接触性皮炎。

敏感面部皮肤产品指南

在许多情况下,不可能确定敏感皮肤的确切原因。患者没有明显的皮肤病存在,但只要在皮肤上涂抹护肤品或化妆品,就会有强烈的刺痛感和烧灼感。通常,斑贴试验不能明确刺激性或过敏性接触性皮炎的明显来源。然后让医师使用经验方法向患者提出产品建议。必须根据产品的成分谨慎选择,这些成分最不可能破坏皮肤屏障、最不可能引起有害的感觉反应,或最不可能改变皮肤结构(表 4-1)。具有植物抗炎药的产品可能会有所帮助,但大多数患者希望就如何选择护肤品和化妆品提出具体建议。下文讨论了我在实践中为敏感性皮肤患者选择产品时使用的方法,这些患者对之前概述的任何治疗方式都没有反应。

> 敏感性皮肤者所使用的产品必须根据成分谨慎选择,这些成分最不可能破坏皮肤屏障、最不可能引起有害的感觉反应,或最不可能改变皮肤结构。

表 4-1 减少来自护肤产品和化妆品的接触性皮炎的注意事项

1. 消除常见的过敏原和刺激物,并降低其浓度
2. 选择来自使用高质量、纯净的无污染物成分的信誉良好的制造商的产品
3. 产品应妥善保存,以防止自动氧化副产物的形成
4. 对羟基苯甲酸酯防腐剂已被证明是问题最少的
5. 在所有产品中避免使用溶剂、挥发性载体、血管舒张物质和感觉刺激剂
6. 尽量减少表面活性剂的使用,并选择最小刺激性乳化剂系统

即使敏感性皮肤的患者也需要基本的卫生。面部和身体必须清洁。毫无疑问,合成洗涤剂清洁剂(也称为 syndets),可提供最佳

的皮肤清洁,同时最大限度地减少屏障损伤。基于椰油基异硫酸钠棒似乎表现最佳(图 4-2)。然而,也有一些患者只是偶尔需要使用面部 syndet 洁面乳,因为皮脂分泌和体力活动极少。对于这些患者,最好使用无脂洁面乳,因为它可以无水使用并擦干。这些产品可能含有水、甘油、鲸蜡醇、硬脂醇、月桂硫酸钠,偶尔还有含有丙二醇。它们留下一层薄的保湿膜,可以有效地用于过度干燥、敏感或皮炎性皮肤的患者。然而,它们不具有强抗菌性能,也不能去除腋窝或腹股沟的气味。无脂洁面乳最好用于需要最少洁面的地方。

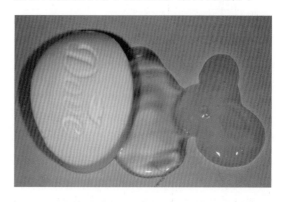

图 4-2 合成清洁剂或 syndet 清洁剂可为敏感性皮肤患者提供温和的清洁。从左到右,它们是条状、不透明液体或泡沫透明洗涤液

完成清洁后,敏感性皮肤患者需要保湿。保湿霜应为屏障修复创造最佳环境,同时不会引起任何的皮肤反应。例如,由于存在滤泡刺激性接触性皮炎,该产品不应含有任何可能在敏感性皮肤患者中表现为痤疮样疹的轻度刺激物。最好的保湿霜是简单的水包油乳液。最常用的油是白色凡士林,但二甲硅油和环甲基硅酮也是敏感肌肤人群可接受的油,用于降低简单凡士林和水制剂的油腻度。如前所述,成分越少越好。

> 用于敏感性皮肤的产品应该包含尽可能少的成分。

敏感性皮肤的女性也需要适当地选择化妆品的建议。这对医生来说可能是一个挑战,因为化妆品配方会根据时尚的需要而迅速改变。评估有问题的面部化妆品的最佳方法是刺激性使用试验,该试验通过连续 5 晚在眼外侧涂抹 2cm 的产品进行(图 4-3)。允许在面部最敏感的部位一次隔离一种化妆品,该部位发现问题的收益率最高。粉状化妆品整体看来成分最少,目前问题最少(图 4-4)。

图 4-3　可以通过连续 5 晚在眼外侧少量应用面部粉底来测试敏感性皮肤的适用性

图 4-4　粉状化妆品是敏感性皮肤的首选

接触性皮炎

化妆品和护肤品的使用有时会引起接触性皮炎。这当然是一个小问题,但如果不解

决患者护理的这一重要方面,美容皮肤病学的讨论就不可能完整。随着种类繁多的产品可供购买,消费者很容易简单地丢弃或退回任何产生不良反应的产品。然而,偶尔患者会发现他或她经历了许多反应或严重反应,在诊断和治疗接触性皮炎方面需要有经验的皮肤科医师的专业知识。接触性皮炎可分为刺激性接触性皮炎、过敏性接触性皮炎、接触性荨麻疹、光毒性接触性皮炎和光过敏性接触性皮炎。每一个主题都在护肤品和化妆品的框架内进行讨论。

刺激性接触性皮炎

刺激性接触性皮炎是化妆品和护肤品最常见的不良反应,表现为皮肤红斑、灼热、瘙痒,可能出现微疱和后期脱皮。皮炎以角质层损伤为特征,无免疫反应。刺激性可能是由于存在 pH 过高或过低的化学成分,或挥发性载体溶解保护性皮脂。物理因素,包括涂抹化妆品时所需的摩擦或化妆品内的研磨颗粒,可能会引起刺激。最重要的是,受损的角质层可能无法提供保护屏障,因此任何涂在受损皮肤上的化妆品都会引起刺激。特应性皮炎、干燥性湿疹或神经性皮炎患者就是这种情况。这些患者经常会描述许多产生“过敏”症状的产品。实际上,皮炎没有免疫学的反应,但角质层受损会加剧刺激性。任何应用于皮炎皮肤的化妆品都可能产生刺激;因此,在皮炎消失之前,患者不应化妆或使用个人护理用品。

> 任何应用于皮炎皮肤的化妆品都可能产生刺激。

过敏性接触性皮炎

临床上很难区分过敏性接触性皮炎和刺激性接触性皮炎,但这种区分对于良好的患者护理至关重要。这两种情况都可能表现为红斑斑块;然而,急性过敏性接触性皮炎可能表现出更多的囊泡形成。在某些情况下,晚期过敏性和刺激性接触性皮炎在临床或组织学上无法区分。过敏性接触性皮炎是一种免疫学现象,无论保护性角质层的状况如何,都需要抗原呈递和抗原处理细胞。因此,完整的角质层不能阻止致敏个体中过敏性接触性皮炎的发展。唯一的办法是避免过敏原。由北美接触性皮炎组确定的过敏性接触性皮炎最常见的化妆品诱发原因按产品类别(表4-2)和成分列出(表4-3)。欧洲皮肤病学会也发表了其他研究报告。

表4-2 北美接触性皮炎组对过敏性接触性皮炎的原因分析

护肤品	28%
护发品	24%
面部化妆品	11%
指甲化妆品	8%
香味产品	7%

Source:from Ref. 5. Adapted.

表4-3 过敏性接触性皮炎的致病成分(按照发病率递减的顺序排序)

香水
防腐剂
对苯二胺(染发剂成分)
羊毛脂
硫代乙醇甘油酯(永久波溶液组分)
丙二醇
甲苯磺酰胺/甲醛树脂(指甲油成分)
防晒霜

Source:from Ref. 5. Adapted.

> 完整的角质层不能阻止过敏个体中过敏性接触性皮炎的发展。

接触性荨麻疹

接触性荨麻疹可能是一种针对化妆品和护肤品的免疫或非免疫性反应。它的特点是对局部应用的化学物质产生风团和红斑反应。临床表现范围从瘙痒和灼热到全身性荨麻疹再到变态(过敏)反应。非免疫性接触性荨麻疹是由直接接触物释放组胺引起的,因此不可能被动转移。它比免疫性接触性荨麻疹更常见,免疫性接触性荨麻疹的免疫机制与组胺释放有关,因此该现象只能在致敏个体中引发,并且被动转移是可能的。然而,由于机制不确定,有一些化学物质会产生接触性荨麻疹。表4-4列出了接触性荨麻疹与化妆品中的物质有关的非免疫性和免疫性原因。接触性荨麻疹的检测应在仔细控制的条件下与附近配备抢救设施一起进行,因为局部应用化学品引起的全身性变态反应已在致敏个体中有所报道。

表4-4 化妆品中使用的引起接触性荨麻疹的物质

非免疫性的
乙酸
乙醇
秘鲁香脂
苯甲酸
肉桂酸
肉桂醛
甲醛
苯甲酸钠
山梨酸
免疫性的
丙烯酸单体
乙醇
氨
苯甲酸
苯甲酮
二乙基甲苯胺
甲醛
指甲花
薄荷醇
苯甲酸酯
聚乙二醇
聚山梨酯60
水杨酸
硫化钠
不确定的
过硫酸铵
对苯二胺

肤,并标记好胶带的位置,胶带需佩戴 48 小时。在此期间,患者不应将贴片弄湿或大量出汗。试验在贴片移除后 20 分钟内进行初步评估,并在 2～7 天后再次进行评估。表 4-6 显示了北美接触性皮炎组使用的评估方法。

接触性荨麻疹的特点是对局部应用的化学物质产生风团和红斑反应。

光毒性和光过敏性接触性皮炎

光毒性和光过敏性接触性皮炎仅限于暴露在阳光下的区域。光毒性反应基于非免疫性机制,通常表现为晒伤,随后可能出现色素沉着和脱皮。产生光毒性的分子通常是低分子量的,并且具有高度共振的结构,容易吸收主要的 UVA 辐射。另一方面,光过敏性接触性皮炎不太常见且免疫介导;通常需要重复曝光并且可以被动转移。其特征是红斑、水肿和水疱。光过敏原通常是低分子量的脂溶性物质,具有高共振结构,可以在很宽的波长范围内吸收能量,但同样主要是 UVA。光能将光敏剂通过光化学反应转化为其活性形式。与光毒性反应相比,引发光过敏反应所需的紫外线辐射能量更少。然而,区分两者可能很困难,特别是如果严重的光毒性反应导致水疱形成。化妆品中发现的可能引起光过敏反应的物质包括甲基香豆素和麝香琥珀等芳香剂、抗菌剂,以及对氨基苯甲酸酯(如防晒剂)。

光过敏原是一种低分子量脂溶性物质,具有高度共振的结构,可在很宽的波长范围内吸收能量。

斑贴试验

斑贴试验用于确定过敏性接触性皮炎的来源。一般来说,用于斑贴试验的合适物质是从皮肤斑贴试验托盘中选择的(表 4-5),并应用于贴在聚乙烯涂层铝箔条(铝试验)上的过滤纸盘,或放置在固定于无纺布胶带上的 8mm 铝室中。也可以使用预先包装的 TRUE 测试。选择上背部的健康皮

表 4-5　标准斑贴试验托盘上的物质

1. 苯佐卡因 5％凡士林
2. 咪唑烷基脲 2％水溶液
3. 福美双混合 1％凡士林
4. 羊毛脂醇 30％凡士林
5. 硫酸新霉素 20％凡士林
6. 对苯二胺 1％凡士林
7. 巯基苯并噻唑 1％凡士林
8. 凡士林中对叔丁基酚醛树脂 1％
9. 甲醛 1％水溶液
10. Carba 混合 3％凡士林
11. 松香(树脂)20％凡士林
12. 黑色橡胶混合 0.6％凡士林
13. 盐酸乙二胺 1％凡士林
14. 季铵-15 2％凡士林
15. 巯基混合 1％凡士林
16. 环氧树脂 1％凡士林
17. 秘鲁香脂 25％凡士林
18. 重铬酸钾 0.25％凡士林
19. 硫酸镍 2.5％凡士林
20. 肉桂醛 1％凡士林

表 4-6　斑贴试验反应的评估

+?	=	可疑反应;可能由弱刺激作用引起:反应仅显示弱红斑,无浸润
+	=	弱反应;红斑伴浸润,可能有丘疹
++	=	强烈反应;红斑、浸润、丘疹、水疱
+++	=	极端反应;红斑、浸润、丘疹、汇合水疱或大疱
—	=	消极反应
IR	=	刺激反应
NT	=	未进行斑贴试验

对于疑似化妆品或护肤品过敏的患者，还有另外两种斑贴试验方法：开放式斑贴试验和刺激性使用试验。当试验化学品被怀疑是皮肤刺激物时，开放式斑贴试验是有用的。将化学品涂抹在肘部上方手臂外侧的皮肤上，每日2次，持续2天或2天以上，不清洗试验部位。以与表4-6中所示相同的方式评估该部位。然而，这种方法可能会出现假阴性结果。刺激性使用试验在确认化妆品的阳性反应方面很有价值，这些化妆品含有以前通过标准斑贴试验发现的过敏性接触性皮炎的来源。每日2次，将产品涂抹于肘前窝以上或以下直径3cm的皮肤上，持续1周。眼部化妆品试验的一个改进是，眼部化妆品每天2次涂抹在眼外侧的皮肤上，持续1周。反应也如表4-6所示进行评估。

> 另外两种对疑似化妆品或护肤品过敏的患者有用的斑贴试验方法是开放式斑贴试验和刺激性使用试验。

附加灵敏度试验

可能需要进行斑贴试验以外的试验，以确保化妆品和护肤品的完全安全性。化妆品中使用的成分由化妆品成分审查委员会评估，该委员会对相关化学品的使用和浓度提出建议。

Draize 试验

Draize 试验是一种使用动物模型进行的皮肤刺激性评估。评估物质的半封包斑贴试验以100%浓度置于完整和磨损的白化兔皮肤上。在皮肤暴露于刺激物30~60分钟后在24小时和72小时进行读数。对这些部位进行红斑和水肿评估，以确定刺激程度。根据《联邦有害物质法》，化妆品和护肤品的相应法律要求进行这项测试，以高估风险的方式预测化学品对人类的毒性。

敏感测试

敏感测试通过在身体同一部位重复化学暴露来评估皮肤致敏性。在3~4周的时间内，每隔48小时在同一部位施用10次贴片。让皮肤休息2周，然后在皮肤上重复使用相同的化学物质48小时，并读取读数。这种方法通常被知名化妆品公司用于在大规模生产前评估成分和最终产品的次要致敏源。

累积刺激试验

累积刺激性试验旨在评估成分的刺激性，如化妆品或护肤品或最终产品中的成分。该试验包括每天在封包状态下将相同的物质应用于试验部位，持续21天。重复应用的目的是最大限度地提高刺激性反应。

眼刺激性试验

眼刺激性试验对化妆品很重要，因为化妆品可能会意外进入眼。该试验评估物质对白化兔结膜、角膜和虹膜的刺激作用。这类似于斑贴试验；不过该试验是将0.10ml试验物质滴入眼。在第1组兔子中，治疗后的眼不洗；在第2组中，2秒后用20ml温水冲洗治疗后的眼，在第3组中，4秒后用20ml温水冲洗眼；在治疗后24小时、48小时、72小时、4天和7天，或在损伤持续的时间内，对眼进行评估。人体受试者也用于评估进入眼或眼周围的产品的刺激能力。化妆品和护肤品应以这种方式进行检测，以确保人体安全。

光斑贴试验

当需要进行光敏性评估时，可以进行光斑贴试验。将两个贴片测试软垫与可疑化学品一起放置：一个放在要辐射的部位，另一个放在受保护的部位。这些软垫在皮肤上放置48小时。一个部位受到所需波长的紫外线辐射，并在24~48小时内读取。如果需要,可以重复该过程。光毒性反应主要表现为红斑,通常在 6 小时内出现。光过敏反应以红斑、丘疹和小疱为特征。如果只有受照射部位呈阳性,则可诊断为光过敏。如果受照射部位和受保护部位均呈阳性,则可诊断为过敏性接触性皮炎。如果受照射部位比受保护部位更为阳性,则可以诊断为过敏性接触性皮炎和光过敏。在化妆品中发现的引起光过敏性皮炎的物质的测试如下:凡士林中的甲基香豆素 5%,凡士林中的麝香琥珀 5%,凡士林中的对氨基苯甲酸酯 10%。

皮肤刺痛

有一组患者在使用化妆品后,会在几分钟内感到刺痛或灼烧感,在 5～10 分钟后会加剧,15 分钟后就会消失。这些患者被称为"刺激者",即使过敏性接触性皮炎的斑贴试验呈阴性且没有刺激性接触性皮炎的证据,他们也不会耐受某些化妆品。通过诱导出汗(110℉和 80%相对湿度或暴露在台式面部桑拿机中)(1℉＝－17.2℃)并在鼻唇沟处涂抹 5%～10%的乳酸水溶液,可以确定患者是否为刺激者。那些出现刺痛至少 5～10 分钟的人被确定为"刺激者"。然后,这些个体可以作为试验组受试者,通过在一个鼻唇沟上施用试验物质和在另一个鼻唇沟上施用温和对照物来评估化妆品成分或成品的刺痛能力。表 4-7 列出了可能引起刺痛的物质。

表 4-7　引起刺痛的物质

轻微刺痛	二甲基甲酰胺
苯	二甲基亚砜
苯酚	二乙基甲苯胺
水杨酸	邻苯二甲酸二甲酯
间苯二酚	2-乙基-1,3-己二醇
磷酸	过氧化苯甲酰
温和的刺痛	严重刺痛
碳酸钠	原油焦油
磷酸三钠	磷酸
丙二醇	盐酸
碳酸丙烯酯	氢氧化钠
丙二醇二乙酸酯	2-乙氧基乙基对甲氧基肉桂酸酯
二甲基乙酰胺	

Source：Adapted from Ref. 24.

小结

敏感性皮肤的诊断和治疗是一项医学挑战。任何治疗都必须解决敏感性皮肤所特有的屏障破坏、免疫高反应性和高感觉反应性。如果敏感性皮肤是由可见的皮肤病引起的,治疗可以简化,但如果是无形的敏感性皮肤,则必须遵循长期治疗原则,以进一步阐明有价值的诊断信息。如果怀疑有刺激性或过敏性接触性皮炎,可能需要进行斑贴试验。最后,可以对敏感性皮肤患者提出基本的皮肤护理和美容建议,以尽量减少敏感肌肤的发生。

参 考 文 献

[1] Draelos ZD. Sensitive skin：perceptions，evaluation，and treatment. Contact Dermatitis 1997；8：67.

[2] Draelos ZD. Noxious sensory perceptions in patients with mild to moderate rosacea treated with azelaic acid 15％ gel. Cutis 2004；74：257.

[3] Jackson EM. Irritation and sensitization. In：Waggoner WC，ed. Clinical Safety and Efficacy Testing of Cosmetics. New York：Marcel Dekker，Inc，1990：23-42.

[4] Baer RL. The mechanism of allergic contact hypersensitivity. In：Fisher AA，ed. Contact Dermatitis，3rd edn. Philadelphia：Lea & Febiger，1986：1-8.

[5] Adams RM，Maibach HI. A five-year study of cosmetic reactions. J Am Acad Dermatol 1985；13：1062-9.

[6] De Groot AC，Beverdam EGA，Ayong CT，Coenraads PJ，Nater PJ. The role of contact allergy in the spectrum of adverse effects caused by cosmetics and toiletries. Contact Dermatitis 1988；19：195-201.

[7] De Groot AC. Contact allergy to cosmetics：causative ingredients. Contact Dermatitis 1987；17：26-34.

[8] Fisher AA. Contact Dermatitis，3rd edn. Philadelphia：Lea & Febiger，1986：686-709.

[9] Billhimer WL. Phototoxicity and photoallergy. In：Waggoner WC，ed. Clinical Safety and Efficacy Testing of Cosmetics. New York：Marcel Dekker，Inc，1990：43-74.

[10] Stephens RJ，Bergstresser PR. Fundamental concepts in photoimmunology and photoallergy. In：Jackson EM，ed. Photobiology of the Skin and Eye. New York，Marcel Dekker，1986：41-66.

[11] Epstein JH. Phototoxicity and photoallergy in man. J Am Acad Dermatol 1983；8：141-7.

[12] DeLeo VA，Harber LC. Contact photodermatitis. In：Fisher AA，ed. Contact Dermatitis，3rd edn. Philadelphia：Lea & Febiger，1986：454-69.

[13] Nethercott JR. Sensitivity and specificity of patch tests. Am J Contact Dermatitis 1994；5：136-42.

[14] Goldner R. Clinical tests. In：Jackson EM，Goldner R，eds. Irritant Contact Dermatitis. New York：Marcel Dekker，Inc，1990：201-18.

[15] Fowler JF. Reading patch tests：some pitfalls of patch testing. Am J Contact Dermatitis 1994；5：170-2.

[16] Draize JH，Woodard G，Calvary HO. Methods for the study of irritation and toxicity of substances applied topically to the skin and mucous membranes. J Pharmacol Exp Ther 1944；82：377-419.

[17] Bronaugh RL，Maibach HI. Primary irritant，allergic contact，phototoxic，and photoallergic reactions to cosmetics and tests to identify problem products. In：Frost P，Horwitz SN，eds. Principles of cosmetics for the dermatologist. St. Louis：CV Mosby Company，1982：223-43.

[18] Method of testing primary irritant substances，United States Code of Federal Regulations，16 CFR，1500. 41，1979，Consumer Product Safety Commission，Washington，DC.

[19] Philips L，Steingerg M，Maibach HI，Akers WA. A comparison of rabbit and human skin response to certain irritants. Toxicol Appl Pharmacol 1972；21：369.

[20] Gabrial KL. In vivo preclinical tests. In：Jackson EM，Goldner R，eds. Irritant Contact Dermatitis. New York：Marcel Dekker，Inc，1990：191-9.

[21] Kligman AM，Wooding WM. A method for the measurement and evaluation of irritants in human skin. J Invest Dermatol 1967；49：78-94.

[22] Wortzman MS. Eye products. In：Whittam JH，ed. Cosmetic Safety A primer for Cos-

metic Scientists. New York：Marcel Dekker，Inc，1987：205-20.

［23］DeLeo VA. Photocontact dermatitis in photosensitivity. In：DeLeo VA，ed. New York：Igaku-Shoin，1992：84-99.

［24］Frosch PJ，Kligman AM. A method for appraising the stinging capacity of topically applied substances. J Soc Cosmet Chem 1977；28：197-209.

建 议 阅 读

Adams RM，Maibach HI. A five-year study of cosmetic reactions. J Am Dermatol 1985；13：1062-9.

Basketter DA，Briatico-Vangosa G，Kaestner W，Lally C，Bontinck WJ. Nickel，cobalt and chromium in consumer products：a role in allergic contact dermatitis？ Contact Dermatitis 1993；28：15-25.

Campbell L，Zirwas MJ. Triclosan. Dermatitis 2006；4：204-7.

Davari P，Maibach HI. Contact Urticaria to Cosmetic and Industrial Dyes. Clin Exp Dermatol 2010；［Epub ahead of print］.

de Groot AC. Contact allergy to cosmetics：causative ingredients. Contact Dermatitis 1987；17：26-34.

de Groot AC，Bruynzeel DP，Bos JD，et al. The allergens in cosmetics. Arch Cermatol 1988；124：1525-9.

de Groot AC，Frosch PJ. Adverse reactions to fragrances. A clinical review. Contact Dermatitis 1997；36：57-86.

de Groot AC，Liem DH，Weyland JW，Kathon CG. Cosmetic allergy and patch test sensitization. Contact Dermatitis 1985；12：76-80.

Diepgen TL，Weisshaar E. Contact dermatitis：epidemiology and frequent sensitizers to cosmetics. J Eur Acad Dermatol Venereol 2007；21 (Suppl 2)：9-13.

Distante F，Rigano L，D'Agostina R，Bonfigli A. Intra-and Inter-Individual Differences in Sensitive Skin. Cosmet Toilet 2002；117：39-43.

Draelos ZD. Cosmetic Selection in the Sensitive-Skin Patient. Dermatol Ther 2001；14：175-7.

Elias PM，Feingold KR. Does the tail wag the dog？ Role of the barrier in the pathogenesis of inflammatory dermatoses and therapeutic implications. Arch Dermatol 2001；137：1079-81.

Hachem JP，De Paepe. K，Vanpee E，et al. The effect of two moisturizers on skin barrier damage in allergic contact dermatitis. Eur J Dermatol 2002；12：136-8.

Johansen JD. Fragrance contact allergy：a clinical review. Am J Clin Dermatol 2003；4：789-98.

Larsen W，Nakayama H，Lindberg M，et al. Fragrance contact dermatitis：a worldwide multicenter investigation(Part 1). Am J Contact Dermatitis 1996；7：77-83.

Mehta SS，Reddy BS. Cosmetic dermatitis-current perspectives. Int J Dermatol 2003；42：533-42.

Nardelli A，Carbonez A，Ottoy W，Drieghe J，Goossens A. Frequency of and trends in fragrance allergy over a 15-year period. Contact Dermatitis 2008；58：134-41.

Nigram PK. Adverse Reactions to Cosmetics and Methods of Testing. Indian J Dermatol Venereol Leprol 2009；75：10-18.

Orton DI，Wilkinson JD. Cosmetic allergy：incidence，diagnosis，and management. Am J Clin Dermatol 2004；5：327-37.

Ortiz KJ，Yiannias JA. Contact dermatitis to cosmetics，fragrances，and botanicals. Dermatol Ther 2004；17：264-71.

Pascoe D，Moreau L，Sasseville D. Emergent and Unusual Allergens in Cosmetics. Dermatitis 2010；21：127-37.

Ramirez Santos A，Fernandez-Redondo V，Perez Perez L，Concheiro Cao J，Toribio J. Contact allergy from vitamins in cosmetic products. Dermatitis 2008；19：154-6.

Rastogi SC，Johansen JD. Significant exposures to isoeugenol derivatives in perfumes. Contact Dermatitis 2008；58：278-81.

Rastogi SC，Johansen JD，Bossi R. Selected important fragrance sensitizers in perfumes-current exposures. Contact Dermatitis 2007；56：201-4.

Scheinman PL. Is it really fragrance-free？ Am J Contact Dermatitis 1997；8：239-42.

Tomar J，Jain VK，Aggarwal K，Dayal S，Gupta S. Contact allergies to cosmetics：testing with 52 cosmetic ingredients and personal products. J Dermatol 2005；32：951-5.

Warshaw EM，Belsito DV，DeLeo VA，et al. North American Contact Dermatitis Group patch-test results，2003-2004 study period. Dermatitis 2008；19：129-36.

Yokota T，Matsumoto M，Sakamaki T，et al. Classification of Sensitive Skin and Development of a Treatment System Appropriate for Each Group. IFSCC Magazine 2003；6：303-7.

第5章

皮肤老化和药妆品

药妆是皮肤病学中一个尚未定义、未分类和未经管制的领域，目前尚处于起步阶段。传统的药妆品涉及生物活性成分的局部应用，这会影响皮肤屏障和整体皮肤健康。这些成分增强皮肤功能的能力取决于它们如何被配制成面霜、乳液等，以维持活性剂的完整性，将其以生物活性形式输送到皮肤，以足够的量到达目标部位发挥作用，并从载体中适当释放。在美国，药妆品被当作化妆品出售，这使得营销、包装和审美吸引力成为重要的考虑因素。理想情况下，应对药妆品进行临床疗效测试，以确保其疗效，同时也要证实其营销要求。政府对功效声明存在限制因而限制了药妆品的发展，因为产品只能根据其改善皮肤外观的能力而不是功能来评估。改善功能将药妆品从化妆品类中去除，并将其归入药品类别。定义药妆品类别的挑战，这是本章的主题。

当皮肤科医师首次使用药妆品时，药妆品是解决外观问题的处方药。符合这些标准的第一个药妆品是局部维A酸。维A酸一直是皮肤病学中的重要力量，但它不像一些含有生物效果较差的视黄醇的化妆品配方那么受欢迎。为什么？因为维A酸不会产生短期效益。事实上，维A酸在使用的前2周会出现皮肤脱皮和发红，因此短期内会对皮肤外观产生影响，患者需要皮肤科医师的鼓励才能遵守。维A酸的长期益处至少需要6个月才能实现。虽然维A酸的功能益处很大，但没有美学益处。这导致了非处方（OTC）视黄醇、视黄醇丙酸酯和视黄醛保湿剂的激增，这些保湿剂不能提供处方维A酸的最终胶原再生益处，但也不会引起刺激和脱皮。因此，现代药妆品必须将化妆品的美观性与药物的功效相结合。

介绍给皮肤科医师的下一个药妆品是局部用米诺地尔。该产品在头发生长方面显示出功能性益处，但至少需要6个月的使用才能感觉到头发丰满度的增加。为了达到局部米诺地尔渗透，需要高浓度的丙二醇，这会导致头皮瘙痒和干燥。这种处方药的既定安全性允许其被重新分类到OTC药物市场，但缺乏即时的美学效益，使得该制剂无法在男性或女性脱发患者中充分发挥其使用潜力。因此，现代药妆品必须像化妆品一样产生立竿见影的效果，但也必须像药物一样产生长期的效果。

维A酸和米诺地尔的批准之后，处方药妆品的世界实际上一直停滞不前。然而，药妆品的概念仍然存在并且很好。患者通过大众媒体、期刊和互联网接受良好教育，要求他们购买的产品精良。这些需求导致了药妆品的新概念，它可以最准确地描述为多功能化妆品，即无需处方购买的产品，其作用不仅仅是使皮肤变香或变色。这些现代药妆品期望在提供明显的皮肤外观改善的同时，具有卓越的手感和气味。我们对药妆品和护肤产品进行回顾，首先进行对皮肤老化的讨论。

皮肤老化

皮肤老化可分为两部分:内源性老化与外源性老化。顾名思义,内源性老化是由于基因控制的老化,外源性老化是由于环境因素叠加在内源性老化上。已知加速外源性老化的环境因素是日晒和吸烟。阳光暴晒引起的皮肤老化称为光老化。

年轻皮肤的特点是无瑕、色素均匀、光滑和粉色外观。这与本质老化皮肤形成鲜明对比,本质老化皮肤薄而无弹性,随着面部表情线的加深而产生细微的皱纹。这些变化在组织学上明显的表现为表皮和真皮变薄,真皮与真皮表皮交界处的网栓变平。外在老化、暴露在阳光下的皮肤在临床上表现为瑕疵、增厚、发黄、松解、粗糙和坚韧。这些变化可能早在 20 岁就开始了,将光老化皮肤分为 4 组,称为 Glogau 分类法(表 5-1)。它还可能含有癌前病变和癌性生长,以及毛细血管扩张症和雀斑样痣。一些癌性生长的倾向可能

表 5-1　光老化组的 Glogau 分类法

第 1 组　轻度	第 3 组　高度
无角化病	光化性角化病
小皱纹	皮肤明显发黄伴毛细血管扩张
无瘢痕	在休息时出现褶皱
淡妆或不化妆	中度痤疮瘢痕
通常年龄在 28—35 岁	总是化妆
第 2 组　中度	通常年龄在 50—65 岁
早期光化性角化病	第 4 组　严重
皮肤轻微黄变	光化性角化病和皮肤癌已经发生
早期皱纹(并行微笑线)	光化引力和动力起源的褶皱
轻度瘢痕	严重的痤疮瘢痕
淡妆	化妆但不能遮盖
通常年龄在 35—50 岁	通常年龄在 60—75 岁

是由于朗格汉斯细胞及其功能的减少。光老化皮肤的组织学特征是表皮发育不良伴有不同程度的细胞异型性、角质形成细胞极性丧失、炎症浸润、胶原蛋白减少、基质物质增加和弹性组织变性。弹性组织变性是弹性材料的退化,在早期光老化中,弹性材料的数量增加,在显微镜下表现为增厚、扭曲、退化的弹性纤维。随着光老化的进行,这些纤维退化成无定形物质。因此,皮肤的内源性老化导致萎缩,而外源性光老化导致肥大。这种区别在临床上并不总是明显的,但在理想情况下,内源性老化的皮肤会出现细纹,而光老化的皮肤会出现沟壑和皱纹(图5-1)。许多物质已经被提出来可以用于治疗老化的皮肤,首先可能是激素霜,这将在下面讨论。

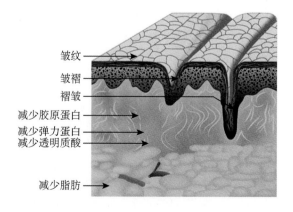

图 5-1　许多缺陷导致皮肤老化

皱纹
皱褶
褶皱
减少胶原蛋白
减少弹力蛋白
减少透明质酸
减少脂肪

衰老与激素

从一开始,人类就一直在寻找能够带来青春魅力的外用药和口服药。在 20 世纪 30 年代之前,许多被认为是青春长生不老药的产品被挨家挨户地推销,但有些产品含有有毒成分,如砷和汞。20 世纪 30 年代《化妆品和化妆品法案》制定时,最受欢迎的抗衰老制剂之一是含有雌激素的面部保湿剂(图 5-2)。立法的出台将化妆品定义为不会改变皮肤结构或功能的产品,将激素乳膏重新归类为药物,并将其从消费市场中移除。然而,过去的 70 年让人们对皮肤生理学有了更多的了解,也认识到即使是水也能改变皮肤的结构和功能。这引起了人们对药妆品的新兴趣,特别是在激素治疗领域。

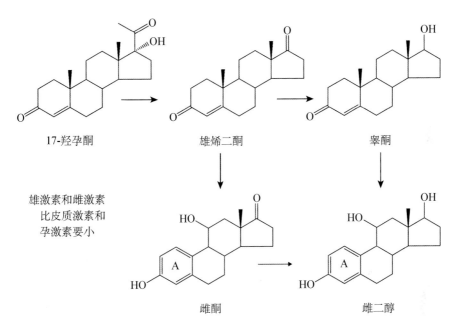

17-羟孕酮   雄烯二酮   睾酮

雄激素和雌激素比皮质激素和孕激素要小

雌酮   雌二醇

图 5-2 雌激素面霜是第一个用于老化皮肤的药妆性面部保湿剂

毫无疑问,激素疗法对于改善衰老皮肤的外观是有效的,正如 Wolff、Narayan 和 Taylor 发表的文章中所支持的那样。雌激素不仅可以改善皮肤硬度,减少皱纹,而且还可以增加皮肤厚度(通过超声波测量),增加皮肤皮脂分泌(通过皮脂计测量),增加皮肤弹性(使用抽吸装置通过皮肤变形性测量),增加皮肤水合作用(通过角膜测量法测量),以及增加皮肤胶原蛋白含量(通过皮肤活检测量)。许多评估皮肤功能的方法指出,口服和(或)经皮雌激素是一种有价值的替代激素。

也有许多关于雌激素的局部释放研究。

雌激素易溶于乳脂载体,并且由于其为小分子而容易穿透角质层。它是局部应用的理想药妆品。经证明,局部使用雌激素可增加Ⅲ型胶原的生成,并可在使用 6 个月后增加胶原纤维的总数量。它还增加了皮肤中的酸性黏多糖和透明质酸水平,这对维持皮肤水合作用和屏障功能很重要。更多的胶原纤维增加了皮肤体积,透明质酸增加了皮肤水合作用,这两种因素结合在一起,可以解释使用雌激素的女性明显减少皱纹的原因。重要的是要注意,目前可用于化妆品配方的物质没有其他,能为女性提供类似的效果。

> 植物雌激素,如染料木黄酮、黄豆苷元和甘氨酸,存在于发酵的大豆中,可以以烘烤大豆坚果或豆腐的形式食用。

对 OTC 雌激素的法律限制引起了人们对植物雌激素的兴趣,尤其是那些来自大豆的雌激素。植物雌激素,如染料木黄酮、黄豆苷元和甘氨酸,存在于发酵的大豆中,可以以烤大豆坚果或豆腐的形式食用。已经研究了大豆蛋白补充剂在女性绝经后各种症状中的益处,但数据有些不一致。Kotsopoulos 等的一项对照研究发现,大豆蛋白补充剂和安慰剂用于干性皮肤在统计学上没有显著差异。染料木黄酮是护肤品中最受欢迎的植物添加剂之一,有望可减少面部细纹。然而,很难确定制造商所宣传的皱纹减少是否是由于载体保湿剂减少了皮肤脱水并改变了皮肤表面的光反射,或者是皮肤胶原生成的真实变化和由于真皮厚度增加而使皱纹减少。在目前的监管环境中,没有化妆品制造商想确定这个问题的答案。滋润皮肤和改变光学特性是化妆品的领域,但促进胶原蛋白的产生则是药物的领域。任何记录胶原蛋白产量增加的大豆产品肯定会被食品和药物管理局(FDA)从市场上移除。正是由于这个原因,植物雌激素的局部应用缺乏研究。

那么问题仍然是,为什么局部雌激素乳膏和雌激素替代疗法在皮肤益处已被充分证明的情况下还如此具有争议性。文献中有一些关于雌激素使女性易患恶性黑色素瘤的担忧,尽管这些报道相互矛盾。Smith 等的一项研究表明,黑色素瘤与口服避孕药或替代雌激素之间没有联系。局部雌激素甚至更具争议,因为它们在理论上与乳腺癌和其他女性器官的癌症有关。由于因果关系很难证明或否定,没有一家公司愿意在市场上推销一种具有如此巨大诉讼机会的热门产品。局部雌激素也与面部毛细血管扩张有关,这是不被接纳的原因之一。

在文献中很少讨论雌激素对皮肤外观有益的一个方面,改善面部骨量的减少。许多文章都提到口服雌激素对骨密度的益处,但很少有人研究面部骨骼的矿化作用。随着年龄的增长,很多皱纹并不是由于皮肤的影响,而是由于皮下组织和骨骼结构的丧失。面部骨骼结构的丧失也会导致皱纹,可以通过口服雌激素来改善。

药妆品的发展

自从第一个药妆品,局部雌激素退出市场以来,许多其他的药妆配方已经被引入。药妆没有什么特别之处,它被行业归为功能性化妆品。这意味着配方中包含的成分必须来自公认安全的原材料清单,否则药妆品将被归类为药物。新药妆成分的最简单来源是植物界。植物富含内源性抗氧化剂,因为它们必须在富含 UA 辐射的环境中存活。植物提取物也被认为是安全的,并且符合 FDA 关于可用于 OTC 制剂的物质的标准。一般认为,口服安全的物质在局部使用时可以被认为是安全的。这重新引起了人们对草药制剂的新兴趣,草药制剂是许多药妆品功能的基础(图 5-3)。

图 5-3　植物制剂是许多药妆品配方的基础

药妆品是保湿剂，通常含有从植物材料中提取的活性剂，如花、种子、根、叶、小枝和浆果。

对新草药的寻找导致了世界各地植物的花、种子、根、叶、小枝和浆果的采集。这可能是一个复杂的过程，因为植物提取物的成分受植物材料采摘季节、生长条件和植物成分加工的影响。表 5-2 总结了常用的植物药妆品成分来源。一旦确定并合成了可能的功能性药妆活性剂，通常将其应用于成纤维细胞基因芯片，以确定其是否影响任何关键细胞事件。在证明了假定的生理效应后，在体外测试活性剂以确定其对培养的成纤维细胞的作用。如果获得阳性数据，则在小鼠模型中研究活性剂以进行确认。然后将其置于适合人类应用的载体中，并进行临床研究。成功的人体临床研究为通过成分许可协议并引入市场铺平了道路。表 5-3 总结了这些药妆品发展的步骤。

表 5-2　药妆品功能成分的植物学来源

1. 植物来源：叶、根、果实、浆果、茎、树枝、树皮、花
2. 生长条件：土壤成分、有效水量、气候变化、植物逆境
3. 收获条件：从收获到运输的时间、运输期间对植物材料的护理、生产前的储存条件
4. 制备方法：粉碎、研磨、煮沸、蒸馏、压榨、干燥
5. 最终提取状态：液体、粉末、糊状物、糖浆、晶体
6. 浓缩足够量的活性剂以产生生物效应

表 5-3　药妆品发展的步骤

1. 在实验室中收到的新植物材料
2. 从植物中提取的各种成分
3. 为与已知化合物的关系而分析的馏分
4. 暴露于基因阵列芯片的纯化部分

5. 完成细胞氧化、炎症或刺激中关键事件的上调或下调分析
6. 在体外细胞培养模型中对新分离物进行研究，以确认基因阵列结果
7. 阳性体外研究结果导致小鼠模型中的分离分析侧重于可能的皮肤益处的标志物
8. 阳性小鼠的发现导致在适合人类使用的载体中形成配方
9. 进行人体模型试验，以确定活性剂是否具有任何皮肤价值
10. 配方经过微调并获得专利
11. 许可给化妆品制造商的新成分
12. 新技术进入市场

药妆品发展的一个重要考虑因素是安全性。药妆品被美国政府视为化妆品，因此不受监管。然而，化妆品行业在自我监督进入市场的产品安全方面做得非常出色。没有一家声誉良好的化妆品制造商希望引入有问题的配方，这会损害公司来之不易的声誉。大多数优质药妆品都是由市场上已有安全记录的成分制成的。这可能是因为它们是从食物中提取的，例如从番茄（西红柿）中提取的局部番茄红素或从牛油果中提取的局部鳄梨素。或者，原材料供应商可进行广泛的动物实验，以确定新成分是否适合人类使用。就植物药而言，大多数基于其无处不在的性质被认为是安全的。

药妆品在美国是不受管制的，目前被认为是化妆品。

药妆品概述

各种各样的成分可以被纳入药妆品中，这远远超出了本文的范围。为了进行深入的讨论，读者可以参考笔者编辑的一本关于药妆品的书，该书由爱思唯尔于 2009 年第 2 版出版。在本章中，我想强调一些特别感兴趣的药妆品成分。它们属于 3 类物质,包括类胡萝卜素、黄酮类化合物和多酚类化合物。这些是抗氧化剂的主要类别,它们有很好的证据支持其口服摄入,但没有更有力的证据支持其局部应用。

> 药妆品中发现的三大抗氧化剂家族是类胡萝卜素、黄酮类化合物和多酚类化合物。

类胡萝卜素

类胡萝卜素是维生素 A 的衍生物,由于处方类维生素 A、维 A 酸已确定具有局部抗衰老作用,其已在药妆品中广泛使用。类胡萝卜素是一大类呈现橙色、红色和黄色的物质,摄入后可发挥重要的抗氧化作用,但作为局部抗氧化剂的作用不太明确。

虾青素

虾青素是一种粉红色的类胡萝卜素,在鲑鱼中含量很高,是鲑鱼特有的粉红色。这是抗衰老饮食的基本原理,建议每周 5 次摄入鲑鱼。对于局部应用的目的,虾青素是从海洋微藻雨生红球藻中获得的。虾青素的功效归因于其由两层外部脂质层组成的细胞膜,这层脂质层被吹捧为具有比维生素 E 更强的抗氧化能力。它是水溶性和油溶性的,只有海藻暴露在强烈的 UA 辐射下才会产生。

很少有局部研究证实虾青素的局部作用,但其作为口服补充剂已进行了广泛研究。它被用作黄斑变性的顺势疗法,因为与另一种类胡萝卜素角黄素不同,它不会在眼中形成结晶。可跨越血脑屏障,已在脑功能障碍方面进行研究,包括脊髓损伤和帕金森病。尽管其他类胡萝卜素(如 β-胡萝卜素)已被证明在降低与心血管疾病相关的氧化应激方面无效,但虾青素目前正在进行进一步的研究。

虾青素浓度为 0.03%～0.07% 时,会产生粉红色乳霜。这限制了可以使用的浓度,但没有与这种类胡萝卜素相关的局部不良反应。虾青素的局部抗氧化作用尚未被证实。

叶黄素

在局部药妆品中发现的另一种类胡萝卜素是叶黄素。它天然存在于绿叶蔬菜中,如菠菜和羽衣甘蓝。叶黄素是植物界中的抗氧化剂,也被用于蓝光吸收。在动物界,叶黄素存在于蛋黄、动物脂肪和黄体中。它是一种不溶于水的亲脂性分子,其特征在于由共轭双键组成的长多烯侧链。这些双键可通过光和热降解,这是类胡萝卜素或多或少的普遍特征。

叶黄素由于吸收蓝光而呈现橙红色,因此被用作天然着色剂。它的最大用途是作为鸡的食物补充物,从而产生更鲜艳的黄色蛋黄。在人类中,叶黄素集中于黄斑区,并与黄斑变性的预防有关。自 1996 年以来,它一直作为一种营养补充剂,并可作为一种舌下喷雾剂,用于老年黄斑变性患者。

问题仍然是局部应用叶黄素是否有价值。同样没有数据支持这一点,但过量的叶黄素摄入会导致胡萝卜素沉着症,过量的局部应用会导致皮肤呈古铜色。

番茄红素

另一种有效的类胡萝卜素是番茄红素,它存在于大多数红色的水果和蔬菜中,包括西红柿、西瓜、粉红葡萄柚、木瓜、葡萄糖苷、红甜椒和粉红番石榴。番茄红素含量最高的食物是番茄酱,但番茄红素不是人体必需的营养成分。梅奥诊所的网站将番茄红素作为抗氧化剂的证据评价为 C,因为目前尚不清楚番茄红素是否对人体有这些作用。

番茄红素是一种高度不饱和烃,含有 11 个共轭双键和 2 个非共轭双键,这使得其分子比其他类胡萝卜素都长,因此对其吸收到皮肤上表示怀疑。当暴露在阳光下时,会发生异构化,成为一种不太确定的局部成分。

黄酮类化合物

黄酮类化合物是芳香族化合物，通常呈黄色，常见于高等植物中。已经鉴定出 5000 种类黄酮具有相似的化学结构，具有 15 个碳原子和多种生物活性（图 5-4）。黄酮类化合物可分为黄酮类、黄酮醇类、异黄酮类和黄烷酮类，各自具有略微不同的化学结构（图 5-5）。常见的黄酮类化合物包括姜黄素、水飞蓟素和碧萝芷。

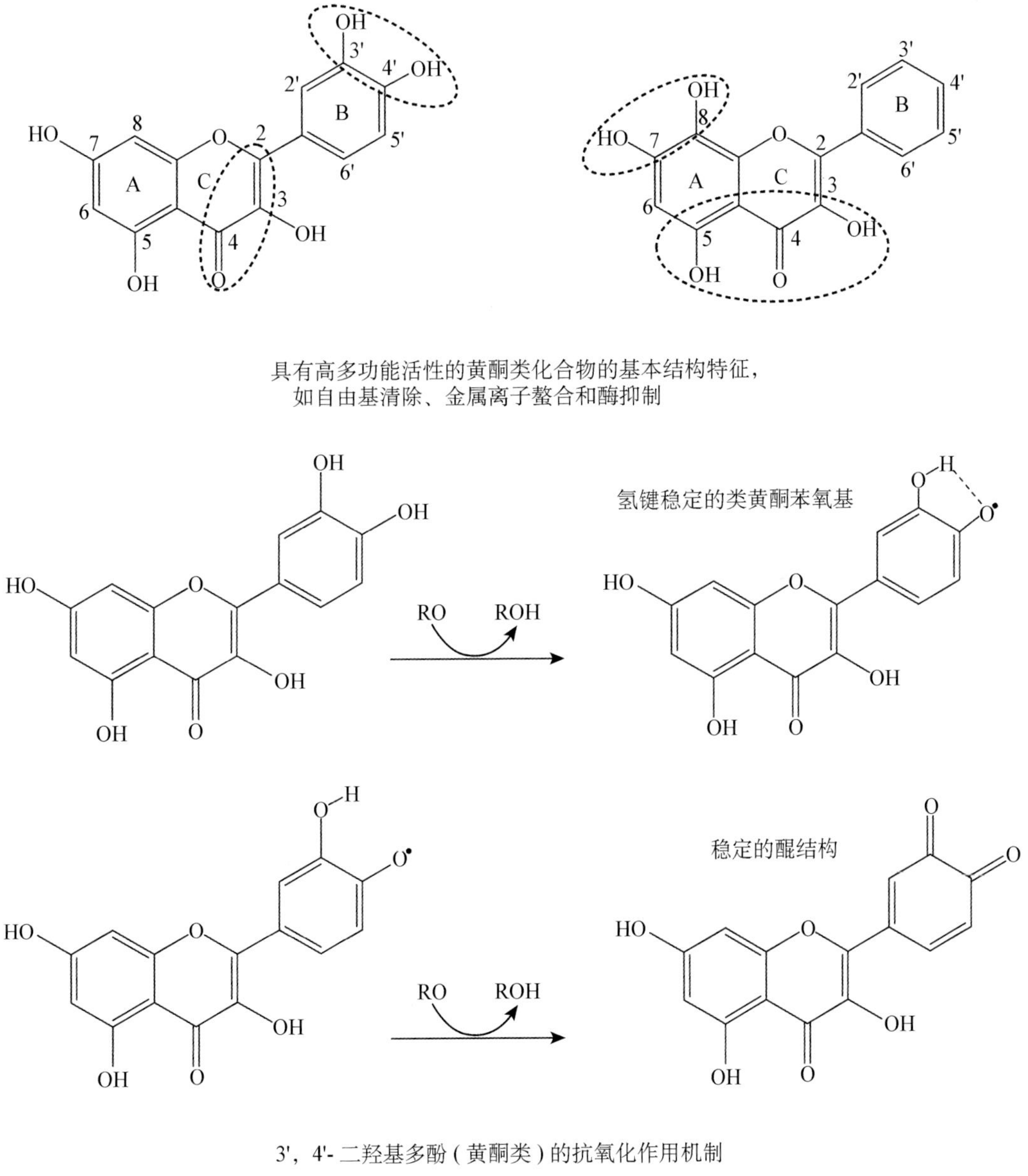
具有高多功能活性的黄酮类化合物的基本结构特征，
如自由基清除、金属离子螯合和酶抑制
氢键稳定的类黄酮苯氧基
RO
ROH
稳定的醌结构
3'，4'- 二羟基多酚（黄酮类）的抗氧化作用机制

图 5-4　**黄酮类化合物的化学结构表明其作为抗氧化剂的功能**

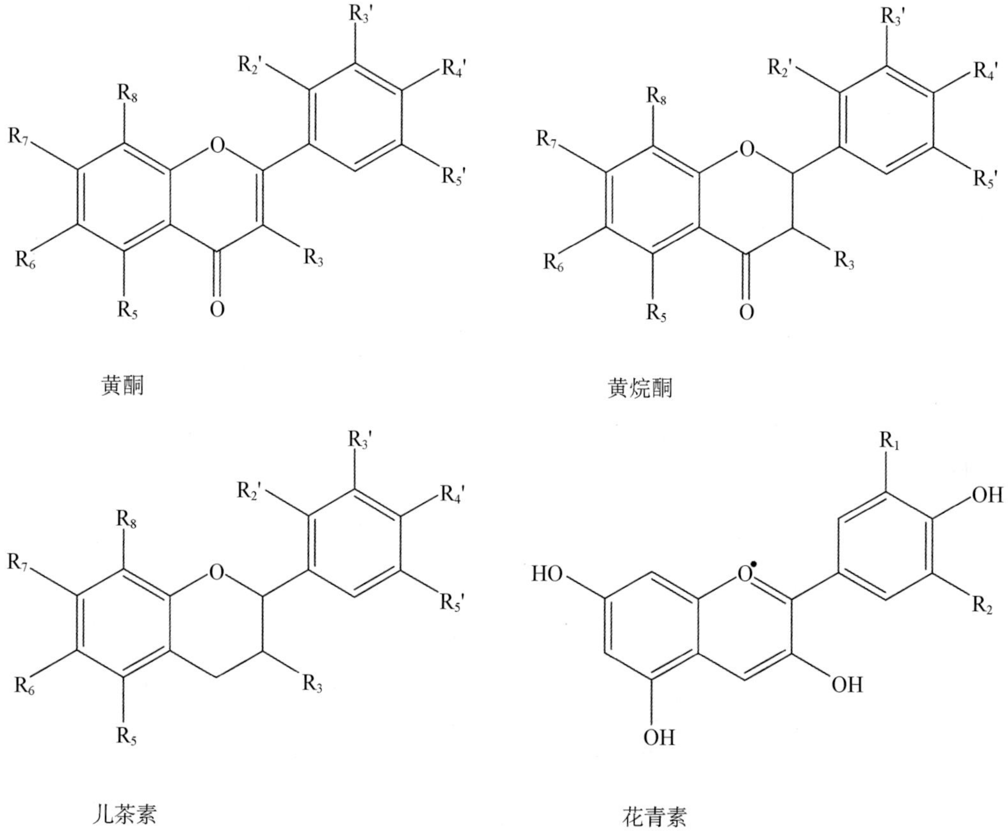

黄酮

黄烷酮

儿茶素

花青素

图 5-5　常见黄酮类化合物的化学结构

姜黄素

姜黄素是一种流行的天然黄色食用色素,用于从预包装零食到肉类的各种食品中。它有时作为一种天然黄色色素用于声称不含人工成分的护肤品中。姜黄素来源于姜黄植物的根茎,作为一种亚洲香料口服,经常出现在米饭中,使原本白色的米饭变黄。然而,这种黄色在化妆品中是不受欢迎的,因为产品的黄变通常与氧化变质有关。四氢姜黄素是姜黄素的氢化形式,呈灰白色,可以添加到护肤品中。它不仅起到皮肤抗氧化剂的作用,还可以防止保湿霜中的脂质变质。化妆品化学家认为四氢姜黄素的抗氧化作用大于维生素 E。据说它能通过消除氧自由基和抑制 NF-κB 来为皮肤提供抗氧化的好处。姜黄素作为皮肤局部抗氧化剂的作用尚未得到很好的研究。

水飞蓟素

水飞蓟素是一种乳蓟植物(水飞蓟属)的提取物,属于紫菀科植物,包括雏菊、蓟和洋蓟。这种植物之所以被命名为乳蓟,是因为关于其提取物记录的最古老的用途是促进人类泌乳,而且该植物会产生一种白色的乳状汁液。这种提取物由三种黄酮类化合物组成,它们分别来自这种植物的果实、种子和叶子。这些类黄酮是水飞蓟宾、水飞蓟碱和次水飞蓟素。顺势疗法中,水飞蓟素用于治疗肝病,但它是一种强效抗氧化剂,通过清除自由基物质来防止脂质过氧化。其抗氧化作用已在无毛小鼠中通过 UVB 照射后皮肤肿瘤减少 92% 得到证明。这种肿瘤生成减少的机制尚不清楚,但在小鼠模型中,局部使用水飞蓟素已被证明可以减少嘧啶二聚体的形成。还发现它能促进白化大鼠烧伤的愈合。

水飞蓟素应用于众多高端抗老化润肤霜，可防止皮肤氧化损伤，减少面部红肿。一项针对 46 名 I～III 期酒渣鼻患者进行的双盲安慰剂对照研究发现应用水飞蓟素后皮肤发红、丘疹、瘙痒、水合作用和肤色有所改善。研究者认为是由于其调节细胞因子和血管因子的直接活性。但尚缺乏其他控制良好的人体试验。

碧萝芷

碧萝芷是法国海松树皮（海岸松）的提取物，这种松树只生长在法国西南海岸，位于加斯科涅岛。提取物是一种水溶性液体，含有多种酚类成分，包括紫杉醇、儿茶素和原花青素。它还含有几种酚酸，包括对羟基苯甲酸、原儿茶酸、没食子酸、香草醛酸、对库里克酸、咖啡酸和阿魏酸。它是一种商标成分，可作为心血管疾病的预防剂、糖尿病微血管病的治疗剂和肌肉痉挛的止痛剂，出售为口服剂型。它是一种强力自由基清除剂，可以减少维生素 C 自由基，使维生素 C 恢复其活性形式。活性维生素 C 反过来又使维生素 E 恢复其活性形式，保持皮肤的天然氧清除机制完好无损。

碧萝芷是理想的抗衰老添加剂，因为它没有表现出慢性毒性、致突变性、致畸性或致敏性。碧萝芷口服可增强一氧化氮的生成，一氧化氮可抑制冠心病患者的血小板聚集，因此，局部使用也被认为是安全的。然而，其用于皮肤适应证的记录较少。在 B16 黑色素瘤细胞中，它被证明可以抑制酪氨酸酶活性和黑色素生物合成。许多关于抗氧化类黄酮类化合物的讨论都提到碧萝芷，但只有很少的有质量的数据。

多酚类化合物

多酚类化合物是许多药妆品中使用的黄酮类化合物的一个子集。茶和水果是多酚类化合物的两个主要来源。石榴是一种常用的多酚药妆品。

石榴

与番茄红素类似，健康饮料和维生素中出现的另一种口服补充剂是石榴提取物。石榴（Pomegranate，Punica granatum），是一种结红色果实的落叶树，原产于阿富汗、巴基斯坦、伊朗和印度北部。1769 年，西班牙殖民者把它带到加利福尼亚，并因其果汁而进行商业种植。

在中东地区，人们普遍饮用石榴汁，每 100mg 石榴汁能提供成人所需维生素 C 的 16%。石榴汁还含有泛酸，众所周知的维生素 B_5、钾和抗氧化多酚。已经证明这些物质可以防止 SKU-1064 人皮肤成纤维细胞中 UVA 和 UVB 诱导的细胞损伤。石榴汁也被认为可以降低氧化应激，影响人类和载脂蛋白 E 缺乏小鼠的 LDL 和血小板聚集。经研究它还可用于改善糖尿病患者的高脂血症水平。

　　不幸的是，几乎没有证据支持大多数药妆品活性成分的使用。在大多数情况下，载体保湿剂仍然是主要活性剂。

维 A 酸

维 A 酸是处方药和 OTC 领域中最重要的药妆品类别之一（图 5-6）。处方类维 A 酸，如维生素 A 酸，可以逆转光诱导的皮肤变化。维 A 酸已被证明能将萎缩的表皮转变为增生、较厚的表皮，从而改善皮肤皱纹。维 A 酸还能诱导乳头状真皮胶原的合成、新血管的形成、糖胺聚糖沉积的增加以及残留角质层的脱落。这些组织学变化在临床上转化为皮肤的淡黄色和粉红色，并伴随着触觉平滑度的增加。每天使用局部维 A 酸的一些患者在 4 个月后可能会感觉到变化，但随着治疗时间的延长，情况会有更大的改善。自然地，严重光老化患者的改善更为明显，但

维生素 A 代谢物	维生素 A	维生素 A 酯
视黄酸 R=COOH	视黄醇 R=CH₂OH	视黄醇乙酸酯 R=CH₂OOCCH₃
视黄醛 R=CHO		视黄醇丙酸酯 R=CH₂OOCC₂H₅
他扎罗汀		棕榈酸视黄酯 R=CH₂OOCC₁₅H₃₁

图 5-6　OTC 和处方类维 A 酸家族

未暴露在阳光下的老年皮肤也有改善。值得注意的是,接受局部维 A 酸治疗的患者的心理社会状况有所改善。

> 维 A 酸是处方药和 OTC 领域中最重要的药妆品类别之一。

维 A 酸必须每天涂抹在脸上,以实现光老化的逆转。开始治疗的患者在治疗的前 2~6 周可能会出现不同程度的红斑和皮炎。据认为,在维 A 酸的刺激作用下,伴随着灼烧、瘙痒和脱屑消失,皮肤最终会"变硬"。当停止应用时,这种硬化效果就消失了。

外用维 A 酸是最常用的皮肤处方药妆品。然而,成功的使用可能需要改变皮肤护理产品和化妆品。在维 A 酸皮炎阶段,可能需要用温和的清洁皂代替除臭剂肥皂,以防止进一步的干燥和刺激。应停止使用所有的干燥剂,如收敛剂和爽肤水、去角质剂、磨砂膏和清洁面膜。无油或水基面部粉底往往会优先粘在面部鳞屑上,因此在使用粉底之前应使用适当的保湿霜来平滑脱皮的角质层。在可能的情况下,可以选择专为干性皮肤设计的含油量较高的粉底。这些皮肤护理的改变可能促进维 A 酸的使用。

除了处方类维 A 酸外,OTC 类维 A 酸在一些药妆品中还以视黄醇、棕榈酸视黄酯、视黄醇丙酸酯和视黄醛的形式存在。从理论上讲,将维 A 酸从一种形式转换为另一种形式是可能的。例如,棕榈酸视黄酯和视黄醇丙酸酯(化学上称为视黄基酯)在皮肤酶解酯键并随后转化为视黄醇后可具有生物活性。视黄醇是天然存在的维生素 A 形式,存在于红色、黄色和橙色水果与蔬菜中。尽管色素是视觉的来源,但它非常不稳定(图 5-7)。视黄醇可以被氧化成视黄醛,然后被氧化成视黄酸,也被称为处方维 A 酸。正是这种皮肤上的视黄醇转化为视黄酸,产生了一些新的稳定 OTC 维生素 A 制剂的生物活性,这些制剂旨在改善良性光损伤皮肤的外观。不幸的是,只有少量的棕榈酸视黄酯和视黄醇可以被皮肤转化,这是含有维 A 酸的处方制剂疗效更高的原因。

图 5-7　视黄醇是药妆品配方中最常用的 OTC 类维 A 酸

OTC 类维 A 酸包括视黄醇、棕榈酸视黄酯、视黄醇丙酸酯和视黄醛。

处方维 A 酸的主要问题是它们的刺激性。不幸的是，随着维 A 酸的生物功效增加，刺激性也随之增加。OTC 类维 A 酸也是如此。视黄醇比视黄醇酯具有更大的刺激性，并且也更不稳定。正是因为这个原因，不是在严格的无氧条件下生产的药妆品配方更喜欢在保湿霜中添加棕榈酸视黄酯。棕榈酸视黄酯可以作为保湿剂中脂质的抗氧化剂。

视黄醇的局部益处已被良好的对照研究证实。皮肤科医师普遍认为视黄醇是有益的，但在不包括载体控制的保湿霜研究中，很难将视黄醇的益处与保湿霜的益处分开。尽管如此，在所有可用于配方的类胡萝卜素中，视黄醇具有支持局部应用效果的最大证据。

羟基酸

如果不提及羟基酸，药妆品的讨论就不完整。羟基酸是引发药妆品兴趣的首批物质之一。有趣的是，羟基酸代表了最古老的面部药妆品。据说Cleopatra用酒桶底部的碎片来按摩她脸部。化学上，这就是酒石酸，因此 Cleopatra 是有记录的第一个常规使用面部 α-羟基酸的女性。α-羟基酸代表由羟基位于 α 位的有机羧酸组成的一组化学物质。该组的成员包括乙醇酸、乳酸、枸橼酸、苹果酸、扁桃酸和酒石酸。乙醇酸来自甘蔗，乳酸来自发酵的牛奶，枸橼酸存在于柑橘类水果中，苹果酸存在于未成熟的苹果中，扁桃酸是苦杏仁的提取物，酒石酸存在于发酵的葡萄中。这些酸现在是合成生产的，用于化妆品。

乙醇酸是 OTC 和医师处方产品中最常用的用于抗衰老目的的 α-羟基酸。其 pH 值随浓度变化，如表 5-4 所示。这种酸性 pH 有时用磷酸和磷酸氢钠缓冲面部应用，或用氢氧化钠中和。面部应用的理想 pH 值介于 2.8 和 4.8 之间。乙醇酸正被用于面部保湿霜、洁面乳和爽肤水的配方中。此外，它可以单独使用，也可以与其他化学物质混合使用，以各种浓度用于面部皮肤。乙醇酸的表皮效应表现为角质形成细胞凝聚力的降低，这可能是由于离子键的改变，而皮肤效应导致黏多糖和胶原合成的增加。显然，这可以减少皮肤皱纹和色素沉着。此外，乙醇酸可以作为一种抗氧化剂，这可以通过其缓解紫外线照射皮肤后观察到的红斑的能力来证明。

表 5-4　乙醇酸：不同 pH 值下的不同浓度

浓度（%）	pH
5	1.7
10	1.6
20	1.5
30	1.4
40	1.3
50	1.2
60	1.0
70	0.6

α-羟基酸包括乙醇酸、乳酸、枸橼酸、苹果酸、扁桃酸和酒石酸。

α-羟基酸和维 A 酸可以联合用于光老化皮肤的治疗，因为该组合具有良好的耐受性并且效果可以是累加的。它们的化学作用非常不同，因为亲水性 α-羟基酸在整个水性细胞间相中自由扩散，而疏水性维 A 酸需要血浆和皮肤中的蛋白质作为载体。目前的趋势是早上使用 8% 的乙醇酸保湿霜，同时睡前使用耐受性最高的维 A 酸。这种治疗可以补充每 2

周到每月 1 次浓度为 20％、35％、50％ 和 70％ 的乙醇酸面部去角质。在光老化皮肤的最佳

治疗出现之前,需要进行更多的临床对照研究和组织学评估这种治疗方案(图 5-8)。

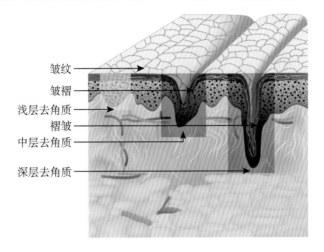

皱纹
皱褶
浅层去角质
褶皱
中层去角质
深层去角质

图 5-8　α-羟基酸去皮剂产生浅层皮肤脱皮,以暂时改善皮肤质地并诱导去角质

成年患者的皮肤护理

本章以对成年患者皮肤护理产品的检查结束,这些产品包括彩妆、面膜和去角质剂。彩妆是遮盖光老化所必需的,而面膜可以改善皮肤质地。去角质剂可以通过最大限度地减少成熟性皮肤的脱皮失败的影响来光滑皮肤表面。

> 彩妆、面膜和去角质剂可以用来改善成年人皮肤的外观。

彩妆

皮肤经阳光照射会加速和夸大与高龄相关的临床变化。因此,人们求助于化妆,化妆可以帮助掩饰毛细血管扩张和雀斑,但不能掩盖光老化引起的深层皱纹。面部粉底变得难以均匀涂抹,并容易迁移到皮肤皱纹中。弹力组织增生所带来的黄色皮肤色调可以通过使用紫色打底化妆品来改善,但是再次均匀施用是困难的。患者可以尝试使用高覆盖

率的粉底霜来解决这些问题。不幸的是,较厚的面部粉底虽然可以掩盖皮肤颜色的异常,但只会加重深层皱纹和皱纹。一种可能的美容解决方案是用白色眼线笔在每个皱纹的深度处画线,然后根据患者的皮肤类型涂抹适量的面部粉底。根据面部轮廓的概念,在每一个皱纹的深处放置白色颜料将使凹陷的皮肤减少阴影。每条皱纹都是很费时间的,但可以改善,虽然不能消除光老化的皮肤外观。

面膜

面膜由为了治疗和(或)美容目的,长时间敷在面部的物质组成。面膜可用于家庭和专业用途。它们可以包装在罐子或瓶子中,以便立即应用于面部或作为袋中的干燥成分与水混合。通常情况下,每周都要敷 1 次面膜,以提供放松的时间,获得美感和皮肤的益处。有 4 种基本的面膜配方:蜡基、乙烯基或橡胶基、水胶体和土基。

蜡面膜

蜡面膜因其温暖、美观的感觉而受到专

业水疗中心女性的欢迎。蜡面膜由蜂蜡或更常见的石蜡组成,其中加入了凡士林和十六烷基或硬脂醇,柔软柔韧材料的软刷可应用于面部。将蜡放在水浴槽中加热,以控制温度并防止燃烧。有时将蜡从锅中蘸一下涂在脸上,有时可以将其刷在覆盖在脸上的薄棉纱布上。纱布通常用于面部,技术人员能够将蜡一块地去除。纱布还可以防止蜡粘在脸上的绒毛上,以防当蜡从脸上撕脱时,绒毛可能会被疼痛地撕落。

蜡基面膜可暂时阻止皮肤经表皮失水。这种效果仅局限于面膜直接接触面部的时间,除非在去除面膜后立即使用合适的封闭保湿霜。由于这个原因,它们在皮肤干燥的人群中很受欢迎。

乙烯基和橡胶基面膜

乙烯基和橡胶基面膜是家用的流行面膜,因为它们很容易从袋子中挤到脸上,然后整块拆下。橡胶面膜通常基于乳胶,而乙烯基面膜基于成膜物质,如聚乙烯醇或乙酸乙烯酯。由于担心乳胶过敏,目前还没有真正的家用橡胶面膜。

乙烯基面膜是从软管或袋中预混合挤压,用指尖或木制的涂敷器涂在脸上。当载体蒸发时,一层薄薄的柔韧的乙烯基薄膜会留在面部。面膜通常与皮肤接触 10～30 分钟,然后通过松开面膜表面的边缘将其整片从面部剥掉。

乙烯基和橡胶面膜适用于所有皮肤类型。湿面膜中的载体蒸发会使人产生一种冷却的感觉,而干燥后的面膜收缩可能会给人一种皮肤正在紧绷的印象。当这些面膜与皮肤接触时,它们可以暂时阻止经表皮的水分流失。

水胶体面膜

水胶体面膜在专业沙龙和家庭中都有使用。水胶体是分子量大的物质,例如燕麦片,因此会阻碍经皮水丢失。这些面膜由树胶和保湿剂配制而成,并且由于许多特殊成分很容易融入配方,因此深受欢迎。它们以干燥成分的形式在密封袋中销售,在使用前必须与温水混合。然后用手或木片将获得的糊状物涂抹在脸上并使其干燥。

水胶体面膜让皮肤感觉光滑,当水分蒸发和面膜变干时,会产生皮肤紧致的感觉。当面膜敷在皮肤上时,可以起到暂时的保湿作用。可使用蜂蜜、蛋清、洋甘菊花、芦荟、杏仁油、氧化锌、硫、牛油果、金缕梅酊剂等专业添加剂定制面膜。许多水疗中心都有自己独特的配方。通过改变成分,可以为所有皮肤类型制作面膜。此外,草药可以通过将各种治疗植物组合成膏药用于面部应用。

土基面膜

土基面膜,也被称为膏状面膜或泥包,是由膨润土、高岭土或瓷土等吸收性黏土制成的。黏土对皮肤产生收敛效果,使这款面膜最适合油性皮肤病患者。通过添加镁、氧化锌、水杨酸等其他物质,可增强面膜的收敛效果。

去角质剂

含有羟基酸的去角质剂会引起表皮和真皮的变化。表皮的改变是直接的,发生在角质层和颗粒层的交界处。由于角质细胞黏附减少,角化过度的角质层厚度的减少。延迟的真皮效应包括糖胺聚糖合成的增加。这些作用在 α-羟基酸(乙醇酸、乳酸和苹果酸)中最为明显,它们能迅速穿透表皮进入真皮。敏感性皮肤的个体可能无法忍受引起表皮更新所需的低 pH。这导致了多羟基酸(葡萄糖酸内酯、乳糖酸和阿魏酸)的发展,它们是分子量较大的羟基酸,不能快速渗透到真皮。这会产生更少的刺激;因此,多羟基酸适用于敏感性皮肤、湿疹和过敏性皮肤炎患者。

另一种减少化学去角质剂刺激性的机制是通过中和或缓冲作用。通过氢氧化钠中和提高去角质剂的 pH,也可将刺激性降至最低;但是,这也减少了脱落产生。最好使用缓冲剂,例如磷酸或磷酸氢钠,因为缓冲液将产品保持在所需的 pH。理想情况下,去角质溶液的 pH 不应低于 3。由于羟基酸浓度增加,pH 越低,表皮脱落的可能性越大,但也可能会出现刺痛和灼烧等更大的刺激。

也可以使用 β-羟基酸,例如水杨酸,但不产生皮肤渗透。严格来说水杨酸不是 β-羟基酸;它是一种酚类化合物,但营销术语已经普及了这一术语。水杨酸是一种亲脂性酸,与主要溶于水的 α-羟基酸相比,主要存在于皮肤表面。由于去角质发生在皮肤表面上,因此水杨酸是使刺激最小化的理想特征。

去角质剂是改善老化皮肤外观的最快方法。它们可以改善皮肤平滑度、肤色和皮肤光反射。这可能会导致这些产品的过度使用,但如果持续使用,其效果会下降。

小结

药妆品是皮肤老化 OTC 治疗市场的重要组成部分。人们认为,由于 FDA 未能开发新的分类系统,药妆品的开发在很大程度上受到了阻碍。人们认为,一个类似于日本名称的新的"准药物"类别将允许在药妆品中引入更强劲的活性成分。这些更强劲的成分将增强消费者对皮肤效果的感知,支持更有力的效应。

综上所述,我相信药妆品将成为皮肤学知识宝库中一个不断增长的部分。我们现在只是在药妆品故事的开始。药妆品起源于化妆品行业,但不仅仅是装饰皮肤。希望通过解决重要的功能问题来改善皮肤外观,以满足消费者的需求。现在,药妆类别需要从药物类别中学习。在药妆的临床研究中,必须运用科学方法的原则。不能再用体外数据推断可见的临床结果,也不能用 15 位受试者的研究来确定特定成分的价值。没有统计意义的趋势不再用于确认给定配方的皮肤效应。皮肤科将推动药妆类的发展,药妆类也将推动皮肤科的发展。

参 考 文 献

[1] Vermeer BJ, Gilchrest BA. Cosmeceuticals. A proposal for rational definition, evaluation and regulation. Arch Dermatol 1996; 132: 337.

[2] Kligman AM. Cosmeceuticals as a third category. Cosmet Toilet 1998;113;33.

[3] Gilchrest BA. Cellular and molecular changes in aging skin. J Geriatr Dermatol 1994;2:3-6.

[4] Hurley HJ. Skin in senescence:a summation. J Geriatr Dermatol 1993;1;55-61.

[5] West MD. The cellular and molecular biology of skin aging. Arch Dermatol 1994; 130: 87-95.

[6] Griffiths CEM, Wag TS, Hamilton TA, Voorhees JJ, Ellis CN. A photonumeric scale for the assessment of cutaneous photodamage. Arch Dermatol 1992;128;347-51.

[7] Kligman AM. Early destructive effects of sunligt on human skin. J Am Med Assoc 1969; 210;2377-80.

[8] Majmudar G, Nelson BR, Mazany KD, Billard M, Johnson TM. Cutaneous aging and collagen. J Geriatr Dermatol 1994;2;36-44.

[9] Suader DN. The immunology of aging skin. J Geriatr Dermatol 1994;2;15-18.

[10] Kligman LH, Kligman AM. Ultraviolet radiation-induced skin aging. In:Lowe NJ, Shaath NA, eds. Sunscreens Development, Evaluation and Regulatory Aspects. New York:Marcel Dekker, Inc., 1990;55-60.

[11] Braverman IM, Fonferko E. Studies in cutaneous aging. I. The elastic fiber network. J Invest Dermatol 1982;78;434-44.

[12] Uitto JJ. Intrinsic aging changes in the dermis. J Geriatr Dermatol 1994;2;7-14.

[13] Chotnopparatpattara P, Panyakhamlerd K, Taechakraichana N, et al. An effect of hormone replacement therapy on skin thickness in

early post-menopausal women. J Med Assoc Thai 2001;84:1275-80.

[14] Callens A, Vaillant L, Lecomte P, et al. Does hormonal skin aging exist? A study of the influence of different hormone therapy regimens on the skin of postmenopausal women using non-invasive measurement techniques. Dermatology 1996;193:289-94.

[15] Sumino H, Ichikawa S, Abe M, et al. Effects of aging, menopause, and hormone replacement therapy on forearm skin elasticity in women. J Am Geriatr Soc 2004;52:945-9.

[16] Pierard-Franchimont C, Letawe C, Goffin V, Pierard GE. Skin water holding capacity and transdermal therapy for menopause: a pilot study. Maturitas 1995;22:151-4.

[17] Sauerbronn AV, Fonseca AM, Bagnoli VR, Saldiva PH, Pinotti JA. The effects of systemic hormonal replacement therapy on the skin of post-menopausal women. Int J Gynaecol Obstet 2000;68:35-41.

[18] Schmidt JB, Binder M, Demschik G, Bieglmayer C, Reiner A. Treatment of aging skin with topical estrogens. Int J Dermatol 1996; 35:669-74.

[19] Shah MG, Maibach HI. Estrogen and skin. An overview. Am J Clin Dermatol 2001;2: 143-50.

[20] Kotsopoulos D, Dalais FS, Liang YL, McGrath BP, Teede HJ. The effects of soy protein containing phytoestrogens on menopausal symptoms in post-menopausal women. Climacteric 2000;3:161-7.

[21] Smith MA, Fine JA, Barnhill RL, Berwick M. Hormonal and reproductive influences and risk of melanoma in women. Int J Epidemiol 1998;27:751-7.

[22] Sumino H, Ichikawa S, Abe M, et al. Effects of aging and postmenopausal hypoestrogenism on skin elasticity and bone mineral density in Japanese women. Endocr J 2004;51:159-64.

[23] Hussein G, Sankawa U, Goto H, Matsumoto K, Watanabe H. Astaxanthin, a carotenoid with potential in human health and nutrition. J Nat Prod 2006;69:443-9.

[24] Karppi J, Rissanen TH, Nyyssonen K, et al. Effects of astaxanthin supplementation of lipid peroxidation. Int J Vitam Nutr Res 2007;77: 3-11.

[25] Seki T. Effects of astaxanthin on human skin. Fragrance J 2001;12:98-103.

[26] Higuera-Ciapara I, Felix-Valenzuela L, Goycoolea FM. Astaxanthin:a review of its chemistry and applications. Crit Rev Food Sci Nutr 2006;46:185-96.

[27] Tso MO, Lam TT. Method of retarding and ameliorating central nervous system and eye damage. US Patent #5527533. Board of trustees of the University of Illinois, USA, 1996.

[28] Pashkow FJ, Watumull DG, Campbell Cl. Astaxanthin:a novel potential treatment for oxidative stress and inflammation in cardiovascular disease. Am J Cardiol 2008; 101: 58D-68D.

[29] Alves-Rodrigues A, Shao A. The science behind lutein. Toxical Lett 2004;150;57-83.

[30] Barclay L. Lutein Improves Visual Function in Age-Related Macular Degeneration. Medscape Medical News. [Available from: http://www.medscape.com]

[31] Arct J, Pytokowska K. Flavonoids as components of biologically active cosmeceuticals. Clin Dermatol 2008;26;347-57.

[32] Hatcher H, Planalp R, Cho J, Torti FM, Torti SV. Curcumin:from ancient medicine to current clinical trials. Cell Mol Life Sci. 2008; 65:1631-52.

[33] Jagetia GC, Aggarwal BB. "Spicing up" of the immune system by curcumin. J Clin Immunol 2007;27:19-35.

[34] Katiyar SK, Korman NJ, Mukhtar H, Agarwal R. Protective effects of silymarin against photocarcinogenesis in a mouse skin model. J Natl Cancer Inst 1997;89:556-66.

[35] Katiyar SK. Silymarin and skin cancer prevention:anti-inflammatory,antioxidant and immu-

nomodulatory effects (Review). Int J Oncol 2005;26:169-76.

[36] Chatterjee L, Agarwal R, Mukhtar H. Ultraviolet B radiation-induced DNA lesions in mouse epidermis: an assessment sing a novel 32P-postlabeling technique. Biochem Biophys Res Commun 1996;229:590-5.

[37] Toklu HZ, Tunali-Akbay T, Erkanli G, et al. Silymarin, the antioxidant component of Silybum marianum, protects against burn-induced oxidative skin injury. Burn 2007;33:908-16.

[38] Berardesca E, Cameli N, Cavallotti C, et al. Combined effects of silymarin and methyisulfonylmethane in the management of rosacea: clinical and instrumental evaluation. J Cosmet Dermatol. 2008;7:8-14.

[39] [Available from: http://www. drugs. com/ npp/pyconogenol. html], accessed December 7, 2008.

[40] Devaraj S, Vega-Lopez S, Kaul N, et al. Supplementation with a pine bark extract rich in polyphenols increases plasma antioxidant capacity and alters the plasma lipoprotein profile. Lipids 2002;37:931-4.

[41] Cesarone MR, Belcaro G, Rohdewald P, et al. Improvement of diabetic microangiopathy with pycnogenol: a prospective, controlled study. Angiology 2006;57:431-6.

[42] Vinciguerra G, Belcaro G, Cesarone MR, et al. Cramps and muscular pain: prevention with pycnogenol in normal subjects, venous patients, athletes, claudicants and in diabetic microaniopathy. Angiology 2006;57:331-9.

[43] Cossins E, Lee R, Packer L. ESR studies of vitamin C regeneration, order of reactivity of natural source phytochemical preparations. Biochem Mol Biol Int 1998;45:583-98.

[44] Schonlau F. The cosmetic pycnogenol. J Appl Cosmetol 2002;20:241-6.

[45] Kim YJ, Kang KS, Yokozawa T. The antimelanogenic effect of pycnogenol by its antioxidative actions. Food Chem Toxicol 2008; 46:2466-71.

[46] Rona C, Vailati F, Berardesca D. The cosmetic treatment of wrinkles. J Cosmet Dermatol 2004;3:26-34.

[47] Jurenka JS. Therapeutic applications of pomegranate (Punica granatum L.): a review. Altern Med Rev 2008;13:128-44.

[48] Pacheco-Palencia LA, Noratto G, Hingorani L, Talcott ST, Mertens-Talcott SU. Protective effects of standardized pomegranate (Punica granatum L.) polyphenolic extract in ultraviolet-irradiated human skin fibroblasts. J Agric Food Chem 2008;56:8434-41.

[49] Aviram M, Rosenblat M, Gaitini D, et al. Pomegranate juice consumption for 3 years by patients with carotid artery stenosis reduces common carotid intima-media thickness, blood pressure and LDL oxidation. Clin Nutr 2004; 23:423-33.

[50] Aviram M, Dornfeld L, Rosenblat M, et al. Pomegranate juice consumption reduces oxidative stress, atherogenic modifications to LDL, and platelet aggregation: studies in humans and in atherosclerotic apolipoprotein e-deficient mice. Am J Clin Nutr 2000;71:1062-76.

[51] Esmaillzadeh A, Tahbaz F, Gaieni I, et al. Concentrated pomegranate juice improves profiles in diabetic patients with hyperlipidemia. J Med Food 2004;7:305-8.

[52] Kligman AM, Grove GL, Hirose R, Leyden JJ. Topical tretinoin for photoaged skin. J Am Acad Dermatol 1986;15:836-59.

[53] Weiss JS, Ellis CN, Headington JT, et al. Topical tretinoin improves photo-aged skin. JAMA 1988;259:527.

[54] Weiss JS, Ellis CN, Headington JT, Voorhees JJ. Topical tretinoin in the treatment of aging skin. J Am Acad Dermatol 1988; 19: 169-75.

[55] Hermittte R. Aged skin, retinoids, and alpha hydroxy acids. Cosmet Toilet 1992;107:63-7.

[56] Goldfarb MT, Ellis CN, Weiss JS, Voorhees JJ. Topical tretinoin therapy: its use in photoaged skin. J Am Acad Dermatol 1989;21:

645-50.

[57] Bhawan J, Gonzalez-Serva A, Nehal K, et al. Effects of tretinoin on photodamaged skin. Arch Dermatol 1991;127;666-72.

[58] Olsen EA, Katz HI, Levine N, et al. Tretinoin emollient cream;a new therapy for photodamaged skin. J Am Acad Dermatol 1992;26;215-24.

[59] Kligman AM, Dogadkina D, Lavker RM. Effects of topical tretinoin on non-sun-exposed protected skin of the elderly. J Am Acad Dermatol 1993;29;25-33

[60] Gupta MA, Goldfarb MT, Schork NJ, et al. Treatment of mildly to moderately photoaged skin with topical tretinoin has a favorable psychosocial effect;a prospective study. J Am Acad Dermatol 1991;24;780-1.

[61] Weinstein GD, Nigra TP, Pochi PE, Savin RC. Topical tretinoin for treatment of photodamaged skin. Arch Dermatol 1991; 127; 659-65.

[62] Duell EA, Derguini F, Kang S, Elder JT, Voorhees JJ. Extraction of human epidermis treated with retinol yields retro-retinoids in addition to free retinol and retinyl esters. J Invest Dermatol 1996;107;178-82.

[63] Kafi R, Swak HS, Schumacher WE, et al. Improvement of naturally aged skin with vitamin A (retinol). Arch Dermatol 2007; 143; 606-12.

[64] Hruza GJ. Retinol benefits naturally aged skin. J Watch Dermatol 2007.

[65] Rosan AM. The chemistry of alpha-hydroxy acids. Cosmet Dermatol Suppl 1994;4-11.

[66] Yu RJ, Van Scott EJ. Alpha-hydroxy acids; science and therapeutic use. Cosmet Dermatol Suppl 1994;12-20.

[67] Moy LS, Murad H, Moy RL. Glycolic acid peels for the treatment of wrinkles and photoaging. J Dermatol Surg Oncol 1993;19;243-6.

[68] Moy LS, Murad H, Moy RL. Glycolic acid therapy;evaluation of efficacy and techniques in treatment of photodamage lesions. Am J

Cosmet Surg 1993;10;9-13.

[69] Elson ML. The art of chemical peeling. Cosmet Dermatol Suppl 1994;24-8.

[70] Van Scott JE, Yu RJ. Hyperkeratinization, corneocyte cohesion and alpha hydroxy acids. J Am Acad Dermatol 1984;11;867-79.

[71] Van Scott JE, Yu RJ. Alpha hydroxyacids; therapeutic potentials. Can J Dermatol 1989; 1;108-12.

[72] Van Scott EJ, Yu RJ. Alpha hydroxy acids; procedures for use in clinical practice. Cutis 1989;43;222-8.

[73] Perricone NV. An alpha hydroxy acid acts as an antioxidant. J Geriatr Dermatol 1993;1;101-4.

[74] Kligman AM. Compatibility of a glycolic acid cream with topical tretinoin for the treatment of the photo damaged face of older women. J Geriatr Dermatol 1993;1;179-81.

[75] Hermittte R. Aged skin, retinoids, and alpha hydroxy acids. Cosmet Toilet 1992;107;63-7.

[76] Gilchrest BA. Overview of skin aging. J Cutan Aging Cosmet Dermatol 1988;1;1-3.

[77] Gerson J. Milady's Standard Textbook for Professional Estheticians. Buffalo, NY; Milady, 1992;240-2.

[78] Draelos ZD. Cosmetics in Dermatology, 2nd edn. Edinburgh; Churchill Livingstone (WB Saunders), 1995;213.

[79] Dietre CM, Griffin TD, Murphy CF, et al. Effects of alpha-hydroxy acids on photoaged skin. J Am Acad Dermatol 1996;34;187-95.

[80] Van Scott JE, Yu RJ. Hyperkeratinization, corneocyte cohesion and alpha hydroxy acids. J Am Acad Dermatol 1984;11;867-79.

[81] Smith WP. Hydroxy acids and skin aging. Cosmet Toilet 1994;109;41-8.

[82] Yu RJ, Van Scott EJ. Alpha hydroxy acids; science and therapeutic use. Cosmet Dermat Suppl 1994;12-20.

建 议 阅 读

Babamiri K, Nassab R. Cosmeceuticals; the evidence behind the retinoids. Aesthet Surg J 2010;

30:74-7.

Beer K，Kellner E，Beer J. Cosmeceuticals for rejuvenation. Facial Plast Surg 2009;25:285-9.

Briden ME. Alpha-hydroxyacid chemical peeling agents:case studies and rationale for safe and effective use. Cutis 2004;73:18-24.

Bruce S. Cosmeceuticals for the attenuation of extrinsic and intrinsic dermal aging. J Drugs Dermatol 2008;7 (2 Suppl):s17-22.

Choi CM，Berson DS. Cosmeceuticals. Semin Cutan Med Surg 2006;25:163-8.

Contet-Audonneau J-L，Danoux L，Gauche D，Pauly G. Stress，apoptosis and ageing in human skin. IFSCC Magazine 2001;4:115-24.

Draelos ZD. Clinical situations conducive to proactive skin health and anti-aging improvement. J Invest Dermatol Symp Proc 2008;13:25-7.

Draelos ZD. Concepts in a multiprong approach to phototaging. Skin Ther Lett 2006;11:1-3.

Draelos ZD. The cosmeceutical realm. Clin Dermatol 2008;26:627-32.

Draelos ZD. Concepts in skin care maintenance. Cutis 2005;76 (6 Suppl):19-25.

Fisher G，Kang S，Varani J，et al. Mechanisms of photoaging and chronological skin aging. Arch Dermatol 2002;138:1462-70.

Gao XH，Zhang L，Wei H，Chen HD. Efficacy and safety of innovative cosmeceuticals. Clin Dermatol 2008;26:367-74.

Giacomoni PU. Advancement in skin aging:the future cosmeceuticals. Clin Dermatol 2008; 26: 364-6.

Gilchrest B. Skin aging 2003: recent advances and current concepts. Cutis 2003;72:5-10.

Glaser DA. Anti-aging products and cosmeceuticals. Facial Plast Surg Clin North Am 2004;12:363-72，vii.

Green BA，Edison BL，Lee Y. Treatment of Photoaged Hands. C & T.

Grimes P，Green BA，Wildnauer RH，Edison BL. The use of polyhydroxy acids (PHAs) in photoaged skin. Cutis 2004;73:3-13.

Katsambas AD，Katoulis AC. Topical retinoids in the treatment of aging of the skin. Adv Exp Med Biol 1999;455:477-82.

Kawi N. Phytoestrogens:applications of soy isoflavones in skin care. Cosmet Toilet Magazine 2003; 118:73-80.

Kennedy C，Bastiaens M，Bajdik C，et al. Effect of smoking and sun on the aging skin. J Invest Dermatol 2003;120:548-54.

Kligman A. The treatment of photoaged human skin by topical tretinoin. Drugs 1989;38:1-8.

Kligman AM. Topical treatments for photoaged skin. Separating the reality from the hype. Postgrad Med 1997;102:115-8，123-6.

Kligman A，Grove G，Hirose R，Leyden J. Topical tretinoin for photoaged skin. J Am Acad Dermatol 1986;15 (4 pt 2):836-59.

Kockaert M，Neumann M. Systemic and topical drugs for aging skin. J Drugs Dermatol 2003;2:435-41.

Kullavanijaya P，Lim H. Photoprotection. J Am Acad Dermatol 2005;52:937-58.

Larrabee WF Jr，Caro I. The aging face. Why changes occur，how to correct them. Postgrad Med 1984;76:37-9，42-6.

Mukherjee S，Date A，Patravale V，et al. Retinoids in the treatment of skin aging:an overview of clinical efficacy and safety. Clin Interv Aging 2006; 1:327-48.

Petkovich PM. Retinoic acid metabolism. J Am Acad Dermatol 2001;45:S136-42.

Pinnell S. Cutaneous photodamage，oxidative stress，and topical antioxidant protection. J Am Acad Dermatol 2003;48:1-20.

Rivers JK. The role of cosmeceuticals in antiaging therapy. Skin Ther Lett 2008;13:5-9.

Robinson LR，Fitzgerald NC，Doughty DG，et al. Topical palmitoyl pentapeptide provides improvement in photoaged human facial skin. Int J Cosmet Sci 2005;27:155-60.

Sadick NS. Cosmeceuticals. Their role in dermatology practice. J Drugs Dermatol 2003;2:529-37.

Scully K. Topical agents for the aging face. J Cutan Med Surg 1999;3 (Suppl 4):51-6.

Serri R，Iorizzo M. Cosmeceuticals：focus on topical retinoids in photoaging. Clin Dermatol 2008；26：633-5.

Singh M，Griffiths CE. The use of retinoids in the treatment of photoaging. Dermatol Ther 2006；19：297-305.

Sorg O，Antille C，Kaya G，Saurat JH. Retinoids in cosmeceuticals. Dermatol Ther 2006；19：289-96.

Stratigos AJ，Katsambas AD. The role of topical retinoids in the treatment of photoaging. Drugs 2005；65：1061-72.

Thornton MJ. The biological actions of estrogens on skin. Exp Dermatol 2002；11：487-502.

第6章

面部瘢痕和遮盖

特殊颜色化妆品适用于有后天或先天面部轮廓和肤色缺陷的人。这些化妆品被称为遮盖化妆品,它们修饰面部,增加个人吸引力,虽然妆感较重,不能达到刚出浴天然的肤感,但是遮盖化妆品可以很好修饰面部缺陷。

辅助医疗遮盖艺术家、美容师、皮肤科医师、整形外科医师和美容顾问都使用遮盖化妆品。它们的成功使用需要精心设计、高质量的产品、舞台化妆师的技巧和画家的艺术能力。

面部缺陷的遮盖

理解遮盖化妆品的重要性和使用的关键是对面部缺陷类型进行定义。有轮廓缺陷、色素沉着缺陷,或两者的结合。

> 面部轮廓缺陷、色素沉着缺陷或两者的结合需要遮盖。

轮廓缺陷的定义是瘢痕组织肥大或萎缩。此外,由于毛囊口和毛发的缺失,瘢痕组织也可能表现出纹理差异。色素沉着缺陷仅仅是皮肤颜色的异常,而不是纹理的异常。一些色素沉着异常来自皮肤肿瘤,而另一些则是由于全身异常或外在影响,如回光照射(表6-1)。

表6-1 面部色素沉着缺陷

面色	疾病过程	粉底颜色
红色	银屑病、狼疮、酒渣鼻	绿色打底粉底
黄色	日光性弹力组织变性,化疗,透析	紫色打底粉底
棕色色素沉着	黄褐斑、雀斑、痣	白色打底粉底
色素减退和色素脱失	炎症后、先天性、白癜风	棕色打底粉底

这些缺陷遮盖是一种视觉艺术,要求化妆品的运用既要有技巧,又要有艺术能力。幸运的是,化妆品可以很容易地涂抹和去除,这为实验和改变不良结果提供了机会。

面部瘢痕修复术

面部瘢痕修复的基本概念是基于这样一个事实:深色产生纵深凹陷,浅色看起来突出。因此,较浅的颜色可以减少凹陷的瘢痕区域,而较深的颜色可以减少隆起的瘢痕区域。

> 面部瘢痕修饰是基于这样一个事实:深色产生纵深凹陷,而浅色看起来突出。

图 6-1 展示了这项技术是如何在鼻部皮肤癌切除术后留下凹陷瘢痕的患者身上发挥作用的。瘢痕本身被提亮以补偿减少的光反射，而将两侧和鼻尖变暗，以便将注意力从手术缺陷上转移开。

图 6-1 对鼻上凹陷的瘢痕进行化妆遮盖

色素沉着的遮盖

色素沉着缺陷可以通过使用不透明化妆品来遮盖，该化妆品可完全遮盖原有肤色异常，也有同样效果互补色的粉底（图 6-2）。例如，红色色素沉着可以通过涂绿色粉底来遮盖，因为绿色是红色的互补色。红色皮肤和绿色粉底的混合会产生一种棕色色调，可以很容易地被更传统的面部粉底覆盖。此外，黄色的肤色可以与互补色的紫色粉底混合，也可以产生棕色的肤色。比预期肤色浅或深的皮肤区域可以通过涂上适量的棕色色素的面部粉底来掩盖缺陷（图 6-3）。

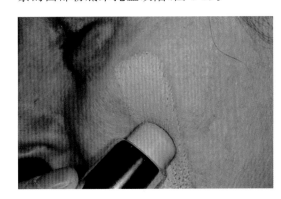

图 6-3 棕色面部粉底可直接涂抹于面部色素沉着缺陷处

图 6-2 一种遮盖潜在色素沉着异常的不透明面部粉底，可以很容易地从卷筒中涂抹

色素沉着可以通过使用不透明化妆品来遮盖，该化妆品可完全遮盖原有肤色异常，也可以通过使用互补色的粉底来遮盖。

遮盖化妆品

在美国和欧洲有许多公司生产专门用于遮盖的化妆品。一个好的遮盖艺术家通常会从至少两家不同的公司购买调色板，以提供与特定患者肤色相匹配所需的化妆品色调混合物。

设计了不同配方的遮盖化妆品,以满足每个隐藏缺陷的需要。遮盖所需的基本产品是化妆粉底、妆底颜色和胭脂。化妆粉底或面部粉底旨在创造理想肤色包括硬油脂涂料、软油脂涂料、粉饼和液体。硬油脂涂料呈棒状,由无水蜡基颜料组成。使用需要很高的技巧,比其他化妆粉底更耗时。这款产品非常耐用,但主要用于戏剧表演。

软油脂涂料装在罐子里或从管子里挤压出来,由于在无水制备过程中加入了低黏度的油和蜡,因此具有奶油状的质地(图6-4)。它们通常含有高比例的二氧化钛,以提供更好的覆盖率。这些产品往往有很高的光泽和不耐受体温,因此需要某种类型的凝固制剂来延长磨损。

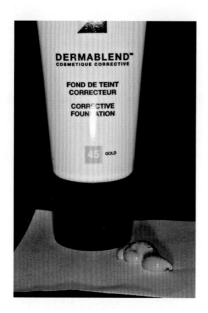

图6-4　遮盖化妆品可以从管子里挤压出来涂在脸上

粉饼制品被包装在一个扁平的圆形容器中。通过用湿海绵擦拭,将产品从带镜小粉盒中取出(图6-5)。它由滑石、高岭土、氧化锌、沉淀白垩、二氧化钛和氧化铁组成。本产品干燥迅速,表面无光泽。不幸的是,在体温

和汗水的作用下,它很容易被去除,但在必要时也很容易修整(图6-6)。

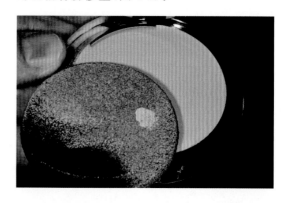

图6-5　用湿海绵从粉盒上擦下遮盖化妆品的举例

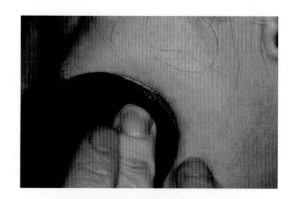

图6-6　用海绵将粉底霜涂抹在整个面部,或者只涂抹在需要遮盖的部位

用于遮盖的液体粉底液与市面上销售的一般粉底液相似;然而,二氧化钛含量的增加提供了更好的覆盖范围。此外,这些产品通常含有更高浓度的油,用以固色和提高耐磨性。特殊的液体化妆品可用于传统的面部粉底。如前所述,这些产品是由绿色和紫色颜料配制而成,分别用于遮盖红色和黄色的颜色缺陷。

> 用于遮盖的液体粉底液与市面上销售的普通粉底液相似;然而,二氧化钛含量的增加提供了更好的覆盖范围。

局部面部区域需要特殊颜色，以便为轮廓缺陷提供阴影和高光。用于此目的的产品被称为妆底颜色，也称为湿遮瑕和干遮瑕，又称为粉状遮瑕。妆底颜色有灰色、栗色、红色、棕色、绿色、蓝色、白色和黑色。它们用硬棒和软罐包装。这些产品可以混合，以获得所需的最终专用颜色。干遮瑕是一种压缩粉末压块，有红色系可供选择。它们不像含油的同类产品那样经久耐用，但很容易用于快速润色和最终着色。

遮盖化妆品的应用

最受欢迎的遮盖面部粉底是膏状制品，用铲子从罐子中铲出来，涂在手上晕开。这些产品是最容易使用的，因为它们表现出长效、良好的混合特性、最低的应用技巧、极好的覆盖范围以及对大多数人来说足够的耐磨性。

首先，必须选择最接近患者自然肤色的化妆粉底。混合通常是必要的，但组合不能超过 3 种颜色，否则妆面会脏。如果患者有潜在的色素沉着，也算作一种颜色。同理，血运丰富的粉红色伤口算作一种颜色。其他颜色异常可能是由于黑色素增加产生棕色，或含铁血黄素增加产生铁锈色，或面部弹性蛋白退化产生黄色，等等。

根据情况，可能需要通过首先使用绿色打底化妆品，然后使用传统的面部粉底来遮盖红色色调，从而避免手术产品。然而，如果颜色对比太突出，覆盖所有底层肤色的高遮盖性手术粉底可能是更好的遮盖化妆选择。

一旦选择了最接近的粉底颜色，如果患者脸色发黄，则可能需要混合黄色；如果患者脸色红润，则可能需要混合红色等。如果要获得良好的颜色搭配，所有的面部色调都应该在最后的粉底混合中表现出来。混合通常是在手背上涂上少量化妆品来完成。这为混合提供了一个很好的表面，它可以很容易地举到脸上来评估颜色匹配，也可以晕开产品，

使混合和应用更容易。

最后的混合粉底应轻拍（而不是摩擦）在瘢痕区域上，然后从脸中央向外涂抹至发际线约 0.25 英寸（1 英寸 = 2.54 厘米），并混合在耳和下巴（颏部）下方。有必要在应用结束时对化妆品进行修饰，以获得更自然的外观。轻拍的重要性无论怎样强调都不为过，因为瘢痕不含皮肤附属器，如毛囊口，这是良好的美容黏附所必需的。涂抹时，摩擦会去除化妆品。化妆品应该压在皮肤上，并让其干燥 5 分钟。

在这段短暂的干燥期之后，化妆品必须用无色的、精细研磨的滑石粉来固定，以防止污渍，提高耐磨性，提供防水特性，使表面无光泽。遮盖化妆品被设计为与这种粉末一起使用，没有它就无法正常应用。粉末应压在粉底上，而不是撒在粉底上。

最后，采用阴影和高光的原则来减少瘢痕轮廓的异常。不幸的是，遮盖粉底实际上可能会加重瘢痕和正常皮肤结构（如毛孔和皱纹）的表面不规则性。由于阴影的存在，即使使用了相同颜色的粉底，凹陷的瘢痕通常会比周围的皮肤颜色更深。图 6-1 显示了萎缩性瘢痕中需要突出显示的区域。因此，应在瘢痕上涂上较浅的粉状遮瑕。如果瘢痕隆起，则需要使用较暗的粉状遮瑕。最后，在面部中央（前额中央、鼻和下巴）和上脸颊上涂上一层红色的遮瑕，以模仿面部的自然颜色变化。不幸的是，高覆盖率的外科化妆也覆盖了这些面部特征，导致了一张扁平的、面具状的脸。通常需要其他彩色的面部化妆品（眼影、眼线笔、睫毛膏等）来提供吸引力的最终外观。

一般来说，由于产品的防水性质，去除遮盖化妆品需要的不仅仅是肥皂和水洗。大多数公司提供油性清洁剂用于去除化妆品，然后推荐用肥皂和水清洗皮肤。化妆品只应在需要时使用，并在睡前彻底清除。

遮盖化妆品通常易于使用。通常情况

下，经过专门培训的辅助医疗遮盖艺术家或美容师将训练患者正确混合和应用化妆品。每2～3小时的治疗就足以解决美容过程中遇到的大部分问题，但有时会出现特殊的困难。大多数遮盖粉底含有高浓度的油脂，可能引起易感个体的粉刺形成。评估成分表并没有多大的实用价值；更确切地说，这个粉底应该由患者来测试。这是通过在上侧脸颊上涂抹少量的化妆品来完成的，持续2～4周，然后进行皮肤科评估。

痤疮也可能出现在使用遮盖粉底的某些易感人群中。伪装化妆品更容易引起痤疮而不是粉刺，因为它们需要长时间使用，而且必须使用隔离以提供足够的遮盖和防水性能。隔离产品也可能导致粟粒疹的形成。然而，遮盖化妆品引起过敏性接触性皮炎是罕见的，因为该配方通常不含香料，防腐剂浓度较低。然而，使用遮盖化妆品可能会引起过敏性和刺激性接触性皮炎。这些产品可以"按原样"进行开放或封闭式斑贴试验。

身体遮盖

也有适用于遮盖腿部、手臂和身体黄斑色素沉着缺陷的遮盖化妆品。最容易使用的产品是从管子里挤出来的较薄的面霜，这种面霜可以更好地覆盖较大的区域，但比较厚的面部产品覆盖范围小。不幸的是，在毛发密集的身体部位应用是困难的，也不能令人满意。建议先用海绵涂抹，然后再使用松散的粉末，以提高耐磨性，并赋予更好的防水表面效果。需要一种特殊的清除产品。

> 适用于遮盖腿部、手臂和身体黄斑色素沉着缺陷的遮盖化妆品也可供选择。

这些产品使用氧化锌或二氧化钛进行遮盖，使用铁颜料进行着色，使用甲基纤维素或其他蜡进行黏度测定，使用甘油或其他非蒸发物质增加产品对皮肤的黏附力。它们是刺激性或过敏性接触性皮炎的一种罕见原因，可以"按原样"进行开放式或封闭式斑贴试验。

小结

遮盖技术对皮肤科医师来说是很重要的，他们可能需要对患者提出暂时使用或永久使用的建议。对于手术或激光表面修复后可能出现的皮肤暂时发红或变色，将使用遮盖化妆品一段时间，直到皮肤康复。其他患者可能经历永久性的轮廓或色素沉着问题，需要持续使用遮盖技术。本章重点介绍了遮盖化妆品的理论、应用和清除方法。

参 考 文 献

[1] Stewart TW, Savage D. Cosmetic camouflage in dermatology. Br J Dermatol 1972; 86: 530-2.

[2] Draelos ZK. Cosmetic camouflaging techniques. Cutis 1993;52:362-4.

[3] Benmaman O, Sanchez JL. Treatment and camouflaging of pigmentary disorders. Clin Dermatol 1988;6:50-61.

[4] Helland JR, Schneider MF. Special features. New York: M Evans and Company, 1985: 41-6.

[5] Draelos ZD. Use of cover cosmetics for pigmentation abnormalities. Cosmet Dermatol 1989;2:14-16.

[6] Rayner V. Clinical cosmetology: a medical approach to esthetics procedures. Albany, New York: Milady Publishing Company, 1993: 116-22.

[7] Schlossman ML, Feldman AJ. Fluid foundation and blush makeup. In: deNavarre MG, ed. The Chemistry and Manufacture of Cosmetics. Wheaton, Illinois: Allured Publishing Company, 1988:748-51.

[8] Wilkinson JB, Moore RJ. Harry's cosmeticology, 7th edn. New York: Chemical Publish-

ing，1982；304-7.

[9] Reisch M. Masking agents as adjunct therapy in cutaneous disorders. Clin Med 1961；8.

[10] Draelos ZD. Cosmetics have a positive effect on the postsurgical patient. Cosmet Dermatol 1991；4；11-14.

[11] Thomas RJ，Bluestein JL. Cosmetics and hairstyling as adjuvants to scar camouflage. In；Thomas RJ，Richard G，eds. Facial scars，St. Louis；CV Mosby，1989；349-51.

建议阅读

Akerson J，Imokawa G. Miscellaneous skin care products；skin bleaches and others（Chapter 19）. In；Reiger MM，ed. Harry's Cosmeticology，8th edn. Chemical Publishing Co.，Inc.，2000；393-413.

Antoniou C，Stefanaki C. Cosmetic camouflage. J Cosmet Dermatol 2006；5；297-301.

Aydogdu E，Misirlioglu A，Eker G，Akoz T. Postoperative camouflage therapy in facial aesthetic surgery. Aesthetic Plast Surg 2005；29；190-4.

Balkrishnan R，McMichael AJ，Hu JY，et al. Corrective cosmetics are effective for women with facial pigmentary disorders. Cutis 2005；75；181-7.

Benmaman O，Samchez JL. Treatment and camouflaging of pigmentary disorders. Clin Dermatol 1988；6；50-61.

Boehncke WH，Ochsendorf F，Paeslack I，Kaufmann R，Zollner TM. Decorative cosmetics improve the quality of life in patients with disfiguring skin diseases. Eur J Dermatol 2002；12；577-80.

Draelos ZD. Camouflaging techniques and dermatologic surgery. Dermatol Surg 1996；22；1023-7.

Draelos ZD. Degradation and migration of facial foundations. J Am Acad Dermatol 2001；45；542-3.

Draelos ZD. Colored facial cosmetics. Dermatol Clin 2000；18；621-31.

Draelos ZK. Cosmetic camouflaging techniques. Cutis 1993；52；362-4.

Draelos ZK. Cosmetics in the postsurgical patient.

Dermatol Clin 1995；13；461-5.

Draelos ZD，Ertel K，Schnicker M，Bacon R，Vickery S. Facial foundation with niacinamide and N-acetylglucosamine improves skin condition in women with sensitive skin. J Am Acad Dermatol 2009；60（Suppl 1）；AB82.

Fesq H，Brockow K，Strom K，et al. Dihydroxyacetone in a new formulation—a powerful therapeutic option in vitiligo. Dermatology 2001；203；241-3.

Grimes PE. Skin and hair cosmetic issues in women of color. Dermatol Clin 2002；18；659-65.

Hakozaki T，Minwalla L，Zhuang J，et al. The effect of niacinamide on reducing cutaneous pigmentation and suppression of melanosome transfer. Br J Dermatol 2002；147；20-31.

Hamed S，Sriwiriyanont P，deLong MA，et al. Comparative efficacy and safety of deoxyarbutin，a new tyrosinase-inhibiting agent. J Cosmet Sci 2006；57；291-308.

Hell B，Frangillo-Engler F，Heissler E，et al. Camouflage in head and neck region—a non-invasive option for skin lesions. Int J Oral Maxillofac Surg 1999；28；90-4.

Holme SA，Beattie PE，Fleming CJ. Cosmetic camouflage advice improves quality of life. Br J Dermatol 2002；147；946-9.

Hsu S. Camouflaging vitiligo with dihydroxyacetone. Dermatol Online J 2008；14；23.

Ichihashi M，Funasaka Y，Oka M，Keishi A，Ando H. UV-melanogenesis and cosmetic whitening. IFSCC Magazine 2003；6；279-86.

Iredale J，Linder J. Mineral makeup and its role with acne and rosacea. J Cosmet Dermatol 2009；22；407-12.

Johnson BA. Requirements in cosmetics for black skin. Dermatol Clin 1988；6；489-92.

Korichi R，Pelle-de-Queral D，Gazano G，Aubert A. Why women use makeup：implication of psychological traits in makeup functions. J Cosmet Sci 2008；59；127-37.

Loden M，Buraczewska I，Halvarsson K. Facial anit-wrinkle cream：influence of product presentation on effectiveness:a randomized and controlled study. Skin Res Technol 2007;13:189-94.

Paine C, Sharlow E, Liebel F, et al. As alternative approach to depigmentation by soybean extracts via inhibitions of the PAR-2 pathway. J Invest Dermatol 2001;116:587-95.

Rayner VL. Camouflage cosmetics(Chapter 35). In:Baran R, Maibach H, eds. Text-book of Cosmetic Dermatology, 2nd edn. Martin Dunitz Ltd. , 1998:417-32.

Rayner VL. Camouflage therapy. Dermatol Clin 1995;13:467-72.

Sarwer DB, Crecand CE. Body image and cosmetic medical treatments. Body Image 2004;1:99-111.

Seiberg M, Paine C, Sharlow E, et al. Inhibition of melanosome transfer results in skin lightening. J Invest Dermatol 2000;15:162-7.

Stewart TW, Savage D. Cosmetic camouflage in dermatology. Br J Dermatol 1972;86:530-2.

Tanioka M, Miyachi Y. Camouflaging vitiligo of the fingers. Arch Dermatol 2008; 144: Correspondence.

Taylor SC. Cosmetic problems in skin of color. Skin Pharmacol Appl Skin Physiol 1999;12:139-43.

Tedeschi A, Dall'Oglio F, Micali G, Schwartz RA, Janniger CK. Corrective camouflage in pediatric dermatology. Cutis 2007;79:110-12.

Zhai H, Maibach HI. Skin-whitening products (Chapter 37). In:Paye M, Barel A,Maibach H, eds. Handbook of Cosmetic Science and Technology, 2nd edn. Informa Healthcare USA, Inc. , 2007:457-63.

Zhu W-Y, Zhang R-Z. Skin lightening techniques (Chapter 13). In:Draelos ZD, Thaman LA, eds. Cosmetic formulation of skin care products. Vol. 30. Taylor & Francis Group, LLC, 2006:205-17.

第7章

种族皮肤和色素沉着

在角质层和表皮下,真皮是相同的,尽管皮肤肤色和色调不同。所有文化背景的人的真皮呈乳白色,因此种族皮肤的关注点主要集中在黑色素生成、黑色素转移和影响黑色素生成的因素之间的相互作用(图 7-1)。皮肤的色泽来源于皮肤表面以及内部棕色黑色素、红色血红蛋白和黄色胶原蛋白的混合作用。黑色素的细微差别使皮肤在其浓度高时呈现近乎黑色,而浓度低时呈现红白相间。黑色素以两种形式产生:褐黑素(一种红色苯并噻嗪的聚合物)和真黑素(一种二羟基吲哚和二羟基吲哚羧酸的聚合物)及其还原形式(深棕色)(图 7-2)。真黑素是一种原始的棕黑色黑色素,长约 $0.9\mu m$,宽约 $0.3\mu m$,呈椭圆形或球形颗粒状。褐黑素是一种红黄色色素,呈直径约 $0.7\mu m$ 的球形颗粒。它是一种不太常见的黑色素,在女性的口唇、乳晕和生殖器中浓度较高。正是这两种色素的不同组合,产生了现代社会观察到的肤色的多样性。本章将探讨种族皮肤和色素沉着的问题。

> 黑色素浓度的细微差异使皮肤在黑色素浓度高时几乎呈现黑色,而在黑色素浓度低时则呈现红白相间。

黑色素与皮肤颜色

黑色素的产生是多元文化皮肤的主要分化因素。皮肤颜色由几种基因决定,包括最

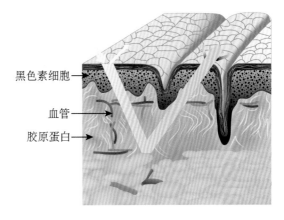

黑色素细胞 ——

血管 ——

胶原蛋白 ——

图 7-1　皮肤表面和皮肤内部的光反射导致棕色黑色素、红色血红蛋白和黄色胶原蛋白的混合

近发现的 $SLC24A5$ 基因,它解释了欧洲和非洲皮肤之间 30 个黑色素单位的平均差异。另一个重要的基因是 $MC1R$,也被称为黑素皮质素-1 受体,它是垂体分泌的一种激素,能刺激黑色素的产生。$MC1R$ 基因由 954 个核苷酸组成。在非洲人中,受体蛋白的氨基酸序列没有差异,但在爱尔兰、英国和瑞典的浅肤色人群中发现了 18 个差异。虽然人们一直认为浅色皮肤是一种基因突变,可以使身体产生足够的维生素 D,但这一理论受到了质疑。

> 皮肤颜色由几个基因决定,包括最近发现的 $SLC24A5$,它解释了欧洲和非洲皮肤之间 30 个黑色素单位的平均差异。

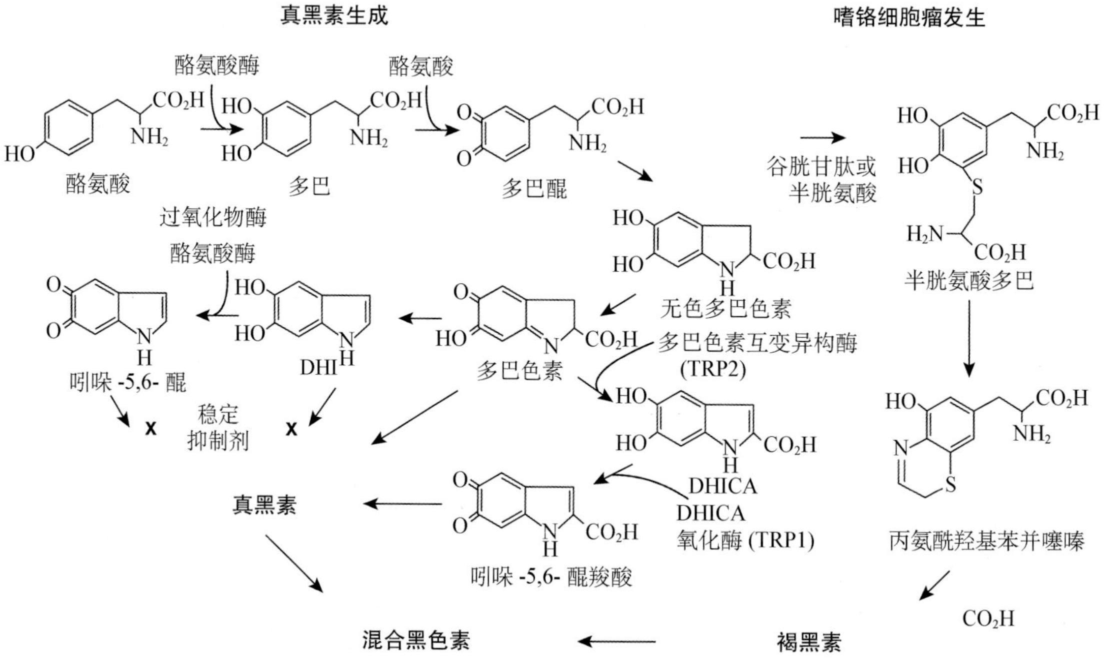

图 7-2 黑色素的生物合成途径证明了真黑素和褐黑素之间的差异

黑色素是在阳光照射下产生的,可将有害的 UA 辐射转化为热量。这就解释了当深色皮肤暴露在阳光下时,皮肤会感到不舒服,而黑色素化程度低的皮肤则不是这种情况,多见于乐于日光浴的人。阳光日晒易导致皮肤损伤,对健康无益处。

黑色素细胞的数量,通常为每平方毫米皮肤有 1000～2000 个,在不同皮肤之间没有差异,但它们产生和转移黑色素的能力是不同的。黑色素细胞位于表皮下层,以黑素小体的包装将黑色素转移到皮肤细胞中。受体细胞中的黑素体聚集在细胞核顶部,在那里它们保护核 DNA 免受电离辐射的损伤和由此产生的细胞突变。轻度时这些细胞突变会

> 黑色素细胞的数量,通常为每平方毫米皮肤有 1000～2000 个,在皮肤颜色之间没有差异,但它们产生和转移黑色素的能力是不同的。

导致光老化,中度时会发生癌前变化,严重时会致癌。不规则的黑色素转移导致具有光老化皮肤特征的斑驳的色素沉着。

黑色素生成可能受到许多跨文化因素的影响。不规则的黑色素生成对美容至关重要。黑色素的生成增加可以发生在对各种不同的刺激的反应中,包括 UA 辐射、损伤和激素的产生。黑色素生成可以是表皮或真皮。表皮黑色素生成是由于花生四烯酸释放并随后氧化成前列腺素、白三烯和其他炎症介质,从而引发色素生成。如果炎症破坏了基底细胞层,黑色素就会被释放出来,并被真皮中的巨噬细胞捕获。真皮色素,也被称为色素失禁,不能接受美容干预,而表皮色素可以有效调节。这种差异可以通过视觉检测到,因为表皮色素可以从浅棕色变为深黑色,而真皮色素的外观为灰色。

除了肤色外观,白种人皮肤和非裔美国人皮肤在美容重要性方面还有其他差异。这些包括存在更多的混合顶泌和外分泌汗腺,

血管和淋巴管增多,易患色素沉着,角质层更加致密,刺激后经皮水丢失增加,以及可能增加非洲裔美国人皮肤对刺激物的敏感性。

皮肤亮白

皮肤亮白是一种重要的美容需求,但迄今为止一直没有得到很好的解决。许多处方和非处方皮肤亮白剂已经被开发出来,但没有一种能有效地完全亮白皮肤。下文简要回顾了这些物质在非处方(OTC)皮肤亮白制剂中的应用。

美国色素亮白的金标准仍然是对苯二酚。

对苯二酚

在美国,色素沉着过度治疗的金标准仍然是对苯二酚。这种物质实际上是相当有争议的,已经从欧洲和亚洲的 OTC 市场中移除。引起关注的原因是,据报道,口服对苯二酚会导致小鼠致癌。虽然口服可能与局部应用无关,但应用对苯二酚仍然存在争议,因为它实际上对黑色素细胞有毒。对苯二酚是一种化学上称为 1,4-二羟基苯的酚类化合物,通过抑制酪氨酸和苯酚氧化酶的酶促氧化起作用(图 7-3)。它与组氨酸共价结合或与酪氨酸酶活性部位的铜相互作用。它还抑制 RNA 和 DNA 合成,并可能改变黑素体形成,从而选择性地破坏黑色素细胞。这些活动抑制黑色素细胞的代谢过程,导致黑色素生成逐渐减少。

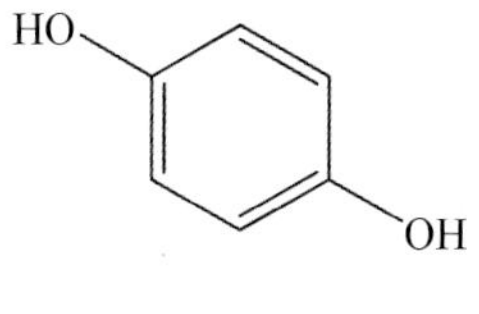

图 7-3　对苯二酚的化学结构

在美国市场上,对苯二酚既可以作为 OTC 药也可以作为处方药。OTC 制剂的最大浓度为 2%,而大多数处方制剂的最大浓度为 4%。在所有配方中,对苯二酚都不稳定,与空气接触后会变成棕色。对苯二酚一旦被氧化,就不再具有活性,应该被丢弃。

抗坏血酸

抗坏血酸,也被称为维生素 C,用于色素沉着过多的治疗(图 7-4)。它通过与铜离子相互作用来还原多巴醌并阻断二氢吲哚-2-羧酸氧化,从而中断黑色素生成。抗坏血酸是一种抗氧化剂,暴露在空气中会迅速氧化,稳定性有限。高浓度的抗坏血酸必须谨慎使用,因为其低 pH(酸性)会刺激皮肤。

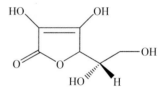

图 7-4　高感光性维生素 C 的化学结构

甘草提取物

甘草提取物被用作局部抗炎制剂,以减少皮肤发红和色素沉着过多(图 7-5)。这些活性物质被称为甘草苷和异甘草素,它们是含有黄酮类化合物的糖苷。甘草苷通过分散黑色素诱导皮肤亮白。它通常以每天 1g 的剂量涂抹在皮肤上,持续 4 周以观察临床效果。刺激不是不良反应。

α-硫辛酸

α-硫辛酸存在于多种抗衰老药妆品中,起到抗氧化剂的作用,但它也可能具有非常有限的色素美白特性。它是辛酸的二硫化物衍生物,能够抑制酪氨酸酶。然而,它是一个大分子,因此,通过皮肤渗透到黑色素细胞水平对酸来说是一个挑战。

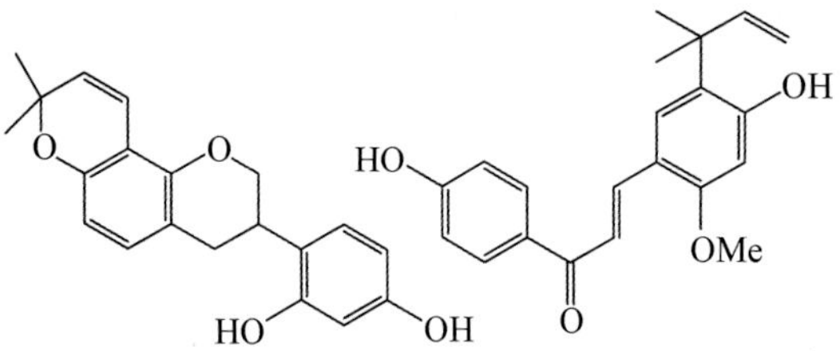

图7-5 一种用于皮肤护理产品的甘草提取物

曲酸

曲酸(化学名称为 5-羟甲基-4H-吡喃-4-酮)是分布在全世界的化妆品柜台皮肤美白霜中最受欢迎的药妆皮肤美白剂之一(图7-6)。它是从曲霉属和青霉属物种获得的亲水性真菌衍生物。它是东方最常用的治疗黄褐斑的药物。有研究表明,曲酸在色素增白能力方面与对苯二酚相当。曲酸的活性是由于它能通过与铜结合来抑制酪氨酸酶的活性。

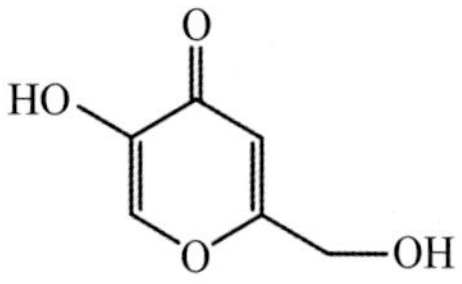

图7-6 曲酸是一种高效的皮肤增白剂,广泛应用于化妆品行业

曲酸是一种流行的化妆品皮肤增白成分。

芦荟红素

芦荟红素是一种从芦荟植物中提取的低分子量糖蛋白。它是一种天然的羟甲基色酮,通过在 DOPA(L-3,4-二羟基苯丙氨酸)氧化位点处的竞争性抑制来抑制酪氨酸酶。与对苯二酚相比,它没有细胞毒性;然而,由于具有亲水性,其穿透皮肤的能力有限。它有时与熊果苷混合,这是我们下一个讨论的话题,以增强其皮肤美白能力。

熊果苷

熊果苷是从葡萄苗和其他相关植物的叶子中获得的(图7-7)。它是一种天然存在的吡喃葡萄糖苷,在不影响信使 RNA 表达的情况下可使酪氨酸酶活性降低。它还能抑制黑素体的成熟。熊果苷对黑色素细胞无毒,在日本,将 3% 浓度的熊果苷用于多种色素增亮制剂中。高浓度比低浓度更有效,但可能会出现自相矛盾的色沉。

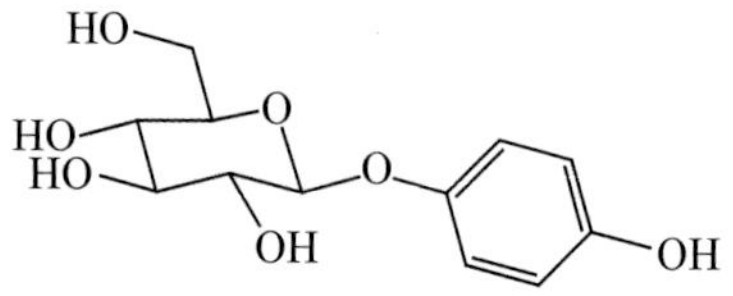

图7-7 熊果苷是一种对黑色素细胞无毒的植物性皮肤美白剂

有色皮肤的种族化妆品

为深色皮肤患者提供的面部化妆品的配方和类型与为浅色皮肤患者提供的配方和类型相同。一些传统上迎合浅肤色顾客的化妆品公司现在扩大了他们的肤色选择范围,包括较深的肤色。但是,许多新的化妆品公司正在生产专门为有色人种女性设计的生产线。

针对深肤色的彩色化妆品配方的独特之处在于将色素与基础肤色混合。肤色白皙的人,皮肤基本没有色素,可以选择一种彩色化妆品,并期望它在包装和皮肤上看起来相似。然而,有色人种女性可以期待化妆品在包装上和皮肤上看起来完全不同。例如,在 Fitzpatrick(菲茨帕特里克)V 型皮肤上,白种人患者脸上的浅粉色腮红是难以察觉的。因此,用于肤色的化妆品通常含有鲜艳的色素,以提供所需的效果。

据估计,35 种色调的面部粉底是与肤色匹配所必需的,而只有 7 种色调的面部粉底是与高加索人肤色匹配所必需的。

在化妆品柜台和大众商品店都可以找到有色人种女性的面部粉底。据估计,有超过 35 种不同的深色皮肤需要大量的颜色选择来匹配肤色。这是与白种人皮肤的 7 种基本颜色进行的比较。非洲裔美国女性传统上使用面部粉底来混合面部不均匀的色调,而皮肤白皙的人则使用面部粉底来增加气色。干性皮肤的肤色基础更为重要,因为色素沉着的皮肤因其较高的经表皮失水率而更易出现干燥皮肤鳞片的灰白外观。许多有色人种女性认为她们的皮肤非常"敏感",尽管研究并没有证明接触性皮炎的遗传易感性。这可能是由于有色人种女性皮肤护理产品刺激引起的长时间炎症后色素沉着过度。

> 对有色皮肤的描述需要考虑颜色值、强度和底色。

对色素沉着皮肤的描述需要对颜色值、强度和底色进行更复杂的讨论。颜色的值是由光反射率来决定。因为这些颜色的光反射率较低,具有蓝色/黑色或桃花心木色调的深色皮肤可能会出现更深的颜色。强度指的是颜色的亮度或暗度。不添加白色、棕色或黑色颜料的真彩色往往比混合色具有更高的强度。例如,原红比原红与棕色混合产生的砖红具有更高的强度。这是为深色皮肤选择面部粉底的一个重要概念,因为太多的色素会使皮肤因颜色强度降低而变得浑浊。最后,底色是非常重要的,其解释了肤色的巨大变化。红色、黄色和橙色底色据说能给皮肤带来温暖的外观,而蓝色、紫色和绿色底色据说能给皮肤带来凉爽的外观。根据对底色的分析,肤色可进一步分为深黑色、蓝色/黑色、紫色/黑色、棕色/红色、青铜色、蜂蜜色等。

有色人种女性用于面部的彩妆必须含有较深的颜料。流行的眼影颜色包括深蓝色、丁香色、酒红色、金色或祖母绿。面部高光和腮红用于面部轮廓的颜色是深紫红色、青铜色、深橙色、珊瑚色、酒红色或深红色。颜色的选择取决于肤色的深浅,例如:酒红色或李子腮红用于深黑色皮肤,珊瑚色或深橙色用于棕色皮肤,粉红色或桃红色适合浅棕色皮肤。然而,对于浅肤色和深色皮肤的患者,眼部和面部轮廓的塑造方法是相同的。

小结

本章探讨了有色皮肤的独特需求,包括 OTC、颜料增白制剂。它评估了彩色化妆品在面部装饰中的应用。尽管不同肤色之间的基因差异很小,但化妆品配方必须适合所有肤色。

参 考 文 献

[1] Anderson KE, Maibach HI. African-American and white skin differences. J Am Acad Dermatol 1979;1:276-86.

[2] Montagna W, Carlisle K. The architecture of black and white facial skin. J Am Acad Dermatol 1991;24:929-37.

[3] McLaurin DI. Unusual patterns of common dermatoses in blacks. Cutis 1983;32:352-60.

[4] Weigand DA, Haygood C, Baylor JR. Cell layers and density of negro and caucasian stratum corneum. J Invest Dermatol 1974;62:563-8.

[5] Wilson D, Berardesca E, Maibach HI. In vitro transepidermal water loss:differences between black and white human skin. Br J Dermatol 1988;119:647-52.

[6] Stephens TJ, Oresajo C. Ethnic sensitive skin. Cosmet Toilet 1994;109:75-80.

[7] Berardesca E, Maibach HI. Sensitive and ethnic skin. A need for special skin care agents? Dermatol Clin 1991;9:89-92.

[8] Halder RM, Richards GM. Management of dischromias in ethnic skin. Dermatol Ther 2004;17:151-7.

[9] Espinal-Perez LE, Moncada B, Castanedo-

Cazares JP. A double blind randomized trial of 5% ascorbic acid vs 4% hydroquinone in melasma. Int J Dermatol 2004;43:604-7.

[10] Amer M, Metwalli M. Topical liquiritin improves melasma. Int J Dermatol 2000;39:299-301.

[11] Lim JT. Treatment of melasma using kojic acid in a gel containing hydroquinone and glycolic acid. Dermatol Surg 1999;25:282-4.

[12] Garcia A, Fulton JE. Jr. The combination of glycolic acid and hydroquinone or kojic acid for the treatment of melasma and related conditions. Dermatol Surg 1996;22:443-7.

[13] Choi S, Lee SK, Kim JE, et al. Aloesin inhibits hyperpigmentation induced by UV radiation. Clin Exp Dermatol 2002;27:513-15.

[14] Jones K, Hughes J, Hong M, et al. Modulation of melanogenesis by aloesin:a competitive inhibitor of tyrosinase. Pigment Cell Res 2002;15:335-40.

[15] Hori I, Nihei K, Kubo I. Structural criteria for depigmenting mechanism of arbutin. Phytother Res 2004;18:475-69.

[16] Chester J, Dixon M. Ethnic market feels growth. Manufacturing Chemist 1988;59:32.

[17] McLaurin CI. Cosmetic for blacks a medical perspective. Cosmet Toilet 1983;98:47-53.

[18] Hood HL, Wickett RR. Racial differences in epidermal structure and function. Cosmet Toilet 1992;107:47-8.

[19] Maibach HI. Racial and skin color differences in skin sensitivity. Cosmet Toilet 1990;105:35-6.

[20] Berardesca E, Maibach HI. Racial differences in sodium lauryl sulphate induced cutaneous irritation:black and white. Contact Dermatitis 1988;18:65.

[21] Patton JE. Color to Color. New York:Fireside, 1991:31-3.

建 议 阅 读

Abdel-Malek Z, Suzuki I, Tada A, Im S, Akcali C. The melanocortin-1 receptor and human pigmentation. Ann NY Acad Sci 1999;885:117-33.

Badreshia-Bansal S, Draelos ZD. Insight into skin lightening cosmeceuticals for women of color. J Drugs Dermatol 2007;6:32-9.

Baumann L, Rodriguez D, Taylor SC, Wu J. Natural considerations for skin of color. Cutis 2006;76 (6 Suppl):2-19.

DeLeo VA, Taylor SC, Belsito DV, et al. The effect of race and ethnicity on patch test results. J Am Acad Dermatol 2002; 46 (2 Suppl): S107-S112.

Halder RM, Nootheti PK. Ethnic skin disorders overview. J Am Acad Dermatol 2003;48 (6 Suppl):S143-8.

Halder RM, Richards GM. Management of dyschromias in ethnic skin. Dermatol Ther 2004;17:151-7.

Hillebrand GG, Schnell B, Miyamoto K, et al. The age-dependent changes in skin condition in Japanese females living in Northern versus Southern Japan. IFSCC Magazine 2001;4:89-96.

Holloway VL. Ethnic cosmetic products. Dermatol Clin 2003;21:743-9.

Johnson BA. Requirements in cosmetics for black skin. Dermatol Clin 1988;6:489-92.

Levin CY, Maibach H. Exogenous ochronosis. An update on clinical features, causative agents and treatment options. Am J Clin Dermatol 2001;2:213-17.

Martín RF, Sánchez JL, González A, Lugo-Somolinos A, Ruiz H. Exogenous ochronosis. P R Health Sci J 1992;11:23-6.

Mahe A, Ly F, Aymard G, Dangou JM. Skin disorders associated with the cosmetic use of bleaching products in women from Dakar, Senegal. Br J Dermatol 2003;148:493-500.

Olumide YM, Akinkugbe AO, Altraide D, et al. Complications of chronic use of skin lightening cosmetics. Int J Dermatol 2008;47:344-53.

Ortonne JP, Bissett DL. Latest insights into skin hyperpigmentation. J Invest Dermatol Symp Proc 2008;13:10-14.

Petit A, Cohen-Ludmann C, Clevenbergh P, Bergmann JF, Dubertret L. Skin lightening and its complications among African people living in Paris. J Am Acad Dermatol 2006;55:873-8.

Pichon LC, Corral I, Landrine H, Mayer JA, Norman GJ. Sun-protection behaviors among African Americans. Am J Prev Med 2010;38:288-95.

Rawlings AV. Ethnic skin types: are there differences in skin structure and function? IFSCC Magazine 2006;9:3-11.

Stephens TJ, Oresajo C. Ethnic sensitive skin. Cosmet Toilet 1994;109:75-80.

Sugden D, Davidson K, Hough KA, Teh MT. Melatonin, melatonin receptors and melanophores: a moving story. Pigment Cell Res 2004;17:454-60.

Taylor SC. Enhancing the care and treatment of skin of color, part 1: the broad scope of pigmentary disorders. Cutis 2005;76:249-55.

Taylor SC. Enhancing the care and treatment of skin of color, part 2: understanding skin physiology. Cutis 2005;76:302-6.

Taylor SC. Cosmetic problems in skin of color. Skin Pharmacol Appl Skin Physiol 1999;12:139-43.

Yamaguchi Y, Hearing VJ. Physiological factors that regulate skin pigmentation. Biofactors 2009;35:193-9.

第8章

男性皮肤护理

由于新产品开发和积极的营销策略，美国男性护肤品市场正在迅速扩大。随着女性皮肤护理市场多年来的销售，制造商认为男性皮肤护理是一个巨大的经济增长领域。人们对男性皮肤护理的兴趣大多集中在"都市美男"这个概念上。都市美男关注时尚、护发、美甲、皮肤护理和化妆品。这一形象与"城市"男人形成了鲜明的对比，"城市"男人是低消费人群，他们使用牙膏、肥皂、大众洗发水和剃须膏作为产品的总合。推广都市美男形象的广告被视为一种提高头发、皮肤、指甲护理产品和服务销量的方法，它创造了一个所有年龄段的男性都渴望的形象。

男性使用许多与女性相同的护肤品。这些配方需要不同吗？或者同样的带有男性香味的保湿霜可以用在男性脸上吗？男性皮肤与女性皮肤不同吗？本章将探讨区分男性和女性皮肤护理的独特问题。

> 由于末端毛囊的存在，男性面部皮肤比女性面部皮肤厚。

男性肌肤与女性肌肤

男人和女人的皮肤之间的差别在人眼看来是显而易见的。男性皮肤比女性皮肤厚，部分原因是身体大部分部位都存在末端毛囊。这种差异在面部最为明显，女性只有毳毛，纤细而无色，而男性则有充分发育的末端毛发，这些毛发粗糙且色素沉着，占据了皮肤内部的空间。男性脸上有胡子是成熟男性比成熟女性更具吸引力的部分原因。当 UV 辐射激活胶原酶破坏皮肤胶原蛋白时，男性胡须可以让皮肤抵抗皱纹。因此，上了年纪的男性不会表现出与上了年纪的女性相同的明显多余的面部皮肤。

较厚的男性皮肤对护肤市场意味着什么？这意味着光老化在男性中出现的时间不像在女性中那么早。虽然女性在年轻时就热衷于购买抗皱面霜，但男性更具抵抗力。粗犷的外表被认为是男子气概和成熟的标志。较厚的男性皮肤对保湿效果的反应也较差，尤其是在脸颊上部有毛发的部位。抗皱面霜不会立即吸引男性，因为人们认为它们缺乏需求，而且即刻效果差。

男性的胡须掩盖皮肤的问题，如瘢痕、色素沉着变化和毛细血管破裂。如果男性面部皮肤的胡须被移除，许多问题就会变得明显。因此，女性比那些看不到皮肤变化或早于生活的男性更渴望"解决"问题。

男性皮肤对衰老的一些抵抗是由于其固有的散射 UV 辐射的能力，特别是在 UVA 范围内。UVA 辐射是导致光老化的波长，它在女性体内穿透更深，导致女性皮肤更大的损伤。这使得女性的衰老速度比男性更快，这一现象因媒体偏爱年轻的女主角和年长的男主角而放大。

男性肌肤对不良反应更具抵抗力。

男性肌肤与不良反应

皮肤厚度的差异也影响男性经历的不良产品反应频率的降低。女性比男性更容易出现不良反应。更薄的皮肤让刺激物和过敏原更深地渗透到女性肌肤，但发病率较高也可能是由于更多的产品使用。女性整体使用的护肤品和化妆品比男性多。高频使用增加了接触刺激物或过敏原的机会。女性也更有可能接受破坏皮肤屏障的手术，如面部去角质术、微晶磨皮术、水疗等。这可能解释了针对女性的产品对敏感皮肤的吸引力，而这并不一定与男性皮肤护理市场产生共鸣。一般来说，男性皮肤比女性皮肤更不容易受到刺激和不良反应。

男性皮肤护理中的激素因素

关于这一点的讨论集中在最明显的视觉差异上，即皮肤厚度和男性胡须的存在，但其他同样重要的考虑因素也值得提及，它们会影响产品配方。也许男性皮肤最重要的独特特征之一就是睾酮的支配作用。男性青春期睾酮激素分泌增加，并在一生中保持稳定水平。睾酮激素导致面部和身体皮脂的产生，这为痤疮丙酸杆菌的生长和痤疮的发病奠定了基础。男性的痤疮通常比女性更严重。

男性更喜欢使用含有抗菌剂的除臭剂清洁剂，因为细菌会迅速降解产生的丰富的顶泌汗液。

由于男性终身存在睾酮分泌，这意味着皮脂分泌也很高。这提供了皮肤保湿，使男性对面霜和身体霜的需求有所不同。虽然男性在 60 岁或 60 岁以上确实会出现皮肤干燥，但皮肤干燥是女性更关心的问题。除非出现皮肤病，中年男性对润肤的需求可能比保湿更大。

睾酮激素不仅能引发大量的皮脂分泌，还能增加眼睑、乳房、头皮、臀部和腋窝的顶泌汗腺分泌。皮脂和顶泌汗腺都会产生不同的皮肤清洁需求。气味必须被控制，但配方者也必须考虑皮脂和汗液与护肤品的相互作用。正是因为这个原因，香味在男性皮肤护理中必须谨慎考虑。男性通常更喜欢除臭剂肥皂和抗菌产品，因为细菌会迅速降解顶泌汗液，产生一种特有的霉味。顶泌素分泌的汗液与富含睾酮激素的皮脂混合在一起，会产生一种更衣室里的气味，会破坏最精心平衡的香味。这意味着男性产品需要比女性产品更仔细地开发用于体味的香水。

男性皮肤脱毛

虽然男性的体毛比任何东西都能提供出色的防晒效果，但它也需要修饰。剃毛是最常用的体毛管理方法，但也有一些男性采用了激光脱毛。激光脱毛的问题之一是它会改变皮肤的颜色和纹理。毛囊口的毛发脱落消除了棕色，这是男性面部毛发最常见的颜色，会使皮肤看起来更光滑。如前所述，毛发脱落也会消除男性面部皮肤的粗糙纹理，使皮肤容易产生皱纹。因为这些原因，剃须不太可能被整个男性群体抛弃。关于剃须的更详细的讨论可以参照脱毛技术的相关章节。

剃须是最有效的物理去角质方法。

剃须也会给皮肤带来意想不到的好处。这可能是最有效的去角质物理方法，比局部使用羟基酸、手持式微晶磨皮器或机械刷子更好。它能有效去除脱落的角质细胞和胡须碎片。剃须也是去除皮肤上开放性粉刺的有效方法，能帮助痤疮治疗。然而，不恰当的剃须技术会导致剃刀刮伤和假性毛囊炎。剃刀刮伤是由于去除了毛发出口周围的皮肤,一个被称为毛囊口的开口。新型剃须刀配有弹簧刀片和剃须胶,可减少摩擦,可将剃须刀刮伤的发生降至最低。假性毛囊炎见于面部毛发扭结的个体,切割毛发的锋利边缘重新进入皮肤,引起丘疹或脓疱形式的炎症。这可能会导致皮肤变黑,这将在下文中讨论。

色素沉着问题

皮肤变黑,称为炎症后色素沉着过度,是对皮肤颜色较深的人(如地中海、东方、印度或非洲裔男性)损伤的反应。这些损伤可能来自痤疮、晒伤、皮肤病、刺激性接触性皮炎、过敏性接触性皮炎或创伤性划伤。由于黑色素细胞被认为是免疫系统的重要组成部分,人们推测这种色素沉着是对皮肤损伤的一种免疫反应,但这种反应的确切原因在很大程度上还不清楚。因此,为男性肤色设计的产品必须谨慎配制,以尽量减少任何皮肤刺激,因为炎症后色素沉着是不可避免的结果。受伤后可能需要 6 个月至 1 年的时间才能使皮肤恢复到正常颜色,这就是为什么在肤色较深的个体培养中,皮肤美白产品备受关注的原因。为了让皮肤恢复正常的颜色,产生的多余黑色素必须被白细胞吞噬或消耗,然后从皮肤上去除。

> 剃须后,男性通常需要润肤剂来平滑面部皮肤鳞屑,而不是真正的保湿剂。

保湿霜

剃须通常是男性修饰的最后一项活动,这与女性通常在洁面后使用面部保湿霜不同。为什么大多数男性不使用保湿霜?这是因为男性面部皮脂分泌通常很高,无需保湿。大多数男性不需要延缓经皮水丢失,因为他们的皮肤不接触女性使用的多种产品,他们不参与多个屏障破坏程序,并且他们的皮脂快速更迭是足够的。男性通常需要润肤剂,而不是保湿霜,除非有皮肤病,这种润肤剂会填补因过度清洁而被清除的细胞间隙,从而使皮肤光滑。最流行的润肤剂是二甲硅油,它可以以爽肤水、剃须后洗剂、皮肤兴奋剂等形式进入皮肤表面。这是为男性和女性开发的产品的关键区别。

女性保湿霜通常更具封闭性,以增加皮肤水分和减少由于脱水造成的眶周皱纹。这些细微的眶周皱纹被认为是女性衰老的标志,但似乎对男性的性格有影响。因此,抗衰老保湿剂在男性皮肤护理市场上发展缓慢。年轻女性热衷于购买去皱霜,而男性却不是。他们看重自己粗犷、坚韧的外表,认为这是男子气概和成熟的标志。较厚的男性皮肤对保湿效果的反应也不如女性皮肤,特别是在脸颊上部有毛发的部位。去皱霜对男性的吸引力不像对女性的吸引力那么大,因为人们认为去皱霜缺乏需求,而且即时效果不佳。

> 男性皮肤抵抗衰老的部分原因是面部毛发提供的光保护作用。

光保护作用

男性皮肤抵抗衰老的部分原因是面部毛发提供的光保护作用。毛囊还会增加皮肤厚度,减少 UVA 辐射对男性皮肤的损害。这使得女性的衰老速度比男性更快,这一现象因媒体偏爱年轻的女主角和年长的男主角而放大。因此,尽管男性的皮肤癌发病率高于女性(图 8-1),但并没有看到男性与女性相同程度的防晒应用需求。关于防晒霜的详细讨论可以参见光保护和防晒霜章节相应内容。

图 8-1　更美观、高 SPF（防晒系数）的防晒霜已经通过新的配方技术开发出来，以吸引更多的男性

小结

男性皮肤护理与女性皮肤护理相似，但又不同。面部胡须的存在提供了光保护和抵抗面部皱纹的能力，但脱毛可能具有挑战性。剃须可以改善皮肤质地，减少痤疮，但糟糕的剃须技术会导致剃刀刮伤和加重假性毛囊炎。独特的男性生物膜，由顶泌汗液和皮脂组成，需要不同的卫生需求。单纯只为变包装是不够的。瓶子里的材料必须满足不同性别的独特皮肤需求。

第9章

面部光保护

没有人知道是什么促使了人们对皮肤晒黑的渴望。有些人认为,在禁酒令时间,美国的近海岛屿上很容易获得酒精饮料,富人到这些岛屿上喝酒和晒日光浴。从那时起,晒黑就成了财富的代名词,晒黑的面部皮肤至今仍然是人们所向往的。面部皮肤在白天不断受到光子的冲击,比身体其他部位更容易受到过量 UV 辐射的影响。皮肤既吸收又散射这些高能光子。散射的光子被反射,形成可以被化妆品增强或装饰的美丽皮肤的感知。被吸收的光子被转化为能量,破坏胶原蛋白并促进光老化。

> 太阳辐射,也称为电磁波谱,包含约 5％的紫外线、35％的可见光和 60％的红外线。

太阳发出的辐射,也被称为电磁波谱,大约有 5％的紫外线(UV)、35％的可见光和 60％的红外线(图 9-1)。范围为 280～320 nm 的 UVB 形式和范围为 320～380 nm 的 UVA 形式的 UV 辐射,眼均看不见。蛋白质,还有 DNA,吸收大部分紫外线,吸收的量被称为剂量,以强度乘以时间计算。短时间内的高强度 UV 可能是非常有害的,这是人造美黑的问题。这些灯泡每平方厘米发出预定数量的瓦数,其中 UVB 的能量是 UVA 的 1000 倍。

> 角质层是第一道防线,其功能是反射和散射有害辐射并最小化穿透。

角质层是 UV 防御机制的第一道防线,可以反射和散射有害辐射,并最大限度地减少穿透。正是由于这个原因,含有乙醇酸、乳酸和水杨酸的面部去角质剂应该在涂抹防晒霜之后使用,因为它们会降低皮肤的内源性光保护作用。太阳光线会被黑色素进一步吸收,这是一种能吸收 UV 和可见光辐射的物理化学防御。正是黑色素的氧化导致了晒黑的面部外观,这不是健康的代名词,而是一种氧化损伤。波长＜320 nm 的辐射波长被角质层和表皮吸收,而＞320 nm 的辐射波长则进入真皮。润湿角质层和改变折射率,可以加强光对真皮的渗透。这就是为什么在脸上涂婴儿油(主要含有矿物油)会削弱面部内源性的光保护,从而增加晒黑反应。

UVA 和 UVB 损伤的目标是 DNA、细胞膜脂质、结构蛋白和酶。这些分解产物会引发旨在启动皮肤修复的炎症反应,但可能导致进一步的皮肤损伤。被紫外线损伤的细胞激活 $p53$ 基因,该基因决定损伤是否致命、细胞是否应该被破坏,这一过程称为凋亡,或者是否应该启动 DNA 修复。细胞凋亡是对细胞核和细胞骨架的系统性破坏,导致蛋白质外壳的形成。由于其在 HE 染色上

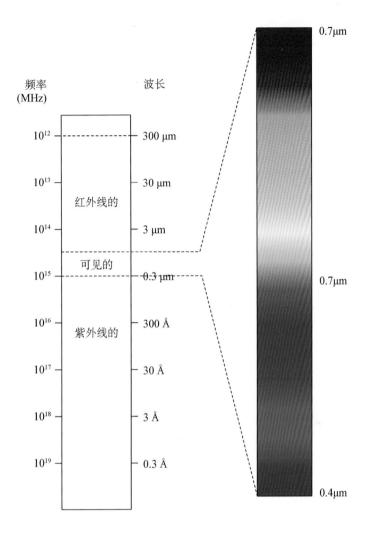

频率
(MHz)　　　　波长

10^{12} ---- 300 μm

10^{13} ---- 30 μm

红外线的

10^{14} ---- 3 μm

10^{15} ---- 0.3 μm

可见的

紫外线的

10^{16} ---- 300 Å

10^{17} ---- 30 Å

10^{18} ---- 3 Å

10^{19} ---- 0.3 Å

0.7μm

0.7μm

0.4μm

图 9-1　电磁频谱

呈粉红色无定形结构,因此也被称为晒伤细胞。它们在粉红色的细胞核和细胞质中含有成簇的细丝、黑色素颗粒和完整的溶酶体。虽然紫外线损伤可以激活细胞凋亡并防止异常细胞再生,但它也可以使 $p53$ 基因失活,使基因受损的细胞分裂,从而随着时间的推移导致瘤形成和皮肤癌的形成。

　　日光损伤的最初症状是细胞损伤引起的血管舒张导致的皮肤红斑。红斑出现在晒伤后的 2～6 小时,也称为晒伤,并可能在 12～20 小时后达到峰值,具体取决于所接收的辐射量。正是这种晒伤反应确定了防晒霜防晒系数(SPF)的最小红斑剂量(MED)。SPF 在身体光保护章节中有详细讨论,表明防晒霜提供的时间增加,以接受诱导红斑的紫外线剂量。在出现红斑之后,由于黑色素的光氧化,即色素直接变黑的效果,就会发生晒黑。晒伤后 2～3 天,当根据皮肤类型开始生成黑色素时,会进一步产生色素(表 9-1)。

　　随着时间的推移,这种累积的皮肤损伤表现为光老化。组织学上,表皮具有扁平的真皮-表皮交界,棘层变薄。乳头状真皮层因

表 9-1　皮肤类型分类

Fitzpatrick 皮肤类型	描述
I	皮肤非常白皙,总是晒伤,从不晒黑
II	皮肤白皙,总是晒伤,有时晒黑
III	中等皮肤,有时晒伤,总是晒黑
IV	橄榄色皮肤,很少晒伤,总是晒黑
V	中等色素棕色皮肤,从不晒伤,总是晒黑
VI	明显色素沉着的黑色皮肤,从不晒伤,总是晒黑

血管扩张而变薄,网状真皮中积聚了一种无定形、碎片化、纤维化的成分,代表日光性弹力层增生。面部光保护试图防止这种影响。本章将详细讨论面部光保护的主题,但这应该与身体光保护章节一起阅读,以获得完整的概述。

防晒霜防晒成分的分类

第一款防晒霜于 1928 年在美国上市,其成分是水杨酸苄酯和肉桂酸苄酯的乳液。对氨基苯甲酸于 1943 年被引入,为许多新的防晒霜配方铺平了道路。物理药剂,如红凡士林,在第二次世界大战期间被军队使用。1978 年,FDA 将防晒霜从化妆品重新分类为非处方药,旨在保护"人体皮肤的结构和功能免受光化损伤"。从那时起,许多防晒霜配方被引入,提供了越来越好的光保护。防晒成分提供光保护的活性成分(表 9-2)。活性成分可分为有机和无机两大类。有机防晒成分经过一种称为共振离域的化学转化,以吸收 UV 辐射并将其转化为热量。它们通常是基于苯环将高能紫外线辐射转化为 380nm 以上无害长波辐射的能力而形成的芳香族化合物。它们在光保护的过程中被用尽,必须频繁重新应用,以保持适当的保护免受太阳照射。相比之下,无机防晒成分常是反射或散射 UV 辐射的地面颗粒,吸收的能

量相对较少。它们不会被耗尽,因此在皮肤表面停留和发挥作用的时间更长,这种特性称为光稳定性。

表 9-2　美国允许的防晒霜防晒成分浓度(FDA-OTC 面板)

	(%)
UVB 防晒剂	
氨基苯甲酸	5～15
戊基二甲基 PABA	1～5
2-乙氧基乙基对甲氧基肉桂酸酯	1～3
二乙醇胺对甲氧基肉桂酸酯	8～10
二没食子酰三油酸酯	2～5
4-双(羟丙基)氨基苯甲酸乙酯	1～5
2-乙基己基-2-氰基-3,3-二苯基-丙烯酸酯	7～10
乙基己基对甲氧基肉桂酸酯	2～7.5
2-乙基己基水杨酸酯	3～5
氨基苯甲酸甘油酯	2～3
水杨酸高薄荷酯	4～25
辛基二甲基 PABA	1.4～8
2-苯基苯并咪唑-5-磺酸	1.4
水杨酸三乙醇胺	5～12
UVA 防晒剂	
氧苯酮	2～6
磺异苯酮	5～10
二氧苯酮	3
邻氨基苯甲酸薄荷酯	3.5～5
有机防晒剂	
红凡士林	3～100
二氧化钛	2～25

FDA-OTC,美国 OTC 食品药品监督管理局;PABA,对氨基苯甲酸。

防晒霜防晒剂可分为有机防晒剂和无机防晒剂。

防晒霜防晒剂可分为以下 3 组。

UVA 吸收剂：320～360 nm（二苯甲酮、阿伏苯甲酮和邻氨基苯甲酸盐）。

UVB 吸收剂：290～320 nm［对氨基苯甲酸（PABA）衍生物、水杨酸盐和肉桂酸盐］。

UVB/UVA 块：反射或散射 UVA 和 UVB（二氧化钛和氧化锌）。

FDA 已将表 9-2 中列出的化学品评为防晒专著中所述的安全、有效的防晒剂。

UVA 有机防晒霜防晒剂

UVA 有机防晒霜防晒剂主要有 3 个系列，包括二苯甲酮、阿伏苯甲酮和邻氨基苯甲酸盐。当 UV 的光子被皮肤表面释放的能量吸收为热量时，这些防晒剂中的每一个都会发生化学反应。防晒霜配方设计师利用它们不同的美学和光保护特性，开发出一种既能保护皮肤又易于使用的产品。

二苯甲酮

在二苯甲酮家族中有 3 种防晒霜：氧苯酮、二氧苯酮和磺异苯酮。氧苯酮在美国被批准使用，并在 320nm 以下提供弱 UVA 光保护。二氧苯酮和磺异苯酮未经批准。随着 UVA 光保护的不断推广，氧苯酮的使用急剧增加，导致过敏性接触性皮炎报告的增加。氧苯酮也与阿伏苯甲酮结合使用，以增强防晒霜配方的光稳定性，下面将讨论。氧苯酮通常被用作辅助防晒霜，因为它是一种油性液体，如果使用浓度过高，会使防晒霜变得黏稠。

> 氧苯酮和阿伏苯甲酮是两种常用的有机 UVA 防晒霜防晒剂。

阿伏苯甲酮

阿伏苯甲酮，也被称为 Parsol 1789，是

在 UVA 光保护领域向前迈出的重要一步。它是最近专论的防晒成分。不幸的是，它是高度光不稳定的，36％ 的阿伏苯甲酮在太阳照射后不久就被破坏了。据估计，在暴露 5 小时或 50J 后，防晒霜中的所有阿伏苯甲酮都会消失，因此需要经常重新涂抹。阿伏苯甲酮与其他常用的物理防晒霜（如氧化锌和二氧化钛）在化学上也不相容。然而，现在可以通过添加氧化苯甲酮和其他成分（如 2-6-二乙基己基萘酸酯或八丙烯）来稳定阿伏苯甲酮（图 9-2）。这些成分吸收来自阿伏苯甲酮的光子能量，使阿伏苯甲酮回到基态而不会发生光降解。由于 2-6-二乙基己基萘甲酸酯是光稳定性的，因此它作为热量或磷光的形式辐射能量。八丙烯也是一种有机防晒霜，具有光稳定性，可以吸收光子能量而不发生降解（图 9-3）。这一相对较新的光稳定概念对于确保皮肤上防晒霜的使用时长非常重要。将光不稳定的阿伏苯甲酮与其他光稳定物质结合是光保护领域的一个新进展。

图 9-2　用八丙烯稳定阿伏苯甲酮制剂，以达到高防晒系数等级

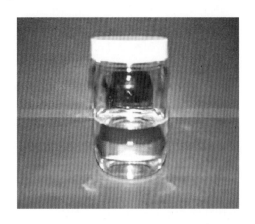

图 9-3　八丙烯是一种黏稠的液体,以原材料的形式存在

邻氨基苯甲酸盐

有几种邻氨基苯甲酸盐可用于防晒配方,但美国仅使用邻氨基苯甲酸薄荷酯。邻氨基苯甲酸薄荷酯也被称为美拉德,其在336nm 处具有峰值吸收,并且用作二级防晒霜。因为它也是一种透明的、黏稠的油,为了美观,只能在低浓度的配方中使用。它具有优异的安全性和低过敏性。它在配方中非常稳定,没有阿伏苯甲酮所讨论的光降解问题。

> 邻氨基苯甲酸薄荷酯是一种透明黏性油,属于二级 UVA 有机防晒剂,因为它在高浓度下会使防晒霜变黏。

UVB 有机防晒成分

UVB 有机防晒成分也会发生化学反应,将 UV 作为热量辐射出去。在 UVB 光保护中起作用的化学家族是 PABA 衍生物、水杨酸盐和肉桂酸盐。关于目前的每一种防晒配方都将进行简要的讨论。

> PABA 衍生物、水杨酸盐和肉桂酸盐是主要的 UVB 有机防晒霜防晒剂。

PABA 衍生物

出于各种实际目的,PABA 衍生物很少用于现代防晒霜配方中。最近的一项市场回顾显示,由于过敏性问题,只有 2% 的防晒霜使用 PABA 衍生物。PABA 衍生物也会弄脏衣服。辛基二甲基 PABA,也被称为帕地马酯 O,是最常用的 PABA,最大吸收波长为296 nm。它具有普通的光稳定性,在紫外线照射下损失约 15.5%。有一些流行的新闻文章质疑纯 PABA 的致癌可能性。这不足为惧,因为任何现代防晒霜都不使用纯 PABA。

水杨酸盐

水杨酸盐是一类重要的 UVB 光保护剂。该类包括水杨酸辛酯(辛酸酯),水杨酸高薄荷酯(甲基水杨醇)和水杨酸三醇胺。水杨酸盐内部的氢键提供了 300～310 nm 的UVB 吸收。目前市场上大约 56% 的防晒霜使用水杨酸盐作为辅助活性防晒剂,因为它们有良好的安全记录,变态反应报告最少。

肉桂酸盐

肉桂酸盐是目前在防晒霜、含防晒霜的润肤霜和面部粉底霜中使用最多的防晒霜类别;86% 的 SPF 等级产品含有甲氧基肉桂酸辛酯,也被称为桂皮酸盐,其在 305 nm 处具有最大的吸收。甲氧基肉桂酸辛酯具有优异的光稳定性,UVB 照射后降解率仅为4.5%。正因如此,甲氧基肉桂酸辛酯是一种很受欢迎的基础防晒霜。基础防晒霜意味着它的使用浓度最高,并在防晒霜盒背面的活性成分列表中列在第一个。所有的防晒霜都必须有法律要求的有效成分披露,因为它们被归类为 OTC 药物。第二类防晒霜排在第二位,浓度仅次于第三类和第四类防晒霜。大多数防晒配方包含多种防晒成分,通过混合具有不同吸收波长的防晒剂(过滤器),同时平衡美学品质,提供广谱光保护。

UVA/UVB 无机防晒霜防晒剂

　　无机 UVA/UVB 防晒霜防晒剂是二氧化钛和氧化锌,是主要的无机防晒剂,表 9-3 列出了专著成分的完整列表。二氧化钛通常被微粉化,以包含各种尺寸的颗粒,以提供最佳的 UV 散射能力(图 9-4)。不幸的是,它会在皮肤上留下一层白色的膜,主要用于沙滩服装产品。氧化锌通常以微细形式存在,这意味着它含有一种尺寸的小颗粒,适合日间使用(图 9-5)。二氧化钛和氧化锌被称为无机防晒剂,因为它们在被 UV 能量的光子撞击时不会发生化学反应,本质上是光稳定性的。这些微粒反射了大部分的能量,但也有少量可能被吸收。吸收的能量可导致二次氧自由基的形成;因此,大多数二氧化钛和氧化锌防晒粉现在都涂上二甲硅油以减少二次氧自由基(图 9-6)。

图 9-5　原料形式的微细氧化锌

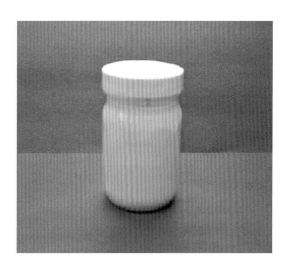

图 9-6　二甲硅油涂层氧化锌用于减少防晒霜中二次氧自由基的形成

图 9-4　原料形式的微粉化二氧化钛

　　氧化锌和二氧化钛是两种广谱无机防晒霜防晒剂。

表 9-3　无机防晒霜防晒剂

高岭土
硅酸镁
氧化镁
红凡士林
二氧化钛
氧化铁
氧化锌
红色兽用凡士林

一种新推出的具有极小颗粒的无色氧化锌正被用于许多化妆品和保湿霜（剂）中。其中一些颗粒非常小，被称为纳米颗粒，其尺寸<100µm。这些颗粒是有争议的，因为它们的小尺寸可能允许它们穿透皮肤，但它们没有被巨噬细胞吞噬掉。纳米颗粒防晒霜是下一个讨论的话题。

纳米颗粒的防晒霜

人们越来越关注环境中纳米颗粒的存在。对这些尺寸<100nm的颗粒人眼是不可见的，并且可以穿透皮肤和肺组织，进入淋巴管和血液循环。从那里，这些粒子可以广泛分布在全身。一旦这些颗粒进入人体，它们就无法被清除，因为它们体积小，无法被检测到。医学界担心金属纳米粒子可能会导致神经系统疾病。还有人想知道纳米粒子引起的慢性炎症是否会导致其他退行性疾病。

目前皮肤护理行业最关心的问题是纳米氧化锌和二氧化钛的使用。当这些白色颗粒被制成适合所有皮肤类型的纳米颗粒时，它们就会不可见。否则，Fitzpatrick Ⅲ～Ⅵ型皮肤的人就不能使用这些无机防晒霜。这些高效的纳米颗粒防晒霜有望在市场上占据主导地位，但当考虑到纳米颗粒在环境中的分布时，就会产生环境问题。在沙滩上待了一天后，防晒霜会被冲到海水里，最后在淋浴时完全去除。这些氧化锌纳米粒子找到了进入世界水循环。纳米锌是抗菌的，这是它的另一种可能用途，但它对浮游生物（水生食物链的第一线）也是有毒的。想象一下由于看不见的纳米颗粒造成的大规模水生生物死亡的后果。正是由于这个原因，许多国家对纳米颗粒的使用采取了监管立场。

美国的化妆品行业呼吁在获得更多信息之前，自愿停止广泛使用纳米颗粒。即使没有政府组织禁止在美国使用纳米颗粒，也没有一家声誉良好的制造商愿意将对健康有长期不利影响的纳米颗粒产品投放市场。在欧洲，情况并非如此。瑞典已经禁止使用纳米颗粒制剂，欧盟已经要求所有目前销售的含有纳米颗粒的产品在包装上印有"纳米"字样。此外，2013年以后销售的所有含有纳米颗粒的产品必须在政府注册。美国FDA召集了一个工作组来检查纳米颗粒，但还没有制定任何文件。

纳米粒子渗透到皮肤中可能是最大的直接健康问题。然而，也不能一概而论。由富含蛋白质的角质细胞和介入性共价结合的脂质层组成的皮肤屏障在阻挡对身体有害的物质方面非常有效。尺寸为14～100nm的较大纳米颗粒不能穿透皮肤，但尺寸为13nm及以下的较小纳米颗粒可以穿透皮肤。这些在10nm范围内的极小纳米颗粒被标记为量子点。量子点是纳米颗粒的一种特殊形式，具有独特的电学和磁学性质。目前正在研究量子点用于下一代微型计算机的计算。

> 尺寸<13nm的纳米颗粒可以穿透皮肤。

因此，纳米粒子穿透的问题的答案是，理论上讲，直径<13nm的粒子更少穿透。然而，在现实中，纳米粒子并不会以纳米粒子的形式留在皮肤护理和防晒霜配方中。纳米粒子可以撒入乳液或氧化锌防晒霜中，但它们不会留下纳米粒子。纳米粒子喜欢聚集，这意味着它们会粘在一起。150nm的纳米颗粒的团块不再是纳米颗粒，因为其150nm的累积尺寸>100nm（纳米颗粒的上限）。此外，纳米粒子被放置在乳液中，乳液将纳米粒子悬浮在防晒霜中，乳液中的纳米粒子往往会聚集在一起。这意味着纳米颗粒团块在水包油的混合物中会更紧密地粘在一起。10团150 nm聚集的纳米颗粒变成1500 nm，远远超过纳米颗粒的限制。理论上，纳米颗粒可以单独存在并穿透皮肤，但实际上，自然界中发现的颗粒的聚集和凝聚可以保护人体和环境免受有害影响。然而,这并不是说,不需要进一步的研究来评估纳米颗粒的行为和安全性。

> 当用于防晒霜配方时,纳米颗粒聚集和凝聚的趋势阻止它们穿透皮肤。

防晒霜配方

防晒霜通常是由上述的成分组合而成的。通常,将具有不同紫外线防护区域的防晒霜组合在一起,以生产广谱防晒的防晒霜。油性成分通常以低浓度使用,以防止黏腻感,但可能需要达到所需的 SPF。防晒霜配方绝对是一门艺术,但问题是为什么防晒霜不能提供最佳的保护。精心配比只是防晒霜成功的一部分。防晒霜附在一层不会分离或移动的均匀薄膜上的能力是很重要的。防晒霜与皮脂、汗液、局部药物和化妆品结合在一起,会干扰或破坏防晒膜。此外,大多数防晒霜都是在实验室的理想使用条件下进行测试的。出于实际目的,可以假设大多数防晒霜的防晒系数为其额定 SPF 的一半。

SPF 计算如下:

$$\frac{在受保护的皮肤上生产 MED 所需的紫外线能量}{在未受保护的皮肤上生产 MED 所需的紫外线能量}$$

因此,如果一个患者在没有保护措施的情况下暴露在太阳下 10 分钟皮肤会发红,那么在涂抹 SPF 为 6 的防晒霜时,患者可以在出现相同程度红斑之前 60 分钟待在阳光下。许多皮肤科医师认为,患者应使用 SPF 为 15 或更高的防晒霜,以获得充分的防晒保护。不幸的是,SPF 是对 UVB 保护皮肤效果的评估,并没有考虑 UVA 的光保护作用。对于 UVA 保护系数,已经提出了定义保护系数的方法,但截至本文撰稿时,还没有发布最终的评级系统。考虑到目前的 SPF 评级系统,患者可能需要使用 SPF 值为 30 或更高的防晒霜,以获得一定程度的 UVA 光保护,尤其是对面部的光老化和皮肤预防非常重要(图 9-7)。

> 防晒霜的性能取决于防晒霜防晒剂的浓度及其留在皮肤上的能力。

图 9-7　防晒系数等级为 30 或更高表示某种程度的 UVA 光保护

防晒霜的性能取决于防晒剂的浓度和其留在皮肤上的能力。增加防晒霜防晒剂的浓度可以提高 SPF 值,例如,3% 的辛基二甲基 PABA 的 SPF 值为 4,而 4% 的辛基二甲基 PABA 的 SPF 值为 5。使用辛基二甲酯 PABA 可以获得更好的性能,由于它的水溶性比 PABA 少,在潮湿条件下具有优异的防水防晒性能。环境因素,如热、风、湿度、排汗和涂防晒霜膜的厚度对防晒霜的性能也很重要,但这些因素都是无法控制的。高 SPF 防晒霜不一定比低 SPF 防晒霜更刺激。

还可以通过结合防晒剂产生优良的防晒霜。仅含有 8% 辛基二甲基 PABA 的防晒霜 SPF 为 8,而含有 8% 辛基二甲基 PABA 和

3%氧苯酮的防晒霜 SPF 为 20。大多数防晒霜会结合有机和无机防晒成分，以达到最佳的光保护效果。

防晒霜是过敏性接触性皮炎常见的刺激物来源。

防晒霜是过敏性接触性皮炎常见的刺激性来源，但区分皮炎和太阳诱发的现象有时可能很困难。接触性荨麻疹的报道也已经发表，但这种反应可能是太阳引起的，而不是防晒霜引起的。PABA 是一种已知的 5% 浓度的增敏剂，但目前市场上很少有防晒霜配方含有 PABA。PABA 酯，如帕地马酯 A 和帕地马酯 O 可替代使用，且具有较低的致敏性。肉桂酸盐也是一种增敏剂，尽管它们通常被纳入低过敏性的防晒霜配方中。肉桂酸与秘鲁香脂、古柯叶、肉桂酸、肉桂醛和肉桂油相互作用。水杨酸盐和邻氨基苯甲酸盐都是罕见的增敏剂。最后，二苯甲酮的光致过敏反应也有报道。

有机防晒剂不是敏化剂，但具有闭塞性，可产生粟粒疹。据报道，在防晒霜配方中加入二氧化钛可以降低光过敏性接触性皮炎的发病率，这可能是因为二氧化钛能够反射紫外线辐射。

小结

面部的光保护是皮肤病学的一个重要考虑因素。大多数抗衰老面部产品都声称含有防晒成分。虽然没有人证明防晒霜能抑制人类皮肤老化，但人们认为，光保护是保持皮肤美丽的关键。本章讨论了可加入防晒霜中以提供光保护的成分类型，以及无阳光晒黑产品，作为模拟晒黑皮肤的方法。解决晒黑相关问题的最好办法是改变当前的时尚规范，重新发现未被晒黑的自然色素皮肤的美丽。

参 考 文 献

[1] Shaath NA. Evolution of modern chemical sunscreens. In: Lowe NJ, Shaath NA, eds. Sunscreens Development, Evaluation and Regulatory Aspects. New York: Marcel Dekker, Inc., 1990:3-4.

[2] Food and Drug Administration. Sunscreen drug products for over the counter human drugs: proposed safety, effective and labeling conditions. Fed Regist 1978;43:38206.

[3] Shaath NA. The chemistry of sunscreens. In: Lowe NJ, Shaath NA, eds. Sunscreens Development, Evaluation and Regulatory Aspects. New York: Marcel Dekker, Inc., 1990:223-5.

[4] Murphy EG. Regulatory aspects of sunscreens in the United States. In: Lowe NJ, Shaath NA, eds. Sunscreens Development, Evaluation and Regulatory Aspects. New York: Marcel Dekker, Inc., 1990:127-30.

[5] Lowe NJ. Sun protection factors: comparative techniques and selection of ultraviolet sources. In: Lowe NJ, ed. Physician's Guide to Sunscreens. New York: Marcel Dekker, Inc., 1991:161-5.

[6] Ole C. Multicenter evaluation of sunscreen UVA protectiveness with the protection factor test method. J Am Acad Dermatol 1994;30:729-36.

[7] Geiter F, Bilek PK, Doskoczil S. History of sunscreens and the rationale for their use. In: Frost P, Horwitz SN, eds. Principles of Cosmetics for the Dermatologist. St. Louis: CV Mosby Company, 1982:187-206.

[8] Freeman S, Frederiksen P. Sunscreen allergy. Am J Contact Dermatitis 1990;1:240.

[9] Thompson G, Maibach HI, Epstein J. Allergic contact dermatitis from sunscreen preparations complicating photodermatitis. Arch Dermatol 1977;113:1252.

[10] Dromgoole SH, Maibach HI. Sunscreening a-

gent intolerance:contact and photocontact sensitization and contact urticaria. J Am Acad Dermatol 1990;22;1068-78.

[11] Mathias CGT, Maibach HI, Epstein J. Allergic contact photodermatitis to para-aminobenzoic acid. Arch Dermatol 1978; 114: 1665-6.

[12] Fisher AA. Sunscreen dermatitis:para-aminobenzoic acid and its deriva-tives. Cutis 1992; 50;190-2.

[13] Thune P. Contact and photocontact allergy to sunscreens. Photodermatology 1984;1:5-9.

[14] Rietschel RL, Lewis CW. Contact dermatitis to homomenthyl salicylate. Arch Dermatol 1978;114;442-3.

[15] Fisher AA. Sunscreen dermatitis:part IV the salicylates, the anthranilates and physical agents. Cutis 1992;50;397-8.

[16] Menz J, Muller SA, Connolly SM. Photopatch testing: a six year experience. J Am Acad Dermatol 1988;18;1044-7.

[17] Knobler E, Almeida L, Ruzkowski A, et al. Photoallergy to benzophenone. Arch Dermatol 1989;125;801-4.

[18] Ramsay DL, Cohen HS, Baer RL. Allergic reaction to benzopenone. Arch Dermatol 1972;105;906-8.

建 议 阅 读

Bennat C, Müller-Goymann CC. Skin penetration and stabilization of formulations containing microfine titanium dioxide as physical UV filter. Int J Cosmet Sci 2000;22;271-83.

Berneburg M, Plettenberg H, Krutmann J. Photoaging of human skin. Photodermatol Photoimmunol Photomed 2000;16;239-44.

Cross SE, Innes B, Roberts MS, et al. Human skin penetration of sunscreen nanoparticles:in-vitro assessment of a novel micronized zinc oxide formulation. Skin Pharmacol Physiol 2007;20;148-54.

Diffey BL. When should sunscreen be reapplied? J Acad Dermatol 2001;45;882-5.

Fisher GJ, Wang ZQ, Datta SC, et al. Pathophysiology of premature skin aging induced by ultraviolet light. N Engl J Med 1997;337;1419-28.

Giacomoni PU. Sunscreens, suntan and anti-sunburn preparations today. J Appl Cosmetol 2002; 20;129-36.

Gonzalez H. Percutaneous absorption with emphasis on sunscreens. Photochem Photobiol Sci 2010;9; 482-8.

Green HA, Drake L. Aging, sun damage, and sunscreens. Clin Plast Surg 1993;20;1-8.

Harrison JA, Wlaker SL, Plastox SR, et al. Sunscreens with low sun protection factor inhibit ultraviolet B and A photoaging in the skin of the hairless albino mouse. Photodermal Photoimmunol Photomed 1991;8;12-20.

Klein K, Kollias N. Sunscreens (Chapter 20). In: Reiger MM, ed. Harry's Cosmeticology, 8th edn. Chemical Publishing Co., Inc., 2000; 415-36.

Klein K, Palefsky I. Formulating sunscreen products (Chapter 18). In:Shaath N, ed. Sunscreens, 3rd edn. Taylor & Francis Group, 2005;354-83.

Kligman LH. Photoaging: manifestations, prevention, and treatment. Dermatol Clin 1986; 4: 517-28.

Kullavanijaya P, Lim H. Photoprotection. J Am Acad Deratol 2005;52;937-58.

Levy S. UV filters (Chapter 23). In:Paye M, Barel AO, Maibach HI, eds. Handbook of Cosmetic Science and Technology, 2nd edn. Informa Healthcare USA, Inc., 2007;299-311.

Lintner K. Antiaging actives in sunscreens (Chapter 33). In: Shaath N, ed. Sunscreens, 3rd edn. Taylor & Francis Group, 2005;673-95.

Maier H, Schauberger G, Brunnhofer K, Honigsmann H. Change of ultraviolet absorbance of sunscreens by exposure to solar-simulated radiation. J Invest Dermatol 2001;117;256-62.

Nohynek GJ, Dufour EK, Roberts MS. Nanotechnology, cosmetics and the skin: is there a health risk? Skin Pharmacol Physiol 2008;21;136-49.

Nohynek GJ, Lademann J, Ribaud C, Roberts MS. Grey goo on the skin? Nanotechnology, cosmetic and sunscreen safey. Crit Rev Toxical 2007;37: 251-77.

Nole G, Johnson AW. An analysis of cumulative lifetime solar ultraviolet radiation exposure and the benefits of daily sun protection. Dermatol Ther 2004;17;57-62.

Palm MD, O'Donoghue MN. Update on photoprotection. Dermatol Ther 2007;20:360-76.

Rabe JH, Mamelak AJ, McElgunn JS, Morison WL, Sauder DN. Photoaging: mechanisms and repair. J Am Acad Dermatol 2006;55:1-19.

Scharffetter-Kochanek K, Brenneisen P, Wenk J, et al. Photoaging of the skin from phenotype to mechanisms. Exp Gerontol 2000;35;307-16.

Seite S, Fourtanier AM. The benefit of daily photoprotection. J Am Acad Dermatol 2008;58 (5 Suppl 2):S160-6.

Shaath NA. The chemistry of ultraviolet filters (Chapter 13). In:Shaath N, ed. Sunscreens, 3rd edn. Taylor & Francis Group, 2005;218-38.

Steinberg D. Sunscreens. Cosmet Toilet 2006;121: 40-6.

Uitto J. The role of elastin and collagen in cutaneous aging: intrinsic aging versus photoexposure. J Drugs Dermatol 2008;7 (2 Suppl):s12-16.

Wang SQ, Balagula Y, Osterwalder U. Photoprotection:a review of the current and future technologies. Dermatol Ther 2010;23;31-47.

Wissing AS, Müller RH. Solid lipid nanoparticles as carrier for sunscreens:in vitro release and in vivo skin penetration. J Control Release 2002; 81: 225-33.

Wlaschek M, Tantcheva-Poor I, Naderi L, et al. Solar UV irradiation and dermal photoaging. J Photochem Photobiol B 2001;63;41-51.

Wright MW, Wright ST, Wagner RF. Mechanisms of sunscreen failure. J Acad Dermatol 2001;44: 781-4.

第10章

唇部美容注意事项

唇部是一个非常有趣的部位，与发声和进食有关。同时也是外貌的重要组成部分。唇部是典型角化干燥皮肤和湿润黏膜皮肤之间的过渡区。细菌、病毒、食物和药物均可由此摄入（图 10-1）。它们是通过亲吻传递感情的工具，是面部的焦点。古往今来，许多诗歌都描写了美丽的红宝石色唇。然而，随着唇老化，它们开始变薄并失去其特有的形状。

这是由于唇部脂肪的流失。侧视来看，儿童唇突出面部，而 70 岁女性的唇较平坦甚至凹陷。许多新的医美填充剂，如透明质酸，可用来替代这些脂肪。牙齿和牙龈使唇具有丘比特弓的形态，而它们的缺失会使唇形模糊。唇部肌肉在整个生命周期中始终完整存在，但无法弥补骨骼上方深层脂肪流失所造成的影响。

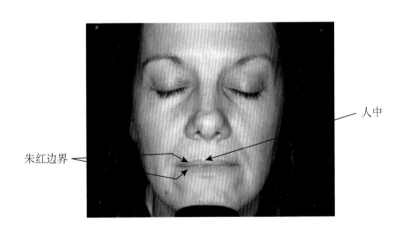

图 10-1　正常唇的解剖结构

甜美的唇是女性美丽的标志。虽然唇的时尚可能会随着时间的推移而改变，但唇的美学定义是不变的。匀称的唇应该从一侧瞳孔开始，延伸到对侧的瞳孔。口红可以修正唇形，纠正不太理想的比例，也可以增加光泽、吸引注意和协调颜色。自公元前7000 年起，唇部化妆品就一直被使用，当时

苏美尔人为王室中男性和女性装饰他们的唇部。唇饰艺术从埃及人、叙利亚人、巴比伦人、波斯人、希腊人、罗马人代代相传，直到今天。人们通常使用植物材料，例如混合藏红花或巴西木来获得红色。最早的唇膏是由蜂蜡、牛脂和色素组成的。现代唇膏是在 20 世纪 20 年代推出的，当时发明了上推

式架,至今仍在使用。唇膏可以帮助治疗唇部疾病(表 10-1)。本章重点介绍各种类型的唇部化妆品及其在各种皮肤病情况下的应用。

表 10-1　唇部化妆品

唇膏	外观	覆盖率	耐磨性	主要成分
唇膏				
本色的	无光泽的	完全的	中等	蜡、油、颜料
含有闪光小颗粒的	珠光的	完全的	中等	蜡、油、颜料
透明的	有光泽的	非常纯粹	短期	高比例的油、可溶性染料
不可磨灭的	无光泽的	中等的	很长	蜡、油、溴酸染料
唇笔	珠光或无光泽	完全的	中等	蜡、少油唇膏、颜料
唇线	无光泽的	不适用的	长期	蜡、颜料
唇霜和唇彩罐	有光泽的	纯粹的	非常短	凡士林、油、颜料
唇密封剂	无光泽的	不适用的	长期	水、甘油、蜡、油、二甲硅油
润唇膏	无光泽的	无	长期	蜡、矿物油、化学防晒霜

覆盖率:非常纯粹=透明,纯粹的=半透明,中等的=次透明,重度的=半不透明,完全的=不透明。

耐磨性:非常短=2 小时,短期=3 小时,中等=4 小时,长期=8 小时。

口红配方

　　口红由混有色素的油、蜡和脂肪压制而成,包装在可旋出的笔筒中(图 10-2)。化妆品调配者通过调整油和蜡的比例,以获得产品的最终属性。例如,用来遮盖唇瑕疵的口红需要持久。提高蜡浓度,降低油浓度和增加颜料浓度可以增加颜色留在唇上的时间。口红还可以改善唇部润泽度来治疗非光化性唇炎。这一配方将由低蜡和高油浓度组成,以产生温润凝脂般的唇部感觉。

　　口红还可以改善唇部润泽度来治疗非光化性唇炎。

　　蜡用来唇部固色。口红配方中常用的蜡有白蜂蜡、小烛树蜡、巴西棕榈蜡、矿物蜡、羊毛脂、石蜡和其他合成蜡。通常,口红含有这些蜡的混合物,经过精心调配,以达到理想的熔点。然后加入油来软化蜡,增加唇的光

图 10-2　口红是一种从旋管中取出使用的含乳脂的化妆品,可以暂时给口唇上色

泽。可以使用的油包括蓖麻油、白色矿物油、羊毛脂油、氢化植物油或油醇。这些油也是颜料溶剂。

除了前面讨论过的蜡和油外，口红中还使用了各种类型的着色剂。最近，这些着色剂的安全性受到了质疑，因为一个消费者监督组织宣布，一些红色口红含有可检测的铅含量。所有化妆品（包括口红）中使用的颜色必须经食品和药物管理局（FDA）批准（表 10-2）。FDA 将认证颜色分为 3 类：①食品、药品和化妆品（FD&C）颜色；②药品和化妆品（D&C）颜色；③外用药品和化妆品颜色。口红只能使用前两组。外用药品和化妆品的颜色只能用在不太可能进入口腔的地方。

表 10-2 美国允许使用的口红着色剂

FD&C 或 D&C 蓝色 1 号，Al Lake	D&C 红色 11 号，Ca
FD&C 或 D&C 蓝色 2 号，Al Lake	D&C 红色 12 号，Ba
FD&C 或 D&C 红色 2 号，Al Lake	D&C 红色 13 号，Sr
FD&C 或 D&C 红色 3 号，Al Lake	D&C 红色 19 号，Al Lake
FD&C 黄色 5 号，Al Lake	D&C 红色 21 号
D&C 黄色 5 号，Zr-Al Lake	R&C 红色 27 号
D&C 黄色 6 号，Al Lake D&C	红色 27 号，Al Lake
FD&C 或 D&C 黄色 6 号，Al Lake	D&C 红色 30 号 D&C 红色 36 号
D&C 橙色 5 号	D&C 蓝色 1 号，Al Lake
D&C 橙色 5 号 Al Lake	氧化铁——所有色调
D&C 橙色 10 号	胭脂红
D&C 橙色 10 号，Al Lake	青铜粉
D&C 橙色 17 号，Ba Lake	炭黑
D&C 红色 3 号，Al Lake	鸟嘌呤
D&C 红色 6 号，Na or Ba	锰紫
D&C 红色 7 号，Ca	云母
D&C 红色 8 号，Na	铝粉
D&C 红色 9 号，Ba	氯氧化铋
D&C 红色 10 号，Na	胡萝卜素

Adapted from deNavarre MG. Lipstick. In：The Chemistry and Manufacture of Cosmetics. 2nd edn. Allured Publishing Corporation，Wheaton，IL：1975：778.

生产唇部化妆品的公司从供应商那里购买各自的原料。化妆品公司通常会收到一份证书，证明所购买的成分符合某些标准。除此之外，大多数公司还会进行内部检测，以确保成分的纯度。有许多制衡措施来防止化妆品的意外污染。

种类繁多的口红是为满足消费者的独特需求而设计的。由于口红可用于伪装、保湿和光保护，因此有专门针对每种需要设计的配方（图 10-3）。对这些特殊需求产品的评估很重要，因为皮肤科医师可能会遇到一些患者，他们可以选择合适的口红来补充唇部治疗。

图 10-3　一种保湿唇膏,以唇部保湿霜为核心,外覆一层色素唇膏

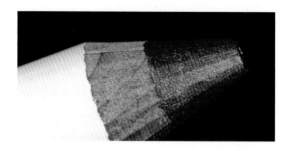

图 10-4　唇形铅笔形式的长时间涂擦的口红

长效口红

有唇畸形或上唇和下唇皲裂的唇出血的人可能会发现长效口红是有帮助的。口红晕染唇色,不沾染其他位置,此使用常见于唇部填充术后患者,用以修饰填充量不足或线条不流畅。

长效口红用不褪色的着色剂来染色嘴唇。不褪色着色剂包括溴酸,如荧光素、卤代荧光素和相关的水不溶性染料。最常用的不褪色着色剂是酸性曙红,一种荧光素的四溴衍生物。酸性曙红,也称为溴酸或 D&C 红色 21 号,是天然的橙色,但在 pH 为 4 时会变成红色的盐。唇上的状况会使橙色的唇膏变成鲜艳的红色,而且会持续很长时间。这就是所有长效口红都是红色的原因(图 10-4)。

> 长效口红使用不褪色的着色剂,最常见的是曙红,来染色唇。

长时间使用口红的最大问题是,口红会使唇变干并导致唇炎。出于这个原因,唇干燥的人不宜长时间使用口红,因为如果继续使用口红,唇部干燥会恶化。对于患者有不明原因的唇部干燥和刺激,建议停用长效唇部产品。

润唇膏

口红的一个重要变种是润唇膏。润唇膏不含色素,也不用于唇部的装饰,而是提供唇部的保湿和防晒、防寒。这些产品在唇上形成一层保护膜,起到封闭保湿的作用,防止黏膜过度失水。它们通常是含有矿物油、蜡和二甲硅油的混合物。润唇膏也可含有有机防晒霜。大多数润唇膏的防晒系数(SPF)在 15～30 范围内。高 SPF 润唇膏很难开发,因为需要增加有机防晒剂的浓度,而且这些防晒剂有一种可怕的苦味。然而,对于有光化性唇炎、白斑或有光致唇癌史的人来说,润唇膏仍然是一个极佳的光保护来源。

> 润唇膏可以为唇部提供保湿和光保护。

在互联网上有大量关于润唇膏可能"上瘾"的信息。一些消费者声称,他们对润唇膏上瘾,口袋里总是装着 1 支,并且必须每小时重新涂抹几次润唇膏。几年前我对这一现象做了一些研究,确定患者并不是对润唇膏上瘾,而是对润唇膏在唇上的蜡状感觉上瘾。这是一种感官上瘾,而不是功能性上瘾。润唇膏并没有进一步加剧唇干燥,但在使用后立即产生一种温暖湿润的感觉,这种感觉随着产品留在唇上而消失了。这就需要在薄膜溶解后频繁地重新应用。

唇定型剂

唇部定型剂和眼影定型霜的功能相似,因为这两种产品都是为了增加化妆品的耐磨性。唇部定型剂可防止产品移动到唇周围的细线中,从而促使唇部化妆品保持在原位。它们含有水、滑石粉、甘油、蜡、矿物油和二甲硅油。这种定型剂可以像口红一样涂在唇上,也可以用手指涂在唇上,待其干透后,再进行唇妆。面部粉底也可以作为定型剂涂在唇上。

> 唇膏含有二甲硅油;可以填补唇部皱纹,为唇膏的后续应用提供基础。

唇釉

另一个流行的保湿唇部的产品是唇釉。唇釉不同于润唇膏,因为它不含蜡,而只有油和二甲基硅油。唇釉在青少年中最受欢迎,他们可能会选择唇釉作为他们的首选化妆品。它能增加唇的光泽、气味和口感,但不一定能保湿(图 10-5)。唇釉很快就会从唇上脱落,对于中老年人来说并不是一个好的选择。此外,有些油可能会引起粉刺。对于有难治性唇缘粉刺的痤疮患者,皮肤科医师应告知患者谨慎使用唇釉。

随着成膜聚合物唇膏的流行,唇釉又重新流行起来。聚合物干燥后会在唇上形成一层坚硬的色素膜,但非常干燥。为了防止唇炎和增加光泽,很多聚合物唇部产品都与唇釉一起包装,以便经常使用,见下文讨论。

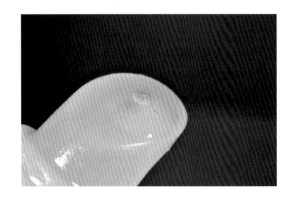

图 10-5　唇釉可以从塑料管中分配,并用其倾斜的应用尖端涂抹于口唇上

聚合物薄膜口红

另一种增强唇色留在唇上能力的方法是制作聚合物薄膜。聚合物薄膜口红是口红市场的最新产品。这些唇部产品被包装为双管产品,一端包含唇色,另一端包含唇油或润唇膏。先涂上色素聚合物,让其干燥,然后涂上保湿光泽或润唇膏。这些产品一直停留到剥落或擦掉为止(图 10-6)。

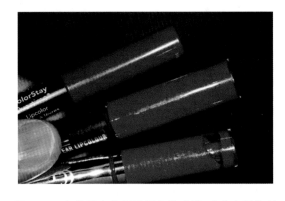

图 10-6　各种聚合物唇膏颜色的试管,也含有唇染剂

对于那些需要长时间使用唇膏进行遮盖的人来说,聚合物薄膜唇膏是非常棒的。它们形成一层不透明的薄膜,可以覆盖唇部的色素沉着或血管异常。还可以通过在上面涂一层乳状不透明的口红来增加水分和光泽。

如果唇部不对称或太小,可以使用聚合物

唇部产品在唇上进行艺术绘制（图 10-7）。这种聚合物薄膜能很好地黏附在任何皮肤表面，但当与唇线结合时，效果最好。唇线形成了一个均匀的边缘，可以用聚合物涂膜器涂在上面。与用蜡棒摩擦唇膏不同，聚合物膜唇部产品是用有角度的海绵刷在唇上涂抹的。需要手部比较稳定才能成功应用（图 10-8）。

> 为了防止唇炎和增加光泽，很多聚合物唇部产品都与唇油一起包装，以便经常使用。

图 10-7　有角度的刷子用于将彩色聚合物唇部产品刷到唇部

图 10-8　唇部聚合物在唇部的艺术应用

唇线

如前所述，新型聚合物唇部产品最好与唇线结合使用。唇线是薄的挤压着色棒，包裹在木材中或放置在自动铅笔夹中（图 10-9）。它们的配方与口红相似，只是选择熔点较高较硬的蜡和极少的油脂，形成一个硬度高的色棒。唇线被用来定义唇的外边缘，对于重建正常的唇轮廓非常有价值。涂在唇周围的厚蜡层也可以防止乳脂状唇部产品溢出。唇线通常选择比口红深 1～2 个色调。

> 唇线被用来定义唇的外边缘，对于重建正常的唇轮廓非常有价值。

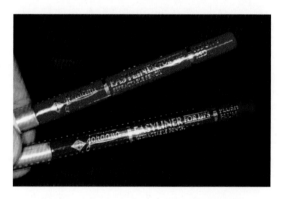

图 10-9　自动铅笔型保持器中的着色唇线

唇线对于需要唇部轮廓清晰或唇部增强的人来说是必不可少的。它们可以很好地帮助那些用填充物做过隆唇手术的女性勾勒唇。唇线也可用于在填充物注入前临时勾勒唇部比例，以确保患者对所建议的唇部形态认可。

不透明口红

不透明的唇部化妆品可用于与其他唇部产品组合使用，从而避免唇部干燥（图 10-10）。需要唇部修饰的患者也优先选择不透明的唇部化妆品。这种不透明是因为唇膏中含有高含量的二氧化钛。TiO_2 覆盖率极高，优于 ZnO 等其他白色颜料。它必须被磨成细粉,以保证唇膏的光滑涂抹。还可以增加唇部化妆品的色彩亮度,并被用来创造柔和的色调。不透明的口红对于患有光化性唇炎的女性来说是最好的护唇剂。它们能很好地保护冷冻手术后的唇移行黏膜或唇癌术后唇部移位重建的黏膜。

> 不透明的口红对于患有光化性唇炎的女性来说是最好的护唇剂。

图 10-10　不透明口红为女性提供极好的防晒效果

牙齿美白唇膏

唇膏的另一个新类别是牙齿美白唇膏,主要在药店出售。然而,这个名字可能会产生误导,因为口红并不像真正的含过氧化物的牙齿美白套件那样使牙齿变白。这些唇膏有一种蓝红色,由于颜色的对比,使牙齿看起来是白色的。

> 牙齿美白唇膏有一种蓝红色,由于颜色的对比,使牙齿看起来是白色的。

唇部化妆品与过敏性接触性皮炎

口红可能是过敏性接触性皮炎的原因。据报道,引起过敏性接触性皮炎的口红成分

包括蓖麻油酸、苯甲酸、立索尔宝红 BCA(颜料红 57-1)、微晶蜡、氧化苯甲酮、没食子酸丙酯和 C18 脂肪族化合物。

> 唇膏中过敏性接触性皮炎最常见的原因是蓖麻油。

唇膏中的蓖麻油会引起过敏性接触性皮炎。所有唇膏中都含有蓖麻油。蓖麻油被用来溶解溴酸染料。然而,溴酸染料曙红(D&C 红色 21 号)也是一个原因。如果患者对不同类型和品牌的口红有经常性的过敏性接触性皮炎,那么蓖麻油过敏几乎总是一个问题。尽管如此,大多数女性还是想涂口红。一个很好的替代品是上文讨论过的聚合物唇膏,这些产品不含蓖麻油。

唇部文绣

如前所述,朱红色边界的定义可以通过唇部化妆品暂时实现,或通过唇部文绣永久增强。不像唇线笔那样传统,这种方法被皮肤科医师和整形外科医师采用。唇部文绣是用一根特殊设计的针,沿着朱红色边缘,将一种含硫化汞的红色染料(如朱砂)插入上真皮来完成。可以遵循正常的唇形轮廓,从而形成永久性唇膏的外观,也可以放置色素来重塑畸形嘴唇。唇部文绣也可用于治疗光化性唇炎或白斑患者的红唇边缘重建。由于朱砂是文绣颜料中最具致敏性的一种,因此有可能发展为文身肉芽肿。

> 唇文绣肉芽肿可能发生于朱砂,其是一种用于永久文绣唇膏的红色颜料。

这种方法不推荐给女性,除非是在手术严重畸形的情况下,因为时尚决定了理想的口唇外观,患者将不能使用粉红色或桃红色的淡色唇膏。然而,唇部颜色的持久性在不需要时尚灵活性的男性患者中可能更为理

想。患者应认识到，随着时间的推移，色素颜色会有些褪色，并且由于巨噬细胞的吞噬作用，色素会在真皮内移动。

唇部化妆品被许多人使用，其中一些人可能有特殊的皮肤需求。现在的讨论转向痤疮患者、成熟患者的特殊的唇部需求和需要唇部矫正化妆品帮助的个人的特殊唇部需求。

痤疮患者的唇部化妆品

唇部化妆品可用于痤疮患者，但必须仔细选择，以避免痤疮恶化。痤疮患者应选择低含油量的唇部化妆品，以尽量减少朱唇周围粉刺和口周痤疮的形成。唇霜和唇彩罐含有大部分油，应该避免使用唇笔和唇膏。油脂含量较高的唇部化妆品在使用时具有乳脂般的感觉和光泽。油性皮肤的痤疮患者也会注意到，当皮脂与唇膏结合时，唇膏会剥脱。唇笔和唇线维持时间更久。也可以考虑使用唇染剂。

> 痤疮患者应选择含油量低的唇部化妆品，以尽量减少朱唇周围粉刺和口周痤疮的形成。

中老年患者的唇部化妆品

唇部化妆品对中老年患者也很重要，不仅可以放大面部标志，修饰唇色和唇形，还可以帮助预防和治疗唇部疾病。随着年龄的增长，唇部结构发生变化，会导致一种被称为传染性口角炎的口唇生物膜疾病。唾液积聚在嘴角的皱褶中而产生的传染性口角炎产生浸渍，为酵母的生长提供了完美的环境。这种酵母菌会进一步导致组织破坏和疼痛性皮肤损伤，最好联合应用外用低效糖皮质激素和抗真菌抗酵母菌乳膏。实际上，传染性口角炎可以使用抑制酵母生长的防水性封闭唇膏来预防。

> 传染性口角炎可以使用抑制酵母菌生长的防水性封闭唇膏来预防。

除了生物膜疾病，中老年患者的嘴唇也可能干燥。在唇红上可以看到大量的皮脂腺，但随着年龄的增长，这些腺体会减少。唇干燥也称为唇炎，会导致唇开裂和脱皮。由于吸烟或光化损伤引起的热暴露会加重唇炎。润唇膏、润肤霜或唇膏都可以用来帮助治疗唇炎。可以选择油状物质（如凡士林、蜡和硅酮）来封闭唇部进而达到治疗效果。一些老年人可能由于唇频繁脱皮而出现慢性唇炎。这可能是由于干燥，但也可能是由于唇部表面去角质不足。在这种情况下，在唇部涂抹高阻力的硬唇膏也可能有帮助。

润唇膏可以帮助唇部保湿和防晒。每天使用 SPF 至少 15 的优质唇膏可以预防光化性唇炎。含有防晒霜的护唇膏也是预防单纯疱疹病毒性水疱复发的最佳方法，因为该病毒是光活化的。最后，含有防晒霜的护唇膏可以预防唇部皮肤癌，这是中老年严重疾病。

最后，用唇部化妆品可以迅速为苍白衰老的脸增色。此外，只需要简单技巧，不需要像应用眼部化妆品所需求的稳定的手。这些特点使得唇部化妆品在中老年患者中很受欢迎。这个年龄段最常见的主诉是唇部化妆品因弹性组织变性或牙龈骨吸收而渗入上、下唇的细纹，或称"出血"。通常，嘴唇干燥的中老年人往往会选择保湿唇膏，然后出现"唇膏出血"的情况。唇部化妆品出血可以通过以下方法来减少：先用唇部密封剂或面部粉底准备唇部，使用硬唇线笔，避免使用乳脂唇膏或唇霜，而使用唇笔。在某种程度上，所有的唇膏都是保湿剂。硬质的润唇膏或唇膏棒不能作为唇膏下的保湿剂使用，因为这会导致"唇膏出血"。

中老年的患者可能希望使用唇部化妆品

来遮盖雀斑、静脉湖或光化性唇炎。较深的唇膏颜色比浅颜色覆盖效果更好。含有二氧化钛的唇膏比唇笔和唇霜好用。在唇上涂上含有二氧化钛的面部粉底,可以增加更大的覆盖范围。蓝红色的唇膏会有一个额外的好处,那就是让变色的牙齿看起来更白。

唇部矫正化妆品

由于先天原因或手术导致的唇形异常,可以通过使用唇部化妆品来掩盖。在闭合、放松状态下,比例匀称的口部应位于虹膜内侧面之间(图 10-11)。不延伸至此距离的口唇被认为是小的。小口唇可以用唇线画在朱红外缘的唇边,然后用深色调的亚光唇膏填充(图 10-12A)。由于唇部手术所致的削薄的唇形可以通过用朱红色勾勒唇线,填充浅色亚光唇膏来改善。相反,先天性血管瘤可致唇红增厚(图 10-12E)。图 10-12 还演示了唇线技术,用虚线表示弯曲的嘴唇(图 10-

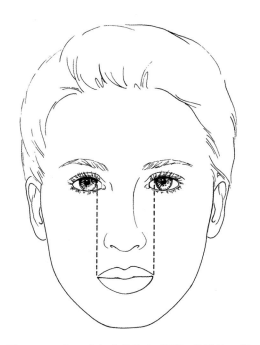

图 10-11 在一张匀称的脸上,紧闭、放松的口部长度应等于虹膜内侧面之间的距离

12F)、弓形的嘴唇和向下翻转的嘴唇。为了达到最佳效果,唇线应该比口红暗一点。

> 由于先天原因或手术导致的唇形异常,可以通过用唇部化妆品来掩盖。

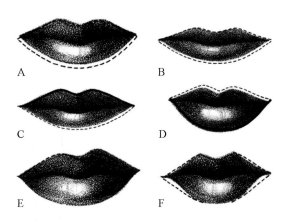

图 10-12 口唇的轮廓

A. 扩大小口唇;B. 加厚薄口唇;C. 加厚薄下唇;D. 加厚薄上唇;E. 减小厚口唇的尺寸;F. 纠正弯曲口唇。

小结

唇膏可用于化妆品装饰,但皮肤科医师也可使用唇膏促进各种唇部疾病的愈合。例如,使用含防晒霜的润唇膏或不透明口红可以减少光化性唇炎。不透明唇膏的 SPF 值是无限的,可以有效保护口唇黏膜。通过选择与唇线结合的聚合物唇产品,可以弱化唇畸形。最后,在使用唇膏时出现唇部肿胀等问题的患者可能是对蓖麻油过敏。口红和润唇膏对于口唇就像护手霜对于手一样重要。两者都是治疗皮肤病的重要佐剂。

参 考 文 献

[1] Sai S. Lipstick dermatitis caused by ricinoleic acid. Contact Dermatitis 1983;9;524.

[2] Calnan CD. Amyldimethylamino benzoic acid

causing lipstick dermatitis. Contact Dermatitis 1980;6:233.

[3] Hayakawa R, Fujimoto Y, Kaniwa M. Allergic pigmented lip dermatitis from lithol rubine BCA. Am J Contact Dermatitis 1994;5:34-7.

[4] Darko E, Osmundsen PE. Allergic contact dermatitis to Lipcare lipstick. Contact Dermatitis 1984;11:46.

[5] Aguirre A, Izu R, Gardeazabal J, et al. Allergic contact cheilitis from a lipstick containing oxybenzone. Contact Dermatitis 1992;27:267-8.

[6] Cronin E. Lipstick dermatitis due to propyl gallate. Contact Dermatitis 1980;6:213-14.

[7] Hayakawa R, Matsunaga K, Suzuki M, et al. Lipstick dermatitis due to C18 aliphatic compounds. Contact Dermatitis 1987;16:215-19.

[8] Sai S. Lipstick dermatitis caused by castor oil. Contact Dermatitis 1983;9:75.

[9] Brandle I, Boujnah-Khouadja A, Foussereau J. Allergy to castor oil. Contact Dermatitis 1983;9:424-5.

[10] Andersen KE, Neilsen R. Lipstick dermatitis related to castor oil. Contact Dermatitis 1984;11:253-4.

[11] Calan CD. Allergic sensitivity to eosin. Acta Allergol 1959;13:493-9.

[12] Powell N, Humphreys B. Proportions of the aesthetic face. New York: Thieme-Stratton Inc, 1984:32-4.

建 议 阅 读

Angelini E, Marinaro C, Carrozzo AM, et al. Allergic contact dermatitis of the lip margins from para-tertiary-butylphenol in a lip liner. Contact Dermatitis 1993;28:146-8.

Duke D, Urioste SS, Dover JS, Anderson RR. A reaction to a red lip cosmetic tattoo. J Am Acad Dermatol 1998;39:488-90.

Engasser PG. Lip cosmetics. Dermatol Clin 2000; 18:641-9.

Ha JH, Kim HO, Lee JY, Kim CW. Allergic contact cheilitis from D&C Red no 7 in lipstick. Contact Dermatitis 2003;48:231.

Le Coz CJ, Ball C. Recurrent allergic contact dermatitis and cheilitis due to castor oil. Contact Dermatitis 2000;42:114-15.

Leveque JL, Goubanova E. Influence of age on the lips and perioral skin. Dermatology 2004;208:307-13.

Ryu JS, Park SG, Kwak TJ, et al. Improving lip wrinkles:lipstick-related image analysis. Skin Res Technol 2005;11:157-64.

Sai S. Lipstick dermatitis caused by castor oil. Contact Dermatitis 1983;9:75.

Schena D, Antuzzi F, Girolomoni G. Contact allergy in chronic eczematous lip dermatitis. Eur J Dermatol 2008;18:688-92.

Schram SE, Glesne LA, Warshaw EM. Allergic contact cheilitis from benzophenone-3 I lip balm and fragrance/flavorings. Dermatitis 2007;18:221-4.

Wilson AG, White IR, Kirby JD. Allergic contact dermatitis from propyl gallate in a lip balm. Contact Dermatitis 1989;20:145-6.

Zug KA, Kornik R, Belsito DV, et al. Patch-testing North America lip dermatitis patients:data from the North American Contact Dermatitis Group, 2001 to 2004. Dermatitis 2008;19:202-8.

第11章

眼

眼部是人们最能表现内心思想和情感的部位。因此，人们精心装点眼部，但由于眼部解剖结构的特点，眼部也是发生刺激、炎症和感染的常见部位。

眼部比身体的任何其他部位更能表达一个人内心的思想和情感。出于这个原因，眼部被精心装饰，但眼睑区域的解剖结构也使眼成为刺激、皮炎和感染的常见部位。眼睑化妆品的使用可以追溯到公元前 4000 年。由孔雀石制成的绿色粉末被大量应用于上睑和下睑，同时应用的还有由粉状锑、烧焦杏仁、黑氧化铜和棕色黏土赭石组成的深色眼线膏。眼线膏被储存在一个罐子里，在使用前用唾液湿润。从地上的甲虫壳中提取的眼睑闪粉被用来增加额外的效果。

本章介绍了眼睑化妆品、睫毛化妆品和眼睑皮肤问题，评估了眼睑皮肤的特点以及眼影、眼线笔、睫毛膏和眉笔等眼部装饰与眼部皮肤问题的关系。下文将从眼部皮肤开始讨论，然后进入彩色眼妆的讨论。

眼睑的考虑因素

眼睑皮肤是身体上最有趣的区域之一（图 11-1）。随着眼眶的开合，它不断运动，因此它必须具有独特的机械性能。它必须足够薄，以便快速移动，但也必须足够坚韧，以保护脆弱的眼部组织。眼睑组织比身体的其他任何皮肤都能更快地显示出一个人的健康状况和年龄。当其他人评估疲劳状态时，他

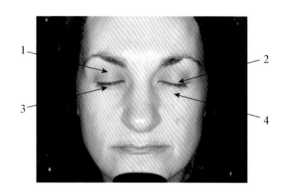

图 11-1　眼睑具有相当大的医学和美容意义

　　1. 上眼睑可能出现水肿；2. 上眼睑多余的皮肤会遮挡自然皱褶，损害视力；3. 下眼睑多余的皮肤可能导致细纹；4. 下眼睑下方会出现眼袋或黑眼圈。

们通常是在评估眼和眼睑组织的外观。当其他人评论病态外观时，他们也在评估眼和眼睑组织的外观。眼睑的皮肤老化较快，导致上眼睑组织松垂和下眼睑袋。多余松垂上眼睑组织是由于面部脂肪的流失，眼睑皮肤中累积的胶原蛋白的流失，以及重力下拉上眼睑皮肤所造成的。紫外线损伤和重力会形成下眼睑袋，但水肿或肿胀也可能是原因之一。水肿可能是由于体液潴留或摄入过敏原机体释放组胺所致。所有这些因素都导致了眼睑皮肤问题的复杂性。

> 眼睑是化妆品和护肤品引起的刺激性和过敏性接触性皮炎最常见的部位。

眼睑是身体上最薄的皮肤；因此，眼睑是刺激性接触性皮炎和过敏性接触性皮炎最常见的部位，可以由于直接施用于眼睑的产品，也可以由于用手转移到眼睑的产品。眼睑皮肤缺乏皮脂腺，这导致它成为皮肤干燥的常见区域。虽然眼睑皮肤没有毛发，但睫毛在角质化的眼睑皮肤和睑板软骨之间形成了一个巧妙的过渡，从而为睑缘提供了保护结构。眼泪会影响眼睑的皮肤，因为眼睑组织的湿润和干燥都会导致皮炎。

眼睑也是出现过敏症状的常见部位。这些症状可能是瘙痒、刺痛和（或）灼烧感。大多数有这些症状的人会用力摩擦眼睑而这可能会对眼睑皮肤造成机械损伤，从导致部分保护性角质层脱落的轻微创伤到导致皮肤小撕裂的严重创伤。当被摩擦时，身体上的大部分皮肤都会变厚或起茧。眼睑皮肤也会变厚，进而导致眼睑功能下降和症状恶化。

眼睑是连接面部角质化良好的皮肤和沿内眼睑、眼球排列的结膜湿润组织之间的过渡区域。哭泣产生的水分会润湿眼睑皮肤，增加刺激性和过敏原渗透性。它还可以溶解过敏原或刺激物，而这可能加剧不良反应。眼可以感知可能导致视力损害的物质，因此眼睑更易发生免疫反应。通常局部、吸入或摄入的过敏原可在早期引起眼睑肿胀。由于皮肤组织水肿，眼睑皮肤由薄变厚，更不易移动。

除了涉及眼睑皮肤的刺激性和过敏性接触性皮炎外，眼睑也可能是生物膜疾病的部位。眼部玫瑰痤疮和睑腺炎（麦粒肿）基本上是由泪液生物膜改变引起的眼睑腺体炎症。细菌的过度生长会加剧这个问题。眼部真菌过度生长导致脂溢性睑缘炎。

眼睑皮肤也受到个人免疫状况的独特影响。大多数对花粉、香味、灰尘等吸入性过敏原的人不仅会抱怨流鼻涕，还会抱怨眼睛发痒。眼睑和鼻是过渡皮肤的区域，连接湿黏膜和干燥角质化皮肤。由于湿黏膜缺乏抵御过敏原和感染的皮肤屏障，免疫系统在这些部位较强。因此，影响全身皮肤的超免疫状态强烈地出现在眼睑区域。例如，患有过敏性皮肤炎患者的下眼睑会出现特有皮肤褶皱，这是诊断的准确标志。敏感眼睑人群，在许多眼部化妆品和护肤品方面存在问题。

到目前为止，最常见的眼睑皮肤疾病是湿疹。由于眼睑皮脂腺相对较少，因此过度清除油脂易导致眼睑皮肤干燥。这可能是由于使用了强力清洁剂或用于溶解油基防水化妆品的产品，如睫毛膏和眼线笔。任何损害细胞间的脂质或角质细胞的物质都会导致眼睑湿疹。因此，眼睑清洁必须在去除多余的皮脂和已用化妆品之间谨慎的平衡，以预防睫毛感染和脂溢性睑缘炎，同时防止细胞的受损和随之而来的眼睑湿疹。眼部保湿霜应含有闭塞性保护性物质，这些物质具有极小的致敏性或刺激性，降低进入眼的能力，并具有良好的保湿性能。

眼睑皮肤特薄也使得防晒霜的使用变得重要。UVA辐射可以很容易地穿透薄眼睑皮肤的真皮层，导致过早产生皱纹。眼睑也是UVB引起的晒伤的常见部位。眼睑防晒霜必须精心配制，以避免过敏和刺激性接触性皮炎，防止产品进入眼时产生刺痛和灼伤，并提供卓越的光保护。

> 眼睑部位的彩妆比身体任何其他部位都要多，比如睫毛膏、眼线笔、眼影和眉笔。

最后，眼睑也是化妆品装饰的常见部位。眼睑区域比其他任何身体区域都有更多独立的彩色化妆品，比如睫毛膏、眼线笔、眼影和眉笔。这些化妆品和用来去除它们的产品可能是过敏性和刺激性接触性皮炎的来源。现代的眼睑彩妆是在1959-1962年间开始流行起来的。下文将重点关注眼用化妆品，与皮肤科医师讨论该主题。

眼影

将眼影涂在上眼睑上,为脸部增添色彩,可突出表情丰富的眼睛。有几种形式的眼影可供选择:压成粉饼、眼影膏、乳液、眼影棒和眼影笔状铅笔。色彩缤纷,但煤焦油衍生物不能用于眼部。根据 1938 年的《食品、药品和化妆品法》(表 11-1),美国只能使用纯天然色素或无机颜料。

> 不得在眼部区域使用用于颜料的煤焦油衍生物,只能使用经批准的纯天然色素或无机颜料。

图 11-2　闪光的虹彩眼影会吸引人们对眼睑的注意,但会对眼睛敏感的人造成刺激

压粉眼影是最流行的配方,用软海绵头的涂抹器轻轻涂抹在眼睑上(图 11-3)。它们主要是含有作为颜料的滑石,以及用作黏合剂的硬脂酸锌或硬脂酸镁。可以加入高岭土或白垩,以提高吸油率和增加耐磨性。也可以使用水或油性黏合剂系统,其中以矿物油、蜂蜡或羊毛脂等油性黏合剂系统为主。被标记为"乳脂状"或"浓缩"的眼影粉含有更多的油性黏合剂(图 11-4)。

表 11-1　眼睑批准的色素

氧化铁
二氧化钛(单独或与云母结合)
铜、铝和银粉
深蓝色、紫罗兰色和粉红色
锰紫
胭脂
氧化铬及水合铬
铁蓝色
氯氧化铋(单独,或在云母或滑石上)
云母

眼影表面纹理的变化范围可以从亚光到珠光到彩虹光泽。二氧化钛(TiO_2)用于亚光眼影,以提高覆盖范围。但是,在磨砂(珍珠光泽)成品眼影中找不到它,因为它往往会掩盖所需的珠光效果。氯氧化铋($BiOCl$)、云母和鱼鳞是产生珍珠光泽的标准材料。金属(彩虹色)涂层由铜、黄铜、铝、金或银粉提供(图 11-2)。

> 用彩虹色眼影装饰眼睑来表达个人情感。

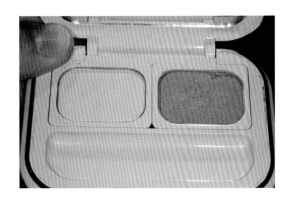

图 11-3　压粉眼影是最流行的配方,其包装紧凑,颜色组合多样,打造引人瞩目的上眼睑时尚宣言

眼影膏含有凡士林、可可脂或羊毛脂中的色素(图 11-5)。这些配方是防水的,但由于其易于迁移到眼睑皱襞,特别是油性皮肤或眼睑松垂患者,因此使用时间较短。用

图 11-4　使用刷子将眼影粉涂抹到眼睑上

手指涂抹该产品，并轻轻擦拭眼睑皮肤。无水乳脂状眼影也被配制成乳液，用海绵头涂抹器或从圆柱形管中取出的棒涂抹在眼睑上。这些产品被称为自动眼影，也具有防水性，使用时间比面霜更长。它们含有蜂蜡、环甲硅酮和挥发性石油馏分载体中的色素。

图 11-5　中老年患者的乳脂状眼影往往会进入眼睑皱褶，但比粉状眼影更防水

最流行的无水眼影是眼影棒和眼影笔。它们是由凡士林中的颜料组成的，但添加了蜡，如石蜡、巴西棕榈蜡或地蜡，以使产品挤压成棒状。眼影棒在卷筒里，而且必须是光滑细腻的，以防止在擦过眼睑皮肤时产生阻力。出于这个原因，眼影棒易在油脂分泌旺盛者或眼睑松垂者中迁移到眼睑皱褶中。一种更现代的包装是把眼影棒包在木头里，这样就形成一个擦过眼睑的眼影笔。铅笔的形状不像眼影棒那样光滑。

眼影在眼睑上抚摸或摩擦，具体取决于配方的类型。尽管与虹膜自然颜色互补的颜色是最吸引人的，眼影颜色的选择是个人喜好和时尚的问题（图 11-6 和图 11-7）。

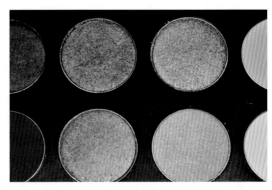

图 11-6　为带有棕色和绿色色调的淡褐色眼睛创造的眼影

图 11-7　眼影用各种各样的刷子涂抹，类似于画笔，在女性眼睑上创造出临时艺术

眼影定型霜

眼影定型霜是不着色的，设计的目的是为着色的眼影提供附着的基础。它们增加了眼影的耐磨损性，最适用于油性皮肤患者或眼睑皮肤松垂患者，这些患者会经历眼影向眼睑折痕的迁移。定型霜由蜂蜡、滑石和环甲硅酮组成。蜂蜡隔水，而滑石粉提

供增加附着力的眼影色素。一些较新的乳脂状眼影中加入了定型霜，可以使用较长时间。

> 眼影定型霜可用于有多余上眼睑皮肤的患者，以防止化妆品迁移到褶皱中。

眼睑化妆品去除剂

去除防水眼影必须使用含有表面活性剂的特殊清洁产品，如椰油酰胺丙基甜菜碱。这些产品可以是油基或无油性的，并且可以设计成去除所有眼部化妆品，包括眼线和睫毛膏。据报道，使用这些眼部化妆品去除剂后会发生过敏性接触性皮炎。

眼睑接触性皮炎

眼睑皮肤是身体上最薄的皮肤，经常受到刺激性和过敏性接触性皮炎的影响。北美接触性皮炎组织已经确定，12％的化妆品反应发生在眼睑上，但只有4％可能与眼部化妆有关。此外，常规斑贴试验可能难以确定眼睑皮炎的病因。许多物质可以通过手转移到眼区域，例如指甲油，这使皮肤病评估变得复杂。

> 北美接触性皮炎研究组织已经确定，12％的化妆品反应发生在眼睑上，但只有4％可能与眼部化妆有关。

全面评估眼睑皮炎需要考虑多种因素Maibach和Engasser提出了上睑皮炎综合征的概念（表11-2）。

一旦确定眼部化妆品是皮炎的来源，就必须区分是刺激性接触性皮炎还是过敏性接触性皮炎。刺激性接触性皮炎比过敏性接触性皮炎更常见。表11-3列出了与过敏性接触性皮炎相关的眼部化妆品成分。

表 11-2　上睑皮炎综合征的病因

机械摩擦
刺激性接触性皮炎
过敏性接触性皮炎
传染
光刺激性
接触性荨麻疹
特应性皮炎
银屑病
胶原血管病
结膜炎
脂溢性睑缘炎
特发性原因

表 11-3　导致眼睑过敏性接触性皮炎的化妆品成分

防腐剂
对羟基苯甲酸酯
乙酸苯汞
咪唑烷基脲
季铵盐-15
山梨酸钾
抗氧化剂
丁基羟基茴香醚
丁基化羟基甲苯
二叔丁基氢醌
树脂
松香
珠光添加剂
氯氧化铋
润肤剂
羊毛脂
丙二醇
香精
色素污染物
镍

对于眼部化妆品，可以"原比例"进行开放式或封闭式斑贴试验，但应允许在睫毛膏风干后再做封闭（如睫毛膏）在封闭前彻底干燥。建议对眼部化妆品进行使用测试：将产品连续放置在眼角5晚，并评估是否存在过

敏性或刺激性接触性皮炎。

针对特殊人群的眼睑化妆品

针对敏感性皮肤患者和隐形眼镜佩戴者的眼睑化妆品

敏感性皮肤和多重过敏的患者通常很难找到一种使用后不会灼伤或发痒的眼影产品。当然,任何眼影涂在破损或发炎的皮肤上都会引起不适。有这些问题的患者应该避免使用所有眼部化妆品,直到痊愈。如前所述,还应评估患者是否患有上眼睑皮炎综合征。

为了尽量减少皮炎的复发,过敏患者应避免使用有光泽、磨砂或虹彩眼影;氯氧化铋、云母、金属粉末或鱼鳞精华可能会引起刺激性接触性皮炎。这些物质可能有尖锐的边缘颗粒,可以产生瘙痒。因此,建议敏感性皮肤患者使用哑光眼影(图11-8)。

图11-8 左边的亚光眼影会比右边的磨砂光亮眼影引起更少的刺激性接触性皮炎

有些患者也会对较深的眼影颜色产生更多的刺激,如深紫色、森林绿或海军蓝。选择桃色、粉色或棕褐色的浅色产品可能会消除刺激性。

上眼睑皮肤敏感的患者应选择无光泽或虹彩的亚光眼影。

当产品在眼睑上摩擦时,眼影膏、眼影棒和铅笔可能会引起刺激。这种摩擦产生的摩擦力可能增加刺激的可能性。含有挥发性载体、乳化剂和表面活性剂的自动眼影,也可能具有刺激性。因此,用海绵涂抹器轻轻涂抹的亚光的、压制的粉底眼影具有最小的刺激可能性。

亚光眼影也被推荐给隐形眼镜佩戴者,因为磨砂眼影中的云母粉、金属粉或鱼鳞精华可能会残留在隐形眼镜下,引起刺激或角膜擦伤。建议在使用合适的眼影前先将隐形眼镜戴入,并在去除化妆品前将隐形眼镜取出。

针对痤疮患者的眼睑化妆品

膏状、棒状和铅笔状眼影对油性皮肤的痤疮患者效果不佳。由于这些产品是油基的,患者的皮脂与眼影混合,促进了皮肤的移动,形成褶皱。将未着色的眼影定型霜放置在彩色眼影下可稍微改善佩戴性,但油基眼影产品可能加剧对痤疮或增加毛囊刺激。由于滑石粉基质具有控油特性,不会在表面上添加额外的油,所以对于痤疮患者推荐使用压制的粉状眼影。如果需要长时间使用,可以用湿润的海绵涂抹器涂抹粉状眼影。

膏状、棒状和铅笔状眼影对油性皮肤的痤疮患者效果不佳。

针对中老年患者的眼睑化妆品

中老年患者选择眼睑化妆品时,上睑松垂者应慎重应用。松垂的皮肤会让膏状、棒状和铅笔状眼影转移到眼褶上,引起人们对褶皱注意。虽然患者可能认为富含乳脂的眼影有助于滋润干燥的眼睑,建议使用压粉眼影。磨砂润饰和虹彩眼影也会让人注意到多余皮肤的皱纹纹理。因此,建议使用亚光或浅色眼影。对于中老年患者,所有的眼影都应涂抹在眼影定型霜上。中老年患者也可以通过使用润湿海绵涂抹器来延长粉末眼影的使用时间。

中老年人的上眼睑皮肤也可能表现出由痣或毛细血管扩张引起的色素沉着不良。中老年可能会倾向于选择鲜艳、深色的眼影来遮盖不受欢迎的眼睑皮肤颜色。然而由于鲜艳的颜色会引起人们对上眼睑的注意，所以应该避免使用。转而应该选择柔和的颜色（粉色、蓝灰色、淡紫色、棕褐色和桃色）。可以在上眼睑涂上面部粉底，然后用压粉眼影来遮盖色素沉着。在上眼睑涂上面部粉底也可以改善眼影的耐磨性。

> 中老年患者上眼睑的色素沉着可以通过在上眼睑上涂抹面部粉底，然后使用压粉眼影来遮盖。

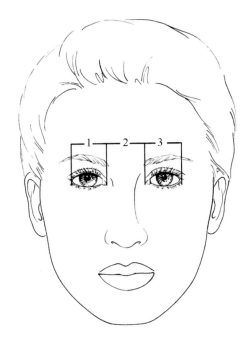

图 11-9　在一张匀称的脸上，眼角间距（眼内眦）应等于一只眼的宽度

眼部化妆品遮盖技术

眼部化妆品可用于矫正因手术、先天性异常或皮肤病引起的眼部缺陷。矫正是通过仔细选择眼影的颜色，并将它们适当地涂抹在眼睑上来实现的。

在匀称的脸部，两眼内眦距离等于一只眼的宽度（图 11-9）。如果两眼距离较近，则患者出现眼距缩短；如果两眼距离较远，则患者会表现为眼距增宽。眦间距离异常是先天性的，可能与其他异常相关，也可能不相关。通过从眼睑的中心到外角上下扫过深彩色的眼影，可使眼距过低的眼睛外观更悦目（图 11-10A）。通过将深颜色的眼影从内眼角到中央眼睑（图 11-10B）可以消除眼距过远的现象。该颜色将注意力从异常处移开。

> 眼内眦距离等于一只眼的宽度。

深颜色的眼影也可以有效地用来调整眼的大小。患有眼睑边缘皮肤癌的女性患者，由于楔形切除，眼可能会显得较小。如果将深颜色的眼影沿外侧眶嵴和眉部涂抹，少量置于外侧下眼线下，可以使眼看起来更大（图 11-10C）。浅色眼影应放置在眉毛内侧。通过仅在折痕和侧眼睑上施加暗色眼影，可以使甲状腺功能亢进引起的女性眼球突出症患者的大眼显得更小（图 11-10D）。然后在内侧眼睑上涂上浅色眼影。

在女性患者中最常见的眼部美容问题是眼睑松弛症，通常被称为眼睑下垂或眼皮耷拉的眼睑。下垂的眼睑可以通过将整个眼睑从睫毛线覆盖到折痕，用轻盈的亚光眼影（图 11-10E）进行美容校正。在眼睑内侧和外侧涂上 2～3 个深浅互补的哑光眼影，让虹膜上方的区域保持较浅的颜色。面神经麻痹或手术后有时会出现单侧上睑下垂。正常情况下，上眼睑应接触虹膜上缘，下眼睑应接触虹膜下缘。更引人注目的眼妆应该用在下垂的眼睑上。两只眼最初应着色，如图 11-10E 所示；然而，在下垂眼睑上应使用棕色眼影蜡笔,在皱纹和眼线之上画一条线(图 11-10F)。

不幸的是,这些眼部重塑都不能使眼恢复到正常的外观。上文所述的目的是为医师提供一些建议,可与那些因手术后或衰老过程而对自己的外表感到不安的女性患者分享。

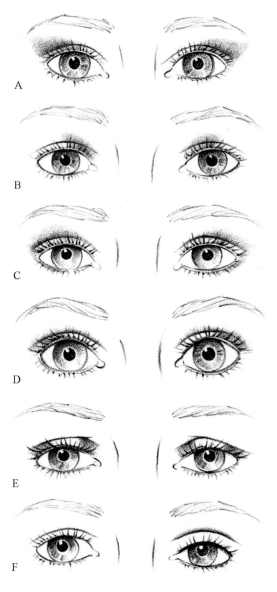

图 11-10　眼睛轮廓

A. 使眼距近的眼看起来更宽;B. 使眼距宽的眼看起来更近;C. 扩大小眼睛;D. 缩小大眼睛;E. 减轻双侧眼睑松弛;F. 减轻单侧上睑下垂。

睫毛化妆品

睫毛化妆品包括睫毛膏、眼线笔、睫毛染料和人造睫毛(表 11-4)。我们的讨论从睫毛膏开始,睫毛膏是最常用的睫毛化妆品,其应用可以追溯到圣经时代。它的作用是使睫毛变黑、变粗和变长。因为睫毛构成了眼的框架,浓密的睫毛可以吸引人们对这一富有表情的面部特征的注意。大多数女性认为长睫毛是吸引人的先决条件。

许多古代文明的女性最初使用的睫毛膏是用三硫化锑制成的黑色眼影粉。随后出现了由硬脂酸钠肥皂和油烟精制成的块状睫毛膏。将该产品与水混合,用刷子将其抹下来,涂在睫毛上。此配方在接触后对眼有刺激作用,原因为硬脂酸钠;后续用硬脂酸三乙醇胺重新调配的。随后加入蜂蜡,使产品具有一定的防水性能。

睫毛膏必须精心配制,以使其易于均匀使用,不会产生污渍、刺激性或毒性。《美国食品、药品和化妆品法》禁止在睫毛上使用煤焦油着色。因此,睫毛膏的着色剂必须从植物色或无机颜料和湖泊中选择。使用的颜色包括氧化铁以产生黑色,群青蓝以产生海军蓝,棕土(棕色赭石)或煅黄土(水合氧化铁与氧化锰的混合物)或合成棕氧化物以产生棕色。

现代的液体睫毛膏,可以在带有多重涂抹刷的管中使用,实际上已经取代了块状睫毛膏和膏状睫毛膏(图 11-11)。涂膏器插入睫毛管之间的使用,为睫毛膏接种细菌提供了许多机会。这些细菌中最危险的是铜绿假单胞菌。尽管睫毛膏含有抗菌剂,但 3 个月后丢弃所有睫毛膏管仍然是明智的,并且不允许多人使用同一支睫毛膏管。易受感染或已知细菌携带者应选择溶剂型或一次性睫毛膏。

> 3 个月后丢弃所有睫毛膏管仍然是明智的,并且不允许多人使用同一支睫毛膏管,以防止严重的眼部感染。

表 11-4　睫毛化妆品

睫毛化妆品	主要成分	作用	不良反应
块状睫毛膏	肥皂和颜料	使睫毛变黑、变粗	肥皂刺激
膏状睫毛膏	雪花膏基底与颜料	使睫毛变黑、变粗	刺激性接触性皮炎
水基液体睫毛膏	蜡、颜料和树脂	使睫毛变黑、变粗	刺激性和过敏性接触性皮炎
溶剂型液体睫毛膏	石油馏分、颜料和蜡	使睫毛变黑、变粗	刺激性和过敏性接触性皮炎
水/溶剂睫毛膏	油包水或水包油乳液	使睫毛变黑、变粗	刺激性和过敏性接触性皮炎
固体眼线笔	滑石粉、颜料和黏合剂	定义眼线	最小
眼线液	乳胶或其他聚合物和颜料	定义眼线	刺激性接触性皮炎
眼线笔	蜡和颜料	定义眼线	最小
文眼线	文身颜料	永久定义眼线	最小
睫毛染料	见染发剂下的图表	染黑睫毛	刺激性和过敏性接触性皮炎
人造睫毛	人或合成头发纤维	加粗睫毛	睫毛刺激性接触性皮炎,胶水过敏性接触性皮炎

图 11-11　睫毛膏从睫毛管上取下,用簇状涂抹器涂黑睫毛

图 11-12　睫毛膏可以在睫毛上连续涂抹,使睫毛变粗、变长

睫毛膏有多种配方可供选择,以配合当前的颜色和时尚风格。颜色选择很广泛,最常见的是各种深浅不一的黑色和棕色,但也有粉红色、绿色、黄色、紫色和蓝色。即使是没有色素的睫毛膏也适用于那些想拉长睫毛但不会使睫毛变黑的人。睫毛膏风格由时尚决定,取决于使用的涂抹刷类型。如果浓密的睫毛是时尚的,睫毛浓密的睫毛膏可以用更大、更长的刷毛器配合使用,大量涂抹睫毛膏。如果流行长睫毛,可以用短毛刷刷长睫毛膏,连续涂薄睫毛膏,并增加睫毛间距(图 11-12)。

睫毛膏有几种现代配方:块状、膏状和液体。液体睫毛膏可以进一步分为水基、溶剂型和水/溶剂混合型。

块状睫毛膏

块状睫毛膏由肥皂和颜料压缩而成,用水润湿的刷子涂抹并涂在睫毛上(图 11-13)。但是这种形式是不防水的,并且会因眼泪、出汗或下雨而洇染。此外,肥皂对眼有些刺激。随后人们添加了刺激性较小的成分,如三乙醇胺硬脂酸酯和蜡,使睫毛膏刺激性

图 11-13 块状睫毛膏被润湿,然后在睫毛上涂抹

较小,防水性更强。

块状睫毛膏一直很流行,直到 20 世纪 60 年代,膏状和液体状被引入,相应的睫毛膏使用起来更加方便。块状睫毛膏仍然可用,可能适合那些因使用新配方而产生眼睑或结膜刺激的患者。

膏状睫毛膏

块状睫毛膏之后发展起来的膏状睫毛膏由于其不易与水分接触而迅速流行起来。此外,它们不像块状睫毛膏那样在睫毛上容易结块。该产品由一种色素组成,悬浮在消散乳膏基质中,由一根管子刷到睫毛上。

液体睫毛膏

自从自动睫毛膏管发展以来,液体睫毛膏已经在很大程度上取代了块状睫毛膏和较厚的膏状睫毛膏。本发明包括一根管子,其中一根圆刷通过一个小孔插入管子中,以去除定量的产品。有水基、溶剂型和混合睫毛膏,下面将进行讨论。

水基睫毛膏

水基睫毛膏之所以如此命名,是因为它们由蜡(蜂蜡、巴西棕榈蜡和合成蜡)、颜料(氧化铁、氧化铬、深蓝色、胭脂红和二氧化钛)和溶解在水中的树脂组成。它们被归类为水包油乳液。水容易蒸发,产生一种快速

干燥的产品,使睫毛变粗、变黑。该产品是水溶性的,易于去除,但不幸的是,其会因出汗和流泪而污损。一些水基睫毛膏如果含有更多的蜡或聚合物以改善色素对睫毛的黏附性,则会被贴上"防水"的标签。

水基睫毛膏很容易被细菌(细菌很容易在水中生长)污染,而且必须加入防腐剂,通常是对羟基苯甲酸酯。因此,这些产品可能潜在地引起对羟基苯甲酸酯敏感个体的变态反应;然而,水基睫毛膏通常是最不致敏的睫毛膏类型。一些患者可能会因维持色素在溶液中所需的乳化剂而受到接触刺激。

> 水基睫毛膏很容易被细菌(细菌很容易在水中生长)污染,而且必须含有防腐剂,通常是对羟基苯甲酸酯。

配方中可加入特殊添加剂,以增强睫毛的美观性。这些物质包括用来修饰睫毛的水解动物蛋白、用来拉长睫毛的尼龙或人造丝纤维,以及用来减少污渍的聚乙烯吡咯烷酮树脂。

溶剂型睫毛膏

溶剂型睫毛膏是由石油馏分配制而成,加入颜料(氧化铁、氧化铬、绀青、胭脂红和二氧化钛)和蜡(小烛树蜡、巴西棕榈蜡、地蜡和氢化蓖麻油),从而使其防水。因此,该产品防汗和防泪的效果很好,但要去除这些性能很困难,需要使用油基乳液或乳霜。如果产品未能完全去除,可能会在睫毛上形成沉积物。由于溶剂型睫毛膏干燥时间较长,因此使用后必须小心避免产品被涂抹弄脏。

仍然添加防腐剂,但由于石油基溶剂具有抗菌性,微生物污染不是一个很大的问题。一些产品还含有滑石粉或高岭土,使睫毛浓密,尼龙或人造丝纤维可延长睫毛。溶剂型睫毛膏会刺激眼。

水/溶剂混合睫毛膏

有些睫毛膏结合了溶剂型和水基型两种

体系,形成油包水或油包水乳液。这个想法本意是创造出一种最佳产品,它可以像水基睫毛膏一样在短时间内变稠,又能像溶剂型睫毛膏一样提供防水的睫毛分离。配方中的水需要加入良好的防腐剂体系。

睫毛化妆品安全问题

睫毛膏最可怕的不良反应是感染,尤其是铜绿假单胞菌角膜感染,它会永久性破坏视力。表皮葡萄球菌和金黄色葡萄球菌也可能在受污染的睫毛膏中增殖。污染的睫毛膏对眼球造成创伤和感染。如前所述,反复发生细菌感染的患者可能应该选择溶剂型睫毛膏。

真菌有机体也会污染睫毛膏并导致眼部感染。这种情况比较罕见,通常只出现在免疫功能低下或佩戴隐形眼镜的患者身上。

如果睫毛膏被泪液冲洗到结膜囊中,睫毛膏中的色素会导致结膜色素沉着。这种颜色的颗粒物质可以在睑板结膜的上缘观察到。组织学上,该色素见于巨噬细胞内和细胞外,伴有不同程度的淋巴细胞浸润。电子显微镜显示组织中存在铁蛋白、碳和氧化铁。不幸的是,这种情况没有治疗方法,幸运的是,它通常是无症状的。

> 如果睫毛膏被泪液冲洗到结膜囊中,睫毛膏中的色素会导致结膜色素沉着。

据报道,一些睫毛膏中含有松香(树脂)和二氢枞基醇(艾比托,伊斯曼化学公司),可导致过敏性接触性皮炎。但是用于去除防水溶剂型睫毛膏的眼部卸妆产品也可能是眼睑皮炎的来源。睫毛膏可以"原比例"进行开放式或封闭式贴斑试验,但应在闭合式贴斑试验前让睫毛膏彻底干燥,以避免挥发性载体产生刺激性反应。

眼线笔

眼线笔定义了眼的边缘,可用于睫毛线的外侧,有时也用于睫毛线的内侧。眼线的颜色和位置是由时尚决定的。在 20 世纪 60 年代,在上下睫毛线外面画一条轮廓分明的细黑线被认为是合适的。20 世纪 80 年代,是在较低的睫毛线外使用柔和的灰色或深蓝色模糊粗线。20 世纪 90 年代,是围绕整个眼的一条粗而尖锐的黑色线条,延伸到外眦以外,这种外观有时被称为"猫眼"。

> 眼线笔定义了眼的边缘,可以描画在睫毛线之外或内侧。

眼线笔有固体、液体和铅笔等形式。固体眼线笔的成分和眼影一样,额外添加表面活性剂促进粉剂与水混合时形成糊状物。固体眼线笔已经在很大程度上被眼线液所取代,它包含在水溶性乳胶基质中预混的相同颜料。乳胶基液体眼线笔含有水、纤维素羧甲醚、增稠剂(硅酸铝镁)和丁苯胶乳。这些产品被包装成标记笔或与睫毛膏相同的形式,带有圆柱形管和联合涂抹刷。自风干眼线笔是基于聚合物,如丙烯酸铵共聚物,干燥后会留下有色薄膜。

铅笔型眼线笔因其使用方便而广受欢迎(图 11-14)。自动液体眼线笔笔锋清晰使用需要手艺,但铅笔眼线笔笔锋模糊,应用技巧较少。铅笔眼线笔含有天然和合成蜡,与颜料、矿物油或植物油以及羊毛脂衍生物混合,挤压成棒状,包裹在木头中。然后将铅笔削成所需的笔尖,根据患者的喜好,笔尖可以是薄的,也可以是宽的。削尖后还可以去除眼线笔暴露的部分,从而减少污染。

眼线笔的使用方法很大程度上取决于时尚。块状、液体型或铅笔型眼线笔按所需的量和位置画过上眼睑和(或)下眼睑(图 11-15)。

图 11-14　铅笔眼线笔画在睫毛线上,留下一层蜡色薄膜

图 11-15　眼线液经常被涂抹在睫毛线外,留下一层色素聚合物膜

眼线笔也会像睫毛膏一样受到细菌和真菌的污染,尤其是液体型。但主要的不良反应是结膜色素沉着的可能性,也见于睫毛膏。当它被应用在下眼睑边缘时,这个问题通常与眼线笔有关。通常,在此位置使用蓝色眼线来创建更白的巩膜外观。这种做法是不安全的。

开放式和封闭式斑贴试验可以"原比例"进行,但应在闭塞前让眼线液干燥。

文眼线

文眼线是眼科医师、皮肤科医师、整形外科医师和一些美容医师进行的一种操作,它是将黑色颜料或其他颜色的颜料(如棕色或深蓝色)植入上下睫毛线上或线外。通过用专门设计的针穿刺将颜料以恒定深度穿入上部真皮中。黑色、棕色、绿色或深蓝色颜料的致敏性较低,很少发生不良反应。

永久性眼线是一种黑色的文身,巧妙地勾勒以突出睫毛边缘。

文眼线在男性、女性等娱乐人士中流行;然而,对于普通患者来说,永久性眼线并不能实现大多数人所渴望的时尚多功能性。永久性睫毛脱落的患者可能希望考虑眼线文身,这可以按照矫正睫毛化妆品中的说明进行应用。文身应该用细线完成,以便患者可以根据需要使用彩色睫毛铅笔以符合时尚趋势。

选择文眼线的患者应该认识到颜色会随着时间的推移而褪色,并且色素可能会迁移。在文身之前,应该仔细考虑,因为这种色素一旦浸入真皮就很难被去除。

睫毛染料

睫毛染料用于那些由于白发、自然发色较浅或皮肤疾病(如白癜风)而拥有浅色睫毛的人。由于存在损害眼的风险,市面上没有非处方睫毛染料可用。美国食品药品监督管理局目前正试图禁止使用睫毛染料。一些染色产品是从欧洲非法进口的,其他美发厅使用的产品是用于睫毛上的头皮、头发。专业美容师使用的产品可能含有对苯二胺染料或金属染料。关于这些产品的进一步讨论可参见染发章节的相关内容。

睫毛染料使用频率不应超过每3周1次,因为它们对眼非常刺激,并可能引起刺激性或过敏性接触性皮炎。它们以与染发剂相同的方式进行斑贴试验。

通过反复使用含有滑石或高岭土的黑色或棕色防水睫毛膏进行睫毛增稠,可以使浅色睫毛很好地变黑。

人造睫毛

人造睫毛在娱乐行业中最受欢迎,尽管它们可以有效地用于睫毛稀疏或缺失的患者。人发和合成尼龙睫毛有不同的颜色和长度，价格从 1 美元到 20 美元不等。这种睫毛是用一种透明或着色的甲基丙烯酸酯基胶水粘在上眼睑或下眼睑现有的睫毛上的。

> 人造睫毛有单根睫毛、半睫毛和完整睫毛，可以用来遮盖睫毛脱落。

人造睫毛有单根睫毛、半睫毛和完整睫毛。如果使用单根睫毛，则将几根人造睫毛粘在患者现有的天然睫毛上。半睫毛是一种稀疏的人工睫毛，完整睫毛是一种浓密的人造睫毛，它们被直接粘在现有的睫毛线上。用专门设计的去除黏合剂的溶剂来去除睫毛。

对于新手来说，单根睫毛很难应用，但可以有效地在外侧上睫毛线上使用，以最大限度地减少外翻眼睑的出现。完整睫毛只适合于完全失去睫毛的患者。半睫毛适用于睫毛较短、较薄或部分缺失的患者。半睫毛是电视名人经常戴的，如果长度不夸张，可以显得很自然。人造睫毛可以很容易地用剪刀修剪和定制。

人工睫毛可能很难佩戴，因为睫毛本身会刺激眼、眼睑板和眼睑。附着胶和去除溶剂可引起刺激性和过敏性接触性皮炎。最具黏性的睫毛胶是以甲基丙烯酸酯为基础的，而它是一种已知的敏化剂。

针对特殊需要的睫毛化妆品

医师执业中遇到的某些患者可能需要仔细选择睫毛化妆品。他们是过敏体质和(或)隐形眼镜佩戴者，以及正在接受痤疮治疗的患者。成熟的患者可能需要特殊的睫毛化妆品咨询，以达到最佳外观。

针对敏感患者和(或)隐形眼镜佩戴者的睫毛化妆品

睫毛化妆品通常是刺激物或过敏性接触性皮炎的来源。由于 FDA 对睫毛化妆品中使用的化学物质、防腐剂和色素进行了严格的监管，大多数病例都表现为刺激性皮炎。许多敏感性皮肤患者发现睫毛膏对他们的眼极为刺激，应建议其佩戴专为过敏患者设计的产品或水基睫毛膏。无色素睫毛膏似乎对一些患者的刺激性较小。

运用技巧也可以使问题最小化。睫毛膏只在睫毛尖涂上几层，这样可以突出睫毛，同时限制睫毛膏与眼和皮肤的接触。应避免使用所有防水睫毛膏，因为去除溶剂和擦拭可能会产生刺激。还应避免人造睫毛和睫毛染色。

铅笔型眼线笔对一些敏感的皮肤患者有更好的耐受性，但眼线笔不应用于下眼睑边缘，否则它将被泪水冲掉并冲洗入眼里。这是不可取的，因为色素可能导致结膜着色，也可能导致下眼睑囊着色。

一些隐形眼镜佩戴者会被睫毛膏所困扰，因为睫毛膏会在睫毛上结块，然后脱落到眼里。水基睫毛膏比溶剂型睫毛膏更容易结块。佩戴含水量较高的软性隐形眼镜患者可能更喜欢使用防水的溶剂型睫毛膏，因为这些睫毛膏不易附着在隐形眼镜上。睫毛膏和眼线笔中的色素实际上可以在透水透气的隐形眼镜上染色。

针对痤疮和(或)油腻皮肤病患者的睫毛化妆品

许多皮肤科医师通常为痤疮患者推荐水基化妆品，包括水基睫毛膏。油性皮肤的痤疮患者可能会发现，水基睫毛膏很容易被皮脂污染，导致晕开和模糊。对于油性皮肤的患者，应推荐使用溶剂型睫毛膏。溶剂型睫毛膏需要逐层干燥，从而避免因为干燥不彻底而形成的污浊。

油性皮肤的患者可能也会感觉铅笔型眼线笔磨损不良，而且容易形成污迹。这是由于皮脂引起的化妆品和皮肤之间的黏附性差造成的。如果在使用眼线笔之前将由松散粉末覆盖的粉底涂在眼睑上,铅笔型眼线笔的维持时间会更长。也可以选择聚合物眼线笔作为替代品。

针对中老年患者的睫毛化妆品

睫毛化妆品对中老年患者很重要。睫毛膏可以让睫毛变黑,睫毛膏应该从睫毛的根部一直刷到睫毛的尖端,使睫毛完全被颜料覆盖。然而,眼部凹陷者应该避免使用黑色睫毛膏,因为它只会使已经有阴影的眼睛变暗。棕色或海军蓝睫毛膏更合适。

> 如若中老年患者的睫毛长度和厚度减少,可用睫毛膏遮盖。

中老年患者的睫毛长度和厚度也有减少的趋势,使用含有尼龙或人造丝纤维的加长睫毛膏可以使睫毛的长度最大化。每一层都应该完全干燥,以最大限度地延长睫毛的长度。含有滑石粉或高岭土的增稠型睫毛膏可以增加睫毛的长度,只需反复涂抹在睫毛尖端即可。

可以通过延长睫毛来弱化眼睑松弛,因为部分睫毛长度被多余的皮肤覆盖。涂完睫毛膏后,立即用睫毛夹将睫毛卷起来,可以使睫毛看起来更长。睫毛被放置在一个有橡胶垫的支架上,支架将睫毛向上弯曲成更尖锐的角度。这减少了睫毛的自然卷曲,使睫毛看起来更长,但也会导致睫毛断裂。半睫毛比患者的自然睫毛稍长一点,也可以用来创造更长睫毛的外观。

睫毛矫正化妆品

睫毛作为眼的框架而起到美容作用。不幸的是,由于年龄,继发于手术的斑秃或眼睑瘢痕或带状疱疹等感染,它们可能会变薄。睫毛变薄或缺失会导致眼部弱化,面部主要焦点消失。

眼线笔、睫毛膏和轻透的脸部粉底都可以用来弥补睫毛稀疏的问题。先是用眼线液点画上、下眼睑(图 11-16A),产生睫毛的错觉。然后在剩余的睫毛上涂上浅棕色或黑色纤维睫毛膏。然后用粉刷蘸上散粉,闭上眼,涂在湿的睫毛膏上,注意避免粉末进入眼。然后再涂上另一层睫毛膏,重复这个过程,直到剩余的睫毛增厚到所需的程度。该技术仅适用于睫毛普遍稀疏或局部完全脱落的患者。对于睫毛大面积脱落或全部脱落的患者重建睫毛线较为困难。对于这些女性患者,应使用棕色或黑色的眼线液或眼线笔来覆盖整个眼部,除了上、下眼睑内眼角周围的 1/4 英寸(图 11-16B)外。在正常的眼上,末端毛发不会在内眦周围生长。对于睫毛广泛脱落的女性患者,此时可以应用人工半睫毛;或者对于睫毛完全脱落的患者,可以使用完整的人工睫毛。

眼线笔也可以用来勾画眼部轮廓,同时重建睫毛线。眼小者可以通过覆盖整个上眼线和下眼线外侧的一半来扩大眼的面积(图 11-16C)。眼距过低可以通过上下睫毛线的

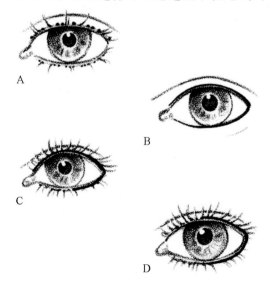

图 11-16　眼线技术

A. 重建变薄或部分缺失的睫毛;B. 重建完全缺失的睫毛;C. 放大小眼;D. 加宽眼距低的眼

外侧半部分加宽(图 11-16D)。

眉毛化妆品

流行的眉毛形状和宽度取决于时尚趋势。在 20 世纪 50 年代,人们几乎把眉毛全部拔掉,用细铅笔把剩下的几根毛发连起来。不幸的是,许多六七十岁的女性由于年轻时的过度拔眉,眉毛已经不能再长了。这与 20 世纪 60 年代的眉毛造型形成了鲜明对比,那时候的眉毛造型完全是自然的,不经梳理的。20 世纪 90 年代,人们认为浓密的眉毛很吸引人,但眉毛线下的零散毛发会被拔掉,以呈现整洁的外观。

用于眉毛的化妆品包括眉笔、定型剂、染料和人造眉毛(表 11-5)。

表 11-5　眉毛化妆品

眉毛化妆品	主要成分	作用	不良反应
眉笔	颜料、蜡、凡士林、羊毛脂	使眉毛变黑、变厚	最小
眉定型剂	合成聚合物	眉毛梳理剂	最小
染眉剂	金属染料、着色剂或永久染料	使眉毛变黑	可能是非法的、失明、接触性皮炎
人造眉毛	人的、人造的或羊毛	更换缺失的眉毛	头发刺激性接触性皮炎,黏合剂过敏性接触性皮炎
文眉	文身颜料	更换缺失的眉毛	文身色素过敏性接触性皮炎

眉笔

眉笔用于加深浅色或灰色眉毛,填充稀疏或缺失的眉毛,重建畸形或形状怪异的眉毛。眉笔由颜料、凡士林、羊毛脂和合成或天然蜡混合制成(图 11-17)。该配方与唇膏产品相似,但在一个方面有所不同,即使用较高的熔点蜡以产生较硬的产品。配方可以包在木头中形成铅笔,也可以挤压成放在塑料支架中的棒状物。

铅笔型眉笔有多种颜色可供选择,从灰色到棕色再到黑色。由于《联邦食品、药品和化妆品法》禁止在眼部使用煤焦油颜料,所以使用惰性颜料,主要是无机颜料。它们在眉毛区域的皮肤上被涂擦,实际上是为了给皮肤和眉毛着色。

用眉笔所产生的接触性皮炎很少见。产品可以"按原样"进行开放式或封闭式斑贴试验。

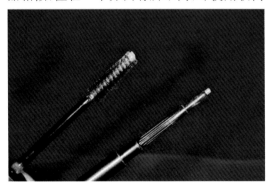

图 11-17　上部簇毛刷包含一个着色的眉毛封闭剂,用于修饰和加深眉毛。下棒是一支眉笔,从塑料管中取出,描画眉毛,使眉毛变黑、变厚

眉定型剂

眉定型剂旨在作为不规则眉毛的梳理剂和光泽剂,以增加眉毛毛发的光泽。最初,白色凡士林被用于此目的,但现在化妆品公司市场上的产品有所改进。该密封剂本质上是一种液体发胶,含有包装在睫毛膏型管中的聚合物保持剂。用刷子将产品刷在眉毛上。

眉定型剂可以用来修饰中老年人难以驾驭的眉毛。

眉毛浓密的人可以使用眉毛密封剂，使眉毛保持在更靠近眼眶的位置；或者那些有多向眉毛的人，他们希望把眉毛保持在一个更美观更可接受的线上。密封剂也可以把眉毛染成深灰色。该产品很容易用肥皂和水去除。

由于含有挥发性载体，眉定型剂可能导致刺激性接触性皮炎。该产品可以"按原样"进行斑贴试验，但在闭塞前应彻底干燥。

眉毛染料

眉毛可以像头皮的头发一样染色。许多专业美发厅都提供这项服务；然而，染发剂的包装上明确规定，染发剂不能用于眼部，并有以下警告："注意：本产品含有可能对某些人造成皮肤刺激的成分，应首先根据附带说明进行初步测试。本品不得用于染睫毛或眉毛；否则可能导致失明。"美国食品药品监督管理局（FDA）曾多次提起法律诉讼，试图将眼部染料从市场上移除，但均以失败告终。

在一些美发厅中出现的眉毛染料是金属型、染色剂或永久性染发剂。使用这种含铅或银的金属染料数周后，由于在发干上形成金属氧化物和硫化物，导致头发逐渐变黑，从而使头发呈现黄棕色到黑色。一些美容院使用专门为眉毛染色而制造的专业染色剂。因为与皮肤接触会导致染色，只能用牙签将染色剂涂抹在眉毛上。一种特殊的产品被用来去除皮肤上的污渍。其他的美容院使用与头皮相同的染料染眉毛，应注意防止材料进入眼部。

美国FDA认为眉毛染料产品是非法的。

需要再次强调的是，FDA认为所有之前讨论过的眉毛染色产品都是危险和非法的。

人造眉毛

对于永久性失去大量天然眉毛的人来说，人造眉毛是可行的。人造或天然的毛发可以根据患者的脸型和毛发数量打结在一个细网上。然后用防水黏合剂将网片粘在上眼眶嵴上。专门从事移发的美发厅可以为患者提供帮助。

假发的使用是一种眉毛替代技术，起源于剧院，更适合暂时失去大量眉毛的患者。假发由羊毛制成，可以编成各种颜色的辫子。将编织的纤维分离、拉直，并剪成所需的长度。然后用黏合剂将纤维直接粘在皮肤上。每种应用都必须准备和粘合新纤维。

可能的不良反应包括眉毛假体导致的刺激性接触性皮炎和（或）可能含有甲基丙烯酸酯的粘合剂导致的过敏性接触性皮炎。

文眉

眉毛可以用文身颜料重建或加厚。棕色、黑色、灰色、黄色或橙色颜料可以混合在一起，注入真皮层次，为眉毛区域增色。当然，这必须由训练有素的个人在卫生条件下进行。不幸的是，文眉并不是最理想的，因为其覆盖的皮肤有一个相当不自然的闪亮外观。某些色素可能引起过敏性接触性皮炎。

眉毛矫正化妆品

由于先天性畸形、外科手术或因普遍、甲状腺功能减退、麻风病、创伤性瘢痕和其他情况而导致的获得性损伤，眉毛的结构可能会异常。在进行美容重建之前，确定眉毛在面部的正确位置非常重要（图11-18）。眉毛的内侧应该从一个点开始，该点由一条从外鼻向上绘制的直线定义。眉毛应在从鼻侧到瞳孔的一条线所定义的点上最大限度地拱起。眉毛理想结束点在身侧至眼尾的连线上。任何改善眉毛外观的脱毛都应该从眉毛的下方进行。绝不能从上缘去除毛发;这会影响自然的眉毛轮廓。

> 眉毛位置不当会改变面部表情和眼的外观。

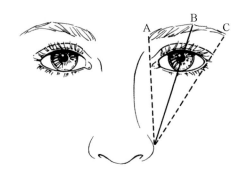

图 11-18　匀称的眉毛应该从 A 点开始,在 B 点最大限度地拱起,在 C 点结束

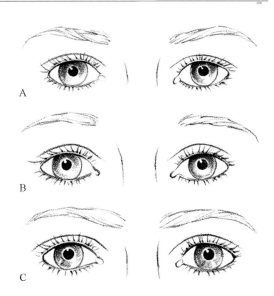

图 11-19　A、B、C 的眦间距离是相同的

内侧眉毛之间的距离已经改变。请注意由此产生的 B 超远距错觉和 C 超近距错觉。

眉毛位置不当会改变面部表情和眼的外观,而恰当位置则会产生美观的外观(图 11-19A)。眉毛相距太远会给人一种惊讶的感觉,可能会使患者显得眼距过宽(图 11-19B),而眉毛离得太近则会使人看起来愤怒、紧张,并使患者显得眼距过窄(图 11-19C)。如果两眼间距不合适可以通过改变眉毛的位置,来营造适当的眼距。

> 眉笔可以用来遮盖稀疏的眉毛。

可以用眉笔或蜡笔画出缺失的毛发(图 11-20)。如果铅笔被用于短笔画,而不是画一条直线,则会产生更自然的外观。如果先在皮肤上涂上面部粉底,眉笔会粘得更好。也可以用刷子将眉毛按到合适的位置,以覆盖眉毛稀疏或脱落的区域(图 11-21)。

图 11-20　如图像底部所示,眉毛蜡笔可用于绘制缺失的头发,再用簇毛刷上颜料进一步加深,如上图所示

小结

眼部化妆品既可用于装饰也可用于遮盖。它们可以最大限度地减少在几种皮肤病

图 11-21　眉毛刷和梳子可以用来梳理稀疏或缺失的眉毛

中出现的睫毛脱落现象,同时也是接触性皮炎和感染的来源。本章介绍了眼睑和睫毛眼部化妆品的配方,以帮助皮肤科医师了解这类流行化妆品的重要考虑因素。

参 考 文 献

[1] Panati C. Extradordinary origins of everyday things. New York: Harper & Row Publishers, 1987: 223.

[2] Wells FV, Lubowe II. Rouge and eye make-up. In: Cosmetics and the Skin. New York: Reinhold Publishing Corporation, 1964: 173-4.

[3] Lanzet M. Modern formulations of coloring agents: facial and eye. In: Frost P, Horowitz SN, eds. Principles of Cosmetics for the Dermatologist. St. Louis: C. V. Mosby Company, 1982: 138-9.

[4] Ross JS, White IR. Eyelid dermatitis due to cocamidopropyl betaine in an eye make-up remover. Contact Dermatitis 1991; 25: 64.

[5] Fisher AA. Cosmetic dermatitis of the eyelids. Cutis 1984; 34: 216-21.

[6] Valsecchi R, Imberti G, Martino D, Cainelli T. Eyelid dermatitis: an evaluation of 150 patients. Contact Dermatitis 1992; 27: 143-7.

[7] Adams RM, Maibach HI. A five-year study of cosmetic reactions. J Am Acad Dermatol 1985; 13: 1062-9.

[8] Wolf R, Perluk H. Failure of routine patch test results to detect eyelid dermatitis. Cutis 1992; 49: 133-4.

[9] Nethercott JR, Nield G, Linn Holness. D. A review of 79 cases of eyelid dermatitis. J Am Acad Dermatol 1989; 21: 223-30.

[10] Maibach HI, Engasser PG. Dermatitis due to cosmetics. In: Fisher AA, ed. Contact Dermatitis, 3rd edn. Philadelphia: Lea & Febiger, 1986: 378-9.

[11] Maibach HI, Engasser P, Ostler B. Upper eyelid dermatitis syndrome. Dermatol Clin 1992; 10: 549-54.

[12] Marks JG, DeLeo VA. Preservatives and vehicles. In: Contact and Occupational Dermatology. St. Louis: CV Mosby, 1992: 107-33.

[13] White IR, Lovell CR, Cronin E. Antioxidants in cosmetics. Contact Dermatitis 1984; 11: 265-7.

[14] Calnan CD. Ditertiary butylhydroquinone in eye shadow. Contact Dermatitis Newsl 1973; 14: 402.

[15] Fisher AA. Allergic contact dermatitis due to rosin (colophony) in eyeshadow and mascara. Cutis 1988; 42: 505-8.

[16] Eiermann HJ, Larsen W, Maibach HI, Taylor JS. Prospective study of cosmetic reactions: 1977-1980. J Am Acad Dermatol 1982; 6: 909-17.

[17] Schorr WF. Lip gloss and gloss-type cosmetics. Contact Dermatitis Newsl 1973; 14: 408.

[18] Hannuksela M, Pirila V, Salo OP. Skin reactions to propylene glycol. Contact Dermatitis 1975; 1: 112-16.

[19] Larsen WG. Cosmetic dermatitis due to a perfume. Contact Dermatitis 1975; 1: 142-5.

[20] Goh CL, Ng SK, Kwok SF. Allergic contact dermatitis from nickel in eyeshadow. Contact Dermatitis 1989; 20: 380-1.

[21] deGroot AC, Weyland JW, Nater JP. Face cosmetics. In: Unwanted Effects of Cosmetics and Drugs Used in Dermatology. Amsterdam: Elsevier, 1994: 513.

[22] Pascher F. Adverse reactions to eye area cosmetics and their management. J Soc Cosmet Chem 1982; 33: 249-58.

[23] Van Ketel WG. Patch testing with eye cosmetics. Contact Dermatitis 1979; 5: 402.

[24] Draelos ZK. Eye cosmetics. Dermatol Clin 1991; 9: 1-5.

[25] Greene A, Pomerance M. The successful face. New York: Summit Books, 1985: 67-73.

[26] Arpel A. 851 Fast Beauty Fixes and Facts. New York: GP Putnam's Sons, 1985: 97-100.

[27] Rutkin P. Eye make-up. In: deNavarre MG,

ed. The Chemistry and Manufacture of Cosmetics. Allured Publishing Corp, 1988: 712-17.

[28] Wilkinson JB, Moore RJ. Harry's Cosmeticology, 7th edn. New York: Chemical Publishing, 1982:341-7.

[29] Bhadauria B, Ahearn DG. Loss of effectiveness of preservative systems of mascaras with age. Appl Environ Microbiol 1980;39:665-7.

[30] Wilson LA, Ahern DG. Pseudomonas-induced corneal ulcer associated with contaminated eye mascaras. Am J Ophthalmol 1977; 84: 112-19.

[31] MMWR Reports: Pseudomonas aeruginosa corneal infection related to mascara applicator trauma. Arch Dermatol 1990;126:734.

[32] Ahearn DG, Wilson, LA. Microflora of the outer eye and eye area cosmetics. Dev Ind Microiol 1976;17:23-8.

[33] Ahern DG, Wilson LA, Julian AJ, et al. Microbial growth in eye cosmetics:contamination during use. Dev Ind Microbiol 1974; 15: 211-16.

[34] Kuehne JW, Ahearn DG. Incidence and characterization of fungi in eye cosmetics. Dev Ind Microbiol 1971;12:1973-7.

[35] Jervey JH. Mascara pigmentation of the conjunctiva. Arch Opthalmol 1969;81:124-5.

[36] Platia EV, AMichaels RG, Green WR. Eye cosmetic-induced conjunctival pigmentation. Ann Ophthalamol 1978;10:501-4.

[37] Fisher AA. Allergic contact dermatitis due to rosin (colophony) in eyeshadow and mascara. Cutis 1988;42:507-8.

[38] Rapaport MJ. Sensitization to abitol. Contact Dermatitis 1980;6:137-8.

[39] Dooms-Goosens A, Degreef J, Luytens E. Dihydroabietyl alcohol (Abitol), a sensitizer in mascara. Contact Dermatitis 1979;5:350-3.

[40] Lanzet M. Modern formulations of coloring agents:facial and eye. In: Frost P, Horwitz SN, eds. Principles of Cosmetics for the Dermatolgist. St. Louis:CV Mosby, 1982:143-4.

[41] Stewart CR. Conjunctival absorption of pigment from eye make-up. Am J Optom 1973; 50:571-4.

[42] Klarmann EG. Cosmetic Chemistry for the Dermatologist. Springfield, IL: Charles C Thomas, 1962:53-4.

[43] Draelos ZK. Caution:eyebrow dyeing may be illegal. Cosmet Dermatol 1990;3:39-40.

[44] Rayner V. Clinical cosmetology:a medical approach to esthetics procedures. Albany, New York:Milady Publishing Company, 1993:143-5.

[45] Allsworth J. Skin Camouflage. Cheltenham, England:Stanley Thornes Ltd, 1985:41-2.

建 议 阅 读

Bielory L. Contact dermatitis of the eye. Immunol Allergy Clin N Am 1997;17:131-8.

Cuyper CD. Permanent makeup: indications and complications. Clin Dermatol 2008;26:30-4.

Draelos ZD. Special considerations in eye cosmetics. Clin Dermatol 2001;19:424-30.

Draelos ZK. Eye cosmetics. Dermatol Clin 1991;9: 1-7.

Draelos ZK, Yeatts RP. Eyebrow loss, eyelash loss, and dermatochalasis. Dermatol Clin 1992; 10:793-8.

Gallardo MJ, Bradley J. Ocular argyrosis after long-term self-application of eyelash tint. Am J Ophthalmol 2006;141:198-200.

Goh CL, Ng SK, Kwok SF. Allergic contact dermatitis from nickel in eyeshadow. Contact Dermatitis 1989;20:380-1.

Goldstein N. Tattoos defined. Clin Dermatol 2007; 25:417-20.

Goossens A. Contact allergic reactions on the eyes and eyelids. Bull Soc Beige Ophthalmol 2004;292: 11-17.

Guin JD. Eyelid dermatitis:experience in 203 cases. J Am Acad Dermatol 2002;47:755-65.

Kaiserman I. Servere allergic blepharoconjunctivitis induced by a dye for eyelashes and eyebrows. Ocul Immunol Inflamm 2003;11:149-51.

Karlberg AT, Liden C, Ehrin E. Colophony in mascara as a cause of eyelid dermatitis. Acta Dermatol Venereol 1991;71:445-7.

Lee IW, Ahn SK, Choi EH, Whang KK, Lee SH. Complications of eyelash and eyebrow tattooing: report of 2 cases of pigment fanning. Cutis 2001; 68:53-5.

Loden M, Wessman C. Mascaras may cause irritant contact dermatitis. Int J Cosmet Sci 2002;24:281-5.

Loginova Y, Shah V, Allen G, Macchio R, Farer A. Approaches to polymer selection for mascara formulation. J Cosmet Sci 2009;60:125-33.

Meinik JD. Eye cosmetics for wearers of contact lenses. Cutis 1987;39:549-50.

O'Donoghue MN. Eye cosmetics. Dermatol Clin 2000;18:633-9.

Pack LD, Wickham MG, Enloe RA, Hill DN. Microbial contamination associated with mascara use. Optometry 2008;79:587-93.

Peralego B, Beltrni V. Dermatologic and allergic conditions of the eyelid. Immunol Allergy Clin N Am 2008;28:137-68.

Ross JS, White IR. Eyelid dermatitis due to cocamidopropyl betaine in an eye make-up remover. Contact Dermatitis 1991;25:64.

Saxena M, Warshaw E, Ahmed DD. Eyelid allergic contact dermatitis to black iron oxide. Am J Contact Dermatitis 2001;12:38-9.

Sher MA. Contact dermatitis of the eyelids. S Afr Med J 1979;55:511-13.

Vagefi MR, Dragan L, Hughes S, et al. Adverse reactions to permanent eyeliner tattoo. Ophthalmic Plast Reconstr Surg 2006;22:48-51.

Van Ketel WG, Liem DH. Eyelid dermatitis from nickel contaminated cosmetics. Contact Dermatitis 1981;7:217.

Wachsmuth R, Wilkinson M. Loss of eyelashes after use of a tinting mascara containing PPD. Contact Dermatitis 2006;54:169-70.

第12章

术后化妆品

术后化妆品在皮肤病学中很重要,可以帮助患者伤口愈合,同时兼顾患者的外观和情感需求。手术后患者使用化妆品具有医疗价值,有助于恢复正常的日常活动并改善情绪健康。本章讨论术后化妆品和护肤品的正确使用与选择。

术后患者的化妆品选择标准取决于创口的类型。用缝合线封闭的切口伤口,未愈合皮肤暴露的较少可局部应用化妆品,少量未愈合的皮肤应用局部化妆品,而大面积的伤口,如剃须切除、皮肤擦伤和化学剥脱所造成的伤口,需二期愈合后再应用化妆品。

伤口愈合与化妆品

皮肤病中产生的伤口主要是二期愈合。切口伤口通过缝合线闭合,缝合线保持在原位 5~14 天,根据主要目的愈合,并需要干净的手术部位,无异物。因此,在缝合线拆除之前,不要在伤口上涂抹化妆品。应避免在缝合的部位使用面部粉底,因为粉底含有细磨的二氧化钛颗粒,这些颗粒可能会作为异物,通过引发炎症反应或刺激粟粒形成从而阻碍伤口愈合。面部粉底色素,如氧化铁,也会在愈合过程中嵌入真皮层,导致皮肤永久文身。一旦缝合线被拆除,皮肤屏障就会恢复,所有类型的化妆品都可以安全使用。

二期愈合的大面积伤口缺乏保护性角质层,因此术后化妆品的选择非常重要。在浆液性渗出停止之前,不得在伤口上涂抹化妆品(图 12-1)。这对患者来说通常不是问题,因为在上皮屏障重建之前,化妆品不会黏附在皮肤上。过早使用化妆品也会造成同样的异物问题和切口处的色素文身。在化学剥脱或磨皮后过早使用面部粉底的个体也可能会导致粟粒疹的形成,这是这两种手术的常见不良反应。建议使用温和的保湿霜,以阻止经表皮水分流失,如精制凡士林;然而,应等到上皮再生后。

图 12-1 应避免使用色素沉着的面部粉底液,直到发生再上皮化

在缝合线被移除之前,不应在切口上涂抹化妆品。

彩色化妆品的选择

在再上皮化或缝合线去除后,患者可能希望使用彩色化妆品来遮盖术后红斑。面部彩妆的应用对于术后患者重建社交和情绪健康是很重要的。手术后可能需要临时或永久性地选择新化妆品。

面部粉底

面部粉底是术后患者使用的最重要的化妆品。它可以在提供光保护的同时遮盖红肿和瘢痕。选择的粉底应易于使用和去除,同时含有较少的成分。推荐使用膏状或膏状/粉状配方。将膏状粉底浸入罐子中或从管中挤压,同时用干燥海绵(粉末)或湿润海绵(乳膏)从压块上擦拭膏状/粉末粉底。由于含水量低,这些粉底比液体粉底更难被细菌污染。乳膏还为经皮水丢失提供了良好的屏障,并滋润周围的皮肤(图 12-2)。与液体品种相比,它们引起的刺痛和灼烧感更少。散粉可以涂在面部粉底上,以改善覆盖范围,并赋予更好的抗摩擦特性(图 12-3)。

膏状或膏状/粉末粉底是术后期间的最佳选择。

此外,患者可能需要在术后即刻改变面部粉底颜色的选择。粉底的颜色可能需要包含更多的红色色调;然而,大多数患者可以在术后 4~6 周恢复他们的术前粉底配方。

打底粉底

有些患者在手术后出现明显的持久性红肿或瘀伤,可能希望使用一种被称为"打底粉

图 12-2 高覆盖率的面部粉底对于术后患者在等待红斑消退时进行遮盖是很有用的,特别是对于激光后表面置换的患者

图 12-3 在面霜或液体粉底上涂抹松散的粉末可以提高抗摩擦性能

底"或"彩色矫正粉底"的产品。这些产品旨在使用互补的色彩组合而不是加重手术面部粉底来掩盖皮肤中存在的不良色调。覆盖度指的是面部粉底遮盖底层皮肤的能力,与化妆品的不透明度有关。通过颜色矫正,允许患者使用适度覆盖的粉底,这样看起来更自

然,也更容易被患者接受。例如,磨皮、化学去角质和激光表面修复手术后常见的面部发红可以用绿色来矫正。绿色是红色的互补色,两种颜色的结合产生棕色。涂抹在红色瘢痕上的绿色乳霜或液体化妆品,可以使脸部基础不透光,提供更少的覆盖。不透明程度较低的面部粉底看起来更自然,更容易涂抹和使用。

> 绿色遮瑕是红色的互补色,可能有助于遮盖红色瘢痕。

除绿色外,遮瑕还有其他颜色可以用于矫正、遮盖其他不想要的肤色。例如,黄色的面部色调可以被互补色紫色遮盖。黄色和紫色混合产生棕色。光老化的灰黄色或瘀伤的黄色含铁血黄素沉积物可以用紫色乳膏或液体颜色矫正剂来遮盖。相反,面部手术后常见的紫色淤青可以用黄色矫正进行遮盖。也可以使用标准的棕色遮瑕膏(图 12-4)。

> 紫色是黄色的互补色,紫色矫正可用于遮盖瘀斑消退后的黄色。

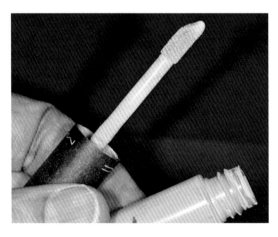

图 12-4　这是一款带有自动涂抹刷的棕色液体遮瑕膏,可以轻轻涂抹在愈合手术瘢痕上

散粉和腮红

面部散粉和腮红可以单独使用,也可以涂在面部粉底上。一般来说,如前所述,在面部恢复到可以使用面部粉底之前,不应使用。应选择不含研磨颗粒物质的粉末,如坚果壳或云母,以避免损害毛囊口,从而导致粟粒疹和闭合性粉刺形成。因此,应首选具有暗淡或磨砂饰面的散粉(图 12-5)。

> 哑光粉和无虹彩颗粒的腮红是手术后的最佳选择。

图 12-5　在术后患者中应用全覆盖更加不透明的面部基础后,腮红可以帮助重新定义脸颊

面部腮红是一种彩色粉末,旨在为脸颊和面部增添色彩。这些产品对以下术后患者非常有用。

1. 修复使用高遮粉底患者的面部标志,如颧骨。

2. 通过将腮红涂在上脸颊、前额中央、鼻尖和颏部中央来遮盖面部红肿。

3. 增加颜色以显示健康的外观。

与使用面部散粉一样,腮红应选择亚光饰面,即暗饰面,以避免光线反射的微粒物质。这些微粒会导致未愈合或早期愈合的手术伤口发痒。

眼部化妆品

大多数患者可以在手术后立即恢复使用眼部化妆品,除非手术涉及眼部区域(即眼睑肿瘤、眼睑成形术、眼睑再造等)。睫毛膏,使睫毛变深、变长、变厚,术后即可应用。但是,由于去除防水产品所需的溶剂可能会引起刺痛,所以建议使用水溶性产品。水溶性眼线笔也可以使用,以突出、美观放大眼部。另一方面,眼影是一种颜料粉末化妆品,在恢复使用面部粉底之前不应使用。

术后应使用可水洗的睫毛膏和眼线笔。

唇部化妆品

唇部化妆品也可在手术后即刻应用,除非手术部位涉及口唇(如唇部肿瘤切除、唇部推进皮瓣、上唇磨皮术等)。唇部化妆品是非常推荐的,因为它们是一种快速增加面部颜色和恢复可接受的美容外观的方法。

所有的化妆品都应该在睡觉前卸妆。

卸妆产品

术后患者应在必要时使用化妆品,并尽快彻底去除。他们应该在睡觉前去掉所有的化妆品。理想情况下,应使用温和的肥皂和水去除化妆品;然而,防水遮盖粉底需要一种特殊的卸妆产品。在痊愈之前,应避免使用防水化妆品,因为卸妆产品所需的溶剂可能会引起刺痛和灼伤。因为现有的新的耐摩擦聚合物睫毛膏和眼线笔,已不再需要使用防水化妆品。去除化妆品是必要的,以防止术后感染和其他并发症。

参 考 文 献

[1] Theberge L，Kernaleguen A. Importance of cosmetics related to aspects of self. Precept Mot Skills 1979;48:827.

[2] Cash TF，Cash DW. Women's use of cosmetics:psychosocial correlates and consequences. Int J Cosmet Sci 1982;4:1.

[3] Brauer EW. Coloring and corrective make-up preparations. Clin Dermatol 1988;6:62-7.

[4] Schlossman ML，Feldman AJ. Fluid foundation and blush make-up. In:deNavarre MG, ed. The Chemistry and Manufacture of Cosmetics. Wheaton IL：Allured Publishing Corp, 1988;748-51.

[5] Draelos ZK. Cosmetic camouflaging techniques. Cutis 1993;52:362.

[6] Draelos ZK. Use of cover cosmetics for pigment abnormalities. Cosmet Dermatol 1989;5:14.

建 议 阅 读

Arpey CJ，Whitaker DC. Post surgical wound management. Dermatol Clin 2001;19:787-97.

Draelos ZD. Camouflaging techniques and dermatologic surgery. Dermatol Surg 1996;22:1023-7.

Draelos ZD. Cosmetics，skin care products，and the dermatologic surgeon. postsurgical selection of cleansing products. Dermatol Surg 1998;24:543-6.

Draelos ZK. Cosmetics in the postsurgical patient. Dermatol Clin 1995;13:461-5.

Karagoz H，Yuksel F，Ulkur E，Evinc R. Comparison of efficacy of silicone gel，silicone gel sheeting，and topical onion extract including heparin and allantoin for the treatment of postburn hypertrophic scars. Burns 2009;35:1097-103.

Morganroth P，Wilmot AC，Miller C. Over-the-counter scar products for postsurgical patients:disparities between online advertised benefits and evidence regarding efficacy. J Am Acad Dermatol 2009;61:e31-47.

第13章

面部装饰

面部装饰是使用彩色面部化妆品来改善外观。这些化妆品很少用于功能性目的,但可以淡化面部缺陷,突出吸引人的面部特征。用于装饰的基本面部化妆品有粉末、腮红、烫金(古铜色)凝胶、遮盖棒和打底霜。

面部粉

面部粉可以覆盖皮肤的肤色缺陷,具有防油性、亚光饰面和皮肤的触觉光滑度。最初,面部粉被应用在保湿霜上,起到粉底的作用。液体粉底在很大程度上取代了粉状粉底,但对于希望完全覆盖、控油效果好的患者来说,粉状粉底效果非常好。首先使用适合患者皮肤类型的保湿霜,使其凝固或干燥,然后使用全覆盖的半透明粉末。

> 面部粉可以覆盖皮肤的肤色缺陷,具有防油性、亚光饰面和皮肤的触觉光滑度。

全遮粉主要含有滑石粉,也被称为水合硅酸镁,以及更多的覆盖颜料。面部粉中使用的覆盖颜料按不透明度增加的顺序依次为:二氧化钛、高岭土、碳酸镁、硬脂酸镁、硬脂酸锌、精制白垩、氧化锌、大米淀粉、析出白垩、滑石粉。一般认为,当颗粒尺寸为 $0.25\mu m$ 时,可获得最佳的不透明度。碳酸镁也可以用来改善吸油效果,保持粉末蓬松,并吸收额外的香味。高岭土(水合硅酸铝)也有吸收油脂和汗水的作用。全覆盖型面部粉通常被包在粉饼里,可用粉扑涂抹在脸上(图 13-1)。

图 13-1　粉饼在辅助控油的同时,可以增加面部的色彩和覆盖率

透明的面部粉现在更受欢迎,可以覆盖以前使用的液体粉底,并提高吸油能力。透明粉末的配方与全覆盖粉末相同,但它们含有较少的滑石粉、二氧化钛或氧化锌,因为覆盖不是优先考虑的。透明面部粉通常有一种淡淡的光泽,由珠光颜料制成,如氯氧化铋、云母、二氧化钛涂层云母或结晶碳酸钙。

面部粉通常使用氧化铁作为主要颜料,但也可使用其他无机颜料,如绀青、氧化铬、水合铬等。这些粉末被设计成增强底层皮肤和基础色调,因此透明粉末可用于难以找到适当着色的面部基础的患者。透明粉也可以选用互补色,如淡蓝绿色,以减少酒渣鼻、银屑病和系统性红斑狼疮患者的面部红斑(更多详情见第2章和表13-1)。

表 13-1　显示不同肤色化妆品的颜色表

化妆品	浅色皮肤	中等皮肤	深色皮肤
(A) 白种人皮肤			
面部粉底	浅米色、浅象牙色、浅粉色	中米色、象牙色、中粉色、桃红色	米色、棕褐色、深桃红色
腮红和口红	玫瑰粉、真红色	深粉色、蓝红色、樱桃红色、珊瑚色	深红色、肉桂色、勃艮第葡萄酒色
眉笔和睫毛膏	炭灰色、深棕色、棕黑色	深棕色	深棕色
眼线笔	炭灰色、棕黑色	深棕色	黑色
眼影	浅绿色、紫色、粉色、浅棕色、淡青色	深绿色、棕色、蓝色	暗绿色、棕色、暗蓝色
(B) 黑色皮肤			
面部粉底	玫瑰色、中米色、中桃红色	中米色，青铜色	太阳青铜色、褐灰色
腮红和口红	中珊瑚色、中粉红色、橙红色	深珊瑚色、玫瑰色、半透明红色	肉桂色，深半透明玫瑰色，真半透明红色
眉笔和睫毛膏	深棕色、木炭色、黑色	木炭色、黑色	黑色
眼线笔	米色、木炭色、黑色	米色、木炭色、黑色	米色、木炭色、黑色
眼影	米色、薰衣草色、湖绿色、浅蓝色	米色、深薰衣草色、湖绿色、中蓝色	深蓝紫色、深海绿色
(C) 东方皮肤			
面部粉底	浅粉色、桃红色、米色	中粉红色、深桃红色、中米色	深粉色，深米色
腮红和口红	浅粉色、橙色	玫瑰色、浅红色	玫瑰色、红色
眉笔和睫毛膏	黑色、木炭色	黑色、木炭色	黑色
眼线笔	黑色、木炭色	黑色、木炭色	黑色
眼影	米色、粉色、蓝紫色、蓝色	松石蓝色、湖绿色、薰衣草色、深蓝色、绿色	深蓝紫色、深粉色、鲜蓝色、鲜绿色
(D) 美洲印第安人皮肤			
面部粉底	浅米色	中米色	深米色
腮红和口红	粉红色、浅红色	桃红色、粉红色、浅红色	深玫瑰色、蔓越莓红色
眉笔和睫毛膏	木炭色、深棕色、黑色	黑色、木炭色	黑色
眼线笔	黑色、木炭色	黑色、木炭色	黑色
眼影	米色、冷蓝绿色、绿色、湖绿色	中米色、蓝绿色、湖绿色、绿色、深蓝	米色、深绿色、深蓝色
(E) 亚洲皮肤			
面部粉底	米色、玫瑰米色	中米色、玫瑰米色	米色，浅褐灰色
腮红和口红	桃红色、淡橙色、玫瑰色	红色、玫瑰色、粉色、珊瑚色	深红色、深玫瑰色、橙色
眉笔和睫毛膏	深棕色、木炭色	黑色、木炭色	黑色
眼线笔	黑色、木炭色	黑色、木炭色	黑色
眼影	粉红色、薰衣草色、蓝色、蓝绿色、海绿色	深蓝紫色、深米色、深粉色	蓝紫色，紫色，蓝色

面部粉通常使用氧化铁作为主要颜料，但也可使用其他无机颜料，如绀青、氧化铬、水合铬等。

一些透明粉的特殊添加剂包括部分水解的磨碎生丝，以提高吸水性，并赋予丝绒般的亚光饰面；玉米丝也能赋予丝绒般的亚光饰面；以及经过处理的淀粉和合成树脂，以提高吸油率。大多数透明粉是松散包装的，并带有涂抹刷或粉扑。

用粉扑从粉盒中取出面部粉，或用刷子从容器中松散地掸去。他们给脸上涂上一层亚光。希望面部有光泽或湿润半亚光的患者应避免使用粉末，因为它会吸收粉底中的油，从而破坏"带露水的"的外观。皮肤干燥的患者可能也希望避免使用面部粉，因为它会进一步使皮肤干燥。然而，对于油性皮肤容易产生面部反光的患者来说，面部粉末的吸油能力是极其宝贵的。

对面部粉本身的变应性接触性皮炎的发生率较低；然而，添加的香料可能会带来问题。面部粉剂更常见的问题是由于配方中含有珍珠色素等粗颗粒物质而引起的刺激性接触性皮炎。吸入这种粉末可能会引起哮喘或血管舒缩性鼻炎患者出现问题。面部粉可"原比例"进行开放式或封闭式斑贴试验。

腮红

腮红，也被称为胭脂，旨在增强玫瑰色的脸颊颜色。在许多情况下，红润的脸颊仅仅表明血管舒缩不稳定或光化损伤引起的毛细血管扩张；不过，腮红仍然很流行。

腮红的设计是为了增强玫瑰色的脸颊颜色。

腮红和胭脂实际上是为面颊增添颜色的化妆品的同义词，但对许多消费者来说，腮红是粉状产品，而胭脂是乳脂状产品。粉状腮红更受欢迎，其配方与紧实粉饼相同，除了要添加更鲜艳的颜料（图 13-2）。由于需要颜色而不是覆盖，粉状腮红不含太多氧化锌。胭脂膏的配方类似于无水粉底，含有轻酯、蜡、矿物油、二氧化钛和颜料。有些患者在脸颊上涂口红作为胭脂膏的一种形式。口红类型的配方用于胭脂膏被称为面部闪光剂。粉状腮红可以很容易地刷在任何粉底产品上，但是胭脂膏可以去除和涂抹无油和低含油的粉底。如果脸上涂了粉状产品，胭脂膏的效果也不好。

图 13-2 粉状腮红看起来与面部粉相似，只是产品的色素更鲜明，可以形成玫瑰色的脸颊，被认为是整体健康的标志

为了呈现自然的外观，面颊颜色应从面颊处瞳孔正下方的点开始，向上扫过外眼角（图 13-3），从而柔化颧骨，以达到女性理想外观。

胭脂和腮红的不良反应与面部粉的不良反应相同。产品可以"按原样"进行开放式或封闭式斑贴试验。

面部烫金（古铜色）凝胶

面部古铜色凝胶是可增加面部颜色的备选产品。如果该产品仅为脸颊增色，则称为胭脂凝胶；但如果该产品是为了给面部整体增色，则称为古铜色凝胶。胭脂凝胶有红色和橙色两种颜色，而古铜色凝胶，顾名思义，

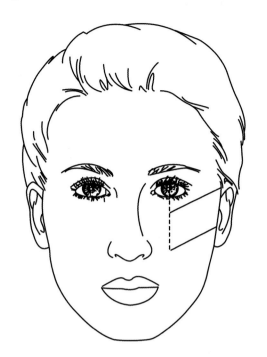

图 13-3 腮红在脸颊上的位置

是为了给人一种晒黑的外观。这两种产品都会使皮肤染色,而且不会覆盖皮肤。它们含有轻酯、丙二醇、乙醇和中性水凝胶中的水溶性有机颜料。由于挥发性载体产生的作用时间短,它们必须迅速取用。在使用过程中,手指和衣服的染色是一个常见的问题。

> 烫金(古铜色)凝胶可为脸部增色,通常是模仿棕褐色。

另一种提供无覆盖的面部颜色的产品是彩色涂料。彩色涂料是一种含色素但不含二氧化钛的粉底液,通常含有一些珍珠添加剂,如氯氧化铋或云母。遮色剂可以单独或在纯粹的粉底上使用。它们不能涂在有粉底或扑粉的脸上。彩色涂料更适合干性皮肤的患者,而古铜色凝胶更适合油性皮肤的患者。

面部缓冲液和高光粉

面部缓冲液和高光粉的配方与粉状腮红完全一样,只是珍珠的颜色和数量可能会有所不同。腮红通常是一种强烈的颜色,从红色到橙色,以突出上脸颊。另一方面,面部缓冲液通常是浅粉色或桃红色的,并含有适量的珍珠,使用它们的目的是混合其他面部化妆品。例如,在脸颊上涂上腮红后,在颜色停止的地方会形成一个边界。在腮红上涂上面部缓冲液,将颜色的边缘混合成自然的肤色。面部缓冲液也可与眼影合用在上眼睑。

面部高光粉比腮红的颜色更深。它们有深紫红色、青铜色或棕色可供选择,用于给面部上色和勾勒轮廓(图 13-4)。例如古铜色面部高光粉可以应用于前额中央、鼻尖和下巴中央,以形成棕褐色的外观,因为在最近的阳光照射下,患者面部的这 3 个突起区域通常有较深的色素沉着。面部缓冲液和高光粉可以巧妙地改善面部缺陷。

图 13-4 面部高光粉压缩的粉末珠子,在刷涂面部和身体之前,用刷子刷洗并混合,以获得所需的颜色混合

面部遮瑕棒

面部遮瑕棒旨在用于面部粉底下以遮盖瑕疵。面部遮瑕棒,也被称为眼部遮瑕膏,与肤色相匹配,并用于遮盖异常肤色,如痤疮病灶的红色或黑眼圈(图 13-5)。它们是含有

大量二氧化钛的高覆盖率产品,其他成分包括矿物油、蜡、颜料和高岭土或滑石粉。可使用的卷筒配方比含有更多油的膏状配方含有更多的蜡。膏状配方的一个流行的包装是在具有可插入的海绵尖端涂药器的圆柱管中。面部遮瑕棒的长期使用和高覆盖特性要求颜料悬浮在油基中。有一些产品被标为"无油",但它们含有硅油。

面部遮瑕棒用于面部粉底下以遮盖瑕疵。

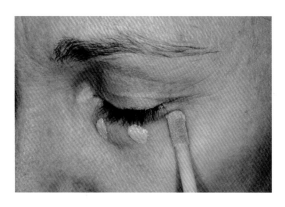

图 13-5　将具有皮肤颜色的乳膏轻点在眼皮下,混合以遮盖眼圈

面部打底霜

面部打底霜是用来掩盖不受欢迎的肤色的。它们的配方膏状粉底含有油、蜡、滑石粉和色素。打底霜有多种互补色,适合在全覆盖面部的粉底上使用。绿色的打底霜被用于遮盖由酒渣鼻、银屑病、狼疮、痤疮或面部血管瘤等皮肤病引起的微红肤色。在红色皮肤上涂上绿色打底霜会在粉底下产生棕色的效果,因为绿色和红色混合会产生棕色的色调。由于肾衰竭或东方背景而具有黄色肤色的患者可以使用浅紫色打底霜以产生粉红色肤色。桃红色打底霜可用于遮盖瘀伤皮肤的蓝色色调。如果患者选择使用打底霜,她还需要配合应用全系列的面部化妆品,因为面霜本身并不能遮盖缺陷。

面部打底霜有多种互补色,用于遮盖目的,适用于在全覆盖面部的粉底上使用。

另一款打底产品被称为白色珠光打底,是一款油性液体化妆品,不含任何色素,但含有更多的二氧化钛。这种打底产品是为皮肤光化损伤的患者设计的,其特征是细皱纹、毛细血管扩张和斑状色素沉着。二氧化钛含量的增加会使褪色的皮肤变白,而氯氧化铋或云母产生的珍珠能减少细纹。

烫金(古铜色)粉和有色保湿霜

烫金(古铜色)粉和有色保湿霜被用来为脸部和身体添加临时颜色,通常试图模拟棕褐色。除添加不同的颜料外,烫金粉的配方与面部粉相同。粉末用海绵或粉扑从粉盒中取出,涂抹在身体上。该产品通常被用于面部、颈部和肩部的中央,以模拟棕褐色。由于大多数配方中含有二氧化钛,因此该粉末很容易通过摩擦去除,并具有物理防晒效果。

烫金粉和有色保湿霜被用于为面部和身体添加临时颜色,以模拟棕褐色。

有色保湿霜是液体,与之前讨论的烫金粉不同,它们含有一种棕色色素,除了具有润肤效果外,还可以模拟晒黑的外观。从技术上讲,不可能从一个纯粹的保湿面霜中分离出一种有色保湿霜。通常,面部粉底含有二氧化钛,可以覆盖皮肤潜在的色素缺陷,而有色保湿霜没有,但差别很小。

痤疮患者的面部化妆品

选择适合痤疮患者的化妆品对皮肤科医师来说是个挑战。痤疮患者通常会自我意识到肤色上的瑕疵，并急于使用化妆品来遮盖痤疮的红斑、丘疹和结节。他们通常会选择维持时间最长、覆盖率最大的面部粉底。这些产品不可避免的以油为基础，并且极易堵塞毛孔，会导致面部油脂过盛和毛囊刺激，从而可能加剧潜在的痤疮，需要进一步的美容治疗。高覆盖率的粉底还需要使用腮红、口红和眼影，因为它们遮盖的不仅是痤疮病灶，而是所有的面部轮廓。不幸的是，这个问题没有最佳的解决方案。

> 面部粉可以帮助痤疮患者控制油脂。

面部粉对痤疮患者来说是非常有价值的。它可以吸收油脂，从而增加无油面部粉底的磨损，当与皮脂混合后，这些粉底会擦掉或分离。粉末还可以增加无油粉底的覆盖范围。为了从粉末中获得最大的好处并消除"撒过粉"的面部外观，必须正确选择和使用粉末。最好是疏松透明的粉末。透明粉末有粉色、黄色或棕色，患者应该选择最适合自己肤色和粉底的颜色。然后将指尖蘸入散粉中，将粉末按摩到整个面部的粉底上。将粉末揉进粉底比将粉末撒在脸上要好，因为它与粉底附着更紧密，从而增加了粉底的耐磨性和控油效果。揉搓也可以消除面部的"粉状"，并给人一种光滑的感觉。然后用蓬松的刷子刷去多余的粉末。如果出油，可以重复使用该技术。当粉底吸收了尽可能多的油分时，就会出现出油的现象，从而导致由于油渗透到粉底层而产生的面部发亮。

粉末也可以用来增加痤疮瑕疵区域的无油粉底的覆盖率。用指尖将粉底涂在痤疮部位，待其干燥。然后将松散的透明粉末按摩到患处。然后再铺上另一层粉底，重复这个过程，直到达到预期的覆盖效果。然后将粉底涂在整个面部，并用前面描述的面部粉末擦拭完成。

松散的粉剂通常比压实的粉饼含有更少的油，因此推荐用于痤疮患者。大多数松散的滑石粉都能很好地发挥作用，除了那些含有研磨颗粒物的粉末，如核桃壳粉。这些产品倾向于刺激闭合性粉刺和粟粒疹形成。这可能是由于边缘尖锐的颗粒堵塞毛囊，形成闭合的粉刺，或引起表皮损伤导致粟粒疹。

痤疮患者也应该选择粉状和凝胶状面部化妆品配方，而不是油性面霜。这意味着应该选择粉状腮红而不是胭脂膏，应该选择古铜色凝胶而不是彩色涂料。粉状腮红可以被痤疮患者有效地用来吸收油脂，使上脸颊呈现红色，这可能有助于遮盖痤疮瑕疵。对于皮肤颜色浅的痤疮患者，古铜色凝胶可以有效地增加面部颜色，而不会恶化痤疮，也不会导致需要使用全系列的面部化妆品。

中老年患者的面部化妆品

中老年患者通常皮肤干燥，伴有皱纹和其他光化损伤。在皮肤干燥的情况下，应避免使用粉剂等吸油产品。如果需要粉剂，碳酸镁和氧化锌的含量应该较低，因为这两种物质对面部有收缩或干燥的作用。粉末也会迁移到皱褶中，加重皱纹。然而，粉状腮红仍然比胭脂膏更受欢迎。胭脂膏涂在任何类型的粉底上都不会很好地散开。面部古铜色凝胶也很难涂抹在皱纹皮肤上。如果需要增加面部的颜色，单独使用或在含油粉底下使用彩色涂料是更好的选择。

> 皮肤干燥的中老年患者应避免使用粉剂。

打底霜化妆品在中老年人群皮肤上表现良好，因为它们的油基可以替代面部保湿霜。面颊上部的绿色打底霜对于面部毛细血管扩张的成年患者尤其有用。绿色打底上必须覆盖有含油的粉底。将粉状腮红涂在上脸颊上也有助于掩饰毛细血管扩张。白色珠光打底可用于粉底下，以减少皱纹和改善面部色素沉着不均匀。

男士面部化妆品

男性面部彩妆已经逐渐被接受，但它们仍然不受欢迎。娱乐行业的男性使用为女性设计的化妆品，并以与女性相同的方式使用化妆品以突出面部颜色。男性日常使用面部化妆品是少见的。因为胡须会附着在毛干和突出的毛囊结构上，甚至不能使用面部粉底。男性皮肤粗糙的质地也更加突出。如果需要整个面部的着色，应避免面部粉底，而应使用古铜色凝胶。此产品可使皮肤染色，从而提供颜色，但不能覆盖。如果需要遮盖，男性应选择不透明的遮盖化妆品，这部分在面部瘢痕章节中有讨论。使用粉状腮红、缓冲液或荧光粉，可以有效地将颜色添加到脸颊、前额、鼻和下巴。在整个面部涂抹透明的粉，可以减少毛孔粗大的情况，也可以减少清晨剃须后因深色胡须重新生长而在脸颊上形成的"五点钟阴影"。目前还没有专门为男性开发的国民性彩色化妆品系列。

儿童面部化妆品

彩色面部化妆品可供年轻女孩装饰面部和脸颊。大多数青春期前和青春期早期的女孩不想"看起来像化妆了"，但仍然想要在脸上化妆。这个年龄段流行的面部化妆品包括透明的面部颜色凝胶和胭脂。透明面部颜色凝胶和青少年胭脂在配方上相似，不同的是，颜色凝胶涂在脸上时颜色更浅，适用于整个面部，而胭脂颜色鲜艳，仅适用于上脸颊。它们含有轻酯、丙二醇、乙醇和中性水凝胶中的水溶性有机颜料。该产品必须均匀和快速地涂抹，以避免晕染它接触的所有东西，包括指尖。

面部矫正化妆品

针对面部病变的矫正化妆品，其原理是

深色使病灶看起来更小，并且后缩，而浅色使病灶看起来更大，并且看起来更前凸。这个概念在图 13-6 中得到了说明，在图中，与白色的椭圆相比，黑色的椭圆显得凹陷且更小。粉状腮红类产品最适合此用途。需要增白的面部区域应涂上淡粉色或桃红色珍珠腮红或缓冲液。需要变暗的面部区域应该刷上深紫红色或青铜色亚光腮红或荧光粉。

> 面部矫正化妆品的原理是，深色使病灶看起来更小，并且后缩，而浅色使病灶看起来更大，并且看起来更前凸。

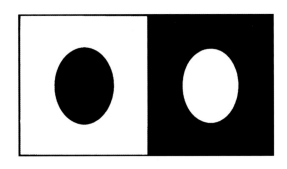

图 13-6　面部轮廓的两个基本规则是：深色轮廓看起来更小，并且看起来后缩；浅色的轮廓看起来更大，看起来更前凸

美容面部整形在优化脸形、前额和颏部的大小或鼻轮廓方面最为成功。完美的脸形是椭圆形的，中线左右对称，因为这种脸形最令人赏心悦目。椭圆形脸的长度是宽度的 1.5 倍，从最宽的前额到最小的颏部，椭圆形脸的长度应该逐渐变细。面部应该从上到下分成相等的 3 份：前额到眉间，眉间到鼻下，鼻下到颏部底部。脸应该从一侧耳到另一侧耳平均分成 5 份，每个 1/5 是一只眼的宽度。

> 理想的脸应该从上到下分成 3 等份：前额到眉间，眉间到鼻下，鼻下到颏部底部。

其他面部形状为圆形，面部长度较短；长方形，面部长度较长；正方形，额部宽；菱形，前额小；三角形，面颊宽；还有倒三角形，颏部窄。通过对脸部进行适当的阴影，不太理想的形状可以更接近完美的椭圆形。

例如，圆脸的边缘应该涂上深色的阴影，以淡化增加的宽度，而长方形的脸应该沿着前额和颏部涂上阴影，以弱化长轴。方脸的下腭两侧的颜色应该是深的。菱形脸和三角形脸都应该在额头处加亮以强调突出，而倒三角形脸的颏部处也应该加亮。

同样的阴影修饰技术也可以用来矫正前额和颏部的不佳形状。低位前额应在发际线下方涂上浅色腮红，而高位前额应在此处涂上深色腮红。后缩的颏部应该在尖端和两侧面涂上浅色的腮红。双下巴应该在整个颌骨下以深色腮红阴影。

面部重塑术在鼻部最有用，因为头发、珠宝或眼镜都无法掩盖鼻的畸形。图13-7说明了着色技术。要变暗的区域用交叉阴影线标出，要变亮的区域用轮廓线标出。图13-7A显示鼻折断，畸形愈合，偏向患者左侧。鼻突出的左上侧以及右下侧和右鼻尖应打阴影，对侧应用高光提亮。钩鼻或鹰钩鼻（图13-7B）也可以通过将钩鼻和侧鼻尖的颜色调暗来弱化。在鼻头和鼻根打阴影以改善蒜头鼻（图13-7C）。长鼻和短鼻的阴影分别如图13-7D和E所示。

面部矫正化妆品不能代替完美的面部，在某些情况下，应该建议患者考虑外科手术。这些建议可以提供给那些正在等待手术的患者，或者那些以前没有技巧性应用化妆品的患者。

如何建议患者选择化妆品

皮肤科医师越来越频繁地被要求就化妆品的选择提供建议。患者正在寻找既能改善皮肤质量又能提供价值的化妆品。皮肤科医师了解皮肤生理学和疾病，适合在这方面发

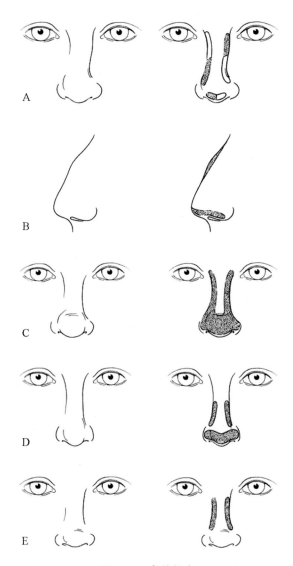

图 13-7　鼻的轮廓

　A. 歪鼻子；B. 钩鼻或鹰钩鼻；C. 蒜头鼻；D. 长鼻；E. 短鼻。

表意见；然而，对现有化妆品及其使用的不熟悉可能使医师无法给出有价值的、具体的建议。本文旨在作为制订个体患者建议的基本指南。下文将概述笔者为患者提供美容选择建议的方法。

第一，提出化妆品选择建议应确定患者在哪里购买化妆品。这一点很重要，因为购买点与产品的成本有关。在向患者提出建议时，将成本考虑在内是明智的。化妆品制造

商有意生产产品,通过各种市场接触消费者。一些化妆品在大众商店销售,如杂货店、药店和折扣店。通过这些销售商出售的化妆品价格一般在 2～15 美元。其他化妆品只通过百货公司的化妆品柜台出售。即使在百货商场市场中,也有专为低价位百货商场和高价位百货商场设计的产品。价格较低的百货商场销售的化妆品售价为 8～20 美元,而价格较高的百货商场销售的化妆品售价为 20～60 美元。最昂贵的化妆品在精品店和水疗中心出售。这些产品的价格从 25 美元到 90 美元不等。有趣的是,其中一些独家产品是由生产化妆品的同一家公司生产的,而这些公司用不同的标签在大众商家中销售。一般来说,精品系列具有更具吸引力、更精致的包装,并配有更多的颜色选择、更昂贵的香水和创新的专业添加剂。

　　购买化妆品的另一种途径是通过家庭聚会和在附近挨家挨户推销的个人。这些产品通常在 8～25 美元。最后,私人化妆品是在合同基础上生产的,通常是通过小型制造商生产的。化妆品可以根据业务需求进行定制,也可以只是一种带有定制标签的标准配方。这个市场的价格变动很大。值得注意的是,以这些方式销售的化妆品是为州内使用而生产和销售的,不属于美国食品和药物管理局的指导范围。此外,较小的化妆品制造商没有资本或设施来进行广泛的营销前和营销后的消费者调查。然而,有几家大型化妆品公司通过这些途径向消费者推销高质量的产品。

　　第二,确定患者的皮肤类型:非常油性、油性、混合性、正常、干性、非常干性等。保湿霜和面部粉底必须根据皮肤类型仔细选择。有趣的是,许多患者并不知道自己的皮肤类型,或者是化妆品柜台的销售人员错误地指定了皮肤类型。在笔者看来,最容易确定皮肤类型的方法是询问患者在晨洗后一天中鼻部的皮脂生成量。皮脂分泌可以通过让患者

在一天中的不同时间用手指向下触摸鼻来评估。如果患者的鼻部整天都有皮屑,从早上到下午 5 点都没有皮脂,那么他们的皮肤非常干燥。如果患者在下午 5 点没有剥落,但鼻上没有皮脂,则表示皮肤干燥。如果患者在下午 5 点时鼻上皮脂很少,则他们的皮肤是正常的。如果患者中午鼻上有皮脂,则表明他们是油性皮肤。此外,如果患者在晨洗 1 小时后鼻上有皮脂,则他们的皮肤非常油腻。混合性皮肤是最常见的皮肤类型,可以通过比较下午 5 点时鼻上的皮脂量和脸颊上的皮脂量来评估。这是一种简单但相当精确的确定皮肤类型的方法。

　　第三,一旦确定了皮肤类型,可以参考本文中的适当章节以获得具体的化妆品建议。然而,一些患者也希望知道应该选择什么颜色的化妆品来增强他们的皮肤和面部特征的外观。这个建议可能超出了大多数皮肤科医师所能提供的范围,而这种性质的问题可能更适合由美容师来处理。然而,对于对这一领域感兴趣的医师来说,上文已经提供了基于皮肤色素沉着的颜色图来协调面部基础、腮红、唇膏、眉笔、睫毛膏和眼影颜色与皮肤色调(见表 13-1)。

　　最后,毫无疑问,亲自参观一家大型百货公司的化妆品陈列室或百货公司的化妆品柜台很有益处。通过嗅觉、触摸和涂抹化妆品可以提供大量的信息,这些信息在文本中是无法完全描述的。

参 考 文 献

[1]　Wetterhahn J. Loose and compact face powder. In:deNavarre MG, ed. The Chemistry and Manufacture of Cosmetics. Vol. 4. 2nd edn. Wheaton, IL:Allured Publishing Corportation, 1988;921-46.

[2]　Lanzet M. Modern formulations of coloring agents:facial and eye. In:Frost P, Horwitz SN,

eds. Cosmetics for the Dermatologist. St. Louis:CV Mosby, 1982:133-51.

[3] Begoun P. Blue eyeshadow should be illegal. Seattle, WA:Beginning Press,1986:62-4.

[4] Soldo BL, Drahos M. The Inside-Out Beauty Book. Old Tappan,New Jersey:Fleming H. Revell Company,1978:78-9.

[5] Jackson EM. Tanning without the sun:accelerators, promoters, pills,bronzing gels, and self-tanning lotions. Am J Contact Dermatitis 1994;5:38-40.

[6] Wesley-Hosford Z. Face value. Toronto:Bantam Books,1986:148-50.

[7] Draelos ZD. Cosmetics to imitate a summer tan. Cosmet Dermatol 1990;3:8-10.

[8] Dichter P, Fils VM. The men's product explosion. Cosmet Toilet 1985:75-6.

[9] Kavaliunas DR, Nacht S, Bogardus RE. Men's skin care needs. Cosmet Toilet 1985: 29-32.

[10] Draelos ZD. Cosmetics designed for men. Cosmet Dermatol 1992;5:14-16.

[11] Powell N, Humphreys B. Proportions of the aesthetic face. New York:Thieme-Stratton Inc,1984:1-13.

[12] Taylor P. Milady's makeup techniques. Albany, New York:Milady Publishing Company, 1994:18-23.

[13] Miller C. 8 minute makeovers. Washington, DC:Acropolis Books Ltd. ,1884:166-7.

[14] Newman A, Ebenstein RS. Adrian Arpel's 851 Fast Beauty Fixes and Facts. New York: G. P. Putnam's Sons, 1985:47.

[15] Soldo BL, Drahos M. The Inside-Out Beauty Book. Old Tappan, NJ:Fleming H. Revell Company, 1978:85-100.

[16] Bruce J, Cohen SS. About face. New York: G. P. Putnam's Sons, 1984:94-6.

建 议 阅 读

Draelos ZD. Colored facial cosmetics. Dermatol Clin 2000;18:621-31.

Hollenberg J. Color cosmetics (Chapter 26). In: Rieger MM, ed. Harry's Cosmeticology, 8th edn. Chemical Publishing Co. , Inc. , 2000: 523-72.

Levy SB. Cosmetics that Imitate a Tan. Dermatol Ther 2001;14:215-19.

Palma DD. Looking younger:cosmetics and clothing to look more vibrant. Clin Dermatol 2008;26:648-51.

Schlossman ML. Decorative products (Chapter 54). In:Barel AO, Paye M,Maibach HI, eds. Handbook of Cosmetic Science and Technology. Marcel Dekker, Inc. , 2001:649-83.

Sun JZ, Erickson MCE, Parr JW. Refractive index matching:principles and cosmetic application. C & T magazine.

Tedeschi A, Dall'Oglio F, Micali G, Schwartz RA, Janniger CK. Corrective camouflage in pediatric dermatology. Cutis 2007;79:110-12.

Weisz A, Milstein SRT, Scher AL. Colouring agents in cosmetic products (excluding hair dyes): regulatory aspects and analytical methods. Anal Cosmet Prod 2007:153-89.

Westmore MG. Camouglage and makeup preparations. Clin Dermatol 2001;19:406-12.

第14章

排查有问题的成分

化妆品配方涉及精心选择成分,以生产出安全、优雅、有效的适合患者购买的产品。要生产这样一种化妆品,必须结合许多物质,而且必须考虑到各种因素,如防潮效果、pH、润滑作用、舒缓作用、渗透作用、润肤作用和经皮吸收。本章讨论了许多化妆品配方中的关键成分对皮肤的影响,这些成分包括防腐剂、色素添加剂、生物添加剂、草药添加剂、维生素添加剂和脂质体。

防腐剂

近来关于防腐剂有不少负面报道,从乳腺癌到环境破坏,各种各样的指控都有。虽然防腐剂不是非常吸引人的成分,但它们是每种化妆品和护肤品配方的必要组成部分。如果没有防腐剂,大多数配方中的脂质会迅速氧化,乳霜会变质,或者细菌污染会使产品不安全。防腐剂是仅次于香料的第二常见的致敏物质。然而,与防腐剂在化妆品中所起的两种必要作用(购买前防止变质和购买后防止污染)相比,刺激性和过敏性接触性皮炎的病例数量确实很少。简而言之,防腐剂降低了化妆品使用感染的可能性。一项对涵盖250种化妆品进行的独立调查显示,1969年未使用的产品中有24.4%的污染率,主要是由假单胞菌和其他革兰阴性杆菌引起的。最常被污染的产品是手和身体乳液以及眼线液。新型和更好的防腐剂的发展极大地改善了化妆品的保存。

> 防腐剂是仅次于香水的第二类最常见的致敏物质。

不幸的是,理想的防腐剂并不存在。化妆品防腐剂的有价值品质见表14-1。化妆品化学家和微生物学家的一个重要职能就是在给定的产品中选择最符合上述所有需求的防腐剂。此外,防腐剂必须经过严格的皮肤病学测试,以确保其在人类皮肤上使用是安全的。一些互联网监督组织已经将防腐剂列为有害或非自然的成分,认为防腐剂对人类使用不安全。他们引用的大部分数据都来自动物摄入大量防腐剂。护肤品中使用的防腐剂并非用于消费,护肤品中的防腐剂浓度很低,这可以从成分披露末尾列出的事实中得到证明。防腐剂是确保长期保存和防止感染所必需的。

> 所有化妆品和护肤品都含有防腐剂。

表 14-1 理想化妆品防腐剂的特性

1. 不刺激
2. 缺乏敏感性
3. 在各种温度和 pH 范围内都是稳定的
4. 长时间稳定
5. 与多种成分和包装材料兼容
6. 有效对抗多种微生物
7. 没有气味和颜色

没有一种产品是在设计时不考虑保存因素的。所有的产品都使用某种类型的保存技术，无论是在包装上，如带有单向阀的无氧分配器，还是在配方中，如将香料提取物作为香料和天然防腐剂。货架上任何护肤品的稳定性关键在于消费者的安全。消除防腐剂对消费者有利的观点并不一定正确。

许多防腐剂可用于化妆品中。表 14-2 列出了按化学分类的一些防腐剂。表 14-3 总结了每种化学品的优缺点。市场上没有完美的化妆品防腐剂。由于刺激性和致敏性相对较低，目前使用的一些更受欢迎的防腐剂包括对羟基苯甲酸酯、咪唑烷基脲、苯氧乙醇、季铵盐-15 和凯森 CG。在美国化妆品中最常用的防腐剂是对羟基苯甲酸酯，其次是咪唑烷基脲。

> 美国化妆品和护肤品中最常用的防腐剂是对羟基苯甲酸酯，其次是咪唑烷基脲。

表 14-2　化妆品中使用的一些防腐剂

有机酸
　苯甲酸
　山梨酸
　氯乙酸
　甲酸
　水杨酸
　硼酸
　丙酸
　亚硫酸
　柠檬酸
　脱氢乙酸
苯甲酸酯类
　对羟基苯甲酸甲酯
　对羟基苯甲酸乙酯
　对羟基苯甲酸丙酯
　对羟基苯甲酸丁酯
　对羟基苯甲酸苄酯
汞化合物
　乙酸苯汞

（续　表）

　硼酸苯汞
　硝酸苯汞
精油
　桉树
　牛至属植物
　百里香
　香薄荷
　柠檬草油
醛类
　甲醛
醇类
　苯氧基乙醇
　B-对氯苯氧基乙醇
　苯氧基丙醇
　苯甲醇
　异丙醇
　乙醇
酚类化合物
　苯酚
　邻苯基苯酚
　氯百里酚
　甲基胆甾醇
　二氯酚
　六氯酚
季铵盐类化合物
　苄索氯铵
　苯扎氯铵
　甲基溴化铵
　西吡氯铵
各种各样的
　5-溴-5-硝基-1,3-二噁烷（二噁英）
　2-溴-2-硝基丙烷-1,3-二醇（溴硝醇）
　咪唑烷基脲（Germall 115）
　三氯水杨酰苯胺
　三氯二苯脲
　5-氯-2-甲基-4-异噻唑啉-3-酮和 2-甲基-4-异噻唑啉-3-酮（凯森 CG）

Adapted from Harry's Cosmeticology. In: Wilkinson JB, Moore RJ, eds. 7th edn. New York: Chemical Publishing, 1982：673-706.

表 14-3　防腐剂的比较

防腐剂	优点	缺点
乙醇	覆盖面广,物美价廉	易挥发,需要高浓度
季铵盐-15(Dowicil 200)	覆盖面广(细菌、酵母菌、霉菌)	对某些假单胞菌、甲醛释放剂无效
甲醛	覆盖面广(杀真菌剂和杀菌剂)	刺激性、过敏原、浓度调节的难闻气味
季铵盐类化合物	主要为革兰阳性菌,部分为革兰阴性菌	与氨基酸与蛋白质不相容
苯甲酸酯类	中度覆盖(真菌、革兰阳性菌)、低过敏性、低刺激性	对革兰阴性菌的抵抗力差,与非离子和阳离子不相容,仅在酸性 pH 下有效
有机汞	覆盖面广	高毒性、高刺激性
酚类	覆盖面广,在宽 pH 范围内有效	高刺激性、易挥发
2-溴-2-硝基丙烷-1,3-二醇(溴硝醇)	中度覆盖(细菌)	甲醛释放剂,对酵母和真菌效果最差
甲基异噻唑啉酮和甲基氯异噻唑啉酮(凯森 CG)	覆盖面广(细菌、酵母菌、真菌)	过敏性、刺激性、在高 pH 下灭活
咪唑烷基脲(Germall 115)	中度覆盖(革兰阴性菌)	最好与对羟基苯甲酸酯和抗真菌药物结合使用,以获得更广泛的覆盖范围
二唑烷基脲(Germall Ⅱ)	中度覆盖(革兰阴性菌、假单胞菌)	最好与对羟基苯甲酸酯和抗真菌药物结合使用,以获得更广泛的覆盖范围
有机酸	覆盖面广(细菌、酵母菌)	刺激性,仅在酸性 pH 下有效
二羟甲基乙内酰脲(甘氨酸)	覆盖面广,在宽 pH 范围内有效	抗酵母菌活性较低

Adapted from Harry's Cosmeticology. In：Wilkinson JB, Moore RJ, eds. 7th edn. New York：Chemical Publishing，1982：673-707.

最近已经有一项措施,从一些护肤品中去除对羟基苯甲酸酯防腐剂。消费者团体在他们的网站上把对羟基苯甲酸酯与乳腺癌联系起来,鼓励制造商使用其他防腐剂。取代对羟基苯甲酸酯的一种比较流行的防腐剂是凯森 CG,但这种防腐剂比对羟基苯甲酸酯更容易引起接触性皮炎,而且在许多方面问题更大。一些"天然"护肤产品使用具有抗菌能力的精油和香料,如丁香油、肉桂油、桉树油、玫瑰油、薰衣草油、柠檬油、百里香、迷迭香和檀油。声称不含防腐剂的产品实际上可能含有这些芳香防腐剂中的一种,并配有特殊包装(图 14-1)。

化妆品配方的复杂性要求防腐剂在各种条件下都能发挥作用。微生物倾向于在化妆品的水相中繁殖。在这种情况下所选用的防腐剂必须具有高水溶性和低油溶性才能发挥作用。此外,必须注意确保配方中的其他成分不会通过与活性位点结合或改变有效 pH 范围而使防腐剂失活。一些固体物质,如滑石粉、高岭土、二氧化钛和氧化锌实际上会吸附防腐剂,从而降低其有效浓度。

经常污染化妆品的微生物包括革兰阳性菌(金黄色葡萄球菌、链球菌)、革兰阴性菌(铜绿假单胞菌、大肠埃希菌、产气肠杆菌)、真菌(黑曲霉、青霉菌、链格孢菌)和酵母菌

图 14-1 这款面部保湿霜被包装在一个塑料容器内的无空气袋中，通过单向阀分配。可以防止氧气与保湿霜接触，并有助于产品的保存

（念珠菌）。防腐剂的必要性是不可否认的，但化妆品和皮肤护理防腐剂的不良反应偶尔也会发生。对羟基苯甲酸酯是化妆品中最常用的防腐剂，因为它们的致敏性很低，而且当应用于健康皮肤时很少引起刺激性。在美国，它们的浓度通常为 0.5% 或更低，实际上，5% 浓度的对羟基苯甲酸酯刺激性仍在可接受范围内。一些对羟基苯甲酸酯过敏的人实际上可能会耐受含有对羟基苯甲酸酯的化妆品，这一现象被称为"对羟基苯甲酸酯悖论"。耐受性与应用部位、浓度、持续时间和皮肤状态有关。由于对革兰阳性菌和真菌最有效，对羟基苯甲酸酯有时与苯氧乙醇联合使用，以达到更好的革兰阴性覆盖率。对羟基苯甲酸酯和咪唑烷基脲（Germall 115）或二唑烷基脲（Germall Ⅱ）也有协同作用。

一些防腐剂，如咪唑烷基脲（Germall 115）、2-溴-2 硝基丙烷-1,3-二醇（溴硝醇）、季铵盐-15（Dowicil 200）和二羟甲基乙内酰脲（甘氨酸）是甲醛释放剂。这意味着游离甲醛是在水存在的情况下产生的。甲醛的浓度通常过低，不会引起刺激性或过敏性。然而，对甲醛过敏的患者可能难以使用这些防腐剂。

凯森 CG（CG 代表化妆品等级）是美国相对较新的防腐剂。它是一种致敏源，建议用于清洁的产品，如护发素和洗发水，浓度低于 5 ppm。然而，它也被用在一些免洗产品中，比如护手霜，浓度很低。在一项斑贴试验研究中发现，凯森 CG 和季铵盐-15 是最易致敏的防腐剂。

> 在许多化妆品配方中，对羟基苯甲酸酯被凯森 CG 取代，但凯森 CG 是过敏性接触性皮炎的来源。

一些患者也可能对山梨酸产生过敏性接触性皮炎或接触性荨麻疹，但山梨酸是化妆品中较少使用的防腐剂。它在 2% 的凡士林浓度下进行了斑贴试验。

防腐剂由于其固有的刺激性，很难进行斑贴试验。也有关于讨论斑贴试验方法和浓度的优秀文章。表 14-4 列出了一些比较常用的防腐剂的斑贴试验浓度以及它们在化妆品配方中的典型浓度。有趣的是，根据所使用的参考值，推荐的斑贴试验存在一些变化。

色素添加剂

从媒体的角度来看，除防腐剂外，其他有问题的成分是色素添加剂。色素添加剂在有色化妆品中是不可缺少的，也是其他化妆品制剂所能感受到的好处。自 1938 年以来，用于化妆品的合成有机色素的使用一直受到监管（图 14-2）。化妆品中最常用的着色剂列于表 14-5。

表 14-4　斑贴试验和使用浓度

防腐剂	使用浓度	斑贴试验浓度
季铵盐-15(Dowicil 200)	0.02%～0.3%	在凡士林中为 2%
甲醛	0.05%～0.2%	1%水溶液
对羟基苯甲酸酯	0.1%～0.8%	单独测试时,在凡士林中为 3%,否则,在对羟基苯甲酸酯混合物的凡士林[a] 中为 12%
2-溴-2-硝基丙烷-1,3-二醇(溴硝醇)	0.01%～0.1%	在凡士林中为 0.5%
甲基异噻唑啉酮和甲基氯异噻唑啉酮（凯森 CG）	3～15 ppm	100 ppm 水溶液
咪唑烷基(Germall 115)	0.05%～0.5%	在凡士林或水溶液为 1%
二唑烷基脲(Germall Ⅱ)	0.1%～0.5%	1%水溶液
二羟甲基乙内酰脲(甘氨酸)	0.15%～0.4%	1%～3%水溶液

[a] 对羟基苯甲酸酯混合物含有对羟基苯甲酸酯甲基、乙基、丙基和丁基各 3%。

表 14-5　化妆品色素添加剂使用频率（按频率递减顺序）

二氧化钛
氧化铁
云母
FD&C 黄色 5 号
深蓝色
FD&C 蓝色 1 号
D&C 红 7 号钙湖
氯氧化铋
FD&C 红色 4 号
FD&C 黄色 6 号

化妆品化学家可将 116 种许可认证颜色概括为以下 3 类。

1. FD&C 着色剂被允许用于食品、药品和化妆品。

2. D&C 着色剂被允许用于药品和化妆品。

3. 外部 D&C 着色剂被允许用于外用药物和化妆品,但不包括口唇和被黏膜覆盖的任何体表区域。

自 1938 年以来,对化妆品中使用的合成有机颜料进行了监管。

图 14-2　口红制品中的着色剂受美国政府监管

颜色添加剂可分为可溶性和不溶性。可溶性色素可溶于各种物质,包括水、乙醇(酒精)和油。这些颜色几乎都是合成有机染料,只有在溶液中才能着色。这些可溶性合成染料可进一步分为酸性染料、媒染染料(媒介染料)、碱性染料、还原染料、溶剂染料和黄蒽染料。酸性染料用于许多物品的染色,如化妆品、纺织品、食品、油墨、木材污渍和清漆。用于化妆品的这类染料为 FD&C 蓝色 1 号、2 号;FD&C 绿色 1、2、3 号;FD&C 红色 2 号、

3 号、4 号；FD&C 紫色 1 号，FD&C 黄色 5、6 号；D&C 蓝色 4 号；D&C 绿色 5 号；D&C 橙色 4 号、11 号；D&C 红色 22、23、28、33 号；D&C 黄色 7 号，10 号和外部 D&C 黄色 7 号。媒染染料、碱性染料和还原染料通常不用于化妆品。列出使用的溶剂染料为 D&C 绿色 6 号；D&C 红色 17 号、37 号；D&C 紫色 2 号和 D&C 黄色 11 号。黄蒽染料，如荧光素，被用于口红着色。经批准使用的这类染料为 D&C 橙色 5、6、7、10 号和 D&C 红色 21、27 号和 D&C 黄色 7 号的酸性形式。下述黄蒽染料以其水溶性形式使用：FD&C 红色 3 号；D&C 橙色 11、12 号和 D&C 红色 22、23、28 号。

不溶性颜料由无机和有机物质组成。有机材料主要是可溶性染料和色素的色淀，而无机材料主要是氧化物和金属。这些色淀是可溶的染料，通过沉淀在基底上而变得不溶。颜料通常是偶氮型染料。天然存在的氧化物颜料包括被称为赭石的氧化铁、生烧褐煤、红色氧化物和生烧赭土。合成氧化物和赭石也可产生红色和黄色的色调。蓝色是由深蓝色、氧化铬形成的绿色和吉涅特绿制成的，而黑色则有炭黑、植物黑、骨黑和铁的黑色氧化物。金属颜色包括铝粉和青铜粉。这是一个化妆品和皮肤护理产品中使用的着色剂的概述。

其他不属于上述类别的常见着色剂包括珍珠色，由鱼鳞或氧化铋和锰紫形成。颜色添加剂很少引起化妆品中的皮炎，但存在煤焦油染料皮炎的报道。此外，D&C 红色染料已被证明具有致粉刺作用。

生物添加剂

产品配方的另一个有争议的领域是使用生物添加剂或动物来源的物质。一些化妆品公司在广告中说，他们的产品都不含动物原料，从市场营销的角度来看，动物原料可能比配方更有价值。生物添加剂是从不同种类动物的腺体和组织的提取物和水解物中提取出来的。动物器官提取物可以配制成水剂、三酰甘油、水醇、羟基乙酸和油性。生物添加剂的示例包括胶原蛋白、弹性蛋白、透明质酸、角蛋白、胎盘、羊水、胰腺、鸡蛋提取物、血液衍生物以及大脑和主动脉提取物。

> 生物添加剂来源于动物产品。

由于存在"内在因素"，化妆品界认为局部应用的生物添加剂（也称为生物因子）起到活性成分的作用。内在因素是迄今为止尚未确定的对人体有生理影响的化学物质。下文将对这些动物源性物质的简要研究进行概述。

胶原蛋白

胶原蛋白是一种生物添加剂，存在于保湿霜、护发素、洗发水和指甲油中，也可用于皮肤和皮下注射。胶原蛋白是由三条扭曲的 α 螺旋肽链组成的大分子。它通常从切碎的小牛皮中获得，经过小心处理避免变性。可注射胶原蛋白应经过处理，通过水解分离肽链。链的非螺旋端，被称为端肽，也被去除，因为它造成了牛胶原蛋白在人类中的抗原性。

可注射的牛和猪胶原蛋白曾作为一种填充物在市场上销售，用于美容改善因瘢痕或皱纹引起的面部凹陷，但最近被去除。另一方面，局部胶原蛋白可以微纤维形式用于止血，也可以以水解形式作为保湿霜中的蛋白质保湿剂。胶原蛋白能吸收自身重量 30 倍的水。水解的胶原蛋白也可以用于护发产品，尤其是即时护发素，因为它可以可逆地渗透经过化学处理或受损的头发。水解胶原蛋白在许多现代配方中仍然被广泛使用，尽管在疯牛病恐慌期间它的使用减少了。

弹性蛋白

弹性蛋白是真皮的一种结构成分,帮助皮肤在拉伸和其他变形后恢复其原始形态。少数用于美容制剂的弹性蛋白是从牛颈韧带中获得的,但大多数制剂含有一些胶原杂质。弹性蛋白通常以水解物的形式添加,水解物由具有明显气味的透明黄色液体组成。弹性蛋白具有保湿剂的功能;然而,胶原蛋白比弹性蛋白具有更大的水结合能力。

透明质酸

透明质酸是真皮的一种成分,具有很强的美容保湿能力。换句话说,透明质酸在局部使用时可以起到保湿剂的作用。它还可以促进其他物质通过角质层渗透,因为含水的表皮更具渗透性。因此,透明质酸被一些化妆品制造商称为"透皮给药系统"。

透明质酸是一种氨基多糖,甲壳素、硫酸软骨素和肝素也属此类。它属于黏多糖的广泛范畴,黏多糖是以纯状态或蛋白盐形式存在的含有己糖胺的动物源性多糖。透明质酸来源于动物,如禽类鸡冠、小牛结缔组织、脐带和滑膜。用作注射填充物的透明质酸是NASHA,它是由细菌制造的人类透明质酸,不含任何动物成分。由于成本问题,这种形式的透明质酸并没有广泛应用于局部皮肤护理制剂中。

角蛋白

角蛋白是角质层的一种蛋白质成分,在化妆品中用作保湿润肤霜,并在头发和指甲上沉积一层薄膜。它可以让头发在定型产品中保持更长时间的卷曲,并能最低限度地穿透经过化学处理或受损的头发,暂时替代被去除的头发蛋白。为了营销目的,一些美容院使用角蛋白作为他们的主要"明星"成分。其中一个生产线使用热变性的人类头发角蛋白作为头发强化产品。指甲油中也含有角蛋白,可以改善指甲硬度。角蛋白是一种硬化蛋白,通常从水解的牛角、马毛和猪鬃中提取获得。它是一种棕色粉末,可以很容易地添加到凝胶、溶液和乳剂中,从而便于添加到许多化妆品中。

> 从加热变性的人类头发中获得的角蛋白是许多护发产品中价格昂贵的化妆品添加剂。

胎盘

胎盘用于化妆品制剂,是蛋白质和酶的复杂混合物,如碱性磷酸酶、乳酸脱氢酶、苹果酸脱氢酶、谷氨酸草酰乙酸转氨酶和谷氨酸丙酮酸转氨酶。提取物中所含物质的数量取决于处理胎盘的方法。人类和动物胎盘均可作为来源。一般来说,胎盘要被冷冻、研磨,并用无菌去离子水冲洗从而去除血液。然后细胞被裂解。该制剂可根据化妆品化学家的需要进一步处理。在美容文献中,胎盘提取物被认为能加速细胞有丝分裂,促进血液循环,刺激细胞代谢。它被用于各种化妆品,从面部保湿霜到头发护发素。

羊水

羊水在化妆品中用作保湿剂和所谓的"表皮生长促进剂"。它存在于面部和身体保湿霜、丰胸霜、洗发液和头皮护理中。羊水是由羊膜分泌物和血管渗出液形成的。用于美容目的的液体来源于妊娠3~6个月的母牛。羊水通过一根空心针从羊膜囊中抽出。它是一种pH为7的黄色无菌液体,可作为水溶性添加剂或无菌粉末供应。目前,在护肤配方中使用胎盘的情况非常少。

鸡蛋提取物

全蛋提取物和蛋黄提取物被用于洗发水、面膜、护发素和保湿霜。鸡蛋提取物以水解透明黄色液体的形式从鸡蛋中获得,也可以单独从蛋黄中提取。这种提取物是黏稠的、乳白色的金黄色液体,含有脂肪、卵磷脂和甾醇。

血液衍生物

有几种从牛血液中提取的化妆品提取物:血液提取物、血清白蛋白、胎球蛋白和纤维连接蛋白。纯牛血提取物是通过处理血液去除不需要的物质、组胺和致热原而获得的。然后将剩余产品干燥,得到一种水溶性黄色粉末。人们认为这种提取物能促进氧气吸收,因此被用于洗发水、护发素、活肤霜和剃须后产品中。

牛血清白蛋白是去除纤维蛋白和血细胞后剩下的液体。它有液体和冷冻干粉两种。由于牛血清白蛋白被用作培养皮肤细胞的生长因子,它被认为可以提高表皮细胞的更新率。它是面霜中一种常见的添加剂,可以"恢复"皮肤活力。

草药添加剂

草药添加剂目前比生物添加剂更受欢迎,因为人们认为植物更"纯净"、问题更少,尽管许多草本植物被除草剂和重金属污染。化妆品植物材料的清单几乎是无穷无尽的,只能通过阅读化妆品和化妆品行业期刊上的化学公司广告来欣赏。大多数化妆品制造商并不自行配制添加剂,而是从批发商那里批量购买。表 14-6 包含了部分草药添加剂以及它们所声称的益处。

几个世纪以来,围绕着草药的神秘感使植物添加剂领域变得更加混乱。草药美容学家仍然在积极实践,以复兴芳香学和草药学。毫无疑问,许多植物添加剂给化妆品带来了令人愉悦的气味和颜色。植物添加剂可作为羟基乙酸提取物、精油和全植物提取物获得。羟基乙酸提取物是丙二醇和水的混合物,可产生水溶性的植物成分,但不能产生油溶性

芳香香料。这些提取物以 3%～10% 的浓度被配制成成品化妆品。精油(在香味章节中广泛讨论),产生挥发性非水相成分,但不含单宁、类黄酮类化合物、类胡萝卜素或多糖。这些提取物以 2%～5% 的浓度被配制成化妆品。最后,全植物提取物,也称为芳香植物,是通过双重萃取产生的,包含了植物的所有成分。它们在化妆品配方中的使用浓度为 5%～20%。

表 14-6　草药添加剂

植物衍生物	声称的功能
尿囊素	抗刺激
杏仁油	润肤剂
芦荟汁	皮肤舒缓、保湿霜
鳄梨油	皮肤舒缓
洋甘菊(没药醇)	皮肤舒缓
樟脑	皮肤清新剂
柏树	皮肤清新剂
接骨木	爽肤水
天竺葵	皮肤柔软剂
霍桑	收敛剂
榛子油	润肤剂
马尾	爽肤水
金丝桃属	皮肤清新剂
霍霍巴油	保湿、保湿霜
甘草	皮肤舒缓剂,柔软剂
椴树花	皮肤舒缓剂
荷花	皮肤舒缓剂,柔软剂
金盏花	减少皮肤水肿
马郁兰	爽肤水
没药	指甲强化剂
鼠尾草	爽肤水
海草	皮肤舒缓
芝麻油	润肤剂
乳木果油	保湿霜
小麦胚芽油	润肤剂
金缕梅	收敛剂

> 植物添加剂给化妆品带来了令人愉悦的气味和颜色。

目前流行的草药添加剂包括芦荟、鳄梨油、芝麻油和茶树油。芦荟是一种凝胶状物质，从芦荟的叶子挤压而来。认为其对烧伤愈合和促进皮肤修复有好处，尽管还没有发表的伤口愈合研究证实这一观点。然而，它已被证明可诱导毛细血管舒张，并在浓度＞70%时起到抗菌作用。鳄梨、芝麻和茶树油被用作润肤剂。但是茶树油，也被称为千层叶油，是从交替叶千层叶中提取的，被认为对治疗疥疮、银屑病和真菌感染有效。这些说法还没有得到证实，但对茶树油成分 D-柠檬烯过敏的接触性皮炎的案例已有报道。

其他植物添加剂，如金缕梅，是公认的收敛剂，而尿囊素和甘菊提取物 α-没药醇，由于具有抗炎特性，多年来一直用于为敏感性皮肤设计的化妆品中。毫无疑问，许多最初的皮肤病药物都起源于草药衍生物。

维生素添加剂

由于人们认识到 β-胡萝卜素、维生素 C 和维生素 E 可以作为抗氧化剂，维生素添加剂变得流行起来。表 14-7 总结了一些目前使用的维生素及其声称的美容价值。

表 14-7　维生素添加剂

维生素	声称的功能
β-胡萝卜素	抗氧化剂
生物素	改善脂肪代谢
泛醇	护发素
核黄素	保持皮肤健康
维生素 A	促进皮肤弹性、光滑
维生素 C	抗氧化剂
维生素 E	抗氧化剂
维生素 F（必需脂肪酸）	滋养肌肤

需要进一步的研究才能说明局部维生素 C、维生素 E 和 β-胡萝卜素可以起到抗氧化剂的作用，从而抑制可能破坏真皮结构的氧自由基。不过，在这方面已经发表了一些有趣的初步工作。维生素 C 是一种亲水性物质，可以作为抗氧化剂，如果与铁结合，则可以作为氧化剂。已经证明，当局部应用时，它可以保护猪皮免受 UVB 和 UVA 诱导的光毒性反应。因此，通过提高皮肤的维生素 C 水平，可以作为一种广谱光保护剂。研究已经证明了 α-生育酚（也称为维生素 E）作为红细胞膜脂溶性破坏链的抗氧化剂的价值。局部应用 α-生育酚也被证明可以抑制 UVB 引起的水肿和红斑，从而使防晒系数（SPF）达到 3。这是由于它能够轻微吸收光并起到使自由基淬灭、脂溶性抗氧化剂的作用。以 β-胡萝卜素为例，它已被证明其疏水键能起抗氧化剂的作用，而生育酚由于其独特的溶解度特性而无法获得这种作用。

> 维生素添加剂通常用作局部抗氧化剂，尽管它们的口服功效更高。

脂质体和囊泡

脂质体和囊泡不是单独的成分，而是一种用于向皮肤输送物质的配方技术。纳米颗粒是另一种输送方法，这个讨论可以在防晒霜章节中查看。脂质体和囊泡最早发现于 20 世纪 60 年代，并于 1965 年由 AD Bangham 在 *Molecular Biology*（《分子生物学杂志》）上报道。他的发现集中于观察到磷脂可以分散在水溶液中，自发形成含有分散介质的中空囊泡或脂质体。这一发现立即引起了制药行业的关注，他们提出了脂质体可以作为活性药物水溶液的输送系统的理论。后来，化妆品行业采用了这种技术，将非处方药品输送到皮肤上。

> 脂质体是直径在 25～5000nm 的球形囊泡,由两亲性分子组成的双层空间构成的膜形成。

两亲性是指分子既有极性端又有非极性端。两个极头都指向囊泡的内部和外表面。非极性的或亲脂性的尾巴朝向双分子层的中间。因此,这种独特的结构允许水溶性化学物质从脂质体结构中持续释放。脂质体可以是 1 个双层(单层)、2～4 个双层(寡层)或多层(多层)囊泡。

形成脂质体并将其内部分隔于外部环境的双层结构与哺乳动物细胞的细胞膜极为相似。这种膜结构在进化过程中被高度保留。脂质体的支持者认为,这可以使细胞具有生物相容性,最大限度地减少不良反应。

用于形成脂质体的主要物质是磷脂,如磷脂酰胆碱。其他次要成分可能包括磷脂酰乙醇胺、磷脂酰肌醇和磷脂酸。植物磷脂也被使用,因为它们含有高浓度的必需脂肪酸、亚油酸和亚麻酸。在外用制剂中影响脂质体功能的参数包括化学成分,囊泡大小、形状,表面电荷,片层度和均匀性。脂质体的功能还取决于活性剂的滞留位置(囊泡内、膜内或囊泡外表面)和活性剂的化学性质(亲水性、两亲性或亲脂性)。

囊泡是由非离子表面活性剂组成的脂质体的一种特殊形式。其主要成分是乙氧基化脂肪醇和合成聚甘油醚(聚氧乙烯烷基酯、聚氧乙烯烷基醚)。

> 囊泡是一种特殊形式的脂质体,由非离子表面活性剂组成。

理论上,脂质体为化妆品化学家提供了具有新物理性质的新配方、新的活性剂输送系统,并可能提高活性剂的功效。然而,脂质体有些不稳定,因为它们很容易变形,在显微镜下观察时,可能被玻璃盖玻片的重量所溶解。它们也会发生融合、聚集和沉淀。囊泡结构可以通过胆固醇和离子电荷的结合来稳定,但它们仍然很脆弱。

脂质体和囊泡在皮肤上的作用机制仍有争议。化妆品行业出版物中的许多文章都试图使用放射性标记物质和冷冻断裂电子显微镜观察它们与角质层和真皮乳头状组织的相互作用。脂质体和囊泡不太可能完整地弥漫在角质层的细胞间。角化细胞嵌入脂质中,如神经酰胺、糖基神经酰胺、胆固醇和脂肪酸,这些脂类在结构上不同于磷脂和非离子表面活性剂。它们可能通过附属物结构进入皮肤,但这只占皮肤表面积的一小部分。因此,通过这一途径的吸收很少。

然而,有证据表明,脂质体和囊泡的成分能够与皮肤脂质相互作用,即使它们不是完整的囊泡形式。它们可以通过补充皮肤脂质屏障内缺失的物质来减少经皮肤的水分流失。此外,脂质体和囊泡可以与角蛋白形成化学结合。

脂质体也可用于化妆品、沐浴产品、保湿霜和防晒霜中。由于富含磷脂,空脂质体有可能成为沐浴油、润肤剂和伤口愈合辅助剂。负载脂质体可以设计成在特定温度或特定 pH 水平下释放其内容物,这一概念被称为"触发"。这些脂质体可与防晒霜结合,以增强角质层的分布,或者用保湿剂减少皮肤水分的流失。这种制剂中的脂质体浓度通常为 1%～10%。

小结

本章讨论了化妆品配方中一些有问题的成分。当然,防腐剂和色素添加剂是最主要的。最近,有一些媒体讨论说,口红含有铅,可能是铅中毒的来源。与所有媒体报道的一样,这种担忧也有一定的道理。许多红色唇膏颜料含有非常少量的铅,但口红单次用量极少,它们的安全性是极好的。必须记住,没有任何成分对所有人都是 100％ 安全的。这一认识是很重要的,因为皮肤科医师必须仔细倾听患者指出的某些成分的困难,以便排除问题并得出可接受的配方以供患者使用。

参 考 文 献

[1] Kabara JJ. Cosmetic preservation. In:Kabara JJ, ed. Cosmetic and Drug Preservation. New York:Marcel Dekker, Inc, 1984:3-5.

[2] Van Abbe NJ, Spearman RIC, Jarrett A. Pharmaceutical and Cosmetic Products for Topical Administration. London: William Heinemann Medical Books Ltd, 1969:91-105.

[3] Adams RM, Maibach HI. A five-year study of cosmetic reactions. J Am Acad Dermatol 1985;13:1062-9.

[4] Orth DS. Handbook of Cosmetic Microbiology. New York:Marcel Dekker,Inc. , 1993:75-99.

[5] Parsons T. A microbiology primer. Cosmet Toilet 1990;105:73-7.

[6] Wolven A, Levenstein I. TGA. Cosmet J 1969;1:34.

[7] Smith WP. Cosmetic preservation:a survey. Cosmet Toilet 1993;108:67-75.

[8] Wells FV, Lubowe II. Cosmetics and the skin. New York: Reinhold Publishing Corporation, 1964:586.

[9] Bronaugh RL, Maibach HI. Safety evaluation of cosmetic preservatives. In:Kabara JJ, ed. Cosmetic and Drug Preservation. New York: Marcel Dekker, Inc, 1984:503-27.

[10] Eiermann HJ. Cosmetic product preservation: safety and reulatory issues. In:Kabara JJ, ed. Cosmetic and Drug Preservation. New York: Marcel Dekker, Inc, 1984:559-69.

[11] Steinberg DC. Cosmetic preservation:current international trends. Cosmet Toilet 1992:77-82.

[12] Frequency of preservative use in cosmetic formulas as disclosed to the FDA-1990. Cosmet Toilet 1990;105:45-7.

[13] Kabara JJ. Aroma preservatives:essential oils and fragrances as antimicrobial agents. In: Kabara JJ, ed. Cosmetic and Drug Preservation. New York:Marcel Dekker, Inc, 1984:237-70.

[14] McCarthy TJ. Formulated factors affecting the activity of preservatives. In:Kabara JJ, ed. Cosmetic and Drug Preservation. New York: Marcel Dekker, Inc, 1984:359-86.

[15] Wilkinson JB, Moore RJ. Harry's Cosmeticology. 7th edn. New York:Chemical Publishing, 1982:673-706.

[16] Schorr WF, Mohajerin AH. Paraben sensitivity. Arch Dermatol 1966;93:721-3.

[17] Fisher AA. The paraben paradoxes. Cutis 1973;12:830.

[18] Fisher AA. The parabens:paradoxical preservatives. Cutis 1993;51:405-6.

[19] Hall AL. Cosmetically acceptable phenoxyethanol. In:Kabara JJ, ed. Cosmetic and Drug Preservation. New York:Marcel Dekker, Inc, 1984:79-107.

[20] Rosen WE, Berke PA. Germall 115:a safe and effective preservative. In:Kabara JJ, ed. Cosmetic and Drug Preservation. New York: Marcel Dekker,Inc, 1984:191-203.

[21] Croshaw B, Holland VR. Chemical preservatives:use of Bronopol as a cosmetic preservative. In: Kabara JJ, ed. Cosmetic and Drug Preservation. New York:Marcel Dekker, Inc, 1984:31-59.

[22] Frosch PJ, White IR, Rycroft RJG, et al. Contact allergy to Bronopol. Contact Dermatitis 1990;22:24-6.

[23] Marouchoc SR. Dowicil 200 preservative. In: Kabara JJ, ed. Cosmetic and Drug Preservation. New York:Marcel Dekker, Inc, 1984:143-59.

[24] Fransway AF. The problem of preservation in the 1990s. Am J Contact Dermatitis 1991;2:6-23.

[25] DeGroot AC, Weyland JW. Kathon CG:a re-

view. J Am Acad Dermatol 1988;18:350-8.

[26] Law AB，Moss JN，Lashen ES. Kathon CG:a new single-component，broad-spectrum preservative system for cosmetics and toiletries. In:Kabara JJ，ed. Cosmetic and Drug Preservation. New York:Marcel Dekker,Inc，1984:29-141.

[27] DeGroot AC，Liem DH，Weyland JW. Kathon CG:cosmetic allergy and patch test sensitization. Contact Dermatitis 1985;12:76-80.

[28] DeGroot AC，Liem DH，Nater JP，Van Ketel WG. Patch tests with fragrance materials and preservatives. Contact Dermatitis 1985;12:87-92.

[29] Luck E，Remmert IK. Sorbic acid the preservation of cosmetic products. Cosmet Toilet 1993;108:65-70.

[30] Marks JG，DeLeo VA. Contact and occupational dermatology. St. Louis:Mosby Yearbook，1992:119-20.

[31] Andersen KE，Rycroft RJG. Recommended patch test concentrations for preservatives，biocides and antimicrobials. Contact Dermatitis 1991;25:1-18.

[32] DeGroot AC，Weyland JW，Nater JP. Unwanted effects of cosmetics and drugs used in dermatology，3rd edn. Amsterdam:Elsevier，1994:57-65.

[33] Fisher AA. Contact dermatitis. 3rd edn. Philadelphia:Lea & Febiger，1986:238-57.

[34] Berdick M. Color additives in cosmetics and toiletries. Cutis 1978;21:743-7.

[35] US Food and Drug Administration:cosmetic color additives:frequency of use. Cosmet Toilet 1989;104:39-40.

[36] Anstead DF. Cosmetic colours. In:Hibbott HW，ed. Handbook of Cosmetic Science. New York:The Macmillan Company，1963:101-18.

[37] Sugai T，Takahashi Y，Tagaki T. Pigmented cosmetic dermatitis and coal tar dyes. Contact Dermatitis 1977;3:249-56.

[38] Fulton JE，Pay SR，Fulton JE. Comedogenicity of current therapeutic products，cosmetics，and ingredients in the rabbit ear. J Am Acad Dermatol 1984;10:96-105.

[39] Hermitte R. Formulating with selected biological extracts. Cosmet Toilet 1991；106:53-60.

[40] Dweck AC，Black P. Natural extracts and herbal oils:concentrated benefits for the skin. Cosmet Toilet 1992;107:89-98.

[41] Purohit P，Kapsner TR. Natural essential oils. Cosmet Toilet 1994;109:51-5.

[42] Bishop MA. Botanicals in bath care. Cosmet Toilet 1989;104:65-9.

[43] McKeown E. Aloe vera. Cosmet Toilet 1987;102:64-5.

[44] Jackson EM. Natural ingredients in cosmetics. Am J Contact Dermatitis 1994;5:106-9.

[45] Waller T. Aloe vera in personal care products. Cosmet Toilet 1992;107:53-4.

[46] Knight TE，Hausen BM. Melaleuca oil dermatitis. J Am Acad Dermatol 1994;30:423-7.

[47] Rieger MM. Oxidative reactions in and on skin:mechanism and prevention. Cosmet Toilet 1993;108:43-56.

[48] Darr D，Combs S，Dunston S，et al. Topical vitamin C protects porcine skin from ultraviolet radiation-induced damage. Br J Dermatol 1992;127:247-53.

[49] Rackett SC，Rothe MJ，Grant-Kels JM. Diet and dermatology. J Am Acad Dermatol 1993;29:447-61.

[50] Burton GW，Joyce A，Ingold KU. Is vitamin E the only lipid-soluble，chainbreaking antioxidant in human blood plasma and erythrocyte membrances? Arch Biochem Biophys 1983;221:281-90.

[51] Idson B. Vitamins and the skin. Cosmet Toilet 1993;108:79-92.

[52] Mayer P，Pittermann W，Wallat S. The effects of vitamin E on the skin. Cosmet Toilet 1993;108:99-109.

[53] Sies H. Oxidative stress:from basic research to clinical applications. Am J Med 1991;91:

31S-38S.

［54］Lautenschlager H. Liposomes in dermatological preparations，Part 1. Cosmet Toilet 1990；105：89-96.

［55］Junginger HE，Hofland HEJ，Bouwstra JA. Liposomes and niosomes：interactions human skin. Cosmet Toilet 1991；106：45-50.

［56］Hayward JA. Potential of liposomes in cosmetic science. Cosmet Toilet 1990；105：47-54.

［57］Elias PM. Structure of function of the stratum corneum permeability barrier. Drug Dev Res 1988；13：97.

［58］Mahjour M，Mauser B，Rashidbaigi Z，Fawzi MB. Effect on egg yolk lecithins and commercial soybean lecithins on in vitro skin permeation of drugs. J Control Release 1990；14：243-52.

建 议 阅 读

Albrecht J，Begby M. The meaning of "safe and effective". J Am Acad Dermatol 2003；48：144-7.

Bergfeld WF，Belsito DV，Marks JG，Andersen FA. Safety of ingredients used in cosmetics. J Am Acad Dermatol 2005；52：125-31.

Fox C. Skin and skin care. Cosmet Toilet 2001；116.

Fox C. Ceramides and other topics. Cosmet Toilet Magazine 2002；117：37-42.

Matts PJ，Oblong JE，Bissett DL. A review of the range of effects of niacinamide in human skin. IFSCC Magazine 2002；5：2-6.

Rangarajan M，Zatz JL. Effect of Formulation on the topical delivery of alphatocopherol. J Cosmet Sci 2003；54：161-74.

面部美容化妆品皮肤病学：总结

本书的这一部分讨论了彩色化妆品和面部皮肤护理产品，特别是将这些产品纳入皮肤病学的实践中。化妆品有助于遮盖并呈现更优雅、年轻的面部外观。可以用护肤品补充治疗面部皮肤病，可以保持面部皮肤健康。然而，有时患者在经历了重大生活变化后，要求美容帮助以获得更好的自我形象。皮肤科医师应该准备以一种有组织有意义的方式为患者提供咨询。

第一，提供美容咨询，确定关注的领域。当要求患者指出他们希望解决的确切特征时，患者手中的手持式镜子是必不可少的。一旦患者确定了需要美容改善的区域并确定了现实目标，皮肤科医师就可以继续提出建议。

第二，评估是否应该通过手术或美容来矫正缺陷；有时两者的结合是最佳的。下面的讨论将集中在已经完成手术或只需要按照本书范围进行美容矫正的患者身上。

第三，确定是否应该覆盖或消除缺陷。离散缺陷通常被最好地覆盖。额头瘢痕可以用刘海儿遮盖，脸颊上深色的先天性痣可以用不透明的粉底遮盖，银屑病指甲可以用雕花指甲遮盖，蛇形斑秃可以用假发遮盖，等等。如果缺陷不是离散的，则可能无法对其进行适当覆盖。例如，面部皱纹皮肤的外观不会因使用厚厚的粉底而改善。相反，厚厚的粉底只会加重褶皱。这种情况要求不强调缺陷。

不强调缺陷，包括将注意力从消极特征上移开，并将其导向积极特征。例如，上眼睑松弛不能通过涂厚厚的彩色眼影来改善。相反，睫毛完整的患者可以通过使用纤维睫毛延长睫毛膏，然后卷曲加厚、拉长睫毛来淡化眼睑松弛。然后可以在上眼睑涂上薄薄的、柔和的眼影。学习如何淡化负面特征是使用化妆品艺术的一部分。

第四，鼓励患者去实践和实验。适当的化妆品应用是不容易的。幸运的是，几分钟内就可以消除不良结果。即使患者选择不购买化妆品柜台的产品，大多数店员也非常乐意帮助患者使用样品化妆品。一些医师可能希望在他们的办公室里有示范产品。

第五，让患者评估美容效果的成功。患者应在使用化妆品的照明条件下检查外观。在办公室工作的患者应在明亮的办公室灯光下观察其外观，而晚装化妆品应在柔和的白炽灯下进行评估。模拟各种照明条件的化妆镜是有价值的，因为颜色被认为是反射光。灯光的细微变化可能会将一个吸引人的化妆品应用变成戏剧效果。应告知患者，科室和药店的照明非常明亮，大多数化妆品会比在自然阳光下显得更亮。这意味着，在选择购买化妆品时，应该将样品放在皮肤上，然后在自然阳光下进行评估。医师在向患者提出美容问题建议时，可以采取系统的方法来优化患者满意度。关于面部化妆品的部分提供了需要提供有效的化妆品咨询所需的背景信息。

第二部分 | 美体化妆品

引　言

身体包含的皮肤面积,包括颈部、背部、胸部、手臂和腿部。独特的化妆品产品可用于所有这些身体部位的治疗,以满足毛发生长和皮脂去除的需要。这种产品的定制导致商店货架上出现了大量的瓶子,但每个瓶子都必须有需求,因为不销售的产品很快就会被移除。让我们从颈部开始讨论,沿着身体向下移动,看看如何使用护肤品来治疗和维护这一巨大的体表面积。

颈部是一个有趣的高度可移动皮肤区域,它提供了脸部薄皮肤和胸部上部和背部厚皮肤之间的过渡。它有男性完全成熟的毛发和女性纤细的毳毛。从化妆品的角度来看,这是一个重要的区域,因为男性剃须,女性使用香水以及光老化都会影响这一区域。红皮病是颈部最常见的可见皮肤问题之一,由光老化引起,可导致真皮胶原流失、可见皮脂腺、弹性纤维蛋白受损、色素沉着和毛细血管扩张。颈部使用香水可能导致过敏性或刺激性接触性皮炎。最后,男性颈部是面部胡须和胸部体毛之间毛发生长的过渡区域。因此,需要谨慎地选择颈部化妆品。

沿着身体向下移动的下个区域是背部和胸部。这些区域包含了身体最厚的皮肤,以维持手臂运动产生的拉伸和扭转运动。这种厚皮肤如愈合不良,会产生不美观的增生性瘢痕或瘢痕疙瘩。此外,胸部和背部的皮脂腺比面部少,容易出现湿疹,故需要温

和的清洁产品和足够的保湿。

腋窝隐藏在胸部和背部之间,代表着一个独特的区域。身体上其他有同样卫生和皮肤护理需求的部位包括女性乳房下、大腿内侧上方和肥胖者腹部下的部位。它的特征是保湿、皮肤运动和保暖。这种环境适合真菌、酵母和细菌的生长,因此这些部位是皮肤病的常见部位。这些区域有丰富的小汗腺和顶泌汗腺。汗腺产生一种无色无味的汗液,可以使身体降温,防止过热。顶泌汗腺不参与体温调节,而是产生一种略带黄色气味的汗液,为产生气味的细菌和酵母提供了完美的生长介质。细菌控制汗液可以控制体味、皮肤屏障损伤、感染和情绪困扰的湿气。这是除臭剂和止汗剂的领域。此外,由于腋窝凹陷,脱毛是一项挑战。

同样的脱毛挑战也出现在男性和女性的手臂与腿部。剃除体毛会导致剃刀刮伤,而脱毛和打蜡会损伤毛囊。这些区域也会因过度清洁导致湿疹性皮肤病,通过选择合适的清洁产品和使用保湿剂,可以将湿疹性疾病降到最低。

也许皮肤病学中化妆品最有趣的方面之一是男性和女性在皮肤结构、生物化学和功能性之间的差异,因为这可能解释了皮肤病的性别差异。虽然在头发生长模式方面男性和女性之间存在明显的差异,但皮肤结构

独特性的其他微妙方面可能并不明显（表Ⅱ-1）。例如，男性肤色比女性更深的说法，男性皮肤也更厚，因此含有更多的胶原蛋白，这可以解释为什么女性似乎比男性衰老更快，因为两性都经历了相同的胶原蛋白流失率，但女性开始时的基线较低，胶原蛋白结构松散。另一方面，女性的皮下脂肪更厚，容易脂肪堆积，并且肌肉线条不清晰。性别特异性脂肪分布出现在不同的身体部位，男性脂肪多沉积在躯干，而女性脂肪更多地沉积在臀部和股骨。男性的衰老速度似乎也比女性慢，这不仅是因为皮肤更厚，还因为毛发更多。由于胶原蛋白随着内和外的老化而降解，男性面部皮肤的毛囊占据了更多的空间，防止出现类似女性脸颊上的细小皱纹。

表Ⅱ-1　皮肤结构的性别差异

属性	女性	男性
肤色	较浅	较深
红色肤色	较低	较高
黄色肤色	较高	较低
皮肤厚度	较薄	较厚
胶原蛋白含量	较少	较多
胶原蛋白损失率	相同	相同
皮下脂肪	较多	较少
脂肪分布	臀部和股骨	躯干
脂肪团	较多	较少
衰老的外观	较快	较慢

男女性结构上的皮肤差异是显而易见的，但皮肤生化差异同样重要（表Ⅱ-2）。一生中男性皮肤分泌的皮脂比女性多。绝经后女性皮脂分泌急剧下降，但男性皮脂分泌仍在继续。皮脂减少还伴随着女性角质层变薄，这可能归因于随着年龄的增长雌激素水平的下降。这种皮脂差异可以解释为什么成年男性脂溢性皮炎的发病率高于成年女性。

表Ⅱ-2　皮肤生化的性别差异

属性	女性	男性
皮脂分泌	较少	较多
成纤维细胞增殖	较多	较少
出汗	较少	较多
汗液蒸发率	较高	较低
经皮氧水平	较高	较低
身体皮肤 pH	较高	较低
腋窝皮肤 pH	相同	相同

女性和男性的成纤维细胞增殖能力也存在差异。30岁时，女性成纤维细胞的增殖率比男性高16%。这或许可以解释为什么女性往往比男性愈合得更好，尤其是在面部手术后，另一种解释也可能是女性面部皮肤厚度相对薄。

不仅男性和女性之间的皮肤结构存在差异，而且皮肤表面的物质也存在差异。男性比女性出汗更多，创造了更有利于细菌生长的环境，从而产生气味。男性汗液在皮肤上的残留时间也更长。此外，男性的体毛更多，增加了细菌生长的体表面积。因此抗菌肥皂在男性中越来越流行。汗液的存在也可能导致男女皮肤 pH 测量值不同。女性的 pH 较高，而男性的 pH 相对较低，但腋窝的 pH 在两性中是相同的。

最后，女性的经皮氧含量高于男性。这一现象的确切意义尚不清楚，但可以用较薄的皮肤厚度来解释。

除了皮肤的生化差异外，皮肤功能也存在差异（表Ⅱ-3）。这些功能性差异会影响护肤产品对皮肤的作用，并可能决定产品的配方。有趣的是，尽管女性在调查中觉得自己的皮肤更干燥，但女性的经皮失水率低于男性。女性通常也会觉得自己的皮肤比男性下

表Ⅱ-3　皮肤功能的性别差异

属性	女性	男性
经表皮失水率	较低	较高
皮肤起疱时间	较长	较短
皮肤弹性	相同	相同
角质层硬度	较高	较低
胶带剥离去除角质层	相同	相同
皮肤温度	较凉	较热
指尖温度	28℃	33℃
热诱导的血管舒张温度	较低	较高
交感神经兴奋性	增加	降低
刺激性接触性皮炎发病率	较高	较低
面部乳酸刺痛	较高	较低
最小红斑剂量	较高	较低

垂,但两性之间的皮肤弹性是相同的。下垂增加可能是由于胶原蛋白流失而不是皮肤弹性降低。

女性皮肤比男性皮肤有更多的功能性反应。这表现在温度升高时,热引起血管舒张。它还表现为刺激性接触性皮炎和交感神经兴奋性的增加。这也许可以解释为什么女性对护肤品(有时被称为"柔嫩"皮肤)的反应比男性多,而男性的皮肤被称为"坚韧"皮肤。

男性和女性在皮肤结构、生物化学和功能上的差异,以及身体各部位皮肤的差异,为皮肤护理和化妆品开发创造了机会。本书的这一部分将研究用于身体皮肤护理的产品,从保湿霜到洁面霜,从晒黑剂到防晒霜,从脂肪团到妊娠纹霜,涵盖皮肤病学的整个身体化妆品类别。

第15章

个人卫生、清洁剂和干燥(症)

最佳的个人卫生习惯包括每天使用肥皂泡沫和热水洗澡,水温要达到皮肤所能承受的最高温度。此外,许多患者早上洗澡是为了"清醒",晚上洗澡是为了"睡觉"。有些人在健身房锻炼完后第3次洗澡。当然,这些个人卫生习惯需要大量的清洁剂,可能会导致干燥或者干燥性湿疹。清洁身体已经成为个人卫生的一个重要组成部分,每天洗澡的需求产生了对清洁产品的需求,这些产品不能彻底清洁身体。本章探讨了身体的清洁剂配方,以及清洁剂如何帮助患者维持其自我感知的个人卫生标准,而不会产生皮肤病问题。

清洁剂类型

选择一种好的清洁剂对任何患者来说都是一个挑战。货架上摆满了各种品牌的身体清洁产品,每种产品都含有独特的护肤成分,比如维生素 E、乳木果油、霍霍巴油、鸸鹋油、洁面霜、薰衣草、洋甘菊、生姜、甘油、泛醇和胶原蛋白。每一种可以想象的香味都可以找到,包括猕猴桃、菠萝、梨、香草、覆盆子、苹果、柠檬、鼠尾草、迷迭香和芒果等。每种气味都可以与其他气味结合在一起,形成数百种不同颜色和气味组合的清洁剂,但所有清洁剂都达到了去除皮肤表面的皮脂、汗水、环境污垢、化妆品和药物的相同目的。

> 选择合适的清洁剂是维持皮肤酸性和保持皮肤健康的关键。

清洁剂有很多不同的配方用于身体清洁,包括肥皂、液体和擦洗剂,所有这些都试图达到最佳的清洁和清新的感觉。有针对每个身体部位定制的有泡沫和非泡沫的清洁剂,有香味和无香味的清洁剂,有些贴有适合敏感性皮肤的标签。有适合女性的清洁剂,也有适合男性的单独配方。然而,实际上,有一些基本类别的清洁剂已经衍生出了许多变体。

> 3 种基本的清洁剂类型是真肥皂、合成洗涤剂和复合皂。

肥皂

自从小亚细亚的赫梯人用悬浮在水中的皂草植物的灰烬清洁他们的手,以及乌尔的苏美尔人生产碱液以拿来洗涤以来,肥皂是最基本的清洁剂,并已成为 4000 年来清洁的主要材料。然而,这两种产品的化学性质都与今天所熟知的肥皂不同。现代肥皂的实际配方是腓尼基人在公元前 600 年发明的,他们首先将山羊脂肪、水和富含碳酸钾的灰皂化成固体的蜡状产品。肥皂的流行在过去的几年里已经消退了。在中世纪,基督教会禁止使用肥皂,因为他们认为暴露身体,甚至是洗澡,都是邪恶的。后来,当细菌引起感染的说法浮出水面时,肥皂的销量飙升。

1878 年,Harley Procter 发明了第一种广为销售的肥皂。他决定在父亲的肥皂和蜡烛厂生产出一种香味柔和的乳白色肥皂,以与欧洲进口产品竞争。在他的表兄化学家 James Gamble 的帮助下,他完成了这一开创性的发明。Gamble 发明了一种泡沫丰富的产品,叫作"白色肥皂"。他们偶然发现,在成形之前,在肥皂溶液中注入空气会产生一种漂浮的肥皂,这种肥皂在沐浴时不会丢失。这就产生了一种被称为"象牙"肥皂的产品,至今仍在生产。

肥皂的作用是通过使用表面活性剂来降低皮肤和水之间的张力,从而使泡沫中的污垢飘走。表 15-1 列出了典型肥皂条的制造阶段。

表 15-1　制造肥皂的步骤

1. 天然脂肪的皂化作用和磨屑的制备
2. 肥皂片与其他配料的混合
3. 铣削和切碎
4. 挤压成长条状,被称为坯料,并切割成合适的长度
5. 冲压成形
6. 老化和包装

在基本的化学术语中,肥皂是脂肪和碱之间的反应,产生一种具有洗涤剂性能的脂肪酸盐。现代的改良品试图调整其碱性 pH,这可能会减少对皮肤的刺激,并加入一些物质,以防止硬水中的钙脂肪酸盐沉淀,即"肥皂渣"。然而,现代肥皂基本上是牛脂和坚果油的混合物,或者从这些产品中提取的脂肪酸,比例是 4∶1。增加这个比例就会产生"超油脂"肥皂,会在皮肤上留下一层油膜。条形肥皂可分为 3 种不同的清洁剂类型,如表 15-2 所示。

表 15-2　清洁剂的类型

1. 真正的肥皂由长链脂肪酸碱盐组成,pH 9～10
2. 合成洗涤剂由合成清洁剂和填料组成,其中填料的肥皂含量<10%,pH 调整到 5.5～7.0
3. 复合皂由添加了表面活性剂的碱性肥皂组成,pH 9～10

> 肥皂是脂肪和碱之间的反应,产生具有洗涤剂性质的脂肪酸盐。

肥皂是许多人常用的一个术语,与清洁剂同义。然而,肥皂是一种特定的清洁剂,具有一定的化学成分。肥皂被定义为脂肪和碱之间的化学反应,产生具有洗涤剂性质的脂肪酸盐。最简单的肥皂是以条形制造的。目前市场上有 3 种不同类型的条形清洁剂,都被消费者称为"肥皂",但对皮肤的效果却截然不同。真正的肥皂是由长链脂肪酸碱盐组成的,pH 9～10。这是最初开发的肥皂配方,它彻底改变了美国的医疗保健。也许肥皂比其他任何发明都更能通过防止疾病传播而改善人类生活质量。

这是奶奶在后院用灰烬和动物脂肪做的肥皂。这些清洁剂的高 pH 有助于彻底去除皮脂,但也会损害皮肤病肌肤或敏感性皮肤的细胞间脂质。这种配方在与硬水一起使用时也会遇到困难。碱与水中的钙和其他矿物质化学结合,形成通常所说的"肥皂浮渣"。肥皂浮渣会降低肥皂清洁皮肤的能力,导致易感人群发生刺激性接触性皮炎。正如前面提到的,现在市场上仅存的真正肥皂的主要品牌是象牙肥皂(宝洁公司,辛辛那提,俄亥俄州)。

合成洗涤剂

随着真正肥皂工业发展,合成洗涤剂也随之出现了。合成洗涤剂被称为 syndets,真正的"肥皂"含量低于 10%。这些产品的 pH

可以调节到 5.5～7.0,而不是具有高碱性。这种更中性的 pH 与皮肤的正常酸性保护膜 pH 相似,从而减少刺激性。清洁后出现的紧绷感实际上是皮肤 pH 改变的感觉。这对正常皮肤来说不是问题,但对于湿疹或特应性皮炎患者可能是一个问题。不幸的是,许多人把紧绷感与清洁联系在一起,要让患者相信紧绷感可能是即将发生的皮肤病的一个信号,这可能是一个挑战。大多数 syndet 洁面乳给皮肤的感觉是光滑的,有时是黏滑的,这表明细胞间脂质没有被清除,皮肤屏障是完整的。Syndet 洁面乳,有时也被称为美容肥皂,是当今最流行的洁面乳。它们能更温和、更彻底地清洁身体各部位。

> syndets 由合成洗涤剂制成,最常见的是椰油基异硫氰酸钠,提供最温和的清洁。

在传统肥皂的基础上开发新的合成洗涤剂的目的是提供一种对皮肤刺激性较小的产品。棒状清洁剂中常用的洗涤剂有椰油酸钠、牛脂酸钠、棕榈仁酸钠、硬脂酸钠、棕榈酸钠、三乙醇胺硬脂酸钠、椰油酰异乙基磺酸钠、异乙基磺酸钠、十二烷基苯磺酸钠、可可甘油醚磺酸钠。液体配方中的洗涤剂是月桂醇聚醚硫酸钠、椰子酰胺丙基甜菜碱、月桂酰胺二乙醇胺、椰子酰异乙硫酸钠、月桂醇聚醚磺基琥珀酸二钠。皮肤的正常 pH 是酸性的,介于 4.5～6.5。从理论上讲,使用碱性肥皂会提高皮肤的 pH,让皮肤感觉干燥和不舒服。然而,健康的皮肤会迅速恢复其酸性 pH 值。表面活性剂引起的刺激作用和测量仍然是一个有争议的研究领域。

复合皂

第 3 种清洁剂是复合皂(combar)。复合皂结合了真正的碱性肥皂和合成洗涤剂,创造出一种清洁能力更强,但对细胞间脂质损伤更少的肥皂。这类肥皂中的大多数也被称为除臭剂肥皂。它们含有常用的局部抗菌药物(三氯生),可以减少细菌引起的体味,尤其是腋窝和腹股沟。

> 复合皂含有肥皂和合成洗涤剂,可提供适度清洁,最常用的配方是含有三氯生的除臭剂肥皂。

对于医师来说,选择合适的"肥皂"可能是件棘手的事情,但一旦确定了 3 类清洁剂,任务就变得简单多了。一般来说,所有的美容肥皂、温和清洁肥皂和敏感性皮肤肥皂都是 syndet 系列(玉兰油、多芬和丝塔芙)。大多数除臭剂或香味浓烈的肥皂都是 combar 系列的(表盘、海岸和爱尔兰之春),目前市场上只有极少数真正的香皂(象牙)。

清洁剂添加剂

在前面讨论过的配方中添加的特殊添加剂使得今天市场上销售的肥皂种类繁多(表 15-3)。羊毛脂和石蜡可以添加到保湿的合成洗涤剂肥皂中,制成超脂皂,而蔗糖和甘油可以添加到透明肥皂中。添加橄榄油而不是另一种形式的脂肪可以区分蓖麻皂。药皂可能含有过氧化苯甲酰、硫、间苯二酚或水杨酸。除臭剂肥皂添加了抗菌剂,如三氯卡班或三氯生。三氯卡班在根除革兰阳性菌方面表现出色,但三氯生可以消灭革兰阳性菌和革兰阴性菌。这些肥皂的 pH 在 9～10,可能会引起皮肤刺激。保湿合成皂含有十二烷基异硫氰酸钠,其 pH 可通过乳酸或柠檬酸调节至 5～7。这些产品对皮肤的刺激性较小,有时被贴上美容肥皂的标签。

表 15-3　专用肥皂配方

肥皂的类型	独特的成分
超脂皂	增加油脂;脂肪比例高达 10%
蓖麻皂	用作主要脂肪的橄榄油
除臭剂肥皂	抗菌剂
法国研磨肥皂	降低碱度的添加剂
浮皂	混合过程中截留的额外空气
燕麦皂	添加磨碎的燕麦粉(粗磨成磨砂皂,细磨成温和的清洁剂)
痤疮皂	添加硫、间苯二酚、过氧化苯甲酰或水杨酸
洗面皂	较小的肥皂大小,没有特殊成分
浴皂	较大的肥皂大小,没有特殊成分
芦荟皂	芦荟汁添加到肥皂中,没有特殊的皮肤益处
维生素 E 肥皂	添加维生素 E,没有特殊的皮肤益处
可可脂肥皂	用作主要脂肪的可可脂
坚果或果油肥皂	用作主要脂肪的坚果或水果油
透明皂	添加的甘油和蔗糖
研磨肥皂	添加的浮石、粗燕麦、玉米粉、磨碎的坚果仁、干草药或花
无皂肥皂	含有合成洗涤剂(合成洗涤剂肥皂)

肥皂的添加剂也会产生独特的外观、感觉和气味。添加浓度达到 0.3% 的二氧化钛可以使肥皂变得不透明,增加其光学白度。颜料,如铝湖,可以在不产生彩色泡沫的情况下给肥皂上色,这一特性被认为是不受欢迎的。发泡剂,如羧甲基纤维素钠和其他纤维素衍生物,可以使泡沫感觉像奶油。最后,可以添加浓度为 2% 或更浓的香水,以确保肥皂条在完全使用之前保持其香味。

评估清洁剂刺激性

几种方法被用来评估各种肥皂和洗涤剂配方对皮肤的影响。测量清洁剂对皮肤影响的一种方法是由 Frosch 和 Kligman 开发的肥皂室试验。在志愿者的前臂掌侧表面涂抹 8% 的肥皂溶液。几天后对该部位进行脱屑和红斑评估。这项技术已经扩展到包括测量经表皮水分损失(TEWL)。正如预期的那样,肥皂比前面列出的合成洗涤剂更容易引起更多的经皮水分损失。在前臂涂上 5% 的肥皂或洗涤剂溶液,然后用铝制容器覆盖 18 小时,还可以使用一种改良的室内测试。这些测试夸大了清洁剂对皮肤的作用,因此需要人体实际使用。让志愿者连续 1 周每天清洗 4 次前臂,每次持续 2 分钟。视觉和经皮皮肤失水评估用于评估皮肤效果。

清洁剂与皮肤相互作用的最重要方面之一是清洁剂彻底冲洗皮肤表面的能力。出色的冲洗确保刺激最小化,但肥皂冲洗皮肤的能力取决于水中的矿物质含量。如前所述,水中的钙可以与肥皂相互作用,形成一层白色的黏性薄膜,可以黏附在水池、浴缸甚至皮肤上。肥皂浮渣的 pH 为碱性,会破坏皮肤的酸性外壳,造成屏障损伤。刺激性最小的温和肥皂必须用清水从皮肤上冲洗干净,以避免这个问题。因此,通常进行测试来评估清洁剂在不同 pH 和水条件下的可冲洗性。大多数肥皂制造商都有一个实验室,在那里他们可以调整水的 pH、硬度和温度，以模拟在世界各地存在的各种条件下的洗涤。优良的清洁剂，具有最小的刺激性，在各种清洁环境下表现出色。

无脂低泡沫清洁剂

除了肥皂、合成洗涤剂和复合皂外，还有另一类清洁剂，它能产生最小泡沫，专为皮脂分泌少的人设计。这些清洁剂被称为无脂低泡沫清洁剂。无脂清洁剂是一种液体产品，清洁时不含油脂，这一点使其区别于之前讨论过的清洁剂。它们适用于干燥或湿润的皮肤，揉搓会产生最小的泡沫，然后冲洗或擦拭（丝塔芙清洁剂、阿奎尼清洁剂和塞拉韦清洁剂）。

无脂低泡沫清洁剂可能含有水、甘油、鲸蜡醇（十六醇）、硬脂醇、月桂硫酸钠，偶尔还含有丙二醇。它们会留下一层薄薄的保湿膜，可以有效地用于过度干燥、敏感或皮肤过敏的人群。然而，它们没有很强的抗菌性能，也不能去除腋窝或腹股沟的气味。它们也不能去除多余的环境污垢或皮脂。无脂清洁剂最适合在需要少量清洁的地方使用，但可用于去除敏感性皮肤人士的面部和眼部化妆品。

> 无脂低泡沫清洁剂非常适合干燥、敏感的皮肤，能有效去除眼部化妆品。

身体磨砂膏

另一种形式的身体清洁结合去除皮脂和角质及脱落的角质细胞。随着年龄的增长，角质细胞脱落的能力下降。残留下来的角质细胞使皮肤质地粗糙，外观呈淡黄色。去角质能去除角质细胞，使皮肤表面光滑，恢复粉红色的皮肤外观。许多抗衰老清洁产品都是磨砂的，因为去角质的皮肤可能具有更年轻的外观。然而，频繁使用磨砂膏会去除过多

的角质层，会导致敏感性皮肤，甚至会引发湿疹。

> 身体磨砂膏同时产生清洁和去角质。

用手研磨擦洗皮肤表面一种颗粒材料，以机械方式去除角质细胞。磨砂剂包括聚乙烯珠、氧化铝、磨碎的果核或十水四硼酸钠颗粒，以诱导角质细胞不同程度的剥落。最具磨蚀性的磨砂是由氧化铝颗粒和磨碎的果核产生的。一般来说，含有这些边缘粗糙颗粒的产品不适用于敏感性皮肤患者、湿疹患者或特应性皮炎患者。聚乙烯珠是身体磨砂膏中最常见的颗粒，由于它是圆形的，可以产生轻微的去角质效果，而不会损伤皮肤。最近，人们开始关注聚乙烯珠在环境中的安全性，因为聚乙烯珠可以在水中多年不降解。聚乙烯珠可作为细菌生长的巢穴，可能对某些海洋生物有毒。这种担忧增加了十水四硼酸钠颗粒的溶解性磨砂膏的流行。

用于去角质的磨砂产品的主要问题是患者有过度使用的倾向。患者摩擦的力度越大、时间越长，角质层被去除得越多。过多的角质层磨损会导致敏感性皮肤。身体磨砂膏的最佳用途之一是用于寻常型鱼鳞病患者的前胫骨。寻常型鱼鳞病的发生率随着年龄的增长而增加，这是由于角质脱落太慢导致皮肤干燥。保湿霜可以通过抚平去皮角质细胞的边缘来改善外观，但其效果只是美容和暂时的。身体磨砂膏可以去除角质细胞，露出下面水分充足的皮肤。乳酸和其他羟基酸保湿霜被推荐用于化学去角质皮肤，但身体磨砂膏是改善寻常型鱼鳞病外观的最有效方法。

沐浴露

沐浴露是前面讨论的肥皂、合成洗涤剂和合成皂洗涤剂的一种变体。沐浴露是一种带有独特乳液的液体清洁剂。该乳液的特征

为两相液体，由乳化剂将疏水相和亲水相结合在一起。表面活性剂清洁剂处于亲水相，与污垢结合，污物被冲洗到排水管中。植物油、保湿剂、二甲硅油和凡士林处于疏水相，它们与皮肤表面结合，减少经皮皮肤水分损失，并为屏障修复提供最佳环境。这就是沐浴露声称既能清洁又能保湿的作用机制。这些产品适用于希望更频繁洗澡或患有严重特应性疾病的患者。

关键的问题是，如何知道沐浴露是清除皮脂还是敷上保湿霜？这是通过在两个护肤活动之间改变水的浓度来实现的，一种是清洁，另一种是保湿。在第一阶段的清洗中，沐浴露被放置在一个粉扑上，以增加乳剂中空气和水的量，然后将其摩擦在身体上（图 15-1）。此时，水的浓度比例很低，沐浴露的浓度高；在冲洗阶段，水的浓度比例高，沐浴露的浓度低。正是在冲洗阶段，保湿成分会沉积在皮肤表面。

图 15-1　一个将空气和水引入沐浴露乳液的必要的发泡的例子

沐浴露适用于超干性、干性和正常皮肤。这些产品可以根据乳液的结构沉积不同数量的保湿霜（图 15-2）。乳液中含有大量的保湿成分液滴，包括凡士林、大豆油和二甲硅油，创造高沉积性沐浴露。在冲洗阶段，这些液滴会留在皮肤表面。对于正常皮肤的产品

可能是一种中等沉淀产品，液滴更小，留下的保湿成分也更少。干性皮肤沐浴露最适合特应性患者，因为它们会留下大量的皮肤保护成分。因此，乳液中油滴的大小决定了沐浴露冲洗阶段留在皮肤上的保湿成分的数量（图 15-3）。

图 15-2　一种为干性皮肤设计的沐浴露

图 15-3　一个有两相用于额外干燥皮肤的沐浴露的例子

通过检查特应性皮炎患者的 TEWL 测量值，可以评估沐浴露产品的效果。TEWL 测量使用蒸发器进行，蒸发器由两个湿度计组成，放置在离皮肤表面已知距离处。两个湿度计之间的距离以及进入探测器的水蒸气量也都是已知的，这样就可以用每平方米每小时的水分损失克数来计算皮肤表面的水分损失。这种水蒸气损失是对屏障损伤程度的间接测量，它与清洁造成的皮肤损伤直接相关。特应性皮炎患者的 TEWL 因其疾病和屏障功能缺陷而增加。使用沐浴露后屏障功能的改善可通过在沐浴前后评估 TEWL 来衡量。皮肤病患者使用的良好清洁剂不会因反复使用而增加 TEWL。

> 沐浴露采用先进的乳液技术，既能清洁皮肤，又能滋润皮肤。

保湿霜

沐浴露的一种变体被称为保湿霜。沐浴露在配方上可与二合一洗发水媲美，保湿霜可与护发素相媲美。用沐浴露进行清洁后，可以使用保湿霜。保湿霜是无泡沫的，可在整个身体上擦拭，然后冲洗。它含有极少量的表面活性剂和大量的二甲硅油和其他油脂。这与含有大量表面活性剂和少量皮肤调理剂、二甲硅油和其他油脂的沐浴露形成了对比。保湿霜在冲洗阶段将保湿成分沉积在皮肤上，并增加沐浴时留在皮肤上的保湿霜量。其目的是去除皮脂、汗水和环境污垢，但用合成油和天然油替代失去的皮肤脂质，以减少屏障损伤。

保湿霜对坚持经常洗澡的患者是有用的，尽管有湿疹复发的问题。这种保湿霜可能会允许一些患者每天洗澡，以帮助依从性和尽量减少处方药的使用，如局部皮质类固醇。对于需要最少清洁和最大保湿的特应性皮炎患者，保湿霜也可用作清洁剂。

> 保湿霜的配方与护发素相似，会在干燥的皮肤上留下一层薄薄的保湿膜。

参 考 文 献

[1] Panati C. Extraordinary Origins of Everyday Things. New York：Perennial Library，Harper & Row Publishers，1987：217-19.

[2] Van Abbe NJ，Spearman RIC，Jarrett A. Pharmaceutical and Cosmetic Products for Topical Administration. London：William Heinemann Medical Books Ltd，1969：136-9.

[3] Willcox MJ，Crichton WP. The soap market. Cosmet Toilet 1989；104：61-3.

[4] Wortzman MS. Evaluation of mild skin cleansers. Dermatol Clin 1991；9：35-44.

[5] Jackson EM. Soap：a complex category of products. Am J Contact Dermatitis 1994；5：173-5.

[6] Wortzman MS，Scott RA，Wong PS，et al. Soap and detergent bar rinsability. J Soc Cosmet Chem 1986；37；89-97.

[7] Willcox MJ，Crichton WP. The soap market. Cosmet Toilet 1989；104：61-3.

[8] Wortzman MS. Evaluation of mild skin cleansers. Dermatol Clin 1991；9：35-44.

[9] Prottey C，Ferguson T. Factors which determine the skin irritation potential of soap and detergents. J Soc Cosmet Cem 1975；26：29.

[10] Wickett RR，Trobaugh CM. Personal care products. Cosmet Toilet 1990；105：41-6.

[11] Wilhelm KP，Freitag G，Wolff HH. Surfactant-induced skin irritation and skin repair. J Am Acad Dermatol 1994；30：944-99.

[12] Wortzman MS，Scott RA，Wong PS，et al. Soap and detergent bar rinsability. J Soc Cosmet Chem 1986；37；89-97.

[13] Frosch PJ，Kligman AM. The soap chamber test. A new method for assessing the irritancy of soaps. J Am Acad Dermatol 1979；1；35.

[14] Frosch PJ. Irritancy of soaps and detergents. In: Frost P, Horwitz SN, eds. Principles of Cosmetics for the Dermtologist. St. Louis: CV Mosby Company, 1982:5-12.

[15] Mills OH, Kligman AM. Evaluation of abrasives in acne therapy. Cutis 1979;23:704-5.

建 议 阅 读

Abbas S, Goldberg JW, Massaro M. Personal cleanser technology and clinical performance. Dermatol Ther 2004;17 (Suppl 1):35-42.

Ananthapadmanabhan KP, Moore DJ, Subramanyan K, Misra M, Meyer F. Cleansing without compromise: the impact of cleansers on the skin barrier and the technology of mild cleansing. Dermatol Ther 2004;17 (Suppl 1):16-25.

Ananthapadmanabhan KP, Subramanyan K, Nole G. Moisturizing cleansers (Chapter 31). In: Loden M, Maibach HI, eds. Dry Skin and Moisturizers: Chemistry and Function, 2nd edn. Taylor & Francis Group, Ltd., 2006:405-28.

Bikowski J. The use of cleansers as therapeutic concomitants in various dermatologic disorders. Cutis 2001;68 (5 Suppl):12-19.

Boonchai W, Iamtharachai P. The pH of commonly available soaps, liquid cleansers, detergents, and alcohol gels. Dermatitis 2010;21:154-6.

Draelos ZD. Cosmeceuticals off the face in body rejuvenation (Part 7). New York: Springer, 2010: 227-32.

Ertel E. Personal cleansing products: properties and use (Chapter 4). In: Draelos ZD, Thaman LA, eds. Cosmetic Formulation of Skin Care Products. Vol. 30. Taylor & Francis Group, LLC., 2006:40-8.

Ertel K. Modern skin cleansers. Dermatol Clin 2000;18:561-75.

Fox C. Skin cleanser review. Cosmet Toilet Magazine 2001;116:61-70.

Friedman M, Wolf R. Chemistry of soups and detergents: various types of commercial products and their ingredients. Clin Dermatol 1996; 14: 7-13.

Ghaim JB, Volz ED. Skin cleansing bars (Chapter 39). In: Paye M, Barel AO, Maibach HI, eds. Handbook of Cosmetic Science and Technology, 2nd edn. Informa Healthcare USA, Inc., 2007: 479-503.

Kanko D, Sakamoto K. Skin cleansing liquids (Chapter 40). In: Paye M, Barel AO, Maibach HI, eds. Handbook of Cosmetic Science and Technology, 2nd edn. Informa Healthcare USA, Inc., 2007:493-503.

Kersner RS, Froelich CW. Soaps and detergents: understanding their composition and effect. Ostomy Wound Manage 1998;44 (3A Suppl):62S-9S; discussion 70S.

Kuehl BL, Shear NH. Cutaneous cleansers. Skin Ther Lett 2003;8:1-4.

Story DC, Simion FA. Formulation and assessment of moisturizing cleansers (Chapter 26). In: Leyden JJ, Rawlings AV, eds. Skin Moisturization. Vol. 25. Marcel Dekker, Inc., 2002:585-95.

Subramanyan K. Role of mild cleansing in the management of patient skin. Dermatol Ther 2004;17 (Suppl 1):26-34.

Suero M, Miller D, Walsh S, Wallo W. Evaluating the effects of a lipid-enriched body cleanser on dry skin. J Am Acad Dermatol 2009;60 (3 Suppl 1): AB87.

Tan L, Nielsen MH, Young DC, Trizna Z. Use of antimicrobial agents in consumer products. Arch Dermatol 2002;138:1082-8.

第16章

身体干燥(症)与保湿

由于频繁洗澡的习惯和皮脂含量的降低,身体特别容易干燥。目前人们对卫生的看法导致了沐浴后保湿的需要,这似乎是矛盾的,因为清洁剂会去除身体皮肤上的细胞间脂质,然后用保湿霜暂时替代。问题的产生是因为清洁剂无法区分皮脂(出于卫生原因必须去除)和细胞间脂质(为了保持健康的皮肤屏障不应去除)。皮肤屏障是健康的基本要素,它将身体与外部世界隔离开来。没有这道屏障,人类的生命就不可能存在。有必要采取保护措施,防止传染性微生物进入人体,以免导致严重疾病甚至死亡。皮肤屏障可以维持和调节电解质平衡、体温和感觉。虽然屏障是自我维持的,以14天为周期进行更换,但疾病状态可能会干扰屏障,延迟修复或改变修复动力学。本章探讨身体干燥和保湿作用。

身体皮肤屏障

皮肤屏障是由角质层富含蛋白质的细胞与细胞间脂质相互作用形成的。在活的表皮中,有核细胞与桥粒和细胞骨架元素紧密连接,形成间隙和黏附连接,形成屏障。保湿霜试图模拟表皮分化过程中角质形成细胞合成的细胞间脂质,然后挤压到细胞外区域。这些脂质由神经酰胺、游离脂肪酸和胆固醇组成,与角质化的包膜蛋白共价结合。正是这些细胞间脂质的改变和表皮分化的改变导致屏障缺损,最终导致皮肤病。

保湿霜不能滋润身体。这是一种误区。被列为身体乳液第一成分的水并不会增加皮肤的含水量,因为除非环境湿度超过70％,否则皮肤无法从外部保湿。大多数受控的室内空间保持湿度在30％以下,这意味着有持续的水流失到环境中。只有富含蛋白质的角质细胞和细胞间脂质才能防止全身脱水。口服或局部喷洒在身体上的水不会增加皮肤的含水量。保湿霜的作用是防止皮肤在短期内蒸发,并为皮肤屏障的长期修复提供一个环境。它们由油性物质组成,可以降低经皮水丢失(TEWL),这是皮肤水分蒸发的技术术语,使屏障修复得以进行。只有当皮肤屏障完好无损时,TEWL才会正常化,皮肤才会健康。

> 保湿霜不能滋润身体。它们创造了一个屏障修复的环境。

身体保湿成分

尽管可供购买的保湿霜数量惊人,但大多数身体保湿霜使用与主配方相同的基本成分来实现功效。大多数现代身体保湿霜的3种主要成分是凡士林、二甲硅油和甘油。这些物质为以干燥为特征的身体皮肤病的愈合提供屏障修复环境。

凡士林

护肤品中最常用的活性剂是凡士林,仅

次于水。

凡士林是一种通过重矿物油脱蜡而得到的碳氢化合物的半固态混合物。1880 年《美国药典》中出现的纯化妆品级凡士林几乎是无味的。有趣的是,它从未被人工合成过。

凡士林是当今市场上最有效的保湿成分,可将 TEWL 降低 99%。它的作用是形成一个水不能穿透的油性屏障。因此,它保持皮肤的含水量,直到屏障修复。凡士林能够渗透到角质层的上层,有助于恢复屏障,屏障是通过产生细胞间脂质,如鞘脂质、游离甾醇和游离脂肪酸而开始的。含有凡士林的产品增加了这些脂类的合成速度。

凡士林影响皮肤所有阶段的再保湿,这是屏障修复和伤口愈合的第一步。凡士林可以通过减少蒸发损失来增加皮肤的含水量,从而为成纤维细胞迁移创造必要的湿润环境,促进伤口愈合和最终的屏障恢复。此外,它是低变应原性、非致粉刺性和非致痤疮性的。

凡士林还可以减少面部和身体因脱水而出现的细纹。它的作用是通过在过度暴露的下表皮和真皮神经末梢上形成一层保护膜来减少瘙痒和轻度疼痛。它作为润肤剂进入角质细胞粗糙边缘之间的空间,恢复光滑的皮肤表面。它还可以通过放松脱落的角质细胞起到去角质的作用,当凡士林摩擦进入皮肤时,这些角质细胞会被物理去除。凡士林也是许多其他含有额外活性物质的药妆配方的重要成分。

> 凡士林是最像细胞间脂质的闭塞性保湿物质。

二甲硅油

纯凡士林作为保湿霜的主要缺点是它太油腻,大多数患者觉得油腻不美观。这可以通过降低凡士林浓度和添加二甲硅油(俗称

收敛保湿剂)来减少,以改善产品的美观性。二甲硅油是当今保湿霜中第二常见的活性剂,因为它也是低过敏性的,不会引起粉刺和痤疮。二甲硅油是硅酮家族中的一员,是所有无油保湿霜和面部粉底的基础。

硅酮来源于二氧化硅,存在于沙子、石英和花岗岩中。它的特性来自硅氧交替键,也就是所谓的硅氧烷键,这种键强度极高。这些坚固的化学键解释了硅酮的巨大热稳定性和氧化稳定性。硅酮耐紫外线、酸、碱、臭氧和放电分解。用于局部制剂的硅酮是一种无味、无色、无毒的液体。它可溶于芳香族和卤代烃溶剂,但难溶于极性和脂肪族溶质。因为硅酮不混溶且不溶于水,因此它被用作防水产品的活性剂。到目前为止,还没有使用局部硅酮引起毒性的报道。

二甲硅油不能代替凡士林,但是,作为一种保湿剂,它可以减少面部的脱水,或者创造一个最佳的皮肤愈合环境。二甲硅油不溶于水,但可渗透到水蒸气中。因此,如果皮肤屏障受损,二甲硅油不会减少经皮水丢失。然而,这种水蒸气的渗透性在面部粉底和防晒霜的制造中是很重要的,因为汗水必须蒸发,否则产品会导致粟粒疹,让皮肤感觉油腻和厚重。

二甲硅油作为一种活性剂除了滋润皮肤外,还能提供许多其他的皮肤益处。它可以起到润肤剂的作用,通过填充脱皮角质细胞之间的空隙,使皮肤光滑柔软。它还可以通过使用干燥痤疮的药物(如过氧化苯甲酰或维 A 酸)来平滑皮肤干屑,而不会产生油腻的光泽,这是油性痤疮患者不希望看到的。二甲硅油也不容易与面部皮脂混合,使配方中的其他成分留在面部。这在防晒霜和面部化妆品中很有价值。

> 二甲硅油是一种流行的身体保湿剂成分,因为它使皮肤光滑,没有油腻感。

甘油

甘油是皮肤保湿霜中常用的保湿剂。保湿剂是一种物质,可以将真皮层和表皮的水分吸引到脱落的角质层。但是,如果皮肤屏障受损,水分会立即蒸发到湿度较低的环境中。由于这个原因,保湿剂总是与阻碍水分流失的封闭性保湿霜结合使用,如前面讨论过的凡士林和二甲硅油。甘油、凡士林和二甲硅油构成了添加其他新型制剂的大多数护肤产品的支柱。

甘油提供了一些独特的皮肤好处。除凡士林外,它是为数不多的能在皮肤上形成储液效果的保湿霜之一。换句话说,甘油的作用似乎在甘油不再存在后还会持续很长时间。以前,这种效应被认为是由于甘油影响细胞间脂质。现在人们认识到甘油能够调节皮肤中的水通道,即水通道蛋白。

水通道蛋白是存在于植物、细菌和人类皮肤中的高度保守的水通道,由一个更大的主要内在蛋白家族的完整膜蛋白组成。2003年诺贝尔化学奖授予了 Peter Agre 和 Roderick MacKinnon,以表彰他们对水通道蛋白和离子通道方面的研究。这些通道在阻止离子和一些溶质通过的同时,将水引入和流出细胞。它们由 6 个跨膜 α 螺旋结构组成,排列成右旋束。水通道蛋白在细胞膜上形成四聚体,控制水以及甘油、二氧化碳、氨和尿素的运输。不同的水通道蛋白包含不同的肽序列,控制着能够通过的分子的大小;然而,水通道蛋白对带电分子(如质子)是不可渗透的。通常,分子只能通过通道传递单一成分。

表皮中主要的水通道蛋白是水通道蛋白-3。它存在于表皮的基底层和上棘细胞层,而不存在于角质层。水通道蛋白-3 的表达在经皮失水升高的人类皮肤疾病中也增加。因此,甘油作为一种保湿成分被重新发现,具有显著影响皮肤水分平衡的潜力。由于脱水而形成面部的皱纹是最容易迅速修复

的衰老症状,因此基于甘油、凡士林和二甲硅油的护肤品被广泛用于快速保湿和改善外观。然而,凡士林、二甲硅油和甘油也存在于大多数面部护肤霜和乳液的载体中。该载体不仅负责改善皮肤状况,还负责向皮肤表面输送其他活性剂。

> 甘油是一种久经考验的身体保湿剂,通过水通道调节细胞渗透平衡。

专业保湿成分

许多物质可以被添加到保湿霜中,以增强其市场宣传和可能的功效,这些物质可以被称为专业保湿成分。这些成分为消费者提供了种类繁多的身体保湿霜。下文评估了发表的关于最流行的保湿专用添加剂效用的科学数据。

神经酰胺

神经酰胺是细胞间脂质的重要组成部分。屏障修复的起始步骤是神经酰胺的合成。许多身体保湿霜含有神经酰胺,这是一种特殊的成分,理论上认为,外用神经酰胺可能以某种方式促进屏障的修复。目前已经确定了 9 种不同的神经酰胺,其中 3 种是化妆品化学家可以合成的。神经酰胺是一种油性物质,目前尚不清楚功效是来自于其与细胞间脂质的结合,还是它们作为一种闭合性保湿剂。已通过胶带剥离研究神经酰胺在皮肤中的作用,其中角质细胞被一层一层地用胶带剥离 20 层。笔者的研究表明,外用神经酰胺可以在前 5~8 层的角质细胞中回收。

一种市面上可买到的沐浴露将神经酰胺结合在多泡乳液中,也被称为 MVE(图 16-1)。MVEs 的物理构造是通过快速搅拌来创造一种被称为脂质体的保湿实体。脂质体在面部保湿章节中有更全面的讨论,但它只是由内部含有保湿成分的磷脂组成的球体。

MVEs 是脂质体内的脂质体。多个小泡可以将保湿成分及时释放到皮肤表面，一层一层地为保湿霜创造一个物理的持续输送系统。MVEs 是使用阳离子季铵盐乳化剂（如甲硫酸苄铵）制造的。活性剂，如可能与其他保湿成分（透明质酸、磷脂和二甲硅油）结合的神经酰胺，根据兼容性被混合到油相或水相中。活性剂与乳化剂的高剪切混合产生 MVE。甲磺苯甲铵是一种独特的乳化剂，可形成多层同心的油和水球体，将活性剂捕获在交替的层状脂质层或水球室内。

图 16-1　一种市场上可买到的含有神经酰胺的非处方保湿霜

神经酰胺与凡士林、二甲硅油和甘油一起存在于大众和高端市场的许多高价身体保湿霜中。随着天然合成的神经酰胺越来越多，市面上出现的含有神经酰胺的产品也会越来越多。大部分新合成的保湿成分都是在百货商店和高价销售的水疗中心保湿产品中首次使用的。随着这种成分的新鲜感逐渐消失，生产成本下降，新的保湿成分就会出现在百货商店和精品店出售的产品中。最后，当该成分可以被大量合成时，它就可以在药店和大卖场中找到。这是大多数化妆品成分的自然历史，它们受到时尚趋势和营销方向的影响。

> 身体保湿霜中含有合成神经酰胺，通过提供细胞间脂质中的一种物质来促进屏障修复。

必需脂肪酸

除了神经酰胺，细胞间脂质的另一种成分是必需脂肪酸，如不饱和亚油酸和亚麻酸。在身体保湿的术语中，这些脂肪酸有时被称为维生素 F。局部应用的基本原理是向皮肤补充脂肪酸，以促进细胞间脂质的产生，尽管这一事实从未得到证实。众所周知，脂肪酸缺乏的啮齿动物皮肤类似于干性湿疹。向日葵油是一种丰富的必需脂肪酸来源，对这些啮齿动物进行局部施用可以使状况正常化。缺乏脂肪酸的人很少见，增加脂肪酸是否能改善皮肤也不确定。身体保湿霜中大部分问题在于，这种成分是否能渗透到皮肤中，以及它能否改善"正常"皮肤，使其超出健康状态。

维生素

维生素也是一种常见的身体保湿添加剂。它们受欢迎是因为它们的安全性、低成本和消费者的喜爱。你应该能够从外部"喂养"皮肤，这似乎很自然。大多数消费者理解"为健康的皮肤吃健康的饮食"的必要性，因此，局部使用维生素也可能有益于健康皮肤似乎是一种自然延伸。泛酸或维生素 B 复合物通常以多种化学形式使用：泛醇、泛酸或潘氨酸。许多身体保湿霜含有蜂花粉和蜂胶，它们是维生素 B 的天然来源，具有"天然"的吸引力。泛醇，也被称为维生素 B_5，是维生素 B 最常用的合成形式，其作用是作为一种保湿剂，将水分从真皮和表皮吸到角质层。当然，水必须用完整的皮肤屏障或封闭剂(如凡士林或二甲硅油)保存在皮肤中,如前所述。

烟酰胺,也被称为维生素 B_3 的酰胺形式,也存在于身体保湿霜中,据说它能通过干扰黑色素转移来加快细胞更新和减轻皮肤色素沉着。由于烟酸是线粒体中烟酰胺腺嘌呤二核苷酸磷酸(NADP)和 NADPH 能量生产途径的一部分,一些人认为烟酰胺可以使衰老的皮肤细胞表现得更年轻。这些都是非常巧妙的吸引消费者的概念,但化妆品公司只能做出声明,如烟酰胺"改善皮肤老化的外观"。这一声明并不意味着功能。如果烟酰胺被宣称能减少皮肤色素沉着,它将被视为化妆品市场上不允许使用的药物。

也许身体保湿霜中最流行的维生素是维生素 E。维生素 E 是一种脂溶性抗氧化维生素,很容易与闭合性脂质混合,以延缓身体保湿霜中的 TEWL。它价格便宜,可供广泛使用。事实上,维生素 E 是一种润肤剂,可以平滑角质细胞,让皮肤感觉光滑柔软。维生素 E 也被认为能增强其他脂溶性物质的经皮吸收。有时身体保湿霜会含有一种脂溶性维生素混合物,包括添加的维生素 E、维生素 A 和维生素 D,但局部使用维生素的效用令人怀疑。维生素必须是水溶性的,才能有机会穿透角质层,因此脂溶性制剂的价值很小。对于维生素缺乏症的治疗,口服维生素远优于皮肤给药。然而,人们认为一些维生素可以作为保湿剂,从而提高保湿产品的功效。

> 维生素 E 是身体保湿霜中最常用的维生素,因为它能起到润肤剂的作用,使皮肤光滑柔软。

天然保湿因子

据报道,一组调节角质层含水量的物质被统称为天然保湿因子(NMF)。NMF 由氨基酸、氨基酸衍生物和盐的混合物组成。更具体地说,它含有氨基酸、吡咯烷酮羧酸、乳酸、尿素、氨、尿酸、葡萄糖胺、肌酐、柠檬酸、钠、钾、钙、镁、磷酸盐、氯、糖、有机酸和肽。角质层细胞干重的 10% 是由 NMF 组成的。不能产生 NMF 的皮肤是干燥和皲裂的。最近以来,有人发现,丝聚蛋白分解成为皮肤的 NMF。理论上认为,与特应性皮炎相关的皮肤干燥可能是由于丝聚蛋白分解异常所致。

> 合成的 NMF 已被用于身体保湿霜配方中。

吡咯烷酮酸钠

吡咯烷酮酸钠是 2-吡咯烷酮-5-羧酸的钠盐,与尿素和乳酸一起被称为 NMFs 之一。实验表明,它是一种比甘油更好的保湿剂。吡咯烷酮酸钠在许多化妆品中被用作保湿剂,浓度为 2% 或更高。它可以防止身体乳液变干,但也可以将水吸入角质层。许多身体保湿喷雾都含有水和吡咯烷酮酸钠。最好使用同时含有保湿剂(如吡咯烷酮酸钠)和封闭性物质(如凡士林、矿物油或二甲硅油)的身体保湿霜。使用的保湿机制越多,身体保湿霜在促进屏障修复方面就越成功。

尿素

增加角质层中水含量的另一种方法是使用能够在富含蛋白质的角质细胞上产生水结合位点的物质。尿素就是这样一种物质。它消化角蛋白并和水结合,从而使坚硬的角质细胞蛋白外壳水合和软化。正是由于这个原因,尿素在皮肤科中被广泛用于治疗老茧和足跟开裂。只有当皮肤水分充足时,促进角质脱落的酶才能发挥作用。因此,尿素扩散到角质层并破坏氢键,从而暴露出角质层细胞上的水结合位点。尿素还通过溶解角质细胞之间的细胞间黏合物质促进细胞脱落。通过这种方式,它还可以促进其他局部应用药物的吸收,起到渗透增强的作用。然而,尿素的配制是一个难点,因为在配制过程中必须将其保持在酸性 pH,否则会分解成恶臭的氨。在分散到乳液中之前,通过将尿素吸附在滑石粉上,在一定程度上克服了刺激性问题。尿素是许多身体保湿霜的重要治疗成分。

> 尿素是一种保湿剂,可以增加角质细胞上不能正常脱落的水结合位点。

乳酸

乳酸或乳酸钠,也被认为是一种 NMF,因为它比甘油能更好地促进水分吸收。许多治疗性保湿产品中含有乳酸,因为它可以增加角质层的水结合能力。此外,它可以增加角质层的柔韧性,与吸收的乳酸量成正比。乳酸以乳酸铵的形式存在于许多被推荐用来改善毛周角化症的身体保湿霜中,毛周角化症是一种存在毛囊口的毛发周围残留角质层的情况。乳酸是一种羟基酸,也可以促进成熟个体的角质脱落,因此,当添加到身体保湿剂中时,可以治疗寻常性鱼鳞病。许多时候,尿素和乳酸被结合在一起用于身体保湿霜中,以达到最佳的治疗效果,这些保湿霜可以促进角质细胞脱落。

身体保湿配方

身体保湿霜有多种剂型,包括乳液、乳霜、摩丝和软膏。乳液是最受欢迎的配方,因为它们很容易涂抹,但乳液通常含有较多的水分,保湿性较低。乳霜和软膏可以用在身体上,但较难涂抹,特别是在有毛发的部位。女性患者希望使用质地丰富、不油腻的身体乳;然而,丰富的质地并不一定意味着是优质的保湿霜。丰富性可以被添加到具有水溶性树胶的薄乳液中,给予皮肤丝滑的感觉,但不能改善保湿效果。患者应注意,不要把身体

保湿霜的黏度与功效等同起来。

身体乳液通常是水包油乳液,含有 $10\% \sim 15\%$ 的油相、$5\% \sim 10\%$ 的保湿剂和 $75\% \sim 85\%$ 的水相。更具体地说,它们由水、矿物油、丙二醇、硬脂酸和凡士林或羊毛脂组成。大多数还含有乳化剂,如硬脂酸三乙醇胺。甘油或山梨醇等保湿剂也可以与其他维生素添加剂(如维生素 A、维生素 D 和维生素 E)以及舒缓剂(如芦荟和尿囊素)一起使用,这些都是抗炎药。大多数身体乳液都含有一些"明星"成分或专利成分的组合,以扩大消费者的要求和市场的知名度。

> 身体乳液通常是水包油乳液,含有 $10\% \sim 15\%$ 的油相、$5\% \sim 10\%$ 的保湿剂和 $75\% \sim 85\%$ 的水相。

身体保湿霜的基本配方是水、脂类、乳化剂、防腐剂、香料、颜色和特殊添加剂。有趣的是,水占所有保湿霜的 $60\% \sim 80\%$,然而,外用水并不能使皮肤恢复水分。事实上,水分通过皮肤的速度会随着水分的增加而加快。水起到稀释剂的作用,蒸发后留下活性剂。乳化剂通常是浓度为 0.5% 或更低的肥皂,其作用是将水和脂质保持在一个连续相中。对羟基苯甲酸酯是保湿剂中最常用的防腐剂,其与甲醛供体防腐剂之一结合,以防止细菌在身体保湿霜的水相中生长。所有的沐浴露都必须含有某种类型的防腐剂,以防止污染。无防腐剂身体乳液的想法是一种幻想。

畅销的身体保湿霜配方必须满足 3 个标准:它必须增加皮肤的含水量(保湿),它必须使皮肤感觉光滑和柔软(润肤),它必须保护受伤或暴露的皮肤免受有害或恼人的刺激(皮肤保护剂)。由化妆品化学家设计的配方必须满足这 3 个需求,才能成功地改善皮肤外观。皮肤科医师在评估身体保湿霜的功效时应该牢记这些概念。

身体保湿霜的基本配方包括水、脂类、乳化剂、防腐剂、香料、颜色和特殊添加剂。

处方身体保湿霜

之前的讨论集中在非处方药（OTC 药）领域的身体保湿霜上。然而，被称为隔离霜的处方身体保湿霜的发明改变了保湿霜的类别。最近，美国食品和药品监督管理局（FDA）通过 510K 批准程序，开发出了保湿霜，并批准作为医疗器械。510K 批准程序要求证明产品的安全性，但不需要像药品一样进行严格的临床试验。在 510K 屏障装置中使用闭合性、保湿性和抗炎性成分，可替代皮肤科治疗中使用的更传统的局部皮质类固醇。一旦处方药停止使用，屏障修复霜可作为类固醇保留辅助剂，从而维持屏障健康。主要问题是，这些更昂贵的 510K 屏障设备是否提供了 OTC 身体保湿市场目前无法提供的任何产品。修复霜中使用的所有成分都存在于化妆品配方中。这些屏障修复霜不是药物；它们仅仅是需要处方才能获得的产品。

处方屏障修复保湿霜有许多在 OTC 身体保湿市场上发现的相同成分，但这些面霜本质上是不同的，因为 FDA 已批准它们为 510K 设备。510K 设备批准流程最初是为了确保带"开/关"设备的安全而制定的。激光、照明设备、心脏起搏器和胰岛素泵都是需要这类批准的设备。虽然面霜在传统上并不被认为是"设备"，但它们得到了批准，因为它们会引起皮肤的物理变化。这种物理变化被记录为皮肤水合作用的增加，这是由于减少了对环境的水分损失，被称为 TEWL。

处方保湿霜，被称为隔离霜，是 510K 批准的医疗设备，具有降低 TEWL 的功能。

屏障修复产品在皮肤表面覆盖一层防水膜，从而降低 TEWL。当皮肤屏障受损时，TEWL 升高，这是神经酰胺合成引发的屏障修复的生理信号。目前，有多种不同的配方已获得 510K 批准，可根据关键成分通过不同机制产生屏障修复。处方润肤霜的关键成分都可以在 OTC 身体润肤霜市场上买到；讨论了它们在屏障修复中的应用价值。

皮肤屏障与神经酰胺替代

如前所述，神经酰胺的合成是屏障修复的第一步。这一认识导致出现了多种基于神经酰胺技术的 OTC 面霜（适乐肤，瓦伦特公司；珂润，花王公司）。9 种不同的神经酰胺已经被鉴定并被合成复制用于保湿剂配方中。神经酰胺因其极性头基结构以及碳氢链性质而与众不同。一种以神经酰胺为主导的三重脂质屏障修复制剂（普司纳，普罗米乌斯制药公司）被设计用于纠正特应性皮炎的脂质生化异常。它含有癸酸、胆固醇和共轭亚麻酸。此外，还采用了香烛和凡士林来减少 TEWL。2006 年 4 月，该药获得 FDA 批准，作为一种非甾体脂质屏障乳剂，用于治疗与多种皮肤病相关的皮肤干燥症状。对 121 例中重度特应性皮炎患者进行为期 28 天的治疗，并与氟替卡松乳膏进行比较。研究人员发现，神经酰胺装置可以降低 SCORAD（特应性皮炎）评分，减少瘙痒，改善睡眠质量；然而，在第 14 天局部使用皮质类固醇的改善更快。这种面霜的独特方面在于，三重脂质组合的专利比例模拟了生理脂质的比例。

OTC 神经酰胺制剂含有与处方制剂相似的神经酰胺，但不使用专利比例。要做到这一点，他们必须从发明者那里购买专利使用许可。目前还不清楚这一比例对神经酰胺存在的重要性。虽然可以通过分析应用皮肤的胶布剥离来证明神经酰胺渗透到角质层，但很难确切知道这些外用的神经酰胺是如何影响皮肤生理的。由于皮肤最终会自行愈合,无论是否使用外部保湿霜,我们很难研究保湿霜加速愈合的微妙之处。OTC 保湿霜不能像屏障修复装置保湿霜那样宣称,但它们的成分和对皮肤的影响是相似的。

天然透明质酸保湿及屏障修复

保持皮肤内适当的水分平衡是人类在恶劣环境中生存的关键。皮肤必须有一定的蓄水能力,否则干燥会立即发生。真皮层中的天然保水材料主要是透明质酸,它与作为医用填充物的注射材料(乔雅登,艾尔建公司;瑞诗兰,麦迪西斯公司)相同。这些可注射的透明质酸被批准作为医疗器械,一些基于透明质酸的处方保湿霜也被批准。从局部来看,透明质酸被认为是保湿剂,这是吸引和保水物质的技术名称。处方透明质酸保湿霜可作为高浓度泡沫与甘油、二甲基硅油和凡士林(过敏性,起效疗法)以及液体与甘油和山梨醇(生物连接,JSJ 制药公司)混合使用。

透明质酸的加入是否能使产品成为处方? 不一定。一些高端 OTC 化妆品保湿霜含有透明质酸。透明质酸是市场上唯一的保湿剂吗? 并不是。甘油、蛋白质、维生素、丙二醇和聚乙二醇是更常用的、更便宜的保湿剂。保湿剂成分包含在所有高效的 OTC 保湿剂中。不同之处在于,处方保湿霜根据透明质酸的保湿性提交了一份 510K 申请,而 OTC 保湿霜则没有。

脂肪酸、脂质三层和屏障修复

一种不同的皮肤保湿方法是使用游离脂肪酸。游离脂肪酸存在于位于角细胞之间的细胞间脂质中,可以形成一个锁水的、中等渗透性的屏障。扫描电子显微镜显示细胞间脂质带为三层实体,尺寸为 3.3 nm。这些谱带通常以 6 个或 9 个为一组出现,对人类生命也是必不可少的。据估计,脂质层的总厚度为 13 nm,这是 >13 nm 的颗粒无法穿透皮肤的原因。事实上,<13 nm 的纳米颗粒可

以穿透,是引起目前争论的健康问题。

理论上,补充皮肤中的游离脂肪酸可以修复皮肤屏障。其中一种经 FDA 批准的隔离霜含有棕榈酰胺单乙醇胺(PEA)、橄榄油、甘油和植物油(敏美芙乳膏,斯蒂菲尔,一家 GSK 公司)。据说 PEA 是一种在特应性皮肤中缺乏的脂肪酸,理论上说,替换这种脂肪酸可以加速疾病的缓解。人们还认为,豌豆(一种大麻的类似物,大麻中的活性剂)也可能影响瘙痒途径。

在一项对 2456 名患者进行的开放标签研究中,当受试者使用 PEA 基隔离霜时,红斑、瘙痒、脱皮、脱屑、苔藓化和干燥的强度显著降低,综合评分降低了 58.6%。然而,在这项非对照前瞻性队列研究中没有安慰剂。这总是给数据解释带来挑战。橄榄油和甘油是活性剂还是 PEA? 在顺势疗法的文献中,橄榄油被吹捧为具有许多治疗作用。它富含必需脂肪酸,这可能是它被誉为健康心脏食用油的原因。当局部应用于啮齿类动物时,它也被证明可以减少特应性皮炎的症状。当然,补充必需的缺脂肪酸饮食的动物会经历一种类似特应性皮炎的皮肤状况,但口服比局部应用更可取。橄榄油也被列在面部粉刺的名单上,是导致油性皮肤痤疮的罪魁祸首。虽然最终的配方具有独特的效果,但很难确定哪种成分真正起作用。这在处方皮肤病学中很容易做到,其中主要药物被确定,其次是其他非活性成分。处方设备隔离霜不需要这种类型的披露。

用抗炎药修复屏障

屏障损伤的最早迹象之一是炎症的开始,这解释了出现屏障问题的皮肤病的潮红和瘙痒特征。为了缓解症状,许多屏障修复产品含有植物来源的抗炎剂。这些抗炎药在 OTC 和处方保湿霜中都有。一种目前上市的处方隔离霜含有甘草次酸和葡萄提取物(Atopiclair,Graceway)。此外,它还含有尿

囊素、甜没药醇、透明质酸和乳木果油。甘草次酸是一种甘草提取物，据《化妆品成分评论》报道是安全的。它具有阻断细胞内缝隙连接的能力；然而，它在高浓度下具有细胞毒性。它主要用作保湿剂配方中的抗炎剂。在一项开放标签的多中心研究中，用该产品治疗 3 周后，特应性皮炎瘙痒的视觉模拟评分（VAS）中位数从 48.5 mm 降至 34.1 mm，治疗 6 周后进一步降至 24.6 mm。在对 142 名 6 个月至 12 岁的儿童患者进行的第二项研究中，将同一配方与赋形剂乳膏进行比较，发现其在减轻轻度至中度特应性皮炎症状方面更为有效。

甘草衍生物也可以在非处方保湿霜中找到，尤其是那些针对酒渣鼻患者的祛红产品（尤赛林，拜尔斯多夫）。一种配方含有甘草提取物。甘草提取物有许多不同的种类，并不是所有的都具有相同的皮肤效应。一些甘草提取物用于皮肤美白目的，而不是主要作为抗炎药。再次，甘草提取物是屏障修复霜中的抗炎活性剂吗？它的作用是否像一种天然的局部皮质类固醇，以减少特应性皮炎的体征和症状？或者，是透明质酸保湿剂吸引水分，而水分被乳木果油封闭保湿剂滞留在皮肤里？事实上，除非在同一载体上对每一种"活性剂"分别进行测试，否则很难判断是哪种物质真正起作用。即便如此，也很难将载体臂与载体加单成分臂分开。这是设计临床研究来验证屏障乳膏功效的挑战。

> 甘草提取物是 OTC 和处方身体保湿剂中流行的抗炎剂。

身体保湿功效

保湿霜的功效可能很难评估，但所有配方都应该进行功效和耐受性的临床测试。这个评估的主要部分包括调查员敏锐的眼和手，以评估皮肤屏障的改善和更好的触觉质量。研究参与者的主观评估可用于评估感觉刺激的缓解情况，如瘙痒、刺痛、灼烧。然而，这种客观和主观的数据需要附加仪器来实时评估皮肤的功能。一款好的身体保湿霜应该在 3 种评估方法下都能产生良好的效果。应用仪器对皮肤进行研究时，使用的探针可以无创地评估离开皮肤的水和皮肤中的水。几种常用的方法包括回归分析法、轮廓测定法、鳞片测定法、捻度测定法、角膜测量法和蒸发测定法。

回归分析法是一种在临床条件下评估保湿功效的方法。被选定的患者在预定的测试部位使用保湿霜治疗 2 周。在第 7 天和第 14 天对测试部位进行评估。如果发现有改善，则停止使用保湿霜，并在 2 周内每天对测试部位进行评估，或直到基线病理再次出现。这种方法特别有价值，因为所有保湿霜在使用后立即效果都很好，但真正的效果只能随着时间的推移进行评估。

轮廓测定法包括分析皮肤表面的硅橡胶（西弗罗）复制品。这些硅树脂复制品被浇铸成塑料正片，然后用电脑控制的触控笔进行测量，可以描摹出表面的轮廓。这样，就形成了一个二维或三维的拓扑图。不幸的是，这种方法可能是不准确的，因为硅胶应用于皮肤表面往往会变平并有皮肤鳞屑的脱落。这种方法最适合评估眼部周围皮肤干性皱纹的改善情况。

鳞片测定法包括对皮肤鳞片的分析，方法是通过在皮肤上贴一条称为 D 型角质的胶带来采集角质。然后去除最外层松散黏附的皮肤鳞屑。胶带提供了保留皮肤表面的角质层和角质脱落模式的样本。然后使用图像处理来评估皮肤的角化程度。此评估有助于评估身体保湿霜引起的去角质量。还可以从胶带上去除皮肤角化层，并提取各种脂质组分，以确定细胞间脂质的组成以及皮肤鳞屑中各种身体保湿成分的存在。因此，鳞片测定法可以在不需要皮肤活检的情况下，以无创的方式评估保湿剂的渗透程度。

其他几种值得一提的非侵入性皮肤评估方法包括黏度测定法、角膜测量法和蒸发测定法。扭转仪利用扭力在体测量角质层水分对皮肤延展性的影响。将弱扭矩施加到与皮肤接触的旋转圆盘上。研究表明，干性皮肤的延展性远不如水分充足的皮肤。皮肤阻抗也可以通过一种称为角膜测量法的方法来评估。此处，将由两个同心黄铜圆筒组成的干电极施加到皮肤上，两个同心黄铜圆筒由酚醛绝缘体以 3.5MHz 的频率工作而隔开。随着皮肤水分的增加，阻抗降低。这项技术可以通过一种称为角质计的仪器测量皮肤中的水分含量来评估保湿霜的功效和效果持续时间。最后，蒸发测定法可以用来测量皮肤TEWL。更多的封闭性物质有望降低水分损失，而一些保湿剂，如甘油，实际上会增加水分损失。蒸发法测量的是离开皮肤的水分，而角质计测量的是皮肤中的水分。所有这些测量方法都可用于无创性评估身体保湿霜的功效。

尽管这些复杂的非侵入性皮肤评估方法听起来很有吸引力，但在评估保湿霜的效果时，没有什么可以替代训练有素的公正观察者的意见。机械评估很容易产生偏差，以产生符合制造商最佳利益的数据。计算机还不能准确地综合人类评估所能获得的所有触觉和视觉信息。非侵入性技术只是提供了另一种评估保湿功能的工具。

> 无创性评估可用于更好地描述涂抹身体保湿霜前后的皮肤情况。

身体保湿霜的不良反应

许多皮肤干燥的患者会反馈，由于使用后皮肤刺痛，他们对大多数保湿霜"过敏"。这可能是一种刺激性接触性皮炎而不是真正的过敏性接触性皮炎。这些患者应避免使用含有丙二醇的保湿霜，因为丙二醇对受损的皮肤可能会造成灼伤。在面部保湿霜中发现的其他会引起刺痛的物质包括苯甲酸、肉桂酸化合物、乳酸、尿素、乳化剂、甲醛和山梨酸。

保湿软膏、面霜、乳液和凝胶应该"按原样"进行斑贴试验。如果在封闭式斑贴试验中出现刺激反应，则应使用开放式斑贴试验和刺激性使用试验重新对产品进行测验。

参 考 文 献

[1] Friberg SE，Ma Z. Stratum corneum lipids，petrolatum and white oils. Cosmet Toilet 1993；107：55-9.

[2] Grubauer G，Feingold KR，Elias PM. Relationship of epidermal lipogenesis to cutaneous barrier function. J Lip Res 1987；28：746-52.

[3] Nair B. Final report on the safety assessment of dimethicone. Cosmetic Ingredient Review Expert Panel. Int J Toxicol 2003；22（Suppl 2）：11-35.

[4] Short RW，Chan JL，Choi JM，et al. Effects of moisturization on epidermal homeostasis and differentiation. Clin Exp dermatol 2007；32：88-90.

[5] Spencer TS. Dry skin and skin moisturizers. Clin Dermatol 1988；6：24-8.

[6] Hara-Chikuma M，Verkman AS. Aquaporin-3 functions as a glycerol transporter in mammalian skin. Bio Cell 2005；97：479-86.

[7] Elias PM，Brown BE，Ziboh VA. The permeability barrier in essential fatty acid deficiency：evidence for a direct role for linoleic acid in barrier function. J Invest Dermatol 1980；75：230-3.

[8] Wilkinson JB，Moore RJ. Harry's Cosmeticology，7th edn. New York：Chemical Publishing，1982：61.

[9] Wehr RF，Krochmal L. Considerations in selecting a moisturizer. Cutis 1987；39：512-15.

［10］ Rawlings AV，Scott IR，Harding CR，Bowser PA. Stratum corneum moisturization at the molecular level. Prog Dermatol 1994；28：1-12.

［11］ Wilkinson JB，Moore RJ：Harry's Cosmeticology，7th edn. New York：Chemical Publishing，1982；62-4.

［12］ Raab WP. Uses of urea in cosmetology. Cosmet Toilet 1990；105；97-102.

［13］ Idson B. Dry skin：moisturizing and emolliency. Cosmet Toilet 1992；107；69-78.

［14］ Warner RR，Myers MC，Taylor DA. Electron probe analysis of human skin：determination of the water concentration profile. J Invest Dermatol 1988；90；218-24.

［15］ Jackson EM. Moisturizers：what's in them? How do they work? Am J Contact Dermatitis 1992；3；162-8.

［16］ Novotny J，Hrabalek A，Vavrova K. Synthesis and structure-activity relationships of skin Ceramides. Curr Med Chem 2010 May；(Epub ahead of print).

［17］ Garidel P，Fölting B，Schaller I，Kerth A，The microstructure of the stratum corneum lipid barrier：mid-infrared spectroscopic studies of hydrated ceramide：palmitic acid：cholesterol model systems. Biophys Chem 2010；150：144-56.

［18］ Madaan A. Epiceram for the treatment of atopic dermatitis. Drugs Today (Barc) 2008；44：751-5.

［19］ Sugarman JL，Parish LC. Efficacy of a lipid-based barrier repair formulation in moderate-to-severe pediatric atopic dermatitis. J Drugs Dermatol 2009；8；1106-11.

［20］ Amado A，Taylor JS，Murray DA，Reynolds JS. Contact dermatitis to pentylene glycol in a prescription cream for atopic dermatitis. Arch Deratmol 2008；144；810-12.

［21］ Cosmetic Ingredient Review Expert Panel，Final Report on the Safety Assessment of Glycyrrhetinic Acid，Potassium Glycyrrhetinate，Disodium Succinoyl Glycyrrhetinate，Glyceryl Glycyrrhetinate，Glycyrrhetinyl Stearate，Stearyl Glycyrrhetinate，Glycyrrhizic Acid，Ammonium Glycyrrhizate，Dipotassium Glyvyrrhizate，Disodium Glycyrrhizate，Trisodium Glycyrrhizate，Methyl Glycyrrhizate，and Potassium Glycyrrhizinate. Int J Toxicol 2007；26 (Suppl 2)；79-112.

［22］ Eberlein B，Eicke C，Reinhardt H-W，Ring J. Adjuvant treatment of atopic eczema：assessment of an emollient containing N-Palmitoylethanolamine (ATOPA Study). J Eur Acad Dermatol Venereol 2008；22；73-82.

［23］ Veraldi S，De Micheli P，Schianchi R，Lunardon L. Treatment of pruritus in mild-to-moderate atopic dermatitis with a topical non-steroidal agent. J Drugs Dermatol 2009；8；537-9.

［24］ Boguniewicz M，Zeichner JA，Eichenfield LF，et al. MAS063DP is effective monotherapy for mild to moderate atopic dermatitis in infants and children：a multicenter，randomized，vehicle-controlled study. J Pediatr 2008；152：854-9.

［25］ Grove GL. Noninvasive methods for assessing moisturizers. In：Waggoner WC，ed. Clinical Safety and Efficacy Testing of Cosmetics. New York：Marcel Dekker，Inc，1990，121-48.

［26］ Kligman AM. Regression method for assessing the efficacy of moisturizers. Cosmet Toilet 1978；93；27-35.

［27］ Lazar AP，Lazar P. Dry skin，water，and lubrication. Dermatol Clin 1991；9；45-51.

［28］ Grove GL，Grove MJ. Objective methods for assessing skin surface topography noninvasively. In：Leveque JL，ed. Cutaneous Investigation in Health and Disease. New York：Marcel Dekker，1988；1-32.

［29］ Grove GL. Dermatological applications of the Magiscan image analysing computer. In：Marks R，Payne PA，eds. Bioengineering and the Skin. Lancaster，England：MTP Press，1981；173-82.

［30］ de Rigal J，Leveque JL. In vivo measurements

of the stratum corneum elasticity. Bioeng Skin 1985;1;13-23.

[31] Tagami H. Electrical measurement of the water content of the skin surface. Cosmet Toilet 1982;97;39-47.

[32] Grove GL. The effect of moisturizers on skin surface hydration as measured in vivo by electrical conductivity. Curr Ther Res 1991;50;712-19.

[33] Idson B. In vivo measurement of transdermal water loss. J Soc Cosmet Chem 1976;29;573-80.

[34] Rietschel RL. A method to evaluate skin moisturizers in vivo. J Invest Dermatol 1978;70;152-5.

[35] Rietschel RL. A skin moisturization assay. J Soc Cosmet Chem 1979;30;360-73.

[36] Grove GL. Design of studies to measure skin care product performance. Bioeng Skin 1987;3;359-73.

[37] Lazar PM. The toxicology of moisturizers. J Toxicol-Cut Ocul Toxicol 1992;11;185-191.

[38] Maibach HI, Engasser PG. Dermatitis due to cosmetics. In;Fisher AA,Contact Dermatitis, 3rd edn. Phildelphia; Lea & Febiger, 1986;371.

建 议 阅 读

Altemus M, Rao B, Dhabhar F, Ding W, Granstein R. Stress-induced changes in skin barrier function in healthy women. J Invest Dermatol 2001;117;309-17.

Ananthapadmanabhan KP, Subramanyan K, Rattinger GB. Moisturizing cleansers (Chapter 20). In;Leyden JJ, Rawlings AV, eds. Skin Moisturization. Vol. 25. Marcel Dekker, Inc., 2002;405-32.

Arct J, Gronwald M, Kasiura K. Possibilities for the prediction of an active substance penetration through epidermis. IFSCC Magazine 2001; 4; 179-183.

Atrux-Tallau N, Romagny C, Padois K, et al. Effects of glycerol on human skin damaged by a-

cute sodium lauryl sulphate treatment. Arch Dermatol Res 2009 December;[Epub ahead of print].

Barton S. Formulation of skin moisturizers (Chapter 25). In; Leyden JJ, Rawlings AV, eds. Skin Moisturization. Vol. 25. Marcel Dekker, Inc., 2002;547-75.

Bikowski J. The use of therapeutic moisturizers in various dermatologic disorders. Cutis 2001;68 (5 Suppl);3-11.

Bissonnette R, Maari C, Provost N, et al. A double-blind study of tolerance and efficacy of a new urea-containing moisturizer in patients with atopic dermatitis. J Cosmet Dermatol 2010;9;16-21.

Buraczewska I, Berne B, Lindberg M, et al. Changes in skin barrier function following long-term treatment with moisturizers, a randomized controlled trial. Br J Dermatol 2007;156;492-8.

Chamlin SL, Kao J, Frieden IJ, et al. Ceramide-dominant barrier repair lipids alleviate childhood atopic dermatitis;change in barrier function provide a sensitive indicator of disease activity. J Am Acad Dermatol 2002;47;198-208.

Coderch L, Lopez O, de la Maza A, Parra JL. Ceramides and skin function. Am J Clin Dermat 2003;4;107-29.

Crowther JM, Sieg A, Clenkiron P, et al. Measuring the effects of topical moisturizers on changes in stratum corneaim thickness, water gradients and hydration in vivo. Br J Dermatol 2008;159;567-77.

Denda M, Kumazawa N. Negative electric potential induces alteration of ion gradient and lamellar body secretion in the epidermis, and accelerates skin barrier recovery after barrier disruption. J Invest Dermatol 2002;118;65-72.

Draelos ZD. Botanicals as topical agents. Clin Dermatol 2001;19;474-7.

Draelos ZD, Ertel K, Berge C. Niacinamide-containing facial moisturizer improves skin barrier and benefits subjects with rosacea. Cutis 2005; 76; 135-41.

Draelos ZD. Therapeutic moisturizers. Dermatol Clin 2000;18;597-607.

Draelos ZD. Concepts in skin care maintenance. Cutis 2005;76 (6 Suppl):19-25.

Draelos ZD. The ability of onion extract gel to improve the cosmetic appearance of postsurgical scars. J Cosmet Dermatol 2008;7:101-4.

Draelos ZD. Therapeutic moisturizers. Dermatol Clin 2000;18:597-607.

Endo K, Suzuki N, Yoshida O, et al. Two factors governing transepidermal water loss: barrier and driving force components. IFSCC Magazine 2003; 6:9-13.

Fluhr J, Holleran WM, Berardesca E. Clinical effects of emollients on skin (Chapter 12). In: Leyden JJ, Rawlings AV, eds. Skin Moisturization. Vol. 25. New York: Marcel Dekker, Inc., 2002:223-43.

Fluhr JW, Bornkessel A, Berardesca E. Glycerol—just a moisturizer? Biological and biophysical effects (Chapter 20). In: Loden M, Maibach HI, eds. Dry Skin and Moisturizers, 2nd edn. Taylor & Francis Group, LLC 2006:227-43.

Ghali FE. Improved clinical outcomes with moisturization in dermatologic disease. Cutis 2005;76 (6 Suppl):13-18.

Giusti F, Martella A, Bertoni L, Seidernari S. Skin barrier, hydration, and pH of the skin of infants under 2 years of age. Pediatr Dermatol 2001;18: 93-6.

Hannuksela A, Kinnunen T. Moisturizers prevent irritant dermatitis. Acta Derm Venereol 1992;72: 42-4.

Hannuksela M. Moisturizers in the prevention of contact dermatitis. Curr Probl Dermatol 1996;25: 214-20.

Harding CR, Rawlings AV. Effects of natural moisturizing factor and lactic acid isomers on skin function (Chapter 18). In: Loden M, Maibach HI, eds. Dry Skin and Moisturizers, 2nd edn. Taylor & Francis Group, LLC 2006:187-209.

Harding, CR. The stratum corneum: structure and function in health and disease. Derm Ther 2004; 17:6-15.

Hawkins SS, Subramanyan K, Liu D, Bryk M. Cleansing, moisturizing, and sun-protection regimens for normal skin, self-perceived sensitive skin, and dermatologist-assessed sensitive skin. Derm Ther 2004;17:63-8.

Held E, Agner T. Effect of moisturizers on skin susceptibility to irritants. Acta Derm Venereol 2110;81:104-7.

Held E, Lund H, Agner T. Effect of different moisturizers of SLS-irritated human skin. Contact Dermatitis 2001;44:229-34.

Held E, Sveinsdottir S, Agner T. Effect of long-term use of moisturizer on skin hydration, barrier function and susceptibility to irritants. Acta Derm Venereol 1999;79:49-51.

Herman S. Lipid assets. GCI. 2001;12-14.

Herman S. The new polymer frontier. GCI. 2002.

Jemec GB, Wulf HC. Correlation between the greasiness and the plasticizing effect of moisturizers. Acta Derm Venereol 1999;79:115-17.

Johnson, AW. Overview: fundamental skin care—protecting the barrier. Derm Ther 2004;17:1-5.

Kao JS, Garg A, mao-Qiang M, et al. Testosterone perturbs epidermal permeability barrier homeostasis. J Invest Dermatol 2001;116:443-50.

Kraft JN, Lynde CW. Moisturizers: what they are and a practical approach to product selection. Skin Therapy Lett 2005;10:1-8.

Lachapelle JM. Efficacy of protective creams and/or gels. Curr Probl Dermatol 1996;25:182-92.

Le Fur I, Reinberg A, Lopez S, et al. Analysis of circadian and ultradian rhythms of skin surface properties of face and forearm of healthy women. J Invest Dermatol 2001;117:718-24.

Lebwohl M, Herrmann LG. Impaired skin barrier function in dermato-logic disease and repair with moisturization. Cutis 2005;76 (6 Suppl):7-12.

Leyden JJ, Rawlings AV. Humectants (Chapter 13). In: Leyden JJ, Rawlings AV, eds. Skin Moisturization. Vol. 25. New York: Marcel Dekker, Inc., 2002:245-66.

Lipozencic J, Pastar Z, Marinovic-Kulisic S. Moisturizers. Acta Dermatovenerol Croat 2006; 14: 104-8.

Loden M，Andersson AC，Lindberg M． Improvement in skin barrier function in patients with atopic dermatitis after treatment with a moisturizing cream (Canoderm). Br J Dermatol 1999;140: 264-7.

Loden M． Role of topical emollients and moisturizers in the treatment of dry skin barrier disorders. Am J Clin Dermatol 2003;4:771-88.

Loden M． Barrier recovery and influence of irritant stimuli in skin treated with a moisturizing cream. Contact Dermatitis 1997;36:256-60.

Loden M． Do moisturizers work? J Cosmet Dermatol 2003;2:141-9.

Loden M． Hydrating substances (Chapter 20). In: Paye M，Barel AO，Maibach HI，eds. Handbook of Cosmetic Science and Technology，2nd edn. Informa Healthcare USA，Inc.，2007:265-80.

Loden M． Role of topical emollients and moisturizers in the treatment of dry skin barrier disorders. Am J Clin Dermatol. 2003;4:771-88.

Loden M． Skin barrier function:effects of moisturzers. Cosmet Toilet 2001;116:31-40.

Loden M． The clinical benefit of moisturizers. J Eur Acad Dermatol Venereol 2005; 19: 672-88; quiz 686-7.

Loden M． Urea-containing moisturizers influence barrier properties of normal skin. Arch Dermatol Res 1996;288:103-7.

Lynde CW，Moisturizers:what they are and how they work. Skin Terapy Lett 2001;6:3-5.

Madison，KC. Barrier function of the skin:"La Raison d'Etre" of the epidermis. J Invest Dermatol 2003;121:231-41.

Maes DH，Marenus KD. Main finished products: moisturizing and cleansing creams (Chapter 10).

In:Baran R，Maibach HI，eds. Textbook of Cosmetic Dermatology，2nd edn. Martin Dunitz Ltd 1998;113-24.

Mao-Qiang M，Feingold KR，Thornfeldt CR，Elias PM． Optimization of physiological lipid mixtures for barrier repair. J Invest Dermatol 1996;106: 1096-101.

Mao-Qiang M，Feingold KR，Wang F，et al. A natural lipid mixture improves barrier function and hydration in human and murine skin. J Soc Cosmet Chem 1996;47:157-66.

Norlen L． Skin barrier formation: the membrane folding model. J Invest Dermatol 2001; 117: 823-36.

Prasch Th，Schlotmann K，Schmidt-fonk K，Forster Th． The influence of cosmetic products on the stratum corneum by infrared and spectroscopy. IFSCC Magazine 2001;4:201-3.

Rawlings AV，Canestrari DA，Dobkowski B． Moisturizer technology versus clinical performance. Dermatol Ther 2004;17 (Suppl 1):49-56.

Rawlings AV，Harding CR． Moisturization and skin barrier function. Dermatol Ther 2004;17:43-8.

Rieger M． Moisturizers and humectants. In:Rieger MM，ed. Harry's Cosmeticology，8th edn. Chemical Publishing Co.，Inc，2000.

Simion FA，Abrutyn ES，Draelos ZD． Ability of moisturizers to reduce dry skin and irritation and to prevent their return. J Cosmet Sci 2005;56: 427-44.

Simion FA，Story DC． Hand and body lotions (Chapter 33). In: Baran R，Maibach HI，eds. Textbook of Cosmetic Dermatology，4th edn. Informa Healthcare，2011:269-89.

第17章

手部皮炎与保湿

手是一个神奇的器官，提供了书写、描绘、绘画、舞蹈和表达情感所需的功能。人们常说，通过握手可以透露一个人的很多信息，握手是对手掌的皮肤、肌肉和骨骼的评估。手可以表达性别、职业和年龄。女性的手很小，而男性的手很大且肌肉发达。在户外用手工作的人与一天中大部分时间在电脑上打字的人相比，皮肤的质地大不相同。儿童的手柔软、面团状、软垫状，而老年人的手瘦削、结实、骨瘦如柴、易患关节炎。手是人类区别于地球上其他生物的独特之处。

手特别容易患干燥性皮炎，因为它们承受着相当大的化学和物理创伤。它们比任何其他身体部位都洗得更多，但手掌表面完全没有皮脂腺。虽然手掌角质层的独特角质部结构可以承受物理创伤，但它在潮湿或脱水时的功能并不理想。因此，充足的保湿对手部健康很重要，但过于湿润可能是灾难性的。

> 充足的手部保湿对手部健康很重要，但水分过多可能是灾难性的。

手对创伤的反应是形成老茧。老茧是由残留的角质层形成的，角质层在遭受反复物理创伤的区域形成胼胝。例如，使用锤子的人的手掌会产生老茧来保护小指骨。儿童和成人的手指都会在拿铅笔的地方长出老茧。当身体形成胼胝以保护下面的正常组织时，胼胝也会引起皮肤病问题。由于胼胝是由残留的角蛋白组成的，它干燥且僵硬，并且容易因创伤而开裂。这就是为手设计产品的复杂性。

手部皮肤病

皮肤病需要分为影响手背的疾病和影响手掌的疾病两种情况。这是一个重要的区别，因为这两个部位的表面是完全不同的。手背是一层很薄的皮肤，随着年龄的增长会变得越来越薄。继面部之后，手背通常是最容易产生光老化的皮肤位置。手的皮肤很早就失去了它的真皮厚度，导致皮肤弹性降低，这可以通过捏紧手背的皮肤并观察皮肤恢复到原始形态所需的时间来简单测量。需要很长时间才能恢复正常形态的皮肤比充满活力的年轻皮肤更容易被光老化。除了失去弹性，光老化的皮肤也有不规则色素沉着，导致皮疹和特发性黑色素沉着症。这种不规则的色素沉着还伴随着易受损伤的皮肤，表现为老年性紫癜，以及因轻微创伤而导致的组织撕裂，这些撕裂愈合后会留下难看的白色瘢痕。

手掌会受到湿疹和银屑病等炎症性疾病的独特影响。因为手掌是身体用来拾取和触摸的表面，它更容易受到化学和物理创伤的影响。这种创伤可能表现为手部湿疹。高度封闭和润肤的护手霜是必要的,以使受损的角蛋白重新水化,并为屏障修复创造最佳环境。

> 高度封闭和润肤的护手霜是必要的,以使受损的角蛋白重新水化,并为屏障修复创造最佳环境。

手部卫生需求

手比身体的任何其他部位都能得到更多的清洁。饭前洗手是预防疾病传播的一种有效方法,但也可能会对缺乏生理皮膜的手掌皮肤造成损害。过度洗手甚至可以被认为是一种医学疾病,特别是对于患有强迫症的患者。洗手的方法有很多种。基本的洗手通常是用肥皂或洗手液,然后用水冲洗。手术前,有计划、定时的洗手程序可以彻底清除手上的所有细菌。最后,介绍了多种洗手抗菌凝胶,通常以三氯生为基础,可以在无水的情况下使用。一般认为,手部的物理揉搓使清洁剂起泡,然后在流动的水流中揉搓以冲洗清洁剂是很重要的。手部的物理摩擦、清洁剂以及水的化学作用都是保持手部卫生的必要条件。

> 手部的物理摩擦、清洁剂以及水的化学作用是保持手部卫生的必要条件。

手部皮肤护理需求

手部的皮肤护理需求不仅仅是基本的清洁,还包括保湿、愈合、光保护和皮肤美白。如前所述,由于经常清洁,手部保湿非常重要。手部保湿霜的设计应能封闭皮肤,减少皮肤经表皮的水分流失,通过使用保湿剂补充皮肤水分,缓解瘙痒和疼痛,并使用润肤剂使皮肤表面光滑。这种结构的手部保湿霜可以用于简单的干性皮肤,也可以为之前讨论

过的皮肤状况提供治疗。

除了保湿,在运动和开车时,手也需要光保护,因为光老化的 UVA 辐射会穿过汽车的挡风玻璃。防晒对手来说是一个独特的挑战,因为防晒霜经常被洗掉。然而,手出现特有的表浅色素沉着斑时,很明显需要防晒。这意味着手需要积极的抗衰老治疗和皮肤美白。

> 手部保湿霜应能封闭皮肤,减少皮肤经表皮的水分流失,通过使用保湿剂补充皮肤水分,缓解瘙痒和疼痛,并使用润肤剂使皮肤表面光滑。

手部保湿配方

最简单的手用药膏是凡士林,但大多数患者觉得它太油腻了。为了提高化妆品的舒适感,凡士林可以与水、色素和香味混合制成护手霜。因此,护手霜是水包油乳液,油相含量为 15%～40%,保湿剂含量为 5%～15%,水相含量为 45%～80%。添加硅酮衍生物也可以使护手霜经过 4～6 次洗涤后依然防水。有些护手霜甚至含有防晒霜。

> 护手霜是水包油乳液,油相含量为 15%～40%,保湿剂含量为 5%～15%,水相含量为 45%～80%。

甘油是最有效的手部保湿成分之一。甘油可以将水分吸引到脱水的角蛋白上,并促进指尖周围老化皮肤的脱落。含有高甘油成分的护手霜,在夜间对恢复手部水分平衡特别有效。白天使用甘油护手霜在患者中并不流行,因为甘油很黏,会在纸上留下指纹,因此,夜晚方便的时候如睡前手部保湿是最有效的。

尿素也可以有效地用于手部,用于治疗胼胝,增强过度角化手掌的水合作用。它能

使角蛋白脱落,增加水与胼胝皮肤的结合。一旦胼胝水分充足,它就会变得柔软,很容易被刮掉或剥落。此外,水合胼胝可以开始自然的脱屑,因为参与手部脱屑酶只在潮湿的环境中起作用。使用5%～10%尿素,结合甘油和凡士林的护肤霜对治疗手掌角化过度非常有效。

参 考 文 献

[1] Schmitt WH. Skin-care products. In: Williams DF, Schmitt WH, eds. Chemistry and Technology of the Cosmetics and Toiletries Industry. London: Blackie Academic & Professional, 1992:121.

第18章

多汗(症)和止汗剂

嗅觉愉悦的欲望似乎是人类的基本需求。体味似乎是人类确定他人积极或消极评价的重要输入。当然,化妆品和皮肤护理行业很清楚这一点,因为人们对气味非常关注。腋下是一个引起社会关注的气味区域,因为这个潮湿、温暖的身体区域是产生气味的细菌、真菌和酵母生长的完美之地。本章研究腋窝多汗症和止汗剂的功效。

1888年,美国市场上出现了控制腋臭的原始除臭剂。1919年,广告首次引入了体味令人厌恶的概念,从而创造了除臭剂和止汗剂的市场。目前这类产品的流行可以归因于社

会对体臭的意识,无刺激性的杀菌剂的发展,以及不会导致纺织物变质的产品。如果不将气味控制产品应用于腋窝,大多数患者会认为自己不文明,因此皮肤科医师必须了解止汗剂对皮肤的作用,以及它们是如何减少多汗症的。

腋臭

腋臭是由细菌作用于无菌小汗腺和顶泌汗腺分泌的汗液引起的。顶泌汗液是产生这种气味的主要原因,因为它富含有利于细菌生长的有机物质。另一方面,汗液不能提供高浓度的细菌营养素(图18-1)。然而,汗

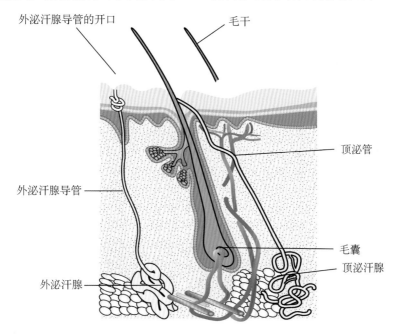

外泌汗腺导管的开口　　　　　毛干

顶泌管

外泌汗腺导管

毛囊

顶泌汗腺

外泌汗腺

图 18-1　顶泌汗腺和外泌汗腺的解剖学

液通过将顶泌汗液分散到更大的区域并提供细菌生长所需的水分,从而间接地促进气味的产生。腋毛作为顶泌汗腺分泌物的收集点,增加了适合细菌增殖的表面积,从而产生气味。

由于生理因素的组合,包括皮脂腺分泌物,最后食用的食物的组合效果以及身体的或心理状态,每个人都具有独特的气味。一旦了解了腋臭的来源,就可以开发出一系列减少气味的机制(表 18-1)。这些是所有止汗/除臭剂产品的目标。

表 18-1　减少腋臭的机制

1. 减少顶泌腺分泌物
2. 减少外泌腺分泌物
3. 从腋窝清除顶泌腺和外泌腺分泌物
4. 减少腋窝细菌定植

止汗剂和除臭剂

在日常生活中,"止汗剂"和"除臭剂"这两个词有时可以互换使用,但对于化妆品化学家来说,这是两种截然不同的个人护理产品。止汗剂含有减少出汗的成分,而除臭剂仅用于控制腋臭。因此,所有止汗剂都可以被视为除臭剂,但并非所有除臭剂都是止汗剂。目前市场上的大多数产品都是止汗剂和除臭剂。

> 止汗剂含有减少出汗的成分,而除臭剂仅用于控制腋臭。

除臭剂

除臭剂的作用要么是用香水掩盖腋臭,要么是减少腋臭细菌。因此,许多除臭剂含有抗菌剂,如季铵盐类化合物(氯化苯乙铵)和阳离子类化合物(氯己定、三氯生)。金黄色葡萄球菌、棒状杆菌和产气杆菌是引起腋臭的一些关键细菌,其生长可以通过将腋臭 pH 降低到 4.5 或更低来抑制。止汗剂的不同之处在于,它们可以减少腋窝的出汗量。

1972 年 9 月,美国食品和药物管理局(FDA)禁止六氯酚作为除臭剂和除臭剂肥皂的常用添加剂在所有非处方产品中使用。当时,许多公司被迫重新配制它们的除臭剂产品,因为有证据表明,在实验动物中喂食高剂量的六氯酚会导致脑部损伤。最近,天然除臭剂/抗菌剂在含有乙醇、百里香油(百里酚)和(或)丁香油(丁香酚)的有机产品中再次出现。

除臭剂的有效性可以用两种方法来衡量:细菌培养皿和嗅探测试。将推荐的除臭剂配方应用于用人体汗液擦洗的培养皿上,可以确定细菌生长的减少率,但这不是评估消费者对除臭剂产品接受度的最佳方法。大多数公司会保留几个鼻子受过训练的人,在使用除臭剂前后"嗅"腋窝。出汗通常是将实验对象放在一个炎热的房间里,然后在腋窝上扇动气味,将气味带到训练有素的鼻子里。

止汗剂的作用机制

止汗剂能阻止汗液从腋窝的 25 000 个汗腺释放到皮肤表面,表 18-2 列出了几种有效止汗剂的化学类别。止汗剂被认为是非处方(OTC)药物,必须按照规定的用量使用成分。因此,大多数止汗剂配方相似,但物理外观和香味不同。

表 18-2　有效止汗剂化学类别

1. 金属盐(氯化铝,氯锆铝水合物)
2. 抗胆碱药
3. 醛类(甲醛,戊二醛)
4. 抗肾上腺素药
5. 代谢抑制剂
6. 肉毒杆菌毒素

这些止汗剂的功效是基于对汗液产生机制的理解。人们提出了几种理论来解释金属盐的功效,金属盐是目前使用的主要止汗剂。Papa 和 Kligman 最初提出,金属盐破坏了汗腺导管管道,导致分泌的汗液扩散到间隙空间,后来他们撤回了他们的理论。Shelley 和 Hurley 提出,金属盐与导管内角蛋白纤维结合,导致汗腺管关闭,形成角质阻塞,阻止汗液流到皮肤表面。Holzle 和 Kligman 的第二篇论文也提供了证据,证明金属盐会造成管道开口的物理阻塞。

> 最有效的止汗剂是金属盐,它会造成小汗腺导管开口的物理性阻塞。

抗胆碱能药物是已知的最有效的止汗剂。堵塞小汗腺的胆碱能神经能有效地阻止出汗。对东莨菪碱和阿托品等药物进行了这方面的研究;然而,除非通过注射或离子导入给药,否则皮肤渗透性差。此外,要考虑到口干、尿潴留和瞳孔散大等不良反应,它们的作用是非特异性的。在美国,目前没有含有抗胆碱能药物的止汗剂可以在 OTC 市场购买。

甲醛、戊二醛等醛类物质能有效减少腋下出汗。一般相信,这些化学物质也会导致汗腺汗管堵塞。由于甲醛的致敏作用和戊二醛引起的棕黄色皮肤染色,它们在目前还没有广泛应用。这两种物质都是有毒性的,目前不在非处方药中使用。

理论上,抗肾上腺素药物也能减少出汗。肾上腺素能神经递质,如肾上腺素和去甲肾上腺素,已被证明经皮注射时能减少人体出汗。这可能是由于除胆碱能神经外,一些肾上腺素能神经纤维为汗腺提供双重神经支配。但人们对出汗的这一方面知之甚少。在美国市场上没有这种类型的止汗剂。最后,代谢抑制剂可以减少排汗。由于出汗过程依赖于能量的供应,中断 Na^+/K^+ ATP 酶的药物,如乌本苷,可能也有效,但这些物质只具有学术意义。

也许最有前途的止汗药是局部注射肉毒杆菌毒素制剂,它可以中断汗腺的神经支配。然而,这些制剂不大可能进入 OTC 市场,使金属盐成为最安全、最有效的止汗剂。我们接下来的讨论将集中在金属盐上。

止汗剂配方

铝、锆、锌、铁、铬、铅和汞的金属盐对皮肤有收敛性。目前用于止汗剂的金属盐只有铝和锆两种。然而,锆盐在过去的 35 年里出现过安全事故。1955 年,乳酸锆钠用于除臭棒时,被发现会导致腋窝肉芽肿形成。1973 年,几家收到皮肤刺激报告的制造商自愿将气雾剂锆基产品撤出市场。1977 年,美国食品和药物管理局(FDA)禁止使用气雾剂锆基产品,但当时市场上没有这样的产品。仍允许使用浓度低于 20% 的非气雾剂制剂,但腋窝肉芽肿的发病率已大大降低。

1914 年发明的止汗剂的原始配方是 25% 氯化铝六水合物蒸馏水溶液。该溶液非常有效,每 2~3 天使用一次,可减少腋窝水分。然而,该溶液对皮肤具有极强的刺激性,其高浓度会对衣物造成损伤。较新的、刺激性更小的铝配方如今更受欢迎,但它们的效果也较差。FDA 在 1978 年确实对长期吸入含铝气雾剂制剂表示了一些担忧。

止汗剂常用的活性物质包括氯化铝(在非气雾剂水溶液剂型中浓度为 15% 或更低)、水合氯化铝(气雾剂和非气雾剂剂型中浓度为 25% 或更低)、氯水合铝锆(浓度为 20% 或更低或非气雾剂剂型)和缓冲硫酸铝(浓度为 8% 或更低的硫酸铝,用 8% 浓度的非气雾剂剂型乳酸铝缓冲)。其他的添加剂将产品包装成棒状、滚涂式或喷雾止汗剂。棒状止汗剂被包装在卷管中,由蜡、油、挥发性硅酮、抗菌剂、铝或铝/锆复合物组成(图 18-2)。滚涂产品是一种乳液或透明液体,用滚球涂在腋窝上。它们由水合氯化铝作为活性成分与胶凝剂、润肤剂和抗菌剂组合而成。喷雾止汗剂是氯水合铝复合物、油、溶剂和由碳氢化合物气体推动的抗菌剂。

图 18-2　棒状产品是目前市场上最受欢迎的产品

止汗剂功效

止汗剂必须减少 20％ 或更多的腋窝出汗才能起到止汗作用。有趣的是，如表 18-3 所示，止汗剂的有效性取决于配方和产品的应用形式。功效定义为使用止汗产品后出汗率下降的百分比。可通过重量法测定出汗减少的百分比，其中人类志愿者在炎热的房间中在腋窝中夹着吸水垫，或通过湿度法测定，其中测量喷射在人类志愿者腋窝中的干燥气体的含水量并计算出汗率。

止汗剂被视为非处方药，因此必须遵守涵盖其配方的专论中规定的规则。可用于止汗剂的材料类型和浓度由 FDA 严格控制。这解释了不同制造商在配方上的相似性；然而，如表 18-3 所示，止汗剂的有效性因配方而异。

> 每天 2 次使用止汗剂是提高临床强度产品疗效的关键。

表 18-3　美国 FDA OTC 止汗剂评审小组对止汗剂的有效性评估

剂型	出汗减少百分比（％）
气雾剂	20～33
乳霜	35～47
走珠除臭剂	14～70
乳液	28～62
液体	15～54
棒状	35～40

新推出的一类止汗剂被称为"临床强效"产品。这些产品的活性成分浓度稍高，必须减少 30％ 的汗液，以证实包装标签上的高效声明，但也建议每天使用 2 次。实际上每天使用 2 次是提高疗效的关键。止汗剂必须在腋窝穹隆停留足够长的时间，以形成或维持顶端汗管的堵塞。如果在使用过程中出现大量出汗，止汗剂就会被冲走而不起作用。由于晚上腋窝通常处于不出汗状态，睡前使用止汗剂可以让成分与皮肤接触的时间更长，创造更好的堵塞，从而提高功效。任何早晚使用的止汗剂都可以提高功效。

最有效的止汗剂堵塞顶泌汗腺，会堵塞汗液的分泌。堵塞越浅，获得的控汗量越少。不幸的是，皮肤刺激与汗管深度有直接联系。有效的配方必须解决这两个问题，创造一个皮肤友好的产品。一些制造商在止汗配方中加入了皮肤保护剂成分，如二甲硅油，以增加功效，同时抵消刺激性接触性皮炎的可能性。

排汗控制要求

止汗剂通过使用铝盐在顶端汗管内形成一个"塞子"来堵塞小汗腺和顶泌腺导管，从而减少腋窝水分。有时铝与锆结合以提高功效。大约需要 10 天的时间来制造这个塞子，它会从物理上阻止汗液从腺体运输到皮肤表面。相反，塞子需要 14 天才能溶解。正是由于这个原因，每天使用止汗剂来保持塞子的效果最好。

为了让止汗剂发挥作用，它必须与每根汗管进行物理接触。均匀而彻底地应用于整个腋窝穹窿才能产生必要的最佳结果。一些止汗剂具有网格，以通过转动棒容器底部的旋钮来均匀施用和计量给药。使用包装上推荐的止汗剂量是很重要的。

不良反应

铝和锆盐止汗剂的主要缺点是其酸性 pH(pH 1.8~4.2)，pH 酸性会刺激皮肤，导致衣服变色，并破坏亚麻布和棉花等天然织物。铝和锆的氯水化合物对皮肤的刺激性最小。硫酸盐形式为中间形式，氯化物形式最具刺激性。在某些产品中可以加入氧化锌、氧化镁、氢氧化铝和三乙醇胺以减少刺激性。

许多腋下对喷雾止汗剂/除臭剂过敏的患者发现他们能更好地适应滚动式止汗剂，或者可能需要为敏感性皮肤设计的霜状或棒状产品。当然，这些产品是引起腋下皮肤刺激性接触性皮炎的常见原因。据报道，止汗剂和除臭剂中的各种不同成分是引起皮炎的原因：维生素 E、丙炔、季铵化合物等。这些产品是"按原样"进行开放式斑贴试验的。在消费者试验中，含有二甲硅油的棒状止汗剂的刺激性似乎最小。

最大限度地发挥止汗功效

止汗剂确实不能完全满足患者对控汗的期望。事实上，大多数为了寻求排汗控制而去皮肤科诊所的患者都是止汗失败的，以下是皮肤科医师可能希望与需要帮助的患者分享的一些简单提示(表 18-4)。

表 18-4　最佳止汗剂性能的建议

1. 将止汗剂涂抹在干燥的腋窝上
2. 不要经常地剃腋毛
3. 使用推荐量的止汗剂
4. 每天使用止汗剂

1. 将止汗剂涂抹在干燥的腋窝上　止汗剂必须与顶端汗管保持足够长的物理接触，以形成堵塞。如果将止汗剂涂抹在因淋浴或出汗而潮湿的腋窝上，它会被稀释，效果不佳。如有必要，在使用止汗剂之前，可以用吹风机吹干腋窝。

2. 不要积极地剃腋毛　如果顶端汗管中产生的堵塞物靠近皮肤表面，可以通过剃须去除。反复刮腋毛的人可能会出现止汗剂的功效下降。最好每周用剃须刀在皮肤上刮一次腋毛，不要把皮肤刮得太紧。这样可以最大限度地减少汗液管堵塞的机会。

3. 使用推荐量的止汗剂　许多止汗剂建议将容器底部的旋钮拧 3 次，然后将此量涂在腋窝上。这是获得最佳疗效所需的剂量。建议患者阅读说明书，并理解止汗药也需要适当的剂量才能达到最佳效果，就像药物如果摄入不足就不会起作用一样。应在整个腋窝使用所建议的用量，特别是在汗腺最集中的有毛发的皮肤上。

4. 每天使用止汗剂　依从性是医学治疗关键，包括止汗剂的功效。和任何局部皮肤病一样，如果你不使用它是不会起作用的。偶尔使用止汗剂的人不会很好地控制出汗。如前所述，每天使用 1 次对疗效是必要的，每天使用 2 次效果更好。必须连续使用 10 天，以确定止汗剂配方的最佳效果。

小结

止汗剂仍然是控制腋窝排汗使用最广泛的方法。正确的应用是取得最佳效果的关键。止汗剂应早、晚大量应用于整个腋窝，以减少出汗。一般来说，滚涂类产品的功效最好,但应注意使用包装推荐剂量。切记,剃须可以通过物理方式去除顶端汗管的堵塞来降低止汗效果。因此,应避免通过拉扯腋毛和频繁刮除腋毛。最后,依从性很重要,因为日常应用是维持汗液阻塞效果所必需的。任何止汗剂的最佳效果只能在连续使用 10 天后进行评估。皮肤科医师可以与患者分享这些,以寻求更好的局部腋汗控制。

参 考 文 献

[1] Mueller WH,Quatrale RP. Antiperspirants and deodorants. In:deNavarre MG, ed. The Chemistry and Manufacture of Cosmetics. Wheaton, IL:Allured Publishing Corporation,1975:205-6.

[2] Plechner S. Antiperspirants and deodorants. In:Balsam MD, Safarin E, eds. Cosmetics, Science and Technology. Vol. 2. 2nd edn. New York, NY:Wiley-Interscience, 1972:373-415.

[3] Chavkin L. Antiperspirants and deodorants. Cutis 1979;23:24-90.

[4] Mueller WH,Quatrale RP. Antiperspirants and deodorants. In:deNavarre MG, ed. The Chemistry and Manufacture of Cosmetics. Wheaton, IL:Allured Publishing Corporation,1975:215-17.

[5] Wilkinson JB, Moore RJ. Harry's Cosmeticology. 7th edn. New York, NY:Chemical Publishing,1982:133-4.

[6] Quatrale RP. The mechanism of antiperspirant action in eccrine sweat glands. In:Laden K, Felger CB, eds. Antiperspirants and deodorants. New York:Marcel Dekker, Inc.,1988:89-110.

[7] Papa CM, Kligman AM. Mechanisms of eccrine anhidrosis:Ⅱ. The antiperspirant effects of aluminium salts. J Invest Dermatol 1967;49:139-45.

[8] Shelley WB, Hurley HJ Jr. Studies on topical antiperspirant control of axillary hyperhidrosis. Acta Dermatol Venereol 1975;55:241-60.

[9] Holzle E, Kligman AM. Mechanism of antiperspirant action of aluminum salts. J Soc Cosmet Chem 1979;30:279-95.

[10] Juhlin L. Topical glutaraldehyde for plantar hyperhidrosis. Arch Dermatol 1968;97:327-30.

[11] Sato K,Dobson RL. Mechanism of the antiperspirant effect of topical glutaraldehyde. Arch Dermatol 1969;100:564-9.

[12] Jass HE. Rationale of formulations of deodorants and antiperspirants. In:Frost P, Horwitz SN, eds. Principles of Cosmetics for the Dermatologist. St. Louis:CV Mosby Company, 1982:98-104.

[13] Rubin L, Slepyan H, Weber LF, et al. Granulomas of the axilla caused by deodorants. JAMA 1956;162:953-5.

[14] Shelled WB, Hurley KJ. The allergic origin of zirconium deodorant granulomas. Br J Dermatol 1958;70:75-101.

[15] Lisi DM. Availability of zirconium in topical antiperspirants. Arch Intern Med 1992;152:421-2.

[16] Skelton HG, Smith KJ, Johnson FB, et al. Zirconium granuloma resulting from and aluminum zirconium complex. J Am Acad Dermatol 1993;28:874-6.

[17] Emery IK. Antiperspirants and deodorants. Cutis 1987;39:531-2.

[18] Klepak PB. Aluminum and health:a perspective. Cosmet Toilet 1990;105:53-6.

[19] Morton JJP, Palazzolo MJ. Antiperspirants. In:Whittam JH, ed. Cosmetic Safety a Primer for Cosmetic Scientists. New York:Marcel Dekker, Inc,1987:221-63.

[20] Calogero AV. Antiperspirant and deodorant formulation. Cosmet Toilet 1992;107:63-9

[21] Walder D, Penneys NS. Antiperspirants and deodorizers. Clin Dermatol 1988;6:29-36.

[22] Wilkinson JB, Moore RJ. Harry's Cosmeticology. 7th edn. New York, NY:Chemical Publishing,1982:130-2.

[23] Mukin W, Cohen HJ, Frank SB. Contact dermatitis from deodorants. Arch Dermatol 1973;107;775.

[24] Aeling JL, Panagotacos PJ, Andreozzi RJ. Allergic contact dermattis to vitamin E in aerosol deodorant. Arch Dermatol 1973; 108;579.

[25] Hannuksela M. Allergy to propantheline in an antiperspirant. Contact Dermatits 1975; 1;244.

[26] Shmunes E, Levy EJ. Quaternary ammonium compound contact dermatitis from a deodorant. Arch Dermatol 1972;105;91.

建 议 阅 读

Benohanian A. Antiperspirants and deodorants. Clin Dermatol 2001;19;398-405.

Bowman JP, Wild JE, Shannon K, Browne J. A comparison of females and males for antiperspirant efficacy and sweat output. J Cosmet Sci 2009; 60;1-5.

Burry JS, Evans RL, Rawlings AV, Shiu J. Effect of antiperspirants on whole body sweat rate and thermoregulation. Int J Cosmet Sci 2003; 25; 189-92.

Darrigrand A, Reynolds K, Jackson R, Hamlet M, Roberts D. Efficacy of antiperspirants on feet.

Mil Med 1992;157;256-9.

Johansen JD, Rastogi SC, Bruze M, et al. Deodorants;a clinical provocation study in fragrance-sensitive individuals. Contact Dermatitis 1998; 39; 161-5.

McGee T, Rankin KM, Baydar A. The design principles of axilla deodorant fragrances. Ann NY Acad Sci 1998;855;841-6.

Minkin W, Cohen HJ, Frank SB. Contact dermatitis from deodorants. Arch Dermatol 1973;107; 774-5.

Schreiber J. Antipersirants (Chapter 45). In;Barel AO, Paye M, Maibach HI, eds. Handbook of Cosmetic Science and Technology. 2nd edn. New York;Informa Healthcare USA, Inc. , 2007.

Schreiber J. Deodorants (Chapter 63). In; Barel AO, Paye M, Maibach HI, eds. Handbook of Cosmetic Science and Technology. 3rd edn. New York;Informa Healthcare USA, Inc. 2009.

Taghipour K, Tatnall F, Orton D. Allergic axillary dermatitis due to hydrogenated castor oil in a deodorant. Contact Dermatitis 2008;58;168-9.

Uter W, Geier J, Schnuch A, Frosch PJ. Patch test results with patients' own perfumes, deodorants and shaving lotions;results of the IVDK 1998-2002. J Eur Acad Dermatol Venereol 2007;21; 374-9.

第19章

香味、皮炎和血管运动性鼻炎

香味是任何皮肤护理、化妆品、药妆、头发护理和指甲护理产品的有趣部分。在许多情况下,香精是配方中最昂贵的部分,也是消费者对产品产生热情的主要原因。虽然从接触性皮炎或血管运动性鼻炎的角度来看,香味通常被认为是任何配方中最有问题的部分,但它对消费者的美感很重要。当然,没有香味的产品对皮肤更有吸引力,但许多没有香味的产品在市场上失败了,即使它们提供的功效和有香味的产品一样。用于构建配方的成分有一种好闻的化学气味,因此用香水来掩盖难闻的气味,中和有害气味,并提高消费者的产品体验。本章将从皮肤病学的角度来分析香味。

味道会吸引大脑最原始的部分,并能产生幸福感、倦怠感、喜爱感、厌恶感等。使用香味来影响情绪或诱导放松被称为"芳香疗法"。香水学,是香水开发的艺术,它涉及融合,并混合了6000多种可能的成分,以获得一种特殊的香味。

最初,香水是为了宗教目的而以焚香的形式使用的。这个词本身是拉丁语,意思是"穿越烟雾"。人们发明熏香是为了在祭祀神灵时掩盖气味。公元前6000年左右,远东和中东地区出现了从熏香到香水的装饰转变。到公元前3000年,苏美尔人和埃及人在含有茉莉花、鸢尾花、风信子和金银花的精油和乙醇(酒精)中沐浴。据说Cleopatra用玫瑰油、番红花油和紫罗兰油涂在手上,用杏仁油、蜂蜜、肉桂、橙花和指甲花染色剂涂在脚上。古希腊和罗马男人都喜欢香水,他们认为士兵应当涂上香水才能参加战斗。

科隆香水的概念是由意大利理发师Jean-Baptiste Farina 提出的,他于1709年来到德国科隆发展香水贸易。他从佛手柑中提取柠檬酒、橙苦味剂和薄荷油,调配出一种乙醇混合物,这就是第一支古龙香水。不久,香水就意味着任何含有25%或更多香精油的乙醇混合物;花露水含有5%的香精油,古龙香水含有3%的香精油。这些定义仍然在现代香水的生产中使用。

> 香水是任何含有25%或更多香精油的乙醇混合物;花露水含有5%的香精油,古龙香水含有3%的香精油。

虽然香水是情绪和精神功能的强大调节剂,但它们也会引起过敏性接触性皮炎、刺激性接触性皮炎和血管运动(舒缩)性鼻炎等问题。低过敏性香水的开发在一定程度上减少了接触性皮炎,但血管运动(舒缩)性鼻炎仍然有可能出现。现代香水的发展趋势是气味(如香草、薰衣草、菠萝和猕猴桃)的组合产生复杂的混合物。此外,香水已经超越了身体用途,扩展到蜡烛、百花香、空气清新剂、罐子油芯、肥皂、洗发水、唇膏和护手霜。没有香味的美容产品是不可想象的。

香水配方

香水配方的原料分为天然和合成两大类。天然成分来源于动物或植物,而合成产品则由各种各样的原材料制成。由于动物权益问题,香水中动物提取物的使用有所下降;然而,动物源性产品包括来自香獐子的麝香、来自海狸的海狸香、来自麝猫的麝猫香和来自抹香鲸的龙涎香。这些物质大多数已经经过化学分析,现在被人工合成了。

香水中使用的大部分物质都是由植物产品构成的。这些提取物可以通过蒸汽蒸馏法、挤压和萃取得到。蒸馏法是用来提取天竺葵、薰衣草、玫瑰和橙花香味成分的方法。从佛手柑、柠檬、酸橙和其他柑橘类水果的果皮中挤压油。如果芳香物质在蒸馏法所需的较高温度下不稳定,或通过挤压得到的油的产率最低,则采用萃取法。

萃取可以通过提取花香、浸渍或使用挥发性溶剂来完成。吸香法是使用动物脂肪或植物油在室温下提取气味。花瓣被撒在用油脂或油脂刷过的木制框架内的玻璃板上。然后将木制框架堆叠起来,将花瓣夹在两块玻璃板之间。每天都要加入新鲜的花瓣,直到被称为润发油的油脂吸收了足够的香水。此方法用于提取茉莉花、橙花、长寿花和百合花的香味。如果加热,则提取技术被称为浸渍。在这里,花与热液体油脂或油在 60～70℃ 下混合并搅拌,直到含有香味的细胞破裂。然后将混合物倒在筛子上,让带香味的油脂排出。玫瑰、金合欢和紫罗兰香水都是通过这种方式获得的。挥发性溶剂和渗透剂用于提取含羞草、康乃馨、天芥菜、紫罗兰和橡木的精油。

蒸汽蒸馏物被称为“香精油”,而溶剂萃取物则产生一种近乎固态的香水蜡,被称为“混凝土”。混凝土的乙醇萃取物比较纯化,但如果原材料经过乙醇萃取,就会产生“酊剂”。有机溶剂萃取得到“树脂类”,可以用乙醇进一步萃取得到“更纯化的树脂”。植物的所有部分,包括根、果实、叶、花、树皮、果皮等,都可以用于香水的生产。在 25 万种开花植物中,只有 2000 种含有适合生产香水的精油。

由于成本和无法获得天然动植物资源,合成香料越来越受欢迎。表 19-1 列出了当今香水中使用的一些较常见的香料化学物质。

表 19-1　常见香料

香料	特点
乙酸苄酯	淡淡的花香,略带水果味
水杨酸苄酯	温暖的,香膏质的
乙酸异龙脑酯	新鲜的,松树的
乙酸对叔丁基环己酯	柔软的,木质的
乙酸柏木酯	锋利的,木质的
香茅醇	红润的
二氢月桂烯醇	柑橘属植物的
香叶醇	花香的,红润的
洋茉莉醛	芳香的,花香的,粉状的
己基肉桂醛	轻盈的,精致的
吲哚	花香的,动物香的
γ-甲基紫罗兰酮	木质的,花香的
麝香酮	麝香的,动物香的,温暖的
苯乙醇	花香的
香草醛	芳香的,粉状的,香草味的

Source:Adapted from Ref. 7.

香味分类

特殊词汇被用于描述表 19-2 中简要概述的香味。对气味的感知是非常主观的,这是目前市场上大量流行香水的原因。成功的配方是香水制造商的宝贵秘密。一般来说,香味分为以下 3 类。

1. 代表自然香气的简单气味,如水果、药草、香料、花卉和动物的气味。

2. 代表气味组合的复合物,如绿色花卉、辛辣柑橘和果香。

3. 代表多达 12 种可识别香味主题的多个复合物。

香水进一步描述了它们的气味随时间变化的方式。香水的前调指的是一种快速蒸发的油,在打开瓶子的时候可以闻到,但在皮肤使用后很快就消失了。中调是干燥的香水在皮肤上的味道,而尾调是香水随着时间的推移散发香味的能力。

表 19-2　气味描述

气味	描述
醛类	锋利的、富含脂肪的或有肥皂味的
琥珀	芳香的,温暖的
动物香	动物气味的香味
香脂	温暖的,芳香的和有树脂味
樟脑气味	含药的
化学制品	严厉的,激进的和基础的
柑橘	新鲜的、浓郁的和兴致很高的
泥土	绿色、腐朽和潮湿的
脂肪的	动植物油的气味
花卉	花的气味
清新的	主观地使用
果味的	天然水果的气味
绿色	草或树叶的气味
草药	新鲜植物的气味
皮革	酚类、暖性和动物香
光	离散的
药味	刺鼻的
苔藓	土质、青苔的、酚类或绿色的
坚果	天然坚果的气味
松木	细木、针叶和树脂的气味
粉状	柔软的,温柔的
树脂	温暖的,芳香的,香膏质的
辣的	辛辣的、热的、烹饪的
糖果	沉重的,令人腻烦的
温暖	琥珀色的,动物香的,芳香的
木质的	天然木材的气味

Source：Adapted from Ref. 7.

芳香性皮炎

对香水和香味的刺激性和过敏性接触性皮炎是一种众所周知的现象。事实上,香味已经被报道为化妆品相关过敏性接触性皮炎的最常见原因。北美接触性皮炎组报道,肉桂醛是一种香料,是标准皮肤病斑贴试验托盘上 10 种最常见的过敏原之一。表 19-3 列出了香料文献中代表的一些更常见的芳香材料及其刺激性潜力。表 19-4 列出了皮肤病学文献中所代表的一些常见香料及其致敏潜力。北美接触性皮炎研究组发现以下芳香材料是过敏性接触性皮炎的来源,频率依次为:肉桂醇、羟基香茅醛、葵子麝香、异丁香酚、香叶醇、肉桂醛、香豆素和丁香酚。

最易引起过敏的香料是肉桂醇、羟基香茅醛、葵子麝香、异丁香酚、香叶醇、肉桂醛、香豆素和丁香酚。

表 19-3　香水的刺激性潜力

刺激性香水
　亚苄基丙酮
　碳酸甲基庚锡
　碳酸甲基辛酯
中度刺激性香水
　仙客来醛
　甲基苯基甘氨酸乙酯
　丁香酚 γ－壬基内酯
　秘鲁香脂
　苯乙醛
　香草醛
刺激性最小的香水
　苯甲醛
　安息香树脂
　苯甲酸苄酯
　肉桂酸和肉桂酸盐
　柑橘油

（续　表）

| |
| 甲酚和甲基甲酚 |
| 邻苯二甲酸二乙酯 |
| 洋茉莉醛 |
| 高级脂肪醛 |
| 羟基香茅醛 |
| 薄荷醇 |
| 水杨酸盐类 |

Source：Adapted from Ref. 16.

表 19-4　香水的过敏潜能

香水	过敏潜能	凡士林中的斑贴试验浓度（%）
肉桂醇	高	5
肉桂醛	高	1
羟基香茅醛	高	4
异丁香酚	高	5
丁香酚	高	5
橡树苔原精	高	5
α-氨基肉桂醇	中等	5
香叶醇	中等	5
水杨酸苄酯	中等	2
檀香油	中等	2
茴香醇	中等	5
苯甲醇	中等	5
香豆素	中等	5
葵子麝香	光过敏原	5

Source：Adapted from Ref. 17.

香味敏感性可以通过用含有最常见的香味过敏原的香味混合物进行斑贴试验来检测。它由凡士林中 2% 浓度的肉桂醇、肉桂醛、丁香酚、异丁香酚、羟基香茅醛、橡树苔原精、香叶醇和 α-戊基肉桂醇组成。不幸的是，可能会出现刺激性反应。该混合物可检测到 70%～80% 的香味敏感性。过敏性接触性皮炎的进一步评估需要使用单独的香料。如果用乙醇或凡士林中稀释到 10%～30% 的浓度，患者的香料也可以用于斑贴试验。有趣的是，秘鲁香脂，一个斑贴试验托盘

上的标准物质之一，作为香味敏感性的标志，在大约 50% 的香味过敏病例中，斑贴试验呈阳性。

确定香味过敏原可能相当复杂。香皂平均含有 50～150 种香味成分，化妆品平均含有 200～500 种香味成分，香水平均含有 700 种香味成分。香料成分的浓度也各不相同。高级香水含有 15%～30% 的香味，古龙香水含有 5%～8% 的香味，有香味的化妆品含有 0.1%～1% 的香味，而掩蔽香水的浓度低于 0.1%。大多数化妆品店都能提供用于测试的香水产品。

香味与血管运动性鼻炎

虽然斑贴试验对检测接触性皮炎有效，但对了解血管运动（舒缩）性鼻炎无效。血管运动性鼻炎是当患者第一次闻到香味时发生这些症状，包括流泪、打喷嚏、流鼻涕、鼻塞和头痛。这些症状似乎是自主性的，因为患者无法控制它们。问题可能来自香水、空气清新剂、蜡烛、洗衣粉、干花等中的香味。有时症状可以通过抗组胺药（如西替利嗪）或鼻减充血药（如奥昔美唑啉）控制。气味回避是这种情况的最佳治疗方法，但可能会使患者丧失功能。血管运动性鼻炎似乎与哮喘无关，在特应性鼻炎患者中也没有发现发病率的增加。它随着许多不同的香味一起出现，与贴片测试托盘上的香味不同。香料行业最近发现了血管运动性鼻炎现象，笔者目前正在参与一项研究，以更好地了解这种情况。

参 考 文 献

[1] Jackson EM. Aromatherapy. Am J Contact Dermatitis 1993；4：240-2.

[2] Panati C. Extraordinary origins of everyday things. New York：Perennial Library，Harper & Row，Publishers，1987：238-43.

[3] Launert E. Scent & Scent Bottles. London：

Barrie & Jenkins，1974：29-32.

[4] Guin JD. History，manufacture，and cutaneous reactions to perfumes. In：Frost P，Horwitz SN，eds. Prinicples of Cosmetics for the Dermatologist. St. Louis：CV Mosby Company，1982：111-29.

[5] Ellis A. The Essence of Beauty. New York：The Macmillan Company，1960：132-42.

[6] Balsam MS. Fragrance. In：Balsam MD，Gerson SD，Rieger MM，Sagarin E，Strianse SJ，eds. Cosmetics Science and Technology. 2nd edn. New York：Wiley-Interscience，1972：599-634.

[7] Dallimore A. Perfumery. In：Williams DF，Schmitt WH，eds. Chemistry and Technology of the Cosmetics and Toiletries Industry. London：Blackie Academic & Professional，1992：258-74.

[8] Jellinek JS. Evaporation and the odor quality of perfumes. J Soc Cosmet Chem 1961；12：168.

[9] Poucher WA. A classification of odours and its uses. J Soc Cosmet Chem 1955；6：80.

[10] Rothengorg HW，Hjorth N. Allergy to perfumes from toilet soaps and detergents in patients with dermatitis. Arch Dermatol 1968；97：417-21.

[11] Maibach HI. Fragrance hypersensitivity. Cosmet Toilet 1991；106：25-6.

[12] Maibach HI. Fragrance hypersensitivity，part Ⅱ. Cosmet Toilet 1991；106：35-6.

[13] Larsen WG，Maibach HI. Fragrance contact allergy. Semin Dermatol 1982；1：85-90.

[14] Eiermann HJ，Larsen WG，Maibach HI，Taylor JS. Prospective study of cosmetic reactions；1977-1980. J Am Acad Dermatol 1982；6：909-17.

[15] Storrs FJ，Rosenthal LE，Adams RM，et al. Prevalence and relevance of allergic reactions in patients patch tested in North America. J Am Acad Dermatol 1989；20：1038-45.

[16] Wells FV，Lubowe Ⅱ. Cosmetics and the Skin. New York：Reinhold Publishing Corporation，1964：370-4.

[17] Larsen WG. Perfume dermatitis. J Am Acad Dermatol 1985；12：1-9.

[18] Adams RM，Maibach HI. A five-year study of cosmetic reactions. J Am Acad Dermatol 1985；13：1062-9.

[19] Larsen WG. How to instruct patients sensitive to fragrances. J Am Acad Dermatol 1989；21：880-4.

[20] Larsen WG. Perfume dermatitis：a study of 20 patients. Arch Dermatol 1977；113：623-6.

[21] Calnan CD，Cronin E，Rycroft R. Allergy to perfume ingredients. Contact Dermatitis 1980；6：500-1.

[22] Fisher AA. Patch testing with perfume ingredients. Contact Dermatitis 1975；1：166-8.

[23] Larsen WG. Cosmetic dermatitis due to a perfume. Contact Dermatitis 1975；1：142-5.

[24] Jackson EM. Substantiating the safety of fragrances and fragranced products. Cosmet Toilet 1993；108：43-6.

[25] Marks JG，DeLeo VA. Contact and occupational dermatology. St. Louis：Mosby Yearbook，1992：145-7.

[26] Yates RL. Analysis of perfumes and fragrances. In：Senzel AJ，ed. Newburger's Manual of Cosmetic Analysis. 2nd edn. Washington，DC：Published by the Association of Official Analytical Chemists，Inc，1977：126-31.

建 议 阅 读

Cadby PA，Troy WR，Vey MGH. Consumer exposure to fragrance ingredients：providing estimates for safety evaluation. Regul Toxicol Pharmacol 2002；36：246-52.

de Groot AC. Adverse reactions to fragrances. Contact Dermatitis 1997；36：57-86.

Ellena C. Perfume formulation：words and chats. Chem Biodivers 2008；5：1147-53.

Frater G，Bajgrowicz JA，Kraft P. Fragrance chemistry. Tetrahedron 1998；54：7633-703.

Herman SJ. Odor reception：structure and mechanism. Cosmet Toilet 2002;117:83-93.

Larsen W，Nakayama H，Fischer T，et al. A study of new fragance mixtures. Am J Contact Dermatitis 1998;9:202-6.

Parekh JC. Axillary odor:its physiology, microbiology and chemistry. Cosmet Toilet 2002;117:53-60.

Teixeira MA，Rodriquez O，Mata VG，Rodrigues AE. The diffusion of perfume mixtures and the odor performance. Chem Eng Sci 2009；64：2570-89.

第20章

人体光保护

我们生活在一个依赖太阳光的环境中，太阳是第3代恒星，地球上和我们体内所有的元素都是从它产生的。太阳提供了驱动太阳系的能量，但它也产生了 UVB 和 UVA 辐射，损害我们的 DNA 并激活胶原酶。为了在赋予生命的阳光和防晒之间保持微妙的平衡，我们的身体进化出一套巧妙的内源性防御系统。防晒霜只是这些天然防御机制的延伸和放大。本章探讨人体光保护。防晒霜配方和使用的一些基本原则已经在第9章的面部防晒霜中讨论过。

> 防晒霜配方基于天然的内源性身体保护机制。

天然光保护机制

身体的自然保护机制从角质层开始，延伸到真皮。表 20-1 中对其进行了总结。在皮肤的每一层，都有各种各样的技术用来反射紫外线辐射、淬灭氧自由基和修复由此造成的细胞损伤。从皮肤最外层的角质层开始，紫外线辐射被角质层散射和反射。这就是为什么皮肤的内源性防晒因子（SPF）在诱导去角质的过程中较低。局部使用羟基酸身体保湿霜也可以去除角质细胞，进一步降低皮肤的 SPF 值。这种光散射的概念是建立在无机太阳滤光剂的基础上的，如氧化锌和二氧化钛。由于这个原因，目前市面上大多数用于身体的沙滩防晒产品都含有无机滤光剂。

表 20-1 天然紫外线防护机制

皮肤结构	防晒机制
致密角质层	吸收和散射紫外线（UV）
角质形成细胞黑色素	1. 紫外线吸收滤光片 2. 自由基清除剂 3. 将 UV 作为热量散发 4. 在 300～360 nm 范围内氧化，产生即时色素沉着
类胡萝卜素色素	1. 膜稳定剂 2. 淬灭氧自由基
尿苷酸	氧化以稳定 UV 诱导的氧自由基
超氧化物歧化酶	1. 氧自由基清除剂 2. 保护细胞膜免受脂蛋白损伤
表皮 DNA 切除修复	修复 UV 诱导的 DNA 损伤

人体对抗 UV 辐射的下一个自然人体防御机制是黑色素。黑色素具有多种功能，可以吸收 UV，发散热量。黑色素本身是一种自由基清除剂，在 300～360nm 范围内会发生氧化。正是这种黑色素的氧化导致了与治疗性 UVA 暴露有关的皮肤色素立即变黑现象。在很多方面，有机防晒霜的功能就像黑色素一样，吸收 UV 辐射的光子，并通过化学

反应扩散能量,防止胶原蛋白受损。肉桂酸盐、水杨酸盐、氧苯酮和阿伏苯酮就是这样起作用的。

> 黑色素吸收 UV 辐射并以热量的形式耗散能量。

最后,身体依靠抗氧化剂来防止 UV 光损伤。内源性机体抗氧化剂包括类胡萝卜素色素、尿苷酸和超氧化物歧化酶,它们可以淬灭氧自由基并稳定细胞膜。任何防晒霜都不能复制这些内源性物质的保护作用。有口服和外用补充剂声称可以增强这种光保护机制,但没有一个被证明是有效的。人体中最重要的两种抗氧化剂是维生素 C 和维生素 E,但没有证据表明饮食中增加这两种维生素的摄入能增加皮肤的抗氧化能力。因此,衣服和防晒霜是重要的身体光保护措施。

身体光保护

用于面部和身体的防晒霜成分非常相似。表 20-2 列出了美国批准使用的防晒霜及其最大允许浓度。不同身体部位的防晒霜成分没有差别,但身体和面部的防晒霜属性不同。身体防晒霜可以选择具有更高 SPF 的产品,并且配方也可能需要具有一定的防水能力。读者可以参考第 9 章关于面部防晒霜成分的讨论。

防晒系数

皮肤学界正焦急地等待着防晒霜专论的最终版本。防晒霜被视为是非处方药,因此由各论规定,哪些滤光剂可以在哪些组合中使用,使用多少剂量。规定允许较小的配方变化,并提供较少的配方独创性。在专论中,最终防晒霜的预期变化之一是将 SPF 从防晒因子重新标记为晒伤保护因子。这可能是一个有价值的改变,因为 SPF 只报告了防晒

霜的 UVB 光保护特性。预计 UVA 光保护的评级系统,但细节尚未最终确定。

表 20-2　1 类专论防晒活性成分

活性防晒成分	最大浓度(%)
氨基苯甲酸(对氨基苯甲酸,PABA)	15
阿伏苯酮	3
辛诺酯	3
二氧苯甲酮(二苯甲酮-8)	3
甲基水杨醇	15
邻氨基苯甲酸薄荷酯	5
八丙烯	10
甲氧基肉桂酸辛酯	7.5
水杨酸辛酯	5
氧化苯甲酮(二苯甲酮-3)	6
帕迪酯-O(辛基二甲基 PABA)	8
苯并咪唑磺酸	4
舒异苯酮(二苯甲酮-4)	10
二氧化钛	25
水杨酸三醇胺	12
氧化锌	25

> SPF 已被重新定义为晒伤保护指数。

SPF 是目前唯一可用于确定一种产品在防晒方面优于另一种产品的比较评级。然而,当患者仅基于 SPF 购买产品时,他们会受到误导。没有任何产品可以替代信誉良好的制造商提供的优质配方。此外,消费者要想知道他们得到了足够的 UVA 光保护,唯一的方法是寻找 SPF 值在 30 以上的产品,并在标签上找到"广谱"的字样(图 20-1)。SPF 值超过 30 的防晒霜不可能没有 UVA 光保护功能。目前制造商提高 SPF 值以试图报告其优越的 UVA 光保护质量。虽然较高的 SPF 值对 UVB 光保护方面意义不大,但它是 UVA 光保护的一个重要指标。目前

应鼓励患者使用 SPF 值在 40～55 的较高配方，以获得良好的身体光保护。

图 20-1 含有"广谱"字样并附带高 SPF 的防晒标签

可以采用化学和生物两种方法测定 SPF 值；然而，本章只讨论生物学评估。最常见的情况是，未晒黑的人的下背部被分成几个小的试验部位，并暴露在 UVB 光下，直到出现最小数量的红斑，称为最小红斑剂量（MED）。在测试部位周围设置防光屏障，以防止从一个测试部位到另一个测试部位的光污染。一旦确定了受试者的 MED，测试对象第 2 天再回到测试地点涂抹防晒霜。防晒霜被放置在测试部位并让其干燥。然后将皮肤暴露在 UVB 光下，达到防晒产品的预期 SPF 值。通过分光光度吸收法大致确定预期 SPF 值。确定获得与前一天相同程度的红斑所需的 UVB 光照量，并计算 SPF 值。

该测量值是产品在最佳条件下可达到的最佳 SPF 值。受试者由熟练的技术人员在皮肤上涂抹一定量的产品。这就消除了不稳定地涂抹太少防晒霜的复杂因素。受试者在室内进行评估，消除了风、湿度和因高温而出汗的影响。在笔者看来，人体受试者在实验室条件下测定的生物 SPF 应减半，以给出实际使用条件下实际预期的近似值。

耐水性

在出汗和水接触很常见的情况下，耐水性对身体的光保护非常重要。必须进行单独的测试，以满足 FDA 要求的标准，将防水标签贴在身体防晒霜瓶上。将具有预定 SPF 的防晒霜涂抹在人体表面面积为 $50cm^2$ 的志愿者身上，确定其耐水性。让产品干燥 20 分钟，然后重新涂抹，再干燥 20 分钟。然后要求受试者在室内游泳池中游泳 20 分钟。然后干燥皮肤，受试者坐在游泳池外休息 20 分钟。然后，受试者再次进入泳池，再持续 20 分钟。因此，总共需要 40 分钟的水接触来证实防水的功效。

> 防晒霜的耐水性取决于两次 20 分钟的水接触。

本品的 SPF 值是在常规接触水和皮肤干燥后测定的。如果水接触后的 SPF 值与水接触前的 SPF 值相同，则认为该产品具有耐水性。该测试还最大限度地提高了防晒霜的防水性能。请注意，两次涂抹防晒霜都是在接触水之前进行的。还要注意的是，在接触水之前，防晒霜要干燥 20 分钟。双重应用确保了良好的覆盖，而干燥期间最大限度地提高了产品对皮肤的实质作用。这是应该给那些在海滩上把自己和孩子暴露在阳光下的使用者的建议。使用者应尽一切可能最大限度地提高防晒霜的防水性能，因为该产品在海边时不会达到标准，因为用于测试的室内游泳池环境已经消除了风和沙的影响。

防水防晒配方

一种成功的防水防晒霜的研发涉及了大量的化学科学知识。表 20-3 列出了增强防水性的基本方法。所有赋予防水性的技术都是基于水溶性和脂溶性物质不混合这一事实,即水可以溶解水溶性物质,但不能溶解脂溶性物质。因此,如果防晒霜主要是含有少量水的霜剂,那么它在有水或出汗的情况下不会溶解。然而,以油为主的防晒霜油腻而黏稠。这导致了硅酮液体基防晒霜的发展,因为硅酮是一种不油腻或不黏的脂质,具有优良的防水性能。

表 20-3　防水防晒霜

化学工艺	功效机制
油包水乳液	油是主要成分,不易被水去除
硅酮	疏水性油状液体,不易被水清除,在皮肤表面形成薄膜
丙烯酸酯交联聚合物	不需要乳化剂防止水溶解防晒霜,用于二氧化钛制剂
液晶凝胶	疏水性乳化剂用于抗水及二氧化钛制剂
磷脂乳化剂	设计用于模拟天然皮脂(十六烷基磷酸钾)的物质,具有防水特性
成膜聚合物	在皮肤上形成的具有固有防水性的聚合物薄膜

另一种创造耐水性的方法是改变或消除乳化剂。请记住,乳化剂的作用是让亲水和亲油物质混合成一个连续相。防晒霜配方中的乳化剂可以让汗水或游泳池的水与油性成分混合,便于去除。因此,在没有乳化剂或疏水乳化剂可以防止防晒霜膜被水溶解的情况下,使用丙烯酸酯交联聚合物和液晶凝胶。

最后一种用于赋予耐水性的方法是基于创建耐水不易去除的薄膜。此技术涉及磷脂的使用,这种磷脂在结构上类似于天然皮脂,并在皮肤上形成一层薄薄的油脂膜。另一种技术是使用聚合物,在皮肤表面留下一层薄薄的防水膜。

防水防晒霜失效

不幸的是,防水防晒霜不起作用。所有皮肤科医师都见过患者在涂了防晒霜时在海滩上遭受严重的、起水疱的二级晒伤。表 20-4 列出了用水从皮肤上去除防晒霜的方法。了解身体防晒霜失效的原因很重要,这样才能更好地建议患者选择和使用优质的防晒霜(图 20-2)。

> 由于防晒膜的乳化、摩擦和分离,防晒霜被水去除。

图 20-2　带有防水标签的防晒霜

表 20-4　用水去除防晒霜的方法

1. 水对防晒膜的乳化作用
2. 通过摩擦去除防晒膜
3. 紫外线滤光片与防晒膜的分离

有 3 种主要机制可以从皮肤表面去除防晒霜。一种方法是水,它通过与配方中的乳化剂相互作用,实际溶解油性防晒膜。这意味着,防水防晒霜中的乳化剂必须是低浓度的,或者可能被排除。因此,许多最好的防水防晒霜都是无水的,也就是说它们不含水。无水产品不需要乳化剂。患者在选择防水防晒霜时应强调这一点。即使患者可能更喜欢使用更轻的防晒霜,但如果在接触水后立即去掉产品,则会浪费金钱和使用时间。

　　防水防晒霜失效的第2种方式是祛除与摩擦。如果防晒霜不能很好地粘在皮肤上,就会出现这种情况。水在皮肤上摩擦防晒霜膜,也可以通过将防晒霜从皮肤表面提起,以机械方式去除防晒霜。防晒霜的这种质量部分是通过两次20分钟游泳后的SPF评估来测试的。皮肤科医师如果想亲自测试防晒霜在皮肤上的停留能力,就应该把防晒霜涂在玻片上,让玻片彻底干燥。然后将载玻片放入一杯水中旋转。如果防晒霜膜均匀且连续,防晒霜将保持在载玻片上,水将保持清澈。如果在玻璃中看到一层薄膜,或者水变得浑浊,则表明防晒霜未通过测试。

　　最后,防晒霜薄膜会物理降解,这种现象在含有微粉二氧化钛或微粉氧化锌的防晒霜颗粒中最为常见。在这种情况下,油性防晒霜薄膜或聚合物薄膜能很好地附着在皮肤上,但水溶性二氧化钛或氧化锌不会残留在薄膜内。水冲走了水溶性微粒,留下一层薄膜,缺少达到标记SPF所需的一些成分。这个问题可以通过使用疏水等级的二氧化钛来克服。

防晒霜的降解和不相容性

　　防晒霜失效也可能是由于防晒剂之间的降解或相互作用而发生。这就是防晒霜过期的原因,患者不应使用过期的防晒霜。防晒霜是复杂的配方,没有无限的保质期。如果通常白色的防晒霜变色为淡黄色或棕色,患者可能会怀疑一些不必要的相互作

用。这些变色的产品不能提供最佳的防晒效果,应该丢弃。含有甲氧基肉桂酸辛酯的防晒霜可能会变色,当暴露在阳光下,它会发生光化学反应,形成一种强烈的黄色色素。这可以通过将防晒霜包装在不透明的容器中来防止。添加其他的UV吸收剂,如二苯甲酮-3或氧化锌,可以稳定甲氧基肉桂酸辛酯,同时起到活性防晒霜的作用,提高产品的SPF值。

　　另一种降解也会发生在微粒型防晒霜上,比如微粉化的二氧化钛或微粉化的氧化锌。为了成为有效的防晒霜,这些微粒必须均匀地分散在防晒乳液中。如果这些微粒结合在一起,则活性防晒霜无法在皮肤上形成均匀的薄膜,产品的SPF值就无法保护皮肤。重要的是,物理防晒霜应在有效期内使用,以使悬浮液保持完整。悬浮液应为白色,变色的产品也应丢弃。由于配方欠佳,微粒型防晒霜的香味也会随着时间的推移而消失,因为它会被二氧化钛或氧化锌吸收。改善物理防晒霜手感、耐水性和SPF的最新进展之一是加入成膜聚合物,如丙烯酸酯共聚物或聚乙烯吡咯烷酮。

　　UV防晒剂也可以通过塑料包装或盖子插入物吸收。例如,聚苯乙烯和低密度聚乙烯可以吸收UV防晒剂。因此,包装必须选用高密度聚乙烯或高密度聚丙烯。

　　防晒霜可与塑料包装相互作用,使瓶子结构对防晒效果非常重要。

防晒霜依从性

　　依从性是防晒效果的关键。防晒霜如果总是留在瓶子里那就不能起作用。据防晒霜制造商估计,平均每名美国成年人每年使用的防晒霜不到1瓶。很明显,这表明依从性差。接下来将对防晒霜依从性方面的主要问题进行检查,并在表20-5中列出。

表 20-5 提高防晒霜依从性的方法

1. 从小养成良好的卫生习惯：刷牙、洗脸、涂防晒霜

2. 选择适合身体部位的防晒霜配方

3. 在面部、颈部、上胸部和手部使用含有防晒霜的保湿霜，而不是普通的保湿霜

4. 为女性面部选择含防晒霜的面部粉底

5. 使用含有防晒霜的润唇膏或口红

6. 在男性脸上使用防晒霜凝胶作为须后水

7. 在手上涂抹 1/4 大小的防晒霜，并将其全部涂抹在面部、颈部和耳上

8. 制定防晒霜的常规应用程序，包括面部、颈前、颈后、耳、耳后和中央胸部

9. 为日常穿着和沙滩装选择不同美学的独立产品

10. 有效地使用长裤、长袖、帽子、围巾和雨伞等作为光保护用品

议题 1：防晒霜是黏性的

患者不喜欢防晒霜的一个最常见的原因是防晒霜可能是黏稠的（图 20-3）。也许对这个问题有更深入的了解会有帮助。大多数的化学防晒活性物质都是黏稠的油脂，比如邻氨基苯甲酸甲酯。通常，防晒霜配方会结合至少 2～3 种不同的活性成分，以获得更广泛的光谱覆盖范围和更高的 SPF。SPF 值随着活性物质浓度的增加而增加。因此，SPF 越高的产品通常越黏。SPF 值为 30 或更高的防晒霜通常比 SPF 值为 15 或更低的防晒霜更黏。然而，SPF 值为 15 的防晒霜可以阻挡 93% 的 UVB 辐射，而 SPF 值为 30 的防晒霜可以阻挡 97% 的 UV 辐射。这仅仅是在 UVB 光保护方面的 4% 的差异，但这会导致受欢迎的防晒霜和不受欢迎的防晒霜之间的差异。因此，皮肤科医师应该重新考虑建议患者尽可能使用 SPF 值高的产品。低SPF 的产品通常有更好的体验感和更好的依从性。笔者的建议是，患者应该使用SPF30＋的防晒霜，它能提供出色的光保护

和最佳的皮肤体验。

图 20-3 一些防晒喷雾配方可能会为不喜欢黏稠面霜的患者提供另一种选择

议题 2：防晒霜让你在阳光下更热

另一个常见的关于使用防晒霜的抱怨是，患者在涂防晒霜时会感到热和出汗。虽然其中一些原因可能是由于防晒霜在炎热的阳光下使用，但化学防晒霜，如甲氧基肉桂酸辛酯、二苯甲酮、邻氨基苯甲酸甲酯和同盐酯，实际上是通过将 UVB 辐射转化为热能发挥作用的。防晒霜产生的热量有助于皮肤产生温暖的感觉。这不应该成为涂抹防晒霜的障碍；然而，物理防晒剂，如氧化锌或二氧化钛，不会产生热量。选择合适的防晒霜有助于最大限度地减少这一问题，因为这可能导致依从性降低。

议题 3：防晒霜会导致痤疮

许多患者认为防晒霜会导致痤疮。通常痤疮以炎性丘疹的形式出现，而非开放性或闭合性粉刺在初次使用后 48 小时内出现。这不是真正的痤疮，因为从使用防晒霜到发生毛囊炎症的时间还不够长。使用防晒霜看

到的痤疮更多的是一种痤疮状的皮疹,笔者认为这是刺激性接触性皮炎的表现。一些较长时间使用的防水防晒霜本质上更具封闭性,可能导致毛囊口处出现问题。解决这个问题的方法是通过反复试验,对各种防晒霜配方进行分类。在耳前的一小块皮肤上连续涂上 5 个晚上的防晒霜,就可以避免主要问题。应观察皮肤是否存在炎性丘疹和脓疱。另一个有用的建议是避免长期使用防晒霜。对于日常使用,含有保湿剂的防晒霜可能是一个很好的替代品。如果希望使用沙滩装产品,则应避免使用可能含有聚合物的凝胶防晒霜。相反,应选择轻质的乳霜配方,然后经常使用,以获得最大的保护。

议题 4:使用防晒霜时会刺痛皮肤

的确,有些防晒霜在使用时会刺痛皮肤,这在含有高浓度挥发性物质(如乙醇)的凝胶防晒霜配方中更为常见。乳状防晒霜也是解决这一问题的一种可能方法(图 20-4)。防晒霜进入眼时也会产生刺痛。一种选择是在眼部使用一种蜡状防晒霜,当其与汗水结合时不会融化或流动。这些防晒霜可以涂抹在眉毛上方以及上下眼睑上。提高依从性的方法之一是为合适的皮肤部位选择合适的防晒霜。没有一种防晒霜配方能在身体的所有部位都有效(图 20-5)。

议题 5:防晒霜不起作用

有些人从一开始就对防晒霜的功效持怀疑态度。这种担心可能是有根据的,因为防晒霜可能会失效。这是怎么发生的? 重要的是要记住,防晒霜只有在皮肤表面才会起作用。因此,未能在整个暴露的皮肤表面涂上防晒霜,以及擦防晒霜或出汗时抹去防晒霜是导致防晒霜失效的两个最常见的原因。如果涂抹在皮肤上的薄膜太薄,防晒霜也可能会失效。如果没有涂抹适量的防晒霜,皮肤就会形成一层薄膜,使皮肤得不到保护。有

图 20-4 许多保湿防晒霜在应用于敏感性皮肤患者时不会产生刺痛

图 20-5 对于经历许多防晒配方问题的女性患者,不透明的面部粉底可用于光保护

些防晒霜有更好的皮肤质感。化妆品化学家用"实质性"这个术语来解释防晒霜在皮肤上停留的能力。并非所有 SPF 相同的防晒霜都是等效的。没有什么可以替代有经验的防

晒霜制造商的配方知识。根据法律规定，所有标有 SPF 15 的产品都能在最佳条件下提供持久的防晒保护。这些最佳条件包括排汗最少、无水接触、湿度低、活动最少、无风、厚膜应用等。事实上，在这些情况下，防晒霜是不会被使用的。瓶子里的防晒霜可能是 SPF15，但它在皮肤上的性能可能会因配方而改变。笔者鼓励患者避免使用不知名品牌的防晒霜，而选择知名品牌的产品。

小结

从这一讨论中可以明显看出，要想生产出成功的防晒产品，必须结合大量的科学、工艺、化学和检测。选择的紫外线防晒剂必须放置在一个稳定的载体中，该载体不仅能在皮肤上形成一层均匀的防水膜，以保持标记的 SPF，而且能让患者感觉到舒适。最好的防晒霜配方结合了脂溶性和水溶性的紫外线过滤剂，能够吸引皮肤的疏水性和亲水性区域，以提供最大的覆盖范围。包装的选择是为了保持防晒霜的完整性。皮肤科医师在考虑防晒霜建议时应该意识到这些因素。

参 考 文 献

[1]　Schueller R，Romanowski P. The ABCs of SPFs. Cosmet Toilet 1999；114；49-57.

[2]　Hewitt JP. Formulating water-resistant titanium dioxide sunscreens. Cosmet Toilet 1999；114；59-63.

建 议 阅 读

Bissett DL，Oelrich DM，Hannon DP. Evaluation of a topical iron chelator in animals and in human beings：short-term photoprotection by 2-furildioxime. J Am Acad Dermatol 1994；31；572-8.

Cole C. Multicenter evaluation of sunscreen UVA protectiveness with the protection factor test method. J Am Acad Dermatol 1994；30；729-36.

Dromgoole SH，Maibach HI. Sunscreening agent intolerance：contact and photocontact sensitization and contact urticaria. J Am Acad Dermatol 1990；22；1068-78.

Fisher AA. Sunscreen dermatitis：para-aminobenzoic acid and its derivatives. Cutis 1992；50；190-2.

Fisher AA. Sunscreen dermatitis：part IV the salicylates，the anthranilates and physical agents. Cutis 1992；50；397-6.

Fisher AA. Sunscreen dermatitis：part II the cinnamates. Cutis 1992；50；253-4.

Food and Drug Administration. Sunscreen drug products for over the counter human drugs：proposed safety，effective and labeling conditions. Fed Reg 1978；43；38206.

Freeman S，Frederiksen P. Sunscreen allergy. Am J Contact Dermatitis 1990；1；240.

Geiter F，Bilek PK，Doskoczil S. History of sunscreens and the rationale for their use. In：Frost P，Horwitz SN，eds. Principles of Cosmetics for the Dermatologist. St. Louis：CV Mosby Company，1982；187-206.

Knobler E，Almeida L，Ruzkowski A，et al. Photoallergy to benzophenone. Arch Dermatol 1989；125；801-4.

Kollias N，Bager AH. The role of human melanin in providing photoprotection from solar mid-ultravioet radiation（280～320 nm）. J Soc Cosm Chem 1988；39；347-54.

Lowe NJ. Sun protection factors：comparative techniques and selection of ultraviolet sources. In：Lowe NJ，ed. Physician's Guide to Sunscreens. New York：Marcel Dekker，Inc.，1991；161-5.

Mathews-Roth MM，Pathak MA，Parrish JA，et al. A clinical trial of the effects of oral beta-carotene on the response of skin to solar radiation. J Invest Dermatol 1972；59；349-53.

Mathias CGT，Maibach HI，Epstein J. Allergic contact photodermatitis to para-aminobenzoic acid. Arch Dermatol 1978；114；1665-6.

Menter JM. Recent developments in UVA photoprotection. Int J Dermatol 1990；29；389-94.

Menz J，Muller SA，Connolly SM. Photopatch testing：a six year experience. J Am Acad Dermatol

1988;18;1044-7.

Murphy EG. Regulatory aspects of sunscreens in the United States. In: Lowe NJ, Shaath NA, eds. Sunscreens Development, Evaluation and Regulatory Aspects. New York: Marcel Dekker, Inc., 1990:127-30.

Ramsay DL, Cohen HS, Baer RL. Allergic reaction to benzopenone. Arch Dermatol 1972;105;906-8.

Rietschel RL, Lewis CW. Contact dermatitis to homomenthyl salicylate. Arch Dermatol 1978;114; 442-3.

Roelandts R. Which components in broad-spectrum sunscreens are most necessary for adequate UVA protection? J Am Acad Dermatol 1991; 25; 999-1004.

Shaath NA. Evolution of modern chemical sunscreens. In: Lowe NJ, Shaath NA, eds. Sunscreens Development, Evaluation and Regulatory Aspects. New York: Marcel Dekker, Inc., 1990:

3-4.

Shaath NA. The chemistry of sunscreens. In: Lowe NJ, Shaath NA, eds. Sunscreens development, evaluation and regulatory aspects. New York: Marcel Dekker, Inc., 1990:223-5.

Shaath NA. Evolution of modern chemical sunscreens. In: Lowe NJ, Shaath NA, eds. Sunscreens development, evaluation and regulatory aspects. New York: Marcel Dekker, Inc., 1990:9-12.

Sterling GB. Sunscreens: a review. Cutis 1992;50; 221-4.

Thompson G, Maibach HI, Epstein J. Allergic contact dermatitis from sunscreen preparations complicating photodermatitis. Arch Dermatol 1977; 113;1252.

Thune P. Contact and photocontact allergy to sunscreens. Photodermatology 1984;1;5-9.

第21章

美黑霜

肤色一直是人类关注的焦点。有报道称，古代人用烧过的灰烬使皮肤变黑，埃及人用烧过的赭石和甲虫壳装饰面部，美洲印第安人用鲜艳的颜料装饰身体。这种自我装饰的概念仍然以休闲晒黑的形式存在。Coco Chanel 以其时装时尚而闻名，古铜色皮肤的魅力是由其普及开来的。她构思了在广告中使用晒黑的女性来宣传她的服装和香水的想法。在此之前，女性一直回避阳光，因为晒黑的皮肤表明女性在户外从事体力劳动。住在室内的社会女性，用她们的白皙肤色作为阶级地位的标志。随着工业革命的进行，越来越多的女性离开了在田地里的工作，到城市里生活，在室内的工厂里工作。这些女性几乎没有休闲时间晒太阳。因此，皮肤晒黑成为北方人能够在阳光明媚的地方度假的一个标志。

尽管已知晒黑有早衰和皮肤癌的风险，但这仍然是一种流行的做法。自然日晒或人工日光下的晒黑会对健康造成危害，但许多人忽视了这一点。由于白种人对晒黑皮肤的社会期望并未降低，护肤品制造商一直在寻找实现无光损伤晒黑皮肤的方法。被设计用于模拟晒黑而不暴露在阳光下的产品被称为"无光美黑霜"。

无光美黑霜利用二羟基丙酮（DHA）作为活性剂。这种化学物质最初是在 20 世纪 20 年代由俄亥俄州辛辛那提的宝洁公司发现的，它可能是糖尿病患者饮食中甜味剂的替代品。当 DHA 被浓缩成糖果咀嚼时，人们注意到唾液会使皮肤变成棕色，而不会使衣服或口部染色。这种副作用使得这种物质不适合作为葡萄糖的替代品，直到 20 世纪 50 年代，当第一款无光美黑霜被引入市场时，DHA 才开始上市。

美黑霜配方

DHA 是一种 3-碳糖，是一种白色结晶吸湿性粉末。它与氨基酸、肽和蛋白质相互作用，形成被称为类黑色素的细胞。类黑色素在结构上与皮肤黑色素有一些相似之处。DHA 与角蛋白接触时发生的褐变反应称为美拉德反应。DHA 在技术上被归类为一种着色剂或无色染料，可使角质层中的蛋白质糖化。

> 二羟基丙酮（DHA）对外层角质层的蛋白质进行糖化，从而产生一种棕色色素，被称为类黑色素。

DHA 通常以 3%～5% 的浓度添加到奶油基中。较低浓度的 DHA 产生温和的晒黑，而较高浓度产生更大的变黑。这使得无阳光美黑霜可以配制成浅、中、深色调。通过增加角质层的蛋白质含量，可以提高无阳光美黑霜产生的颜色深度。这是通过在涂 DHA 之前在皮肤上涂一种含硫氨基酸，如甲硫氨酸亚砜来实现的。

正如预期的那样，富含蛋白质的皮肤区域会染上更深的颜色。例如，角化性生长，如脂溢性角化病或光化性角化病，会引起色素沉积。富含蛋白质的皮肤区域，如肘部、膝盖、手掌和足底，也会被染得更深。因此，建议在使用无光美黑霜之前，通过去角质去除所有死皮。DHA 不会将黏膜染色，但头发和指甲会被染色。

化学反应通常在 DHA 应用后 1 小时内可见，但最大程度的变暗可能需要 8～24 小时。许多无光美黑制剂中都含有一种即时染料，使用户可以注意使用部位并促进均匀使用，但这种即时颜色不应与美拉德反应混淆。

自 20 世纪 50 年代首次推出以来，无光美黑霜重新流行起来。最初的晒黑者产生了一种不自然的橙色皮肤。通过使用更纯净的 DHA 来源，可以产生更自然的金色，这个问题已经得到了纠正。然而，使用美黑霜产生的粉色肤色可能仍然显得不自然。

无光美黑与光保护

DHA 是一种无毒的成分，无论是摄入还是外用。它有可靠的安全记录，只有少数过敏性接触性皮炎的报告病例。不幸的是，褐变反应不能产生足够的光保护。在使用后最多 1 小时内，无光美黑制剂可使皮肤 SPF 达到 3～4。光保护作用不会像人工晒黑一样持久。棕色在可见光谱的低端给予有限的光保护，与光谱的 UVA 部分重叠。DHA 曾被批准可与指甲花醌联合使用作为防晒剂；然而，新的防晒霜专论删除了这一成分，很大程度上是因为它不受欢迎。

> 无光美黑霜不会提供光保护，外出时必须与防晒霜一起使用。

与 DHA 发生的染色反应严格限于角质层，可以通过胶带剥离和去角质轻松去除。因此，该产品必须每天重复使用，以保持最佳

的美黑效果。除了频繁使用可能引起的刺激外，没有已知的副作用。DHA 确实有一种独特的气味，很难用香味来掩盖。

无光美黑霜的应用

如果人工应用，美黑霜可以产生天然外观的棕褐色。其中一个问题是，面霜会把它接触到的所有东西都染上色，包括不会因阳光照射而晒黑的手掌。它还会弄脏头发和衣服。表 21-1 总结了几个技巧，有助于实现均匀的应用。取得良好效果的关键是用磨砂膏对皮肤进行积极的去角质。这些面霜含有微粒，如聚乙烯珠，可以机械地去除表面脱落的角质细胞。角质细胞的积累会使该区域变暗，因为 DHA 生成的糖化物中含有更多的蛋白质。使用时应戴手套。这种乳霜必须均匀地涂抹。皮肤角化过度的部位，如手腕、后颈、足踝、足趾、手指、肘前窝和腘窝，应使用较少的乳膏。这些区域往往会被染成不自然的深色。棕色染色将持续约 2 周，直到染色的角质细胞脱落。

表 21-1　无光美黑霜的应用技巧

1. 清洗涂抹部位，清除皮肤表面的任何其他面霜或皮脂。始终从清洁皮肤开始
2. 沐浴后，使用含聚乙烯珠的磨砂膏彻底去除皮肤角质
3. 彻底擦干皮肤
4. 将凡士林涂在身体的以下部位，这些部位会被无光美黑霜过度染色：手腕、后颈、足踝、足趾、手指、肘前窝和腘窝
5. 戴上一次性手套，避免弄脏手掌
6. 从瓶子中挤出少量的乳膏，在手掌间均匀地揉搓。将手掌放在涂抹部位。揉搓，直到面霜均匀分布，以避免出现条纹。每次涂抹身体的一个部位，从手臂到腿部
7. 保持不动，直到乳膏完全干燥，以避免去除和无意中涂抹在头发和衣物上
8. 每 2 周或必要时重复 1 次

一种使用无光美黑霜的新技术被称为喷雾晒黑。喷雾晒黑专业应用于美发廊、美甲店和人工紫外线晒黑间。客户裸体坐在一个用窗帘包围的座位上，DHA 溶液被喷洒在身体上，以获得更均匀的应用。凡士林被涂抹在上面提到的容易过度着色的地方，以得到更自然的棕褐色。在机构应用消除了在家使用的混乱和气味。

小结

美黑霜是一种安全、经济、高效的方法，可使皮肤暂时变黑。然而，它们不应该用来代替防晒霜。将无光美黑霜均匀涂抹在所需部位，即可获得自然的模拟晒黑效果。对于容易染色的部位，如足踝、膝盖、肘部和足趾，应注意少涂乳膏。由于晒黑在我们现代仍然很流行，因此应使用无光美黑霜来染色皮肤，而不是冒着最终导致皮肤过早老化和皮肤癌的风险暴露在阳光下。

参 考 文 献

[1] Maibach HI, Kligman AM. Dihydroxyace-tone: a sun-tan-simulating agent. Arch Dermatol 1960; 82: 505-7.

[2] Wittgenstein E, Berry KH. Reaction of dihydroxyacetone (DHA) with human skin callus and amino compounds. J Invest Dermatol 1961; 36: 283-6.

[3] Meybeck A. A spectroscopic study of the reaction products of dihydroxy-acetone with aminoacids. J Soc Cosmet Chem 1977; 28: 25-35.

[4] Wittgenstein E, Berry KH. Staining of skin with dihydroxyacetone. Science 1960; 132: 894-5.

[5] Kurz T. Formulating effective self-tanners with DHA. Cosmet Toilet 1994; 109: 55-61.

[6] Maes DH, Marenus KD. Self-tanning products. In: Baran R, Maibach HI, eds. Cosmetic Dermatology. London: Martin Dunitz, 1994.

[7] Goldman L, Barkoff J, Glaney D, et al. The skin coloring agent dihydroxy-acetone. GP 1960; 12: 96-8.

[8] Morren M, Dooms-Goossens A, Heidbuchel M, et al. Contact allergy to dihydroxyacetone. Contact Dermatitis 1991; 25: 326-7.

[9] Muizzuddin N, Marenus KD, Maes DH. UVA and UVB protective effect of melanoids formed with dihydroxyacetone and skin. San Francisco: Poster presentation, AAD meeting, 1997.

[10] Johnson JA, Fusaro RM. Protecton against long ultraviolet radiation: topical browning agents and a new outlook. Dermatologica 1987; 175: 53-7.

建 议 阅 读

Chaudhuri RK, Hwang C. Self-Tanners: formulating with Dihydroxyacetone. Cosmet Toilet Magazine 2001; 116: 87-94.

Gonzalez AD, Kalafsky RE. Sunless Tanning and Tanning Accelerators (Chapter 29). In: Shaath N, ed. Sunscreens. 3rd edn. Taylor & Francis Group, 2005: 574-99.

Herman S. Non-Enzymatic Browning: Tan Minus Sun. GCI, 2002: 22-4.

Levy S. Cosmetics that imitate a tan. Dermatol Ther 2001; 14: 1-5.

Levy S. Skin Care Products: Artificial Tanning. In: Paye M, Barel A, Maibach HI, eds. Handbook of Cosmetic Science and Technology. 3rd edn. Informa Healthcare USA, Inc., 2009.

Levy S. Tanning Preparations. Dermatol Clin 2000; 18: 591-6.

Whitmore SE, Morison WL, Potten CS, Chadwick C. Tanning salon exposure and molecular alterations. J Am Acad Dermatol 2001; 44: 775-9.

第22章

脂 肪 团

定义

　　肥胖是世界范围内影响女性的最常见的美容状况，但人们对此了解甚少。这一点可以通过臀部和大腿上出现的不均匀凹凸皮肤纹理（图 22-1）的许多名称来验证，包括水肿性脂肪病、皮肤盘状变性、皮肤前突状态和妇科脂肪营养不良。在超声显示下，脂肪团以低密度脂肪突出物的形式出现在致密的真皮组织中。有许多理论声称可以描述脂肪团的病理生理学，但没有一个能够被证实。这些理论包括饮食影响、基因决定的脂肪沉积、血管功能不全、多余脂肪组织和慢性炎症（表 22-1）。虽然有各种各样的治疗脂肪团的方法，但没有一种方法能永久去除不好看的凹陷皮肤。然而，有些化妆品声称它们能使皮肤更光滑。本章主要是为了提供信息，以帮助皮肤科医师与患者讨论脂肪团。

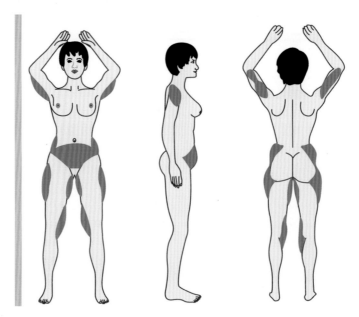

图 22-1　脂肪团最常见的部位是大腿后上部。它也可能发生在后上臂、臀部和大腿前部

表 22-1 脂肪团病理生理学争议

脂肪团理论	赞成者	反对者
饮食影响	食用大豆中植物雌激素的东方女性脂肪团较少	无论饮食如何,全球 80% 的女性都会出现脂肪团
遗传决定的脂肪沉积	患有脂肪团的母亲的女儿也可能出现脂肪团	脂肪团可以通过减少身体脂肪来减少,这是自我决定的
血管功能不全	皮肤血管系统的恶化导致液体潴留和脂肪团的出现	脂肪团的超声成像显示脂肪组织撞击真皮,而不仅仅是液体
多余脂肪组织	身体脂肪较多的女性往往表现出较多的脂肪团	减肥并不能消除脂肪团
慢性炎症	来自胶原酶的炎症分解真皮胶原蛋白,允许脂肪疝	并非所有月经期女性都表现出同样程度的脂肪团

饮食影响

饮食影响脂肪团的病理生理学的理论已被消费者推广。大量文章指出,低碳水化合物(低糖类)、低脂肪、低盐、高纤维饮食可以减少脂肪团。还没有对照医学研究验证饮食对脂肪团最小化的影响;然而,低热量饮食,或者是低热量的碳水化合物和脂肪,可以减少脂肪组织和改善脂肪组织。低盐、高纤维饮食确实会减少细胞外组织液,从而最大限度地减少血管效应。

当考虑到饮食如何影响脂肪团的病理生理时,了解文化饮食习惯可能对此有何影响是很有趣的。与东方女性相比,白种人女性的脂肪团更常见。虽然白皙的皮肤更容易看到皮肤纹理的不规则性,但东方女性似乎较少出现脂肪团。关于脂肪团的病理生理学的一个理论是饮食对体内雌激素的影响。东方人的牛奶消费量较低;然而,美国消费的大部分牛奶含有雌激素,这些雌激素是从喂给奶牛的食物中进入牛奶的。另一种可能的解释是,东方女性食用了大量豆腐或大豆坚果形式的发酵大豆,从而减少了内源性雌激素的分泌。发酵的大豆含有大量的植物雌激素,可能会抑制肾上腺和卵巢雌激素的产生,而从牛奶摄入的雌激素却不是这样。

因此,对脂肪团的一个解释是不良饮食导致多余脂肪沉积、体液潴留和体内高雌激素水平。另一种理论是,脂肪团的存在是由于预先确定的遗传影响。

由基因决定的脂肪沉积

许多研究人员认为,导致脂肪团的脂肪沉积模式是由基因决定的。因此,无论是饮食或是雌激素刺激,女性都会衰老,并将脂肪沉积在与母亲相同的部位。这可能是由于激素受体等位基因决定了受体的数量和对雌激素的敏感性。这决定了皮下脂肪的分布。Pierard 赞同这一理论,指出脂肪团不是体重增加的结果,而是可能受到遗传的腰臀比的影响。

血管功能不全

关于脂肪团病理生理学最广泛的理论之一是血管功能不全的影响。Smith 假设脂肪团是由真皮脉管系统的退化,特别是毛细血管网络的丧失引起的降解过程。因此,多余的液体被保留在真皮和皮下组织中。这种毛细血管网络的缺失被认为是由于充血的脂肪细胞聚集在一起并抑制静脉回流。

毛细血管网络受损后,真皮内的血管开始发生变化,导致蛋白质合成减少,无法修复组织损伤。蛋白质团块沉积在皮肤下方的脂肪块周围，当拇指和示指夹住皮肤时，皮肤就会出现"橘皮"外观。然而，在这个阶段，还没有可见的脂肪团迹象。

只有在真皮内形成由脂肪组成的硬结节，并被硬网状蛋白包围时，才能看到脂肪团的特征性外观。在这个阶段，皮肤超声成像显示，真皮变薄，皮下脂肪向上推，转化为皱褶的皮肤，即脂肪团。

因此，该理论认为，激素介导的脂肪沉积、脂肪小叶压迫毛细血管、静脉回流减少、成簇脂肪小叶的形成及成簇脂肪小叶周围蛋白质物质的沉积导致了脂肪团的出现。

多余的脂肪组织

一些研究人员观察到，脂肪团在超重和肥胖的女性中更为常见。这被认为是由于皮下组织内存在大量脂肪小叶，这些脂肪小叶被包裹在带真皮附着的纤维间隔中（图22-2）。这些围绕着大量脂肪的纤维附着物导致皮肤出现皱褶，具有脂肪团的特征。因此，减肥可以减少脂肪小叶的大小，消除过度肥胖对新陈代谢的影响，从而改善脂肪团的外观。改善脂肪团也可以通过锻炼来实现，因为改善的肌肉张力为支撑脂肪创造了更好的基础。

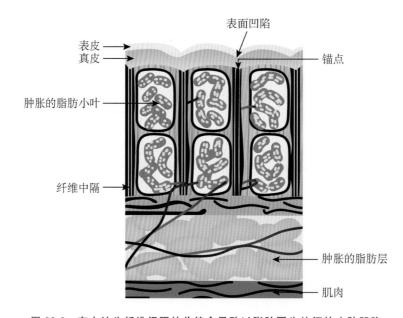

图 22-2　有人认为纤维间隔的收缩会导致以脂肪团为特征的皮肤凹陷

慢性炎症

最后一种理论认为，脂肪团是一种炎症过程，其导致真皮中胶原蛋白的分解，从而提供超声所见的皮下脂肪疝（图22-3）。随着青春期月经来潮，脂肪团的出现促使一些研究人员评估子宫内膜脱落所需的激素变化。似乎月经需要金属蛋白酶（MMP）的分泌，如胶原酶（胶原酶-1，MMP-1）和明胶酶（明胶酶A，MMP-2）。子宫内膜腺细胞和间质细胞分泌这些酶，使月经发生。胶原酶在中性pH下切割纤维性胶原的三重螺旋结构域，并在月经前分泌。然而，胶原酶可以分解不仅存在于子宫内膜而且存在于真皮中的原纤维胶原酶。

此外，明胶酶B是由间质细胞或肥大细胞在子宫内膜增生后期和排卵后产生的。明胶酶B与多形核白细胞、巨噬细胞和嗜酸性

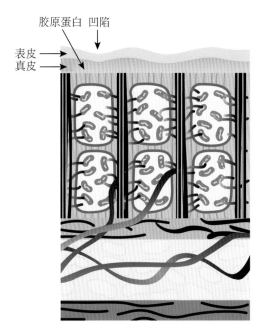

图 22-3　导致胶原蛋白降解的慢性炎症是脂肪
　　　　团形成的另一种理论

粒细胞的流入有关,这也有助于炎症。这种炎症的一个标志是真皮糖胺聚糖的合成,这会增强水分结合,通过肿胀进一步加重脂肪团的外观。超声上可发现这些糖胺聚糖的存在,作为低密度回声出现在真皮/皮下交界处。

　　子宫内膜胶原酶的分泌启动月经,也促进真皮胶原的分解。随着循环胶原酶的重复产生,越来越多的真皮胶原被破坏,导致脂肪团随着年龄的增长而增加。最终,足够的胶原蛋白被破坏,削弱网状和乳头状真皮层,使皮下脂肪在女性脂肪中结构纤维间隔之间突出。显然,皮下脂肪越多,疝气越明显。

脂肪团治疗

　　多种脂肪团处理方法可供消费者选择。这些方法都不能完全解决脂肪团,但讨论这些选项有助于更好地理解如何与询问患者科学地讨论脂肪团。目前市场上销售的非处方(OTC)药包括外用草药、包裹、器械、按摩和

口服补充剂,下面将进行讨论。外科手术和激光干预超出了本篇美容文章的范围。

外用草药

　　在 OTC 市场上,外用草药被添加在乳膏中,以改善脂肪团的外观。它们只能声称能改善脂肪团的外观,否则就会被归类为药物。任何局部药物都难以到达皮下组织,因为它必须是水溶性和脂溶性的才能穿过皮肤然后影响脂肪细胞。保湿脂肪霜中含有的草药如咖啡因、茶碱和毛喉鞘蕊花可以刺激脂质分解成三酰甘油。大多数这些面霜声称可使皮肤光滑柔软,是基于其保湿皮肤的能力,而不是减少脂肪团。

> 在保湿脂肪霜中可以发现咖啡因、茶碱和毛喉鞘蕊花等草药。

包裹

　　在家里、水疗中心和减肥特许经营企业中,包裹脂肪团可以减少脂肪团的出现。布条浸满草药溶液,缠绕在腿部、臀部或任何其他有脂肪团的部位。有时包裹会被加热,有时包裹环境会被设置为高温,以多出汗来进行“脂肪解毒”治疗。包裹中使用的草药包括雷公根、巴拉圭茶、毛喉鞘蕊花和茴香。同样,这些草药是否真的能到达皮下组织是值得怀疑的。在某些情况下,紧裹可能会减少腿部的细胞外液,以减少脂肪团,出汗可能会导致体重减轻。这种包裹是否有永久性的效果值得怀疑,甚至连水疗中心都表示,为了保持效果,每周都要做 1 次水疗。

器械

　　有几种 OTC 设备据说可以改善脂肪团的外观。这些设备通常通过抽吸、滚动和(或)压力来接触皮肤。抽吸装置将皮肤拉起,并声称能“分解”脂肪团,就好像这些肿块

是由可以被压碎的东西造成的一样。有时吸力与滚动和压力相结合。如果由于腿部静脉回流不良而出现细胞外液,清除该细胞外液可以改善脂肪团的外观。支撑长筒袜或斜靠也有同样的效果。当然,这种影响是暂时的,除非采取措施防止液体再次积聚。这些设备试图模仿按摩的效果,这将在下面讨论。

按摩

美容师改善脂肪团的一种常用方法是按摩。深静脉按摩可以清除细胞外液,改善淋巴引流。有时,产生血管收缩的草药,如野生马蹄栗,被用于按摩霜作为"循环促进剂",据说有"静脉通"作用。按摩可以让人放松和享受,但20mmHg或更高的压缩支撑袜也能产生同样的效果。

> 按摩可以改善淋巴引流并暂时改善脂肪团的外观。

口服补充剂

最近市场上出现了针对脂肪团的口服补充剂,其中一些因虚假广告而受到消费者团体的质疑。关于脂肪团声明的措辞总是非常谨慎,以免承诺太多。在口服脂肪团补充剂中发现的一类化合物是黄嘌呤。黄嘌呤存在于咖啡、茶和巧克力等含有咖啡因的食物中。黄嘌呤抑制磷酸二酯酶,磷酸二酯酶破坏cAMP并刺激脂肪分解。脂肪分解被认为可以减少脂肪团。最有效的黄嘌呤是氨茶碱,但在服用这种药物治疗呼吸道疾病的患者中,并没有发现脂肪团减少。

另一种脂肪团的口服补充剂含有生物类黄酮,如原花青素,这是从浆果中提取的,在动物中被广泛研究作为热量限制的模拟物和有效的抗氧化剂。在小鼠中,原花青素被证明可以减少胶原蛋白和弹性蛋白的分解,这可能是通过调节胶原酶和弹性酶来实现的。

这在人类身上还没有得到证实。

> 黄嘌呤和原花青素存在于一些口服脂肪团补充剂中。

小结

脂肪团的病因尚不清楚,治疗脂肪团的疗效也存在很大争议。也许,如果了解了病理生理学,就可以开发出更有效的治疗方法。最有可能的是,脂肪团是由讨论的所有因素组合而成,包括激素、遗传、脂肪组织、微循环和慢性炎症。不可否认的是,脂肪团是一种普遍存在的人类疾病,在女性中更常见,随着年龄的增长情况会恶化,甚至可能代表了正常人体解剖学的一部分。只有青春期前的女性才没有脂肪团。患者经常要求脂肪团治疗,不幸的是,我们在皮肤科几乎没有什么可以提供的。

参 考 文 献

[1] Nurnberger F, Muller G. So-called cellulite: an invented disease. J Dermatol Surg Oncol 1978;4:221-9.

[2] Dahl PR, Salla MJ, Winkelmann RK. Localized involutional lipoatrophy:a clinicopathologic study of 16 patients. J Am Acad Dermatol 1996;35:523-8.

[3] Mirrashed F, Sharp JC, Krause V, Morgan J, Tomanek B. Pilot studyof dermal and subcutaneous fat structures by MRI in individuals who differ in gender, BMI, and cellulite grading. Skin Res Technol 2004;10:161-8.

[4] Avram MM. Cellulite:a review of its physiology and treatment. J Cosmet Laser Ther 2004;6:181-5.

[5] Rawlings AV. Cellulite and its treatment. Int J Cosmet Sci 2006;28:175-90.

[6] Draelos ZD, Marenus KD. Cellulite-etiology

and purported treatment. Dermatol Surg 1997;
23:1177-81.

[7] Scherwitz C, Braun-Falco O. So-called cellu-
lite. J Dermatol Surg Oncol 1978;4:230-4.

[8] Ortonne JP, Zartarian M, Verschoore M,
Queille-Roussel C, Duteil L. Cellulite and skin
ageing: is there any interaction? J Eur Acad
Dermatol Venereol 2008;22:827-34.

[9] Pierard GE. Commentary on cellulite: skin
mechanobiology and the waist-to-hip ration. J
Cosmet Dermatitis 2005;4:151-2.

[10] Smith WF. Cellulite treatments: snake oil or
skin science. Cosmet Toilet 1995;110:61-70.

[11] Curri SB. Cellulite and fatty tissue microcircu-
lation. Cosmet Toilet 1993;108:51-8.

[12] Curri SB, Bombardelli E. Local lipodystrophy
and districtual microcirculation. Cosmet Toilet
1994;109:51-65.

[13] Quatresooz P, Xhauflaire-Uhoda E, Pierard-
Franchimont C, Pierard GE. Cellulite histopa-
thology and related mechanobiology. Int. J
Cosmet Sci 2006;28:207-10.

[14] Pierard GE, Nizet JL, Pierard-Franchimont
C. Cellulite: from standing fat herniation to
hypodermal stretch marks. Am J Dermatol-
pathol 2000;22:34-7.

[15] Terranova F, Berardesca E, Maibach H. Cel-

lulite: nature and aetiopathogenesis. Int J Cos-
met Sci 2006;28:157-67.

[16] Marbaix E, Kokorine I, Henriet P, et al. The
expresssion of interstitial collagenase in human
endometrium is controlled by progesterone and
by oestadiol and is related to menstruation.
Biochem J 1995;305:1027-30.

[17] Singer CF, Marbaix E, Lemoine P, Courtoy
PJ, Eeckhout Y. Local cytokines induce dif-
ferrential expression of matrix metalloprotein-
ases but not their tissue inhibitors in human
endometrial fibroblasts. Eur J Biochem 1999;
259:40-5.

[18] Jeziorska M, Nagasae H, Salamonsen LA,
Woolley DE. Immunolocalization of the matrix
metalloproteinases gelatinase B and stromely-
sin 1 in juman endometrium throughout the
menstrual cycle. J Reprod Fertil 1996;107:43-
51.

[19] Lotti T, Ghersetich MD, Grappone C, Dini
G. Proteoglycans in so-called cellulite. Int J
Dermatol 1990;29:272-4.

[20] Marbaix E, Kokorine I, Donnez J, Eeckhout
Y, Courtoy PJ. Regulation and restricted ex-
pression of interstitial collagenase suggest a
pivotal role in the initiation of menstruation.
Hum Reprod 1996;11 (Suppl 2):134-43.

第23章

妊娠纹

也许对皮肤科医师来说,其面临的最大挑战是与一个刚进入青春期的女性讨论妊娠纹的存在。让患者和她的父母失望的是,在患者的乳房、腹部、臀部和大腿上都发现了妊娠纹,医学上称为膨胀纹。妊娠纹的出现可能是由于青春期、妊娠期间荷尔蒙的快速变化和生长,或与库欣综合征等医学疾病有关。在显微镜下,它们表现为真皮萎缩,伴有网状嵴的丧失,这与瘢痕组织相似。还没有研究出治疗方法;然而,保湿霜、按摩、微磨皮术和激光表面修复术可能会改善它们的外观。

组织学上的妊娠纹表现为真皮萎缩区域,伴有网状嵴丢失,这一发现类似于瘢痕组织。

妊娠纹的原因

妊娠纹可能发生在生命的各个阶段,但可能与皮质醇分泌增加或体重增加有关。妊娠纹最常见的原因是妊娠,医学上称之为妊娠纹。人们认为婴儿的快速生长可能是部分原因,但并非所有的妊娠都会产生妊娠纹。妊娠、肥胖和妊娠纹增加之间的关系已被报道。在肥胖患者中,人们认为随着体重增加而拉伸皮肤会导致瘢痕,但在经历了举重后肌肉质量迅速增加的人身上也观察到了妊娠纹。一些药物,如雌孕激素,也可能产生妊娠纹。

妊娠纹增多与妊娠和肥胖有关。

妊娠纹:体征和症状

妊娠纹通常不会产生任何症状,但无论何时出现或由什么原因引起,都有其特有的视觉外观。它们最初表现为隆起的粉红色或紫色线条,纵向排列在腹部、大腿外侧、手臂内侧或乳房上部。随着时间的推移,紫粉色逐渐变浅,在皮肤上出现类似瘢痕的银色线条。紫红色的瘢痕被称为红纹,而银色的瘢痕被称为白纹。妊娠纹也可能出现在深色皮肤的人身上,表现为深棕色的线条,在这种情况下被称为黑纹。简而言之,妊娠纹是一种一旦形成就会永久存在的瘢痕。

妊娠纹:治疗

对妊娠纹的治疗是有限的。对妊娠纹最具侵入性的治疗方法包括医师实施的激光手术。激光治疗改善妊娠纹的方法是通过损伤瘢痕皮肤,并希望新愈合的皮肤具有更正常的美容外观。关于 Nd:YAG 激光器、射频设备和部分光热分解的医学报告显示,妊娠纹外观有一定程度的改善,但是没有消除。

一般来说,妊娠纹越早治疗效果越好。红色未成熟妊娠纹比那些已成熟为银白色的妊娠纹更容易治疗。这是因为红色的妊娠纹仍在康复中,康复可以通过干预来改善。有时,遮盖是隐藏瘢痕的最佳处理方法。

水疗治疗妊娠纹是使用微晶磨皮术。微晶磨皮术使用喷雾头,用微盐、小苏打或铝颗粒撞击皮肤,去除皮肤角质,抚平妊娠纹,这可能通过轻微的创伤促进胶原蛋白的生成。虽然微晶磨皮术可以暂时使皮肤表面光滑,但不能去除妊娠纹。

为了改善妊娠纹的外观,可以购买以改善妊娠纹外观的各种 OTC 产品。有一些关于可可脂、鸸鹋油、维生素 E、洋葱提取物和其他油有助于预防和治疗妊娠纹的轶事。皮肤科医师推荐的治疗瘢痕(如妊娠纹)的最常见方法是按摩。手指用油脂做圆周运动按摩皮肤,以减少摩擦,有助于拉伸皮肤胶原蛋白和弹性蛋白,使皮肤更柔韧,看起来更正常。

针对妊娠纹的局部保湿霜含有可可脂、鸸鹋油、维生素 E 和(或)洋葱提取物等成分。

预防妊娠纹具有挑战性。当皮肤的拉伸是逐渐的而不是突然时,似乎不会出现妊娠纹。因此,如果可能的话,应该避免身体尺寸的快速变化。由于妊娠纹代表小瘢痕,身体的快速生长会导致更多的妊娠纹,而身体尺寸的缓慢变化可能会使皮肤逐渐适应。皮肤弹性较好、胶原蛋白硬度较低的人不太可能出现妊娠纹,但目前还不可能改变这些皮肤特征。妊娠期妊娠纹的出现与骨盆松弛有关,随着年龄的增长,骨盆器官脱垂。除了内分泌疾病,其他医学联系尚未得到证实。总之,妊娠纹仍然是一个治疗难题。

参 考 文 献

[1] Salter SA, Kimball AB. Striae gravidarum. Clin Dermatol 2006;24:97-100.

[2] Thomas RG, Liston WA. Clinical associations of striae gravidarum. J Obstet Gynaecol 2004;24:270-1.

[3] García Hidalgo L. Dermatological complications of obesity. Am J Clin Dermatol 2002;3:497-506.

[4] Piérard-Franchimont C, Hermanns JF, Hermanns-Lê T, Piérard GE. Striae distensae in darker skin types:the influence of melanocyte mechanobiology. J Cosmet Dermatol 2005;4:174-8.

[5] Zheng P, Lavker RM, Kligman AM. Anatomy of striae. Br J Dermatol 1985;112:185-93.

[6] Elsaie ML, Baumann LS, Elsaaiee LT. Striae distensae (stretch marks) and different modalities of therapy:an update. Dermatol Surg 2009;35:563-73.

[7] McDaniel DH. Laser therapy of stretch marks. Dermatol Clin 2002;20:67-76, viii.

[8] Goldman A, Rossato F, Prati C. Stretch marks:treatment using the 1,064-nm Nd:YAG laser. Dermatol Surg 2008;34:686-91; discussion 691-2.

[9] Manuskiatti W, Boonthaweeyuwat E, Varothai S. Treatment of striae distensae with a Tri-Pollar radiofrequency device:a pilot study. J Dermatolog Treat 2009;1-6.

[10] Bak H, Kim BJ, Lee WJ, et al. Treatment of striae distensae with fractional photothermolysis. Dermatol Surg 2009;35:1215-20.

[11] Stotland M, Chapas AM, Brightman L, et al. The safety and efficacy of fractional photothermolysis for the correction of striae distensae. J Drugs Dermatol 2008;7:857-61.

[12] Tedeschi A, Dall'Oglio F, Micali G, Schwartz RA, Janniger CK. Corrective camouflage in pediatric dermatology. Cutis 2007;79:110-12.

[13] Shuster S. The cause of striae distensae. Acta Derm Venereol Suppl (Stockh) 1979;59:161-9.

[14] Watson RE. Stretching the point:an association between the occurrence of striae and pelvic relaxation? J Invest Dermatol 2006;126:1688-9.

第三部分 头 发

引 言

人们认为头发对人类目前没有任何生理功能，但它具有相当大的外观和社会关注。洗发、梳洗、造型、染色、烫发和拉直是考虑的焦点，需要投入大量资金。无论男性还是女性都希望拥有完美的头发，并符合当前所有的时尚理念。头发是我们的性别、健康、风格和自我痴迷的非语言暗示。一头闪亮的长发是健康的代名词，因为头发是生病或化疗后最先脱落的结构之一。一张满是脏兮兮头发的脸可能是一个精神失常的年轻人的第一个迹象。一个女人在每一面镜子前都不停地整理头发，这可能是不安全感或情绪不稳定的第一个迹象。头发在很大程度上反映了我们是谁以及我们渴望成为什么样的人。

头发是一种纤维状蛋白质结构，由至少3种不同的蛋白质组成。头发的基本结构来源于毛球中的一系列6个同心环，这些同心环来自一个叫作毛球基质的干细胞群。与美发化妆品相关的头发的3个主要结构是髓质、皮质和角质层(图Ⅲ-1)。永久性染发剂、头发拉直和永久性卷发会影响髓质和皮质，而所有的头发梳理程序都会影响角质层。美丽的头发是指具有完整角质层的头发，使角质层成为头发化妆品中最重要的结构。

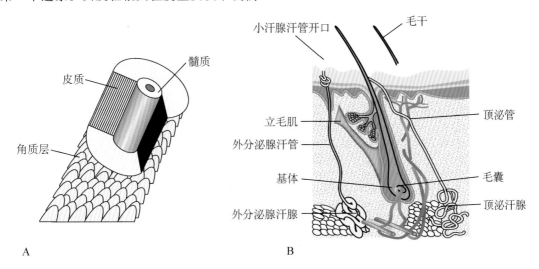

A   B

图Ⅲ-1 A. 毛干的各层；B. 毛发单元的结构

角质层为毛干提供力量,并随着积极梳理和化学毛发处理而消失。随着时间的推移,角质层的丧失是不可避免的,这个过程被称为风化。当角质层消失时,脆弱的皮层就暴露出来了,暴露的脆弱的皮质导致头发分裂,特别是在发干的末端,通常被称为分裂末端。头发中髓质的功能尚不清楚,并非所有的头发都有髓质。随着年龄的增长,头发中的髓质逐渐消失。

毛发在身体的不同部位以不同的速度生长。头皮的毛发每天大约生长 0.37mm,是身体上生长最快的毛发。女性头皮上的毛发比男性生长得快,但男性体毛生长得更快。一个个体的毛发在生长期生长约 3 年,然后进入退化期,最后脱落并进入休止期(图Ⅲ-2)。头发在生长阶段停留的时间决定了一个人的头发能长多长。头发生长期超过 5 年的人,头发可以长到腰部以下,而头发生长期只有 2 年的人头发只能长到齐肩或齐肩以下。由于在休止期脱落的毛发被生长期生长的毛发所取代,因此每天有 100～150 根毛发不同步脱落。如果没有这种周期性的脱发和再生,人类每 3 年就会秃顶一次。

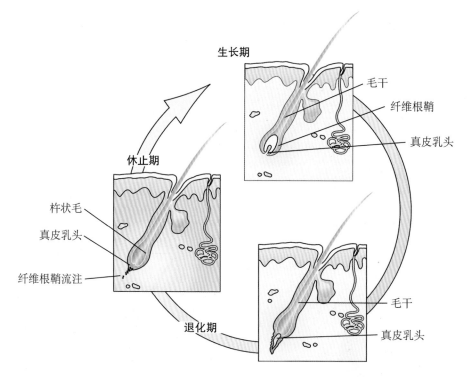

图Ⅲ-2 毛发生长周期包括生长期(活跃生长期)、退化期(过渡期)和休止期(静止期)

本书的这一部分探讨了关于头发的美容程序,用来根据个人的美容意愿改变头发的外观;探索了用洗发水和护发素来保持头皮卫生和美化头发;探查了导致毛干颜色和形状变化的化学过程;讨论了脱毛技术并评估头发化妆品在常见头皮疾病中的使用。尽管头发是一种无用的非生命结构,但患者经常去皮肤科医师那里寻求头发护理建议。希望下文将提供一些想法,以应对寻求帮助以获得漂亮头发的患者所带来的挑战。

第24章

护发香波

洗发水是一种专门的清洁产品,旨在美化头发,治疗或预防头皮疾病。虽然这听起来像是一项简单的任务,但每个女性平均有 $4\sim8m^2$ 的头发表面积需要清洁。洗发水的作用是去除皮脂、汗液成分、脱皮角质层、美发产品和沉积在头发上的环境污垢,并保持头皮健康。设计一种能够去除皮脂和污垢以确保头皮健康的洗发水是很容易的,但研究表明,消费者不喜欢只有效清洁头发而不美化头发的洗发水。彻底清洁过的头发没有皮脂、外观暗淡、触感粗糙、易受静电影响、更难定型。因此,消费者想要一种既能清洁头皮,又能美化头发的洗发水,这对配方来说是项挑战。任何一种洗发水都无法最好地应对这一挑战,这导致市场上针对不同头发类型和皮脂分泌量的洗发水配方种类繁多。

洗发水是一种相对较新的混合物,直到20世纪30年代中期,人们还用肥皂清洁头发和头皮。肥皂是一种不能令人满意的头发清洁剂,因为硬水和肥皂结合后会形成一种不能冲洗的浮渣,使头发变暗并刺激头皮。早期的洗发水配方是液体椰油皂,比肥皂更容易起泡和冲洗,但随着合成洗涤剂的发展,洗发水真正成熟了。本章探讨洗发水及其对皮肤科医师各种治疗要求的适用性。

配方

洗发水是一种复杂的配方,包含洗涤剂、起泡剂、护发剂、增稠剂、乳浊剂、软化剂、隔离剂、香料、防腐剂和特种添加剂。表 24-1 总结了这些成分及其功能。洗涤剂是洗发水主要的去脂去污成分;然而,过度去除皮脂会使头发暗淡,易受静电影响,难以梳理。此外,消费者将清洁能力等同于起泡能力,因此要求洗发水产生丰富、持久的泡沫。过多的泡沫并不是清洁头发和去除细菌的技术要求,但洗发水制造商除了添加了增泡剂外,还增加了洗涤剂的用量,以获得消费者想要的泡沫(图 24-1)。洗涤剂浓度的增加使得洗发水中需要护发剂和其他添加剂来改善化妆品的可接受性。

> 洗发水是一种复杂的配方,包含洗涤剂、起泡剂、护发剂、增稠剂、乳浊剂、软化剂、隔离剂、香料、防腐剂和特种添加剂。

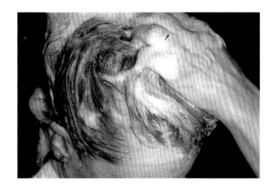

图 24-1 丰富的泡沫对良好的头发清洁并不是必要的,但却是消费者的要求

表 24-1　基本洗发水成分配方和功能

成分配方	功能
洗涤剂	清除头发和头皮上的环境污垢、造型产品、皮脂和皮肤鳞屑
起泡剂	允许洗发水出现泡沫，因为消费者将清洁等同于泡沫，尽管两者并不相关
护发剂	用清洁剂去除皮脂后，让头发柔软光滑
增稠剂	使洗发水增稠，因为消费者觉得厚的洗发水比薄的效果更好
乳浊剂	为了美观，使洗发水不透明而不是半透明，与清洁无关
多价螯合剂	在有硬水的情况下，防止肥皂渣在头发和头皮上形成。这是液体洗发水和肥皂清洁剂的基本区别
香料	给予洗发水一个消费者可接受的气味
防腐剂	在打开前后防止洗发水的微生物和真菌污染
特种添加剂	添加治疗成分或营销辅助物，使洗发水除了清洁头发和头皮外，还有其他好处

现在我们的讨论转向对洗发水的每一种成分的评价，以便更好地了解洗发水是如何配制的，以帮助维护头皮健康和改善头皮疾病。

洗发剂

洗发水通过使用洗涤剂发挥作用，使用的洗涤剂也被称为表面活性剂，它能够结合油溶性污垢和水。这些油溶性的污垢会附着在洗涤剂上，然后被水冲到下水道。清洁是指油溶性或亲脂性的皮脂和油性的护发产品与洗涤剂结合，而水溶性或亲水性的造型产品和环境污垢在冲洗阶段随乳化油一起被去除的过程。因此，洗涤剂是亲两性物质，可以将油乳化成水。配制洗发水的化妆品化学家可以使用种类繁多的洗涤剂（表 24-2），包括表 24-3 中所列的洗涤剂，它们是当今最常用的洗涤剂。

洗发剂可以化学表现为阴离子、阳离子、两性、非离子和天然表面活性剂。

洗发剂可以化学表现为阴离子、阳离子、两性、非离子和天然表面活性剂（表 24-4）。阴离子洗涤剂因其带有负电荷的亲水极性基团而得名。常用的阴离子是脂肪醇，清洁良

好，但可能会使头发粗糙。阴离子基团中含有以下几种洗涤剂。

表 24-2　按化学类别分类的洗发剂

1. 烷基硫酸盐
2. 烷基醚硫酸盐
3. α-烯烃磺酸盐
4. 石蜡磺酸盐
5. 羟乙基磺酸盐
6. 肌氨酸盐
7. 牛磺酸
8. 酰基乳酸
9. 磺基琥珀酸盐
10. 羧酸盐
11. 蛋白质缩合物
12. 甜菜碱
13. 甘氨酸盐
14. 胺氧化物

表 24-3　最常见的洗发剂

1. 十二烷基醚硫酸钠
2. 十二烷基硫酸钠
3. 十二烷基硫酸三乙醇胺
4. 月桂醇聚醚硫酸酯铵
5. 十二烷基硫酸铵
6. DEA 十二烷基硫酸盐
7. 烯烃磺酸钠

表 24-4　洗发剂特性

表面活性剂类型	化学类别	特征
阴离子表面活性剂	十二烷基硫酸盐,月桂醇聚醚硫酸盐,肌氨酸,磺基琥珀酸盐	深层清洁,可能会使头发粗糙
阳离子表面活性剂	长链氨基酯,氨酯	清洁性差,起泡性差,柔软性和易管理性好
非离子表面活性剂	聚氧乙烯脂肪醇、聚氧乙烯山梨醇酯、烷醇酰胺	最温和清洁,易于管理
两性表面活性剂	甜菜碱、苏丹碱、咪唑啉衍生物	对眼无刺激性,温和清洁,易于管理
天然表面活性剂	菝葜、皂根草、皂皮、常春藤、龙舌兰	清洁效果差,泡沫多

1. 十二烷基硫酸盐(十二烷基硫酸钠、十二烷基硫酸三乙醇胺、十二烷基硫酸铵)是大多数洗发水中的主要表面活性剂,因为它们在软硬水中都很有效,能产生丰富的泡沫,而且容易去除。这组清洁效果很好,但能使头发变硬。

2. 月桂醇聚醚硫酸盐(十二烷基醚硫酸钠、三乙醇胺月桂醇硫酸酯、月桂醇聚醚硫酸铵)可产生丰富的泡沫,提供良好的清洁效果,并使头发处于良好的状态。它们也是一种常见的主要表面活性剂。

3. 肌氨酸(月桂基肌氨酸、月桂基肌氨酸钠)是较差的清洁剂,但却是很好的护发剂。该组通常用作次级表面活性剂。

4. 磺基琥珀酸盐(油酸胺磺基琥珀酸二钠、二辛基磺基琥珀酸钠)是强脱脂剂,通常用作油性洗发水的二级表面活性剂。

阳离子洗涤剂以其带正电的极性基团而得名。它们是相对较差的洗涤剂,不起泡,但它们的不受欢迎主要是因为它们与其他阴离子表面活性剂不相容。一些专为染色或漂白头发设计的洗发水使用阳离子洗涤剂,因为它们在赋予头发柔软性和易打理性方面非常出色。

> 专为染色或漂白头发设计的洗发水使用阳离子洗涤剂,因为它们赋予头发柔软性和易打理性。

非离子洗涤剂是第二大受欢迎的洗涤剂,其不含极性基团。这些表面活性剂是所有表面活性剂中最温和的,与离子表面活性剂一起用作二次清洁剂。示例包括聚氧乙烯脂肪醇、聚氧乙烯山梨醇酯和烷醇酰胺。

两性洗涤剂含有阴离子和阳离子基团,使其在较低的 pH 时表现为阳离子,在较高的 pH 时表现为阴离子。属于这一类的洗涤剂是甜菜碱、苏丹碱(南苏丹)和咪唑啉衍生物。像椰油酰胺丙基甜菜碱和十二烷基氨基丙酸钠这样的成分可以在婴儿洗发水中找到,因为它们对眼睛没有刺激。这些表面活性剂泡沫适度,使头发易于打理,是化学处理后头发和细发的理想选择。

最后一类洗涤剂是天然表面活性剂,如菝葜、皂根草、皂皮和常春藤、龙舌兰。这些天然皂苷具有极好的起泡能力,但清洁效果较差,因此必须以高浓度存在。通常,它们与上述所述的其他合成洗涤剂结合使用。

起泡剂

洗发水中的起泡剂会将气泡引入水中。许多消费者认为,泡沫丰富的洗发水比泡沫不充分的洗发水更有清洁力。事实并非如此。因为皮脂会抑制泡沫的形成,所以洗发水去除头发上的皮脂时,泡沫会减少。这就是为什么在第二次洗发时,大部分皮脂都被洗掉了,泡沫会增加的原因。

当洗发水去除头发上的皮脂时,泡沫的数量会减少,因为皮脂会抑制泡沫的形成。

增稠剂和乳浊剂

增稠剂和乳浊剂在头发清洁中不起作用;它们只是让产品对消费者更有吸引力。许多人错误地认为浓的洗发水比稀的洗发水浓缩得多;另一些人希望洗发水看起来不透明或有珍珠光泽。

护发剂

护发剂赋予头发易打理、有光泽和抗静电特性。它们存在于大多数用于干燥、受损或处理过的头发的洗发水中。这些通常是脂肪醇、脂肪酯、植物油、矿物油或保湿剂。许多护发剂被用于干性洗发水中,包括水解动物蛋白、甘油、二甲基硅油、西甲硅油、聚乙烯吡咯烷酮、丙二醇和氯化硬脂酸钾。其他含有卵磷脂和胆固醇的蛋白质如羊毛脂、啤酒和蛋黄,也被用于号称是"天然"的干发洗发水中。在所有这些护发剂中,水解动物蛋白可能是最适合极度干燥头发的护发剂,因为它对角蛋白有一定的活性,并且可以修复分叉(发纵裂症)。

多价螯合剂

多价螯合剂使洗发水在清洁头发方面比肥皂更有效。它们螯合镁离子和钙离子,这样就不会形成其他盐或被称为"浮渣"的不溶性肥皂。如果没有多价螯合剂,洗发水会在头发上留下一层薄膜,使头发变得暗淡。因此,应该鼓励患者在清洁头发时使用洗发水,而不是肥皂。在生活用水钙盐和镁盐含量偏高的地方,头上残留的薄膜可能会导致头皮瘙痒。

多价螯合剂是洗发水和肥皂的主要区别,它的作用是防止肥皂浮渣粘在发丝上。

pH 调节剂

一些洗发水中含有的成分可以改变pH,从而达到"pH 平衡"的营销口号。大多数洗发水都是碱性的,会使毛干发胀,使其更容易受损。这对于健康、无孔且表皮完整的头发患者来说不是问题。但头发受损或经过化学处理后头发角质层受损的患者可能希望通过选择一种添加酸以平衡 pH 的洗发水来避免头发肿胀(图 24-2)。

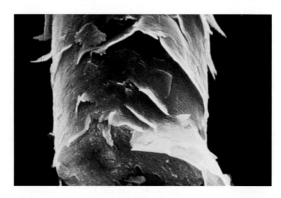

图 24-2 高 pH 会导致角质层肿胀和头发过度受损,因此大多数洗发水的 pH 都是微酸性的

特种添加剂

不同个人护理产品公司生产的类似用途洗发水的关键区别在于香味和特殊护理添加剂。添加小麦胚芽油(含维生素 E)和泛醇(维生素 B 的一种形式)等添加剂主要是出于市场原因,但被认为会使头发更加柔滑和易于打理。其他生产商则添加脂肪物质,如植物提取物或水貂油。可以加入核糖核酸、胶原蛋白和胎盘等蛋白质,起到一些护发剂的作用。现在一些洗发水含有化学防晒霜。

洗发水的种类

香波被配制成液体、凝胶、乳霜、气雾剂和粉末。这里只讨论液体,因为它们是最受欢迎的。也有许多不同类型的洗发水可供选择:基本的洗发水(普通、干性、油性和化学处理的洗发水)、婴儿洗发水、调理洗发水、药物洗发水和专业洗发水。

基本的洗发水

基本洗发水可根据头皮皮脂分泌量、毛干直径和毛干状况从几种配方中选择。标签通常通过说明正常发质、油性发质、干性发质或受损发质、染色发质来定义预期消费者。一些公司会改变洗涤剂和护发素的浓度来生产不同的配方,因此所有配方的成分表可能都是相同的。其他产品线对于每种类型都有不同的配方。

普通洗发水使用十二烷基硫酸盐洗涤剂,使它们具有良好的清洁和最低限度的调理特性。这些产品适用于皮脂分泌适度和头发粗糙的成年人;然而,它们并不适合那些头发细密、难以打理的人。油性洗发水具有极好的清洁和最低限度的调理性能。它们可能使用十二烷基硫酸盐或磺基琥珀酸盐洗涤剂,适用于油性头发的青少年或头发极脏的人。如果每天使用,它们可以干燥到毛干。使用含有大量护发素的油性洗发水会弄巧成拙。

干性洗发水提供温和的清洁和良好的调理作用。一些公司建议干性头发和受损头发使用相同的产品。这些产品非常适合成年人和那些希望每天洗头的人。它们可以减少静电,增加细毛的可打理性;然而,一些产品提供了太多的调理,这可能会导致头发过于柔软。干性洗发水的清洁效果也很差,以至于护发素会在发干上堆积。这种情况在流行广告中被称为"油腻",这也许可以解释为什么人们观察到,有时在使用不同的洗发水后,头发会变得更蓬松。

> 干性洗发水提供温和的清洁和良好的调理作用,防止头发进一步干燥。

损伤修复类的洗发水适用于由永久性染发剂、头发漂白剂、永久性卷发液或直发器化学处理过的头发。过度清洁头发、过度使用高温定型设备以及用力梳理头发也会对头发造成生理损伤。较长的头发比较短的头发更容易受损,因为它经历了一种被称为"风化"的自然过程,即角质层鳞片从近端到远端的毛干数量减少(图 24-3)。如前所述,损伤修复类的洗发水可能与干性洗发水相同,或者可能含有温和清洁剂和增强型护发素。水解动物蛋白是受损头发的最佳护发素,因为它能最低限度地穿透毛干并暂时堵塞头发表面的缺陷,从而使头发感觉更光滑,更有光泽。蛋白质被水解是很重要的:较大的蛋白质分子不能穿透毛干。

> 风化是因梳理、刷洗、刮风等所造成的创伤而导致的轴上角质层鳞片的损失。

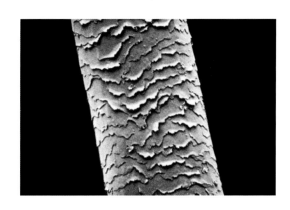

图 24-3　由隆起的角质层证明,毛干风化会导致受损头发的感觉和外观

婴儿洗发水

婴儿洗发水对眼睛无刺激性,是温和的清洁剂,因为婴儿产生的皮脂有限。这些洗发水使用来自两性组的洗涤剂。婴儿洗发水也适用于成熟头发和希望每天洗头的个人。

婴儿洗发水因其麻醉效果而对眼无刺激性。

调理洗发水

调理洗发水可以贴上这样的标签，也可以贴上用于干燥或受损头发的洗发水标签。这些产品实际上可能会对自己不利，因为洗发水的目的是去除身体的天然护发素皮脂，并用合成护发素代替，而消费者在某种程度上认为合成护发素更清洁。因此，调理洗发水既不清洁，调节也不良好。用于调节洗发水的洗涤剂通常是磺基琥珀酸盐类型的两性离子和阴离子。这些产品有时被称为一步洗发水，因为洗发后不需要使用护发素。患者不应在永久染色或永久烫发前使用调理洗发水，因为可能会抑制最大的颜色吸收或卷曲。

药物洗发水

药物洗发水，也被称为去头屑洗发水，含有诸如焦油衍生物、水杨酸、硫、二硫化硒、聚乙烯吡咯烷酮碘络合物、氯代酚或吡啶硫酮锌等添加剂。药物洗发水有几个功能：有效去除皮脂、去除头皮鳞屑、减少头皮鳞屑的产生，以及起到抗菌/抗真菌的作用。基底洗发水去除皮脂，同时机械擦洗去除头皮鳞屑。焦油衍生物通常用作抗炎剂。硫和吡啶硫酮锌因其抗菌/抗真菌特性而被使用。一些洗发香波中加入薄荷醇可以产生刺痛的感觉，一些患者认为这种刺痛感在美学上令人愉悦（图 24-4）。

专业洗发水

有两种类型的专业洗发水：一种用于在剪发或造型之前洗发，另一种用于化学处理之前或之后洗发。专业洗发水的配方与非处方洗发水相同，不同之处在于专业洗发水的浓度更高，使用前必须稀释 8～10 倍。漂白

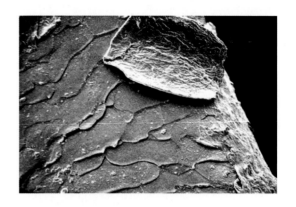

图 24-4　去头屑洗发水旨在去除头皮和头发上的皮肤鳞屑

后使用特殊的阴离子、酸性专业洗发香波，中和残留的碱性，为后续的染色做好准备。酸性的阳离子洗发水在染色后用作中和冲洗。这些洗发水的一个子集包括那些用来保持漂白或染过的头发颜色的洗发水。这些洗发水只提供给有执照的美容师。

现在，我们的注意力转向了针对需要医疗和美容治疗的头皮状况的洗发水。这些状况包括绝经后头皮干燥、头发稀疏、脂溢性皮炎和头皮银屑病。

用于绝经后头皮干燥的洗发水

对于皮肤科医师来说，绝经后头皮干燥是一种极具挑战性的状况。绝经后的女性会注意到头皮极度瘙痒，有刺痛感和头皮灼烧感，但在体检中除了头皮上的一些粉状干片状物和可能的一些擦伤外，几乎看不到什么。头皮银屑病的厚银色鳞片和脂溢性皮炎的黄色黏性鳞片不存在。临床医师可能会觉得头皮的症状不存在或是有抑郁的迹象。两者都不是。绝经后头皮干燥是一个描述性的术语，描述的是一种头皮皮肤病，在皮肤病学教科书中找不到，它确实与这种情况有关。它发现于绝经后女性，通常伴有全身湿疹。最好的描述是头皮湿疹，皮脂分泌不足导致粉状干燥鳞片和屏障破坏的临床症状。

绝经后头皮干燥的问题是皮脂生产不足和过度去除皮脂。对于干性头发,最好的解决方法是使用含有二甲硅油的二合一洗发水,并在洗发和冲洗时使用冷水,以尽量减少头皮的进一步干燥。二合一洗发水会去除较少的皮脂,并在头发和头皮上留下一层二甲硅油薄膜。二甲硅油不会使头皮或头发感觉油腻,也不会支持细菌或马拉色菌的生长。洗完头发后,应使用含二甲硅油的即时护发素,在淋浴时使用,然后再用冷水冲洗。最后,应使用二甲硅油再次涂抹留在护发素上,并按摩头皮。留用护发素作为保湿剂留在头皮上,不需要冲洗。下一章将提供更多关于护发素(调理剂)的信息。

用于头发稀疏的洗发水

有各种各样可以描述为头发稀疏的头皮状况。包括扁平、斑秃和雄激素性脱发。无论什么原因导致头发稀疏,建议使用的洗发水都是一样的。大多数头发稀疏的人都喜欢把头发梳理得尽可能远离头皮,以使头发的外观最大化,因为浓密的头发的外观是通过头发突出到头皮上方的距离来衡量的。频繁的洗发会去除毛干中的所有皮脂,并轻微破坏角质层,这将产生"最蓬松"的头发,因为头发更容易受到静电和摩擦的影响。虽然这是受损头发的外观,但对那些头发稀疏的人来说,这是很理想的,这有点矛盾。健康的头发在头皮上平整光滑,而受损的头发卷曲且难以打理。

脱发患者使用的洗发水应选择有细发标签的洗发水。细发香波不含有会使头发变得厚重和柔软的重调理剂。它们会温和地清除皮脂,但不会在头发上沉积太多护发素。婴儿洗发水也是预算有限的头发稀疏者的绝佳选择(婴儿洗发水更为便宜)。

用于脂溢性皮炎的洗发水

脂溢性皮炎是洗发水的挑战!理想的洗发水将含有水杨酸、焦油和吡啶硫酮锌。这将提供极好的条件控制,因为水杨酸可以去除头皮上的皮肤鳞片,吡硫锌焦油可以起到消炎的作用,而吡啶硫酮锌可以阻止真菌对所有 3 个致病因素的控制。这种组合是不可能的,因为去头皮屑洗发水被认为是非处方药,而且只有一种活性剂可以放在洗发水中。因此,轮换洗发水是控制脂溢性皮炎的最佳方法。水杨酸去除头皮鳞屑效果很好,但它也能去除毛干角质层,使头发感觉粗糙。每 1/3 的洗发水暴露在水杨酸中就能限制这种损害。焦油是一种很好的抗炎剂,但是如果没有经过净化除去杂酚油,它会使浅色头发染色。许多人认为,杂酚油是关键的天然消炎剂,但它会把白色或银发变成不易去除的棕黄色。使用净化焦油是最好的,可以减少局部致癌物的暴露接触。最后,吡啶硫酮锌是一种优秀的抗真菌剂,但它必须留在头皮上才能有效。新型的吡啶硫酮锌类洗发水含有更小颗粒的物质,可在洗发水冲洗阶段沉积在头皮上。此外,含吡啶硫酮锌的调理剂可增加沉积。由于在脂溢性皮炎患者中马拉色菌的再殖非常迅速,因此,吡啶硫酮锌能够阻止马拉色菌释放游离脂肪酸,从而使症状得到更好的控制。

用于头皮银屑病的洗发水

毫无疑问,用洗发水治疗头皮最具挑战性的头皮病是银屑病。厚厚的银色鳞片可防止洗涤剂分解和去除。水杨酸在去除鳞屑方面效果最好,但它只在油性环境中起作用,这使得水杨酸对有厚厚干燥头皮鳞屑的人效果较差。对于这些患者,最好在用水杨酸洗发水洗头前 1 小时先用油性物质(如矿物油或花生油)软化鳞片。油软化鳞片,提高水杨酸溶解团块角质细胞的能力。很多银屑病患者为了去除头皮上的鳞屑,会积极地擦洗头皮,但由于头皮受到"科布纳效应"的影响,如果头皮受损,可能会导致银屑病恶化,因此应该避免这样做。由于能感觉到压力,用手指和指甲轻柔地摩擦是最好的方法。应避免使用头皮刷和其他工具。

洗发水与接触性皮炎

洗发水并不是皮肤刺激性或过敏性接触性皮炎的常见原因,因为洗发水在冲洗之前与皮肤的接触时间相对短暂。然而,一些洗发水通过添加咪唑啉型两性表面活性剂、琥珀酸酯磺酸盐、硅酮二醇和脂肪酸-肽缩合物来克服眼刺激的问题。洗发水中可能致敏的成分包括福尔马林、对羟基苯甲酸酯、六氯酚和米拉诺。

> 洗发水中可能是致敏剂的成分包括福尔马林、对羟基苯甲酸酯、六氯酚和米拉诺。

洗发香波应稀释成 1%～2% 的水溶液,用于封闭式斑贴试验,5% 的水溶液用于开放式斑贴试验。但是由于刺激引起的假阳性反应仍然可能发生。通过单独对单个成分进行斑贴试验,可以获得更好的评估。

参 考 文 献

[1] Bouillon C. Shampoos and hair conditioners. Clin Dermatol 1988;6:83-92.

[2] Robbins CR. Interaction of shampoo and creme rinse ingredients with human hair. In: Chemical and Physical Behavior of Human Hair, 2nd edn. New York: Springer-Verlag, 1988;122-67.

[3] Markland WR. Shampoos. In: deNavarre MG, ed. The Chemistry and Manufacture of Cosmetics. Vol. 4. 2nd edn. Wheaton IL: Allured Publishing Corporation, 1988;1283-312.

[4] Fox C. An introduction to the formulation of shampoos. Cosmet Toilet 1988;103:25-58.

[5] Zviak C, Vanlerberghe G. Scalp and hair hygiene. In: Zviak C, ed. The Science of Hair Care. New York: Marcel Dekker, 1986: 49-86.

[6] Shipp JJ. Hair-care products. In: Williams DF, Schmitt WH, eds. Chemistry and Technology of the Cosmetics and Toiletries Industry. London: Blackie Academic & Professional, 1992;32-54.

[7] Tokiwa F, Hayashi S, Okumura T. Hair and surfactants. In: Kobori T, Montagna W, eds. Biology and Disease of the Hair. Baltimore: University Park Press, 1975;631-40.

[8] Powers DH. Shampoos. In: Balsam MS, Gershon SD, Reiger MM, Sagarin E, Strianse SJ, eds. Cosmetics Science and Technology. 2nd edn. New York: Wiley-Interscience, 1972;73-116.

[9] Harusawa F, Nakama Y, Tanaka M. Anionic-cationic ion-pairs as conditioning agents in shampoos. Cosmet Toilet 1991;106:35-9.

[10] Karjala SA, Williamson JE, Karler A. Studies on the substantivity of collagen-derived peptides to human hair. J Soc Cosmet Chem 1966;17:513-24.

[11] Wilkinson JB, Moore RJ. Harry's Cosmeticology. New York: Chemical Publishing, 1982;457-8.

[12] Hunting ALL. Can there be cleaning and conditioning in the same product? Cosmet Toilet 1988;103:73-8.

[13] Spoor HJ. Shampoos. Cutis 1973;12;671-2.

[14] Bergfeld WF. The side effects of hair products on the scalp and hair. In: Orfanos CE, Montagna W, Stuttgen G, eds. Hair Research. New York: Springer-Verlag, 1981;507-11.

[15] De Groot AC, Weyland JW, Nater JP. Unwanted effects of cosmetics and drugs used in dermatology. Amsterdam: Elsevier, 1994;473-6.

建 议 阅 读

Andrasko J, Stocklassa B. Shampoo residue profiles in human head hair. J Forensic Sci 1990; 35: 569-79.

Beauquey B. Scalp and hair hygiene: shampoos (Chapter 3). In: Bouillon C, Wilkinson J. The science of hair care. 2nd edn. Taylor & Francis Group,2005:83-127.

Bolduc C, Shapiro J. Hair care products: waving, straightening, conditioning, and coloring. Clin Dermatol 2001;19:431-6.

Bulmer AC, Bulmer GS. The antifungal action of dandruff shampoos. Mycopathologia 1999; 147: 63-5.

Draelos ZD. The biology of hair care. Dermatol Clin 2000;18:651-8.

Draelos ZK. Hair cosmetics. Dermatol Clin 1991;9: 19-27.

Draelos ZD, Kenneally DC, Hodges LT,. A comparison of hair quality and cosmetic acceptance following the use of two ant-dandruff shampoos. J Investig Dermatol Symp Proc 2005;10:201-4.

Garlen D. Shampoos (Chapter 29). In: Rieger MM, ed. Harry's Cosmeticology. 8th edn. Chemical Publishing Co. , Inc. , 2000:601-34.

Gray J. Hair care and hair care products. Clin Dermatol 2001;19:227-36.

Hossel P, Dieing R, Norenberg R, Pfau A, Sander R. Conditioning polymers in today's shampoo formulations-efficacy, mechanism and test methods. Int J Cosmet Sci 2000;22:1-10.

Nagahara Y, Nishida Y, Isoda M. Structure and performance of cationic assembly dispersed in amphoteric surfactants solution as a shampoo for hair damaged by coloring. J Oleo Sci 2007;56:289-95.

Rushton H, Gummer CL, Flasch H. 2-in-1 shampoo technology:state-of-the art shampoo and conditioner in one. Skin Pharmacol 1994;7:78-83.

Warner RR, Schwartz JR, Boissy Y, Dawson T. Jr. Dandruff has an altered stratum corneum ultrastructure that is improved with zinc pyrithione shampoo. J Am Acad Dermatol 2001; 45: 897-903.

Wolf R, Wolf D, Tuzun B, Tuzun Y. Soaps, shampoos, and detergents. Clin Dermatol 2001; 19: 393-7.

Wong M. Cleansing of hair (Chapter 3). In: Johnson DH, ed. Hair and hair care. Marcel Dekker, Inc. , 1997:33-64.

Wong M. Multifunctional shampoo: the two-in-one (Chapter 4). In: Schueller R, Romanowski P, eds. Multifunctional cosmetics. Marcel Dekker, Inc. , 2003:64-81.

第25章

护 发 素

随着具有极好清洁作用的洗发水的开发,对护发素的需求也随之增加。这些新的洗发水洗得太干净了,它们彻底地去除了毛干上的皮脂,使头发变得难以打理、暗淡,摸起来粗糙。护发素的作用是模仿皮脂,使头发易于打理,有光泽,柔软。护发素也可以用来修复因化学或机械创伤而受损的头发。

常见的创伤来源包括过度梳头、热吹干、洗涤剂洗发水、卷发、漂白等。由于头发是一种无生命组织,在下一次洗发之前发生的任何修复都是非常轻微和短暂的。

护发素是在20世纪30年代早期发展起来的,当时出现了自乳化蜡。这些蜡与蛋白质水解物、多不饱和脂肪和硅酮结合在一起,可以使头发具有更好的手感和质地。蛋白质的早期来源包括明胶、牛奶和鸡蛋。硅酮的发现及其在护发行业中的应用使护发素发生了革命性的变化。硅酮在护发素中以几种不同的形式存在,包括二甲硅油、环甲基硅酮和二甲聚硅酮。本章将探讨护发素及其在美发方面的应用。

护发素作用机制

健康、未受损的头发柔软、有弹性且易于梳理。由于洗发、烘干、梳理、梳头、造型、染色和永久烫发所造成的创伤会损害头发,使头发变得粗糙、易碎,难以梳理。护发素旨在通过改善光泽、降低脆性、降低孔隙率、增加强度和恢复多肽链中的降解来逆转这种头发损伤。对毛干的损害也可以通过环境因素发生,如暴露在阳光下、空气污染、风、海水和氯化游泳池水。这种类型的毛发损伤在技术上被称为"风化"。

> 护发素旨在通过改善光泽、降低脆性、降低孔隙率、增加强度来逆转头发受损。

护发素通过减少静电来改善可打理性。梳理或梳头后,毛干会带负电荷,从而相互排斥,防止头发以特定的发型平顺。护发素将带正电的离子沉积在毛干上,中和电荷。改良的可打理性还源于角质层改变和毛干之间的摩擦减少多达50%。这也导致了头发的顺滑和不易打结。

> 风化作用是指毛干在一段时间内受到任何外部因素(包括梳理、风、阳光和缠结)的损害。

头发光泽是由单个毛干反射的光线产生的。头发表面越平滑,反射的光线越多。护发素主要是通过增加角质层鳞片附着在毛干上来增加头发的光泽。光泽也与头发的结构有关。最大光泽是由大直径的椭圆形毛干产生的,有相当大的髓质和完整的重叠角质层鳞片。头发柔软也是由于角质层鳞片的均匀重叠。

护发素试图修复因皮质缺失而导致的分叉,而皮质是负责毛干强度的结构成分。由此产生的角蛋白髓质暴露导致一种被称为发纵裂症或发梢开叉的情况。护发素可以暂时恢复存活的皮质和髓质的粗糙边缘。

如果头发质地很细,所有与受损头发有关的问题都会被放大。单位重量的细毛纤维比粗毛纤维多,所以细毛的净表面积更大。成比例地,更不规则的角质层鳞片会形成,更多的这些细毛纤维会受到静电的影响。因此,特殊的护发素配方被设计来满足细头发的美容需求。

护发素的配方

护发素可能包含表 25-1 中所列化学种类中多达 9 种不同的调理剂。

表 25-1　调理剂的化学种类

烷醇酰胺类
乙二醇类
脂类
蛋白质衍生物
季铵盐类
表面活性剂
专业成分

其中,季铵盐类、蛋白质衍生物和烷醇酰胺类是最常用的。这些类别中的每一种均将在下文详细讨论(表 25-2)。

> 季铵盐类、蛋白质衍生物和烷醇酰胺类是现代护发素中最常用的化合物。

表 25-2　护发素配方

类型	成分	优点	头发类型
阳离子洗涤剂	季铵化合物	光滑角质层,减少静电	化学处理的头发
成膜剂	聚合物	填充轴缺陷,减少静电,增加光泽	干燥的头发,而不是细绒毛
含蛋白质	水解蛋白质	穿透轴	临时修补发梢开叉

四元调理剂

阳离子洗涤剂,也被称为季铵盐或季铵盐化合物或季铵化合物,是洗发水和护发素中都有的调理剂。它们在增加角质层鳞片与毛干的附着方面非常出色,这增加了头发的光反射能力,增加了光泽和光彩。此外,它们能够基于处理或受损头发的负(阴离子)电荷对静电进行电中和,从而吸引带正(阳离子)电荷的四元化合物黏附在毛干上,从而提高可打理性。这些特性使它们成为永久染色或永久卷发患者的最佳护发素选择(图 25-1)。

成膜调理剂

成膜护发素将一薄层聚合物,例如聚乙烯吡咯烷酮(PVP)涂覆在毛干上。该聚合物

图 25-1　一种针对染过的受损头发的速效护发素,含有季铵盐化合物

填充毛干缺陷,创造一个光滑的表面,以增加光泽和光彩,同时由于其阳离子性质消除静电。这种聚合物还覆盖在每根单独的毛干上,从而使毛干"增厚"。成膜护发素不应该用在细头发上,因为聚合物增加的重量会降低头发保持发型的能力。然而,它们在正常至干燥的头发上非常出色。

蛋白质调理剂

含蛋白质的护发素是唯一能真正穿透并改变受损毛干的产品。这些来自动物胶原蛋白、角蛋白、胎盘等的蛋白质被水解成能够进入毛干的颗粒大小(分子量 1000～10 000)。水解蛋白护发素可以暂时加强毛干,修复分

叉,直到后续洗头时必须再次使用。蛋白质的来源并不像蛋白质的颗粒大小那么重要。

> 头发护发素类型:即时护发素和冲洗护发素,深层护发素,免冲洗护发素。

护发素类型

护发素的类型:即时护发素和冲洗护发素、深层护发素、免冲洗护发素(表 25-3)。它们的名字描述了它们作为即时护发素和冲洗剂的用途,即在淋浴中应用并立即冲洗干净。深层护发素与头发保持 30 分钟的接触,并留在护发素中,直到随后的洗发。

表 25-3　护发素产品

类型	用法	指示
即时护发素	洗发后使用,冲洗干净	头发损伤最小,有助于湿梳理
深层护发素	涂抹 20～30 分钟,洗头,冲洗	化学损伤的头发
免冲洗护发素	用于毛巾擦干的头发,造型	防止吹风机损坏,帮助梳理和造型
冲洗护发素	洗发水后使用,冲洗	如果是奶油状冲洗,则有助于解缠;如果是清洁的冲洗,则有助于去除肥皂残留物

即时护发素

之所以称为"即时护发素",是因为它们在洗发后使用,在头发上停留 5 分钟,然后冲洗干净。由于这些产品与头发接触的时间短,因此提供了最低限度的调理,并且基本上有助于湿梳理和打理。它们修复受损头发的能力有限。然而,它们是家庭和美发厅使用的最流行的护发素类型。即时护发素包含水、调理剂、脂质和增稠剂。调理剂由阳离子洗涤剂、成膜剂和蛋白质组成。

冲洗护发素

冲洗护发素类似于即时护发素,在洗发后立即使用,并在头发干燥前去除。有两种

类型:透明冲洗液和乳霜冲洗液。在研制 pH 平衡的洗发水之前,使用由柠檬汁和醋制成的清洁冲洗液,该洗发水含有隔离剂,旨在防止头发上形成肥皂浮渣。在使用碱性洗发水后,这些酸性化学物质会去除钙和镁皂残留,使头发恢复到中性 pH。去除残留物可以恢复头发的光泽,而 pH 中和可以恢复头发的可打理性。对于油性发质的患者,清洁冲洗液效果很好,但对于头发正常或干燥的患者,不建议使用。

乳霜冲洗液使用阳离子季铵盐化合物,如氯化硬脂酸钾和苯扎氯铵。乳霜冲洗液比护发素要薄,但配方上的差别很小。一些公司甚至将他们的产品贴上"乳霜冲洗液/护发素"的标签。一般来说,乳霜冲洗液比护发素提供的护

理效果要差,适用于油性到正常的头发。

深层护发素

深层护发素是乳霜,而即时护发素是液体。它们含有与即时护发素相同的调理剂,但浓度更高。它们会在头发上停留 20～30 分钟,可能包括使用吹风机或热毛巾加热。延长使用时间可以让更多的护发素涂抹在毛干上,而热量会导致毛干肿胀,增加护发素的渗透性。这些产品是为极度干燥的头发设计的。在一些永久性着色或永久性波动程序之前使用的深层调节剂称为"填充物"。填充物的设计是为了调节远端毛干,逆转风化的一些影响,甚至允许后续着色或波浪程序的应用。

一些美容院提供深层调理疗法,称为毛发疗法或芳香疗法。芳香疗法包括几个步骤,第一步是用稀有的精油和草药提取物来调理头发和头皮。然后用力刷洗头皮。此外,还可以用香精油进行头皮和面部按摩,以缓解紧张和舒缓感觉。然后对头发进行洗发和调理。这种处理方法的价值主要是美学上的。

免冲洗护发素

免冲洗护发素是在用毛巾擦干头发后使用的,设计成通过造型保持在毛干上。它们会在下一次洗发时被去除。专为直发设计的产品被称为吹干乳液或头发增稠剂。吹干乳液在毛巾干燥后和热干燥前通过头皮按摩使用。因为它们不含油脂,所以不会从头发上冲洗掉。它们包含与前面描述的即时护发素相同的调理剂。在头发上薄薄的一层护发素只能最低限度地防止热损伤(图 25-2 和图 25-3)。

头发增稠剂免冲洗护发素是另一种形式。它们不会通过增加毛干的数量而使头发变厚,而是在每个毛干上提供一层涂层,使其直径增加。这些产品是含蛋白质的调理液,在定型前先用毛巾擦干头皮、按摩,以增加光泽,改善可打理性,并赋予柔软度。使用免洗

图 25-2　适用于毛巾干燥的头发的免冲洗乳霜护发素

图 25-3　一种用于减少卷发卷曲的免冲洗护发素

护发素(头发增稠剂)后头发增厚的情况比使用可冲洗护发素时更厚,所以它适合发质干燥、受损的头发。一些较新的毛发增稠剂含有二甲硫醚的液体(图 25-4)。

黑种人和亚洲人会使用特殊的免冲洗护

图 25-4 一种以二甲硅油为基础的头发增
稠剂和头发光泽配方,可适用于
湿发或干发

发素来帮助梳紧头发,使头发更有光泽,更容
易打理,并增加发型选择。

对护发素的不良反应

护发素是涂抹在头发上并最终冲洗干
净,因此护发素必须对眼睛和皮肤无刺激性。
最流行的即时护发素与皮肤接触的时间很
短,因此很少引起过敏性和(或)刺激性接触
性皮炎。这些产品可以"按原样"以开放式或
封闭式的方式进行斑贴试验。

基于成膜聚合物的免洗护发素也是接触
性皮炎的罕见原因;然而,单体杂质(如丙烯
酰胺、乙烯亚胺或丙烯酸)的污染可能会引起
问题。丙烯酰胺具有剧毒性,乙烯亚胺具有
致癌作用,而丙烯酸对皮肤具有强烈的刺激
性。护发素中使用的聚合物的安全性和性能
与纯度有关。

有一些报道称,某些护发素对蛋白质有
反应,表现为接触性荨麻疹。虽然这是罕见
的,在评估患有难以捉摸的慢性荨麻疹的患
者时,应考虑到这一点。

参 考 文 献

[1] Goldemberg RL. Hair conditioners: the rationale for modern formulations. In: Frost P, Horwitz SN, eds. Principles of Cosmetics for the Dermatologist. St. Louis: CV Mosby Company, 1982, 157-9.

[2] Swift JA, Brown AC. The critical determination of fine change in the surface architecture of human hair due to cosmetic treatment. J Soc Cosmet Chem 1972; 23: 675-702.

[3] deNavarre MG. Hair conditioners and rinses. In: deNavarre MG, ed. The Chemistry and Manufacture of Cosmetics. Vol. 4, 2nd edn, Wheaton, IL: Allured Publishing Corporation, 1988, 1097-109.

[4] Garcia ML, Epps JA, Yare RS, Hunter LD. Normal cuticle-wear patterns in human hair. J Soc Cosmet Chem 1978; 29: 155-75.

[5] Corbett JF. Hair conditioning. Cutis 1979; 23: 405-13.

[6] Zviak C, Bouillon C. Hair treatment and hair care products. In: Zviak C, ed. The Science of Hair Care. New York: Marcel Dekker, Inc, 1986, 115-16.

[7] Rook A. The clinical importance of "weathering" in human hair. Br J Dermatol 1976; 95: 111-12.

[8] Price VH. The role of hair care products. In: Orfanos CE, Montagna W, Stuttgen G, eds. Hair Research. Berlin: Springer-Verlag, 1981, 501-6.

[9] Robinson VNE. A study of damaged hair. J Soc Cosmet Chem 1976; 27: 155-61.

[10] Zviak C, Bouillon C. Hair treatment and hair care products. In: Zviak C, ed. The Science of Hair Care. New York: Marcel Dekker, Inc, 1986, 134-7.

[11] Rieger M. Surfactants in shampoos. Cosmet Toilet 1988; 103: 59.

[12] Corbett JF. The chemistry of hair-care products. J Soc Dyers Colour 1976; 92: 285-303.

［13］ Allardice A，Gummo G. Hair conditioning. Cosmet Toilet 1993；108；107-9.

［14］ Idson B，Lee W. Update on hair conditioner ingredients. Cosmet Toliet 1983；98；41-6.

［15］ Finkelstein P. Hair conditioners. Cutis 1970；6；543-4.

［16］ Fox C. An introduction to the formulation of shampoos. Cosmet Toilet 1998；103；25-58.

［17］ Spoor HJ，Lindo SD. Hair processing and conditioning. Cutis 1974；14；689-94.

［18］ Bouillon C. Shampoos and hair conditioners. Clin Dermatol 1988；6；83-92.

［19］ Whittam JH. Hair care safety. In；Whittam JH，ed. Cosmetic Safety. New York；Marcel Dekker，Inc.，1987，335-43.

［20］ Robbins CR. Polymers and polymer chemistry in hair products. In；Chemical and Physical Behavior of Human Hair，2 edn. New York；Springer-Verlag，1988，196-224.

［21］ Niinimäki A，Niinimäki M，Mäkinen-Kilunen S，Hannuksela M. Contact urticaria from protein hydrolysates in hair conditioners. Allergy 1998；53；1078-82.

建 议 阅 读

Bhushan B. Nanoscale characterization of human hair and hair conditioners. Prog Mater Sci 2008；53；585-710.

Bolduc C，Shapiro J. Hair care products；waving，straightening，conditioning，and coloring. Clin Dermatol 2001；19；431-6.

Erazo-Majewicz PE，Su SC. Cationic conditioning-polymer deposits on hair. J Cosmet Sci 2004；55；125-7.

Goddard ED. Mechanisms in combination cleaner/conditioner systems. J Cosmet Sci 2002；53；283-6.

Hoshowski MA. Conditioning of hair (Chapter 4). In；Johnson DH，ed. Hair and Hair Care. Marcel Dekker，Inc.，1997，65-104.

Idson B. Polymers as conditioning agents for hair and skin （Chapter 11）. In；Schueller R，Romanowski P，eds. Conditioning Agents for Hair and Skin. Marcel Dekker，Inc.，1999，251-79.

Ruetsch SB，Kamath YK，Kintrup L，Schwark HJ. Effects of conditioners on surface hardness of hair fibers；an investigation using atomic force microscopy. J Cosmet Sci 2003；54；579-88.

Trüeb RM，the Swiss Trichology Study Group. The value of hair cosmetics and pharmaceuticals. Dermatology 2001；202；275-82.

第26章

发型辅助工具

没有什么能比得上一头漂亮的头发,造型辅助工具对于男性和女性来说都是这一追求的重要组成部分。用来装饰头发的化妆品是已知的最古老的化妆品之一。甚至古代亚述人也发明了精心制作的发型,将分层剪发与涂油、香水和热烫卷发相结合。发型在他们的社会中具有重要的意义,因为更精致的发型代表着较高的社会地位。时至今日,仍有许多产品和设备被用来塑造、定型、固定、维持和重新整理头发。

发型设计的关键概念是时尚。每一个现代时代都有一个特定的发型特征,以至于大多数人都可以通过封面模特的发型来识别出一份旧期刊出版的年代。20世纪60年代的发型是长的、直的、压过的,所以造型辅助工具很少,只使用喷发胶。20世纪70年代的发型是卷曲和短发,所以造型辅助工具注定会对烫发造成损伤。20世纪80年代的发型是反重力

的,需要造型辅助来提供最大限度的固定。20世纪90年代的发型以强调顺滑和光泽为特点,要求定型产品能使头发有光泽。千禧年见证了流行的"床头/睡头"造型(发型很高、很大,像一堵墙一样的造型),这种造型需要用发蜡来制造发束和模型。最后,2010年的特点是像20世纪60年代的发型一样的圆滑直发。

头发定型产品

头发定型产品在洗发后使用,并在随后的洗发中完全去除。现代定型产品有4类:发胶、摩丝、凝胶和精华(表26-1)。

喷发胶

可以喷发胶使头发保持理想的发型(图26-1)。喷发胶是一种临时的脱水固定剂,可以让头发保持失重的姿势,或者只是抚平几根飘散的头发,这具体取决于它们的成分。早

表 26-1　发型辅助工具

造型辅助	类型	主要成分	目的
喷发胶	气雾剂	成膜树脂溶液	保持定型发型
发型定型剂	气雾剂	成膜树脂溶液	在完成的发型上增加稳固的支撑力
头发喷雾剂	气雾剂	成膜树脂溶液	在完成的发型上增加稳固的支撑力
定型凝胶	凝胶	成膜树脂凝胶	在造型之前加入适度的保持
塑型凝胶	凝胶	成膜树脂凝胶	在造型之前加入极端保持
摩丝	泡沫	成膜树脂的雾化泡沫	在造型之前加入温和的保持

图 26-1　A. 一种典型的非喷雾喷发胶,可以使头发保持理想的发型;B. 设计用于最大程度地使头发变硬的高浓度喷发胶

期的喷发胶是雾化的虫胶(aerosolized shellac),这是一种由多羟基酸和酯组成的天然树脂。虫胶不再被使用,因为它们形成不易去除的不溶性薄膜。此外,自 1979 年美国食品和药物管理局颁布禁令以来,氯化推进剂就再也没有被使用过,各州现在也开始限制喷发胶和其他个人护理产品中挥发性有机化合物的排放。共聚物,如聚乙烯吡咯烷酮(PVP)是喷发胶的主要成分,现在广泛应用于气雾剂泵。PVP 是一种可溶于水的树脂,很容易通过洗发去除。然而,它也是吸湿性的:当因雨水、湿度大或汗水而接触到水时,薄膜变得黏稠。一旦湿了,薄膜就失去了它的保持能力。将醋酸乙烯酯(VA)添加到 PVP 中以降低产品的吸湿性,但这也使去除变得困难。现在,大多数喷发胶都结合了 PVP/VA,并且 30%～70%使用了 PVP。其他较新的聚合物组合也在不断被开发,如乙烯基甲基醚和马来酸半酯的共聚物树脂(PVP/MA)或醋酸乙烯酯和巴豆酸的共聚

物树脂或二甲基海因-甲醛树脂。现在有一些产品含有甲基丙烯酸酯共聚物(聚乙烯基吡啶烷酮-甲基丙烯酸二甲基氨基乙酯或 PVP/DMAEMA)。

除含有聚合物树脂外,喷发胶还含有增塑剂(矿物油、羊毛脂、蓖麻油和棕榈酸丁酯)、保湿剂(山梨糖醇、甘油)、溶剂(SD 乙醇 40、异丙醇等)和护发素(泛醇、植物蛋白、水解动物蛋白、季铵盐-19 等)。更昂贵的发胶含有泛醇和季铵盐-19,它们是更昂贵的护发素,而低价的喷发胶使用水解动物蛋白。高价的喷发胶也可能含有比低价品牌更昂贵的香料。

喷发胶通常在定型后使用,但也可以作为定型液使用,尽管并不推荐。喷发胶有多种配方,可以提供不同程度的定型效果。常规定型喷发胶的设计只是简单地保持头发的位置。特级定型喷发胶,发型定型剂和头发喷雾剂比常规定型产品含有更多的共聚物,提供了巨大的反重力定型效果。这些产品还含有比标准喷发胶更少的挥发性媒介

物,因此延长了干燥时间,并允许复杂的头发造型。

在20世纪60年代,人们对吸入PVP/VA雾化颗粒有一些担忧。这些共聚物最初是在医疗行业作为血浆稀释剂开发的,随后被化妆品行业采用。有报道指出,贮积病是由于发胶导致的,吸入PVP固体颗粒可诱导肺内异物肉芽肿形成。经过广泛的动物实验,得出结论:PVP树脂不会引起肺部病变。然而,易患肺部疾病或有过敏倾向的人应小心使用发胶产品。

> 喷发胶适用于干燥的头发,被设计用于在头发梳理后保持理想的发型。

喷发胶可能会引起皮肤问题,如指甲损伤。患者每周在美发厅做一次头发,尤其是如果使用了过量的发胶,可能会导致发胶堆积,导致毛干暗沉。如果喷成粗雾,发胶可在毛干上形成珠状,类似于头虱病或结节性脱发。发胶还会吸引污垢,引起头皮刺激。最后,每周洗头一次可能不足以控制易感患者的脂溢性皮炎。在化妆品界有一些关于乙醇(一种廉价的蒸发溶剂)是否也会导致毛干干燥的争论。

头发凝胶

当头发梳到最后一个位置时,使用头发凝胶这是发型设计的最后一步(图26-2)。头发凝胶既可用于湿发也可用于干发。头发凝胶是一种更强的固定剂,用来把头发固定在更难保持的位置上。它们含有与喷发胶相同的PVP型共聚物,只是它们被配制成凝胶并包装在软塑料挤压管中。它们有含乙醇和不含乙醇两种形式,并含有涂抹毛干并恢复光泽的上光剂。一些头发凝胶中也加入了调理剂,如水解动物蛋白、泛醇、角蛋白多肽和氨基酸,以增加吸引力。有两种配方可供选择:定型凝胶和塑型凝胶。顾

名思义,塑型凝胶比定型凝胶具有更大的稳定性。

> 头发凝胶可以被涂在干发或湿发上,打造不受重力影响的发型。

图26-2　透明的头发凝胶含有一种固定剂,可使头发变干、变硬,使头发更加挺拔,保持理想的发型

头发凝胶可能含有合成颜色,通常是非自然色调,如蓝色、红色或紫色。彩色凝胶覆盖在毛干上,赋予所选颜色的色调。颜色分子太大,无法穿透未受损的毛干,所以只需一次洗发就可以去除着色涂层。化学染色后或卷发的人发干因为染色或卷发而产生微孔,可能会半永久,需要4~6次洗发才能去除。为了效果,头发凝胶中也可以加入闪光粉。

头发凝胶可以应用于用毛巾擦干的湿头发、湿发,或根据需要的发型选择性地分布在某些毛干上。如果想要增加头发的支撑力,在吹干头发之前,可以在所有的毛干上稀疏

地梳上凝胶。如果使用少量的凝胶，头发就会有自然的外观和感觉。如果用量太大，头发就会湿漉漉的，看起来像"尖刺"，有僵硬的感觉。该产品也可以用在完全干燥的头发上，使头发直立。这是目前青少年男性中流行的一种发型。

头发凝胶可用于头发稀疏、无光泽的人，以增强头发的丰满度，恢复化妆品的可接受性。眼睛通过头发高于头顶的高度、两侧的侧向位移和可见头皮的范围来判断头发的厚度。头发凝胶可以让头发远离头皮，给人一种丰满的错觉。光泽剂可以带来光泽，这是一种基于完整角质层反射光线的头发健康视觉线索。

由于 PVP/VA 对角蛋白具有一定的实质性或亲和力，因此这些产品能够很好地黏附在毛干上。毛干上的薄膜柔软无色，导致头发出现类似于脂溢性皮炎的白色物质，但可以通过梳理去除。高浓度的 PVP/VA 也使这些产品与水接触时具有黏性。那些暴露在潮湿环境中的人，比如经常出汗的运动员，不应该使用这些造型产品，因为 PVP/VA 会在头发再次干燥时固定头发，可能会使头发处于不合适的位置。

头发凝胶可以"按原样"进行开放式和封闭式斑贴试验，但在封闭前应让其干燥。它们的潜在刺激性较低，但在选择含有甲基丙烯酸酯聚合物产品的甲基丙烯酸敏感患者中，可能导致过敏性接触性皮炎。

头发摩丝

头发凝胶的配方和头发摩丝的非常相似，不同的是，头发凝胶是从管子里挤出来的，而头发摩丝是在喷雾罐的压力下释放出来的泡沫。这两种产品都含有相同的含共聚物的头发造型助剂，可以为头发提供光泽，并添加额外的护发素。也可以购买染发摩丝来暂时遮盖灰发。例如，灰色头发少于 15% 的人可以使用棕色或赤褐色的彩色摩丝来混合

灰色头发。也有一些非自然颜色，如黄色、绿色、红色、橙色、紫色和蓝色。这种颜色是暂时的，用一次洗发水就可以去除，除非是用化学方法处理过的头发。

> 头发摩丝的配方和头发凝胶的相似，只是它是一种雾化泡沫。

头发摩丝的使用方法与发胶相同，适用于用毛巾擦干的头发。它也可以用于干燥的头发上，创造出潮湿的"尖头"的外观。头发摩丝产生一个较轻的共聚物应用，不提供像凝胶配方一样强大的支持。由于聚合物浓度较低，在潮湿的条件下，它也产生较少的剥落和更少的黏性。许多男士的定型产品都是护发摩丝，因为更轻的应用效果更理想。

头发定型摩丝由于水分含量低，比头发凝胶更容易产生自然丰满的外观。将一堆半美元大小的摩丝放在手掌上，然后轻拍少量在手指上，按摩到近端毛干。摩丝增加了毛干的硬度，创造了丰满的假象。这项技术适用于头发稀疏的男性和女性，可以创造更具吸引力的头发。将少量摩丝涂抹在手掌上，轻轻涂抹在定型的头发上，可以使难以打理的头发变得光滑。熟练的人可能会发现头发摩丝比头发凝胶更适合作为造型辅助工具。

头发精华液

护发产品的最新产品是头发精华液。这是一种透明的黏性液体，从一个没有雾化的罐子里喷到手掌上。头发精华液是基于二甲硅油的头发保湿剂（图 26-3）。头发缺水时会变得脆弱，就像皮肤一样。在湿度较低的环境下，如美国西部，或在头发经过化学处理后，如永久染色、烫发或拉直时，才会发生这种情况。在化学处理过程中发生的角质层的破坏使水分从毛干蒸发到环境中。头发的再保湿可以用二甲硅油来实现，就像

皮肤的再保湿一样。因此,二甲硅油可作为一种封闭剂来延缓水分流失(图 26-4)。

> 头发精华液是基于二甲硅油,用作毛干保湿剂。

图 26-3 一款头发精华液,通过在每根毛干上涂抹防水的二甲硅油层,增加光泽,减少头发卷曲

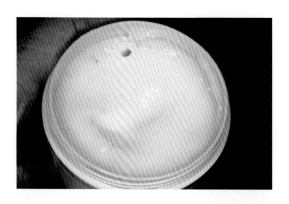

图 26-4 一款既能滋润头发又能使头发变硬的头发乳,打造时下流行的"床头"发型

头发精华液有助于保持头发受损者发干的健康。最好将头发精华液涂抹在干燥的头发上。方法是将双手揉搓在一起,然后将双手穿过头发,在每根头发上均匀地涂上一层薄膜。这种精华液可以每天在发型设计之前使用。二甲硅油能舒缓角质层,恢复头发光泽和可打理性,并通过防止染发剂的被动流失延长染发剂的使用寿命。它还能使头发光滑柔软,就像皮肤一样。对于那些抱怨头发"不健康"的患者来说,头发精华液是恢复健康头发外观的最快方法。

头发造型装置

现代有两种发型造型装置可供选择:非电动的和电动的。非电动造型装置包括干卷发器、梳子、刷子和各种发箍。电动造型装置包括吹风机、卷发钳、电动卷发器和卷发夹子。

非电动头发造型装置

非电动卷发器的功能是赋予卷曲身体,以创造理想的发型。有多种尺寸和样式可供选择,较大的滚子形成较宽松的卷曲,而较小的滚子形成较紧密的卷曲(图 26-5)。齿形卷发器的设计是为了在没有发夹的帮助下固定头发,但在拆卸时可能会折断毛干。用发夹和发网将无齿的光滑滚子固定在适当的位置,可以最大限度地减少头发断裂。

> 将湿发拉到卷发器上可以使毛干上正常的 α 角蛋白结构部分转变为 β 角蛋白结构,从而使直发卷曲。

湿发需要使用非电动卷发器来产生最佳卷发。从物理上讲,湿发比干发更有弹性,更能使正常的 α 角蛋白结构在张力下部分转化为 β 角蛋白结构。这种转变改变了多肽链的相对位置,并导致离子键和氢键的破坏。在头发干燥的过程中,新的离子键和氢键形成,阻止头发恢复到自然的 α 角蛋白结构,并允

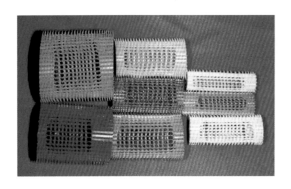

图 26-5 非电动卷发器有多种尺寸可供选择,可以产生不同的卷曲尺寸

许头发固定在其新卷曲的位置。然而,把头发弄湿后,头发会立即恢复到自然的 α 配置。头发必须在张力下卷曲,以提供黏结断裂所需的载荷,但是,不应将头发拉伸超过 1/3 以上的 α 角蛋白键展开为 β 角蛋白键的程度。过度拉伸将导致永久变形,导致非弹性毛发断裂(图 26-6)。

图 26-6 把头发紧紧地缠绕在卷发器上,然后吹干,形成暂时的卷发

电动头发造型装置

电动造型装置的原理是,热量可以暂时改变毛干内的水键。这种风格可以一直保持

到下一次接触水时,黏合剂将恢复到自然形状。美发厅的专业人士和家中的消费者都使用电动造型设备。下文重点介绍这些设备的使用和误用。

吹风机

最流行的电动造型装置是吹风机,它可以是戴上风帽的,也可以是手持的。带帽吹风机主要出现在专业美发厅,有两种用途。第一种方法是将头发放在卷发器上后吹干,第二种方法是对头发进行化学处理,如永久性染发或拉直头发。带帽吹风机比电吹风机更能有效地吹干头发,但会对头发和头皮造成更多的伤害,尤其是当帽子和头皮之间存在过热时(图 26-7)。当使用带帽吹风机处理用铝箔包裹的染色头发时,会出现二度头皮灼伤,如果在某些发干上含有染发剂。这种染色技术被用来将头发染成几种不同的颜色,以人工模拟某些个体的自然变化。当金属箔被加热到头皮上时,会导致出现瘢痕和秃顶等问题。

> 电吹风机是最流行的头发干燥方法,但应在低温下使用,以避免损坏头发蛋白质。

图 26-7 如图 26-5 所示,带帽吹风机用于专业美发厅,在设置卷发器后,将湿发迅速吹干成所需的发型

手持式吹风机不能像带帽吹风机那样有效地吹干头发，但也不像带帽吹风机那样容易造成头皮烧伤（图 26-8）。为了避免灼伤皮肤或头发，手持式吹风机应该放置在距离头皮至少 8in（20.32cm）的地方。高温会使头发蛋白质变性，从而对易断裂的毛干造成永久性损伤。在吹干头发的同时，可以使用通风造型刷塑造头发，以尽量减少头发过热的情况。

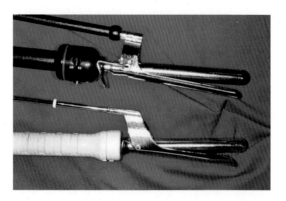

图 26-9 如果处理不当，卷发钳会导致二度烧伤

图 26-8 手持式吹风机应该离头部至少 8in，以避免灼伤头皮和头发

卷发钳

第二个最流行的发器是卷发钳，这是一种现代版的烤箱加热金属棒，在使用时，用来包裹加热区域。现代的卷发钳是恒温控制的，以防止过热，但仍然能造成一度和二度烫伤。有些带有可变温度设置，但大多数患者更喜欢最热的挡位，因为烫出的卷发更紧、更持久。建议患者在使用前将卷发钳放在湿毛巾中，以消除卷发钳的多余热量。这会降低熨烫器的温度，防止头发和头皮烧伤（图 26-9）。

> 热卷发钳会将毛干中的水煮沸，造成头发泡沫状的不可逆转的损伤。

去除卷发钳上的毛发是另一个经常遇到的问题。大多数卷发钳都有一个弹簧夹，将头发固定在卷发棒上。如果不能完全松开夹

子，可能会导致头发断裂。较新的卷发棒现在被涂上不粘材料，或者由陶瓷制成，以方便头发脱落。然而，某些造型产品，如发胶，可以将头发熔化并粘到发棒上。因此，患者应先将头发卷起来，然后再使用发胶或其他定型产品。

电动卷发器

电动卷发器是单独加热的不同尺寸的塑料涂层棒（图 26-10）。卷发套比卷发器更贵，但由于烫发金属不会接触到头发或头皮，因此烫发的效率减少了。虽然卷发器加热时间短，速度快，加 60 秒的加热卷发器，因此很多患者更喜欢使用。坚固的模制电动滚筒的一种变体是直径较小、涂有橡胶、可弯曲的杆或圆盘。可用卷发器的形状和类型取决于时尚。

图 26-10 电动卷发器不太可能引起皮肤灼伤，但为了避免头发损伤，应该只将干燥的头发与热的卷发器接触

电动卷发器可以通过影响水的变形键来卷曲干燥的直发。

卷发夹子

最后一种主要的电动发型器是老式发夹的变体,称为卷发夹子或直发夹子。这个装置包含两个铰接的金属板,金属板之间用来加热头发。如果头发盘是波纹状的,该设备被称为卷曲发夹,它会在毛干中产生紧密的弯曲。如果头发盘是光滑的,这个装置被称为卷发者的直发夹。这种烫发器可以用来拉直轻度微卷的头发,但不能用来拉直卷曲的头发(图 26-11)。卷曲头发的热矫直方法,参考相关章节内容。

直发夹子是用来拉直轻度卷曲的头发的。

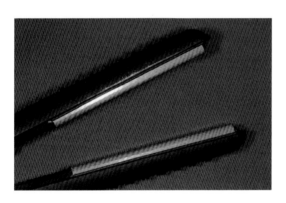

图 26-11　直发夹子通过将头发压在两块温热的陶瓷板之间,加热使头发变直

对于医师来说,重要的是要考虑电造型装置会导致烧伤,造成烧伤瘢痕脱发,特别是额叶和顶点区域。在这些位置,加热装置更容易放在头部。此外,大多数女性在这一部位的卷曲频率高于头部两侧,增加了烫伤的机会。

小结

发型设计产品和设备的巧妙结合,造就了一款时尚的发型。从平滑、笔直到卷曲、蓬松,只要使用正确的喷雾剂、凝胶、摩丝、精华液、卷发器和熨烫器,一切都是可能的。不同的发型只受艺术家想象力的限制。通过阅读一本肖像画艺术书,然后参观当地的购物中心,可以欣赏到各种不同的发型。本章对皮肤科医师进行了关于可能性的教育,并确定了可能的问题。

参 考 文 献

[1]　Henkin H. Hair grooming. In:The Chemistry and Manufacture of Cosmetics, 2nd edn. Wheaton, IL:Allured Publishing Corporation, 1988,1111-24.

[2]　Oteri R, Tazi M, Walls E, Kosiek JC. Formulating hairsprays for new air quality regulations. Cosmet Toilet 1991;106:29-34.

[3]　Wells FV, Lubowe Ⅱ. Hair grooming aids, part Ⅲ. Cutis 1978;22:407-25.

[4]　Zviak, C. The Science of Hair Care. New York:Marcel Dekker, 1986, 153-65.

[5]　Stutsman MJ. Analysis of hair fixatives. In: Senzel AJ, ed. Newburger's Manual of Cosmetic Analysis, 2nd edn. Washington, DC: Published by the Association of Official Analytical Chemists, Inc, 1977, 72.

[6]　Lochhead RY, Hemker WJ, Castaneda JY. Hair care gels. Cosmet Toilet 1987; 102: 89-100.

[7]　Zviak, C. The Science of Hair Care. New York:Marcel Dekker, 1986, 167-8.

[8]　Wells FV, Lubowe Ⅱ. Hair grooming aids, part Ⅳ. Cutis 1978;22:557-62.

[9]　Wilkinson JB, Moore RJ. Harry's Cosmeticology. New York: Chemical Publishing, 1982, 481-3.

[10]　Daniel DR, Scher RK. Nail damage secondary to a hair spray. Cutis 1991;47:165-6.

[11]　Clarke J, Robbins CR, Reich C. Influence of hair volume and texture on hair body of tresses. J Soc Cosmet Chem 1991;42:341-52.

［12］ Rushton DH，Kingsley P，Berry NL，Black S. Treating reduced hair volume in women. Cosmet Toliet 1993；108；59-62.

［13］ Robbins CR. Chemical and Physical Behavior of Human Hair，2nd edn. New York；Springer-Verlag，1988，89-91.

建 议 阅 读

Dallal JA，Rocafort CM. Hair styling/fixative products (Chapter 5). In；Johnson DH，ed. Hair and Hair Care. Marcel Dekker，1997，105-65.

Dallal JA. Hair setting products (Chapter 30). Rieger MM，ed. Harry's Cosmeticology，8th edn. Chemical Publishing Co.，Inc.，2000，635-67.

Gao T，Pereira A，Zhu S. Study of hair sine and hair surface smoothness. J Cosmet Sci 2009；60；187-97.

Gummer CL. Hair shaft effects from cosmetics and styling. Exp Dermatol 1999；8；317.

Jachowicz J. Dynamic hairspray analysis. Ⅲ. Theoretical considerations. J Comet Sci 2002；53；249-61.

Rafferty DW，Zellia J，Hasman D，Mullay J. Polymer composite principles applied to hair styling gels. J Cosmet Sci 2008；59；497-508.

Rafferty DW，Zellia J，Hasman D，Mullay J. The mechanics of fixatives as explained by polymer composite principles. J Cosmet Sci 2009；60；251-9.

Ruetsch SB，Kamath YK. Effects of thermal treatments with a curling iron on hair fiber. J Cosmet Sci 2004；55；13-27.

Sendelbach G，Liefke M，Schwan A，Lang G. The new method for testing removability of polymers in hair sprays and setting lotions. Int J Cosmet Sci 1993；15；175-80.

Trüeb RM. Dermocosmetic aspects of hair and scalp. J Investig Dermatol Symp Proc 2005；10；289-92.

Zhou Y，Foltis L，Moore DJ，Rigoletto R. Protection of oxidative hair color fading fram shampoo washing by hydrophobically modified cationic polymers. J Cosmet Sci 2009；60；217-38.

第27章

假发造型

前几章重点介绍了通过正确选择洗发水、使用护发素以及使用造型辅助工具和设备来优化患者自然头发外观的方法。自然头发可以通过所有这些美容操作来优化；然而，皮肤科医师可能会遇到大量的暂时性或永久性脱发的患者，可能需要使用假发。暂时性脱发的患者，如化疗导致的脱发或斑秃，或永久性瘢痕性脱发的患者，如扁平苔藓或中心离心性脱发，都会感谢皮肤科医师提供的使用假发的建议。本章为需要安慰和同情的患者介绍了头发技术的知识。

自公元前 3000 年埃及人发明了假发以来，假发就成为了历史的一部分，其中许多至今仍然存在。假发在统治阶层的男女中都很流行，它是由涂有蜂蜡的人类和植物纤维制成的。金发假发在公元前一世纪由罗马人推广，然后被基督教会取缔。到 1580 年，由于受到英国女王的影响，假发再次流行起来。假发的流行在 18 世纪传到了法国，法国凡尔赛宫雇用了 40 名假发匠。今天，假发仍然是部分法官的正式着装的一部分。

发片

对于那些暂时性或永久性脱发的患者来说，使用发片可以恢复积极的自我形象。天然人发和合成纤维类型都可用。定制的天然人发产品价格昂贵（100～2000 美元），并且由于头发断裂，使用寿命较短（2～3 年）。合成头发产品价格较低（10～100 美元），寿命较长（3～5 年），但造型的选择有限。合成纤维被设计成具有永久卷曲，并且比天然纤维需要更少的维护，使其成为大多数患者的选择。

> 发片是通过手工捆扎或机器编织将单个纤维连接到设计用于适合特定头皮位置的网状结构上而形成的。

发片是通过将单个纤维连接到用于适合特定头皮位置的网状结构上而形成的。有两种方法将头发纤维连接到网格上：手工捆扎和机器编织。手工捆扎的发片更昂贵，因为纤维被单独打结到网格上。机织假发的制作方法是将纤维缝在材料条上，然后将纬线与网片相连。

合成纤维和天然纤维发片的清洁方式与头发的清洁方式大致相同。将发丝翻过来，在中间放 1 滴温和的洗发水，用温水轻轻搅动。一旦洗发水被完全去除，在假发上滴 1 滴即时护发素，然后再次冲洗。用晒衣夹把头发固定在室内晒衣绳上，让头发从里到外自然风干。头发干燥后，可以用专门设计的假发刷给发片定型。

根据要覆盖的头皮区域，头发有 7 种基本类型。表 27-1 和图 27-1 显示了这些类型。

表 27-1 发片类型

1. 假发:构造在一个灵活的帽状网格上,用来覆盖整个头部
2. 垂落:长绺头发附着在一个固定的轮廓网格上,设计在头皮顶点(图 27-1A)
3. 瀑布状:卷曲的头发或发髻,附着在坚固的长方形轮廓底座上,设计用于固定在头皮后部(图 27-1B)
4. 发块:在编织底座上定制贴身发片,覆盖头顶(图 27-1C)
5. 半假发:设计用于覆盖除前发际线以外的整个头皮的柔性帽状网(图 27-1D)
6. 小卷:设计成刘海或在头顶增加额外头发的局部假发(图 27-1E)
7. 发辫:一头扎在一起的辫子或马尾状长发(图 27-1F)

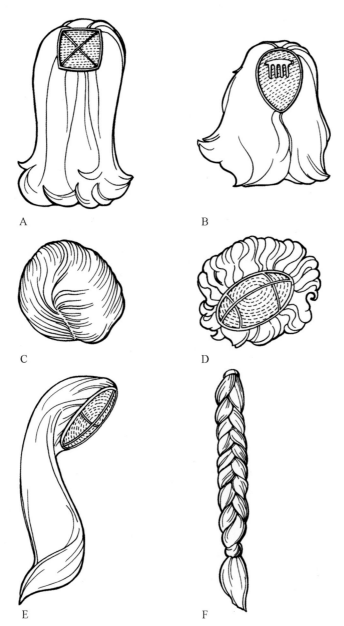

图 27-1 人造假发的类型
A. 垂落;B. 瀑布状;C. 发块;D. 半假发;E. 小卷;F. 发辫。

严重斑秃、全秃、普遍性脱发或化疗诱导的生长期脱发患者需要戴上完整的假发。建议患者在完全脱发之前选择假发，这样可以让患者在情绪上进行调整，并帮助挑选类似患者自然发色和发型的假发。如果不可能，脱发前患者的照片对假发制作者很有帮助。

然而，大多数患者只需要补充他们的天然头发，选择一片头发来覆盖稀疏或脱落的区域。例如，女性脱发可以用一种被称为"毛发增稠剂"的半假发覆盖。该发片被固定在一个松散的编织网上，患者通过这个网拉自己的头发，使头发纤维混合，并将发片牢固地固定在头皮上。那些注意到她们的头发不再长到所需长度的女性可以考虑把头发剪长一点，或者把头发梳成小圆发髻或卷起来。

假发是专门为秃顶的男性设计的，有多种颜色，有适当比例的灰色头发，与患者的牙齿状态相匹配。自然发线假发，在发线处插入一小块透明塑料，露出底层头皮的自然颜色，可以让头发看起来更自然。有些假发未经修剪，允许患者将假发带到理发店，与患者的自然头发一起进行造型。但是，依靠夹子或黏合剂，假发与头皮的连接仍然很差（图27-2）。

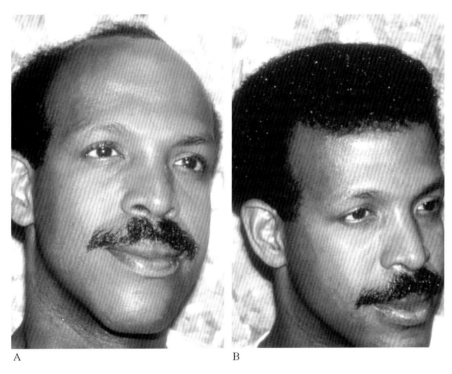

A　　　　　　　　　　　B

图 27-2　戴假发前后的患者

头皮压痛的化疗患者或利用接触致敏治疗脱发的患者进行免疫治疗时，可能希望用柔软的毛绒布头巾遮盖头部。一个更自然的外观可以通过增加假发刘海来实现。

头发添加物

另一种半永久性的方法是使用头发添加物来掩饰减少或局部缺少头皮的头发。这种方法可以用在游泳、洗澡、睡觉和锻炼时，需要保持 8 周。该技术利用人造或天然的人类头发纤维，在需要的地方补充现有的头发。头发添加物可以捆绑、编织，或粘在头皮或现有的头发上，可以在提供全方位服务的美容院或专门从事该技术的美容院获得。通过添加头发来增加头发的方法在娱乐行业、希望头发达到长度的黑种人、希望掩饰雄激素性脱发的男性以及希望发型有特殊效果的女性中广泛使用。

> 头发添加物和假发可以由合成改性丙烯酸纤维或天然人发制成。

有几种不同类型的纤维可以用于临时的头发添加或假发的构造。合成纤维是人造的，天然头发纤维是从卖头发的女性那里获得的。大多数人的头发都来自东方，然后将多位捐赠者头发染色和混合，得到一个样本，然后制成假发。合成纤维由改性丙烯酸制成，由丙烯腈和氯乙烯两种聚合单体组成。聚合物通过多孔金属圆盘牵引、干燥和拉伸。圆盘的设计是这样的：具有不规则横截面和表面变化的纤维被制造出来，更接近地模仿天然的人发。染料可以在挤出前或挤出后添加到聚合物中，以创造任何所需的头发颜色。然后将各种颜色的头发纤维结合起来，打造出更逼真的假发。

制作头发的艺术是将不同直径和颜色色调的纤维艺术地结合在一起，因为并非所有天然毛干都具有相同的厚度或颜色。此外，应改变纤维厚度，以更准确地模拟黑种人、白种人和东方人头发的毛干大小。变性丙烯酸还可以永久加热形成，以重现不同种族头发所特有的数量和卷度的卷发。在头发添加物中，人造头发比天然头发有一些优势。首先，合成纤维的重量比天然头发的轻，因此对现有的头皮施加的拉力更小。其次，合成纤维比人的头发便宜。再次，合成纤维可以熔化并粘在现有的头皮上。

如前所述，从生长头发出售的印度或中国女性获取的头发被用来做头发添加物和假发。印度人的头发直径很细，有轻微的自然波浪，而中国人的头发更粗、更直。通常，人的头发会染色和护理，获得一系列颜色，也可能会永久性地烫发以获得所需的卷曲量。添加物的染色和卷曲可以在使用标准美发产品将添加的头发附着到头皮之前和之后进行。

人类的头发不需要合成头发纤维的颜色和纤维直径混合，因为自然变化已经存在。因此，添加人发的主要优点是能够与现有头皮头发混合。缺点包括天然纤维的重量和成本，这会随着头发长度的增加而增加。

头发附着方法

头发添加物使用现有的头皮头发固定合成或天然的人类头发纤维。添加的纤维可以通过编织、缝纫、黏合或胶合的方式粘上。选择的附着方法取决于天然毛发的数量和要添加的纤维的数量或长度。

> 头发纤维可以通过编织、缝纫、胶合或黏合的方式附着在头皮上。

在头皮上编织

最流行的头发添加方法是在头皮上编辫子，改编自被称为"玉米辫"的黑色发型。玉米辫以几何设计在头皮上编织，张力作用于毛干，使头皮暴露在辫子之间。这种发型在黑种人中很流行，因为它可以使卷曲的头发紧密地打结。在头皮上编织也可以用来连接假发（图 27-3）。单个头发纤维可以编织成辫子，使它们的外表变厚，或者更常见的是，增加长度。编织的头发，或者把头发纤维缝在一起做成一条带，可以用针和线把它们缝到玉米辫上，以快速增加大量的头发。

在头皮上编辫子

在头皮上编辫子采用标准的编结技术，其中添加了单独的头发纤维。通过将纤维牢固地加工到编织物中，并留下松散的一端进行卷曲和定型（图 27-4）。这种技术在短卷曲头发的个体中很流行，他们希望有长直发，但长期使用会导致牵引性脱发（图 27-5）。

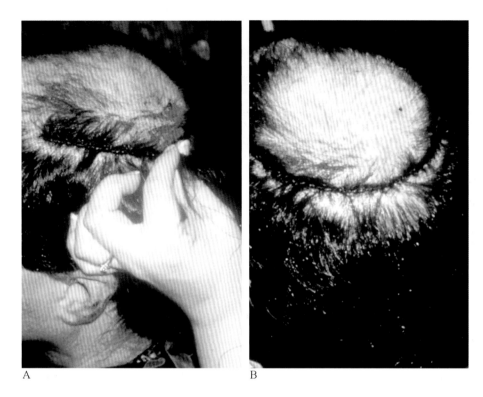

图 27-3　在头皮上编织可以创建一个连接位置,用于将发块缝到发辫上

图 27-4　在头皮上编辫子可以用来编织合成发束,以创造长发(非裔)美国黑种人短头发的错觉

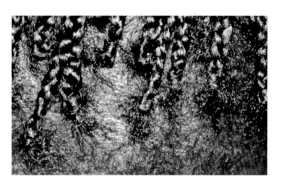

图 27-5　牵引性脱发是编织头皮可能的永久性副作用

黏合

黏合使用热胶枪将单个的合成头发纤维融合到现有的头皮发根上。由于添加物的重量,一次只能附着少量的纤维。这种技术在男性和女性身上都被用来增厚头发。使用期限为 8 周;然而,皮脂分泌过多的人可能会观察到接的头发会有毛发早期的松动和脱落。

胶合

这种毛发添加技术将头皮上的编织与粘

接附件结合起来。现有的头发最初在头皮后部编织成同心弧形,称为"轨迹"。这些轨道作为锚,编织的头发被粘在上面。所使用的黏合剂是一种冷乳胶基胶水,可通过头皮皮脂分泌去除(图 27-6)。

A

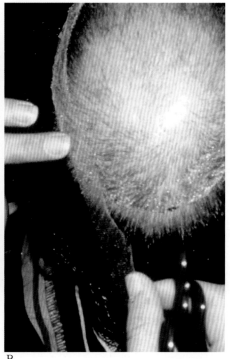

B

C

图 27-6 胶水可以用来把发块粘在头皮上

A 图演示了胶水应用,然后连接 B 图中的编织网,最后将发块粘在 C 图中的编织网上。

头发添加物的护理

头发添加物要连续佩戴 8 周或更短的时间，之后必须摘除。头发生长缓慢的人可能佩戴假发时间长一些，而那些头发生长迅速的人会注意到嫁接的头发纤维会更快地松脱。使用相同的清洁产品和清洁频率，将添加的头发和个人现有的头发一起用洗发剂清洗。许多人不敢清洗添加物，因为他们担心会松动，但良好的头皮卫生也是重要的。

> 为了避免卫生问题和牵拉性脱发，头发添加物必须在 8 周后去除。

为了避免卫生问题和其他并发症，如牵拉性脱发，头发添加物须在 8 周后移除。如果头发和头皮已经得到了适当的清洁，添加的头发在 8 周后开始松动，并且看起来不是很整洁。去除编辫附加物简单地要求解开编辫和去除添加的头发，这些头发可以在以后的程序中重复使用。通过用胶枪的顶端融化热胶，并拔出单个或纬向的毛发纤维来去除粘接的添加物。然后将花生油擦拭头皮，便于去除所有残留物质。以乳胶为基础的胶水可以用特殊设计的溶剂去除。最后，可以通过切割连接线来去除缝合的附加部分。

个人希望尽可能长时间地佩戴这些附加物，因为根据发型的复杂性、添加的头发纤维的数量和长度、美发店所需的时间，以及使用合成或人造头发纤维，成本可能在 250～1000 美元。在美发店里，嫁接头发平均需要3～5 小时。

头发添加物的成功需要一位接受过这项技术培训的发型师和一位致力于维护好嫁接头发的客户。编织和缝合的头发添加造成的问题最小，因为没有使用黏合剂；然而，添加的毛发纤维增加了对现有头皮毛发的拉力，增加了已经由紧辫施加的拉力。由于这些原因，牵拉性脱发是持续佩戴头发的个体常出现的问题。牵拉性脱发与留着紧绷发型的黑种人患者情况相同。最初，只观察到毛干的缺失，但随着持续牵拉，该过程可导致毛囊口的缺失和永久性脱发。广泛的牵拉性脱发最终将导致不能使用头发添加物，因为现有的头皮头发将无法锚定添加的头发。

胶合添加物使用的黏着剂必须在使用前进行斑贴试验。此外，发型师必须注意不要在整个头皮上漫不经心地涂上胶水，这可能会导致头发断裂，因为胶水会阻碍头发梳理。热粘接枪必须远离头皮，以避免头皮灼伤，更有甚者，可能导致永久性脱发。

必须保持高标准的卫生，以防止头皮炎症（如脂溢性皮炎）和头皮感染（如细菌性毛囊炎）。选择添加头发的人必须意识到，新发型比自然头皮头发需要更多的梳理和保养。

头发集成系统

头发集成系统是一种允许患者仅在必要时补充脱发的方法。这些发片是定制的，通过形成一个松散的网，以适应头皮。合成或天然的人发纤维按所需的位置、数量、长度、颜色和质地被绑在网状结构上。任何发型都可以轻松创建（图 27-7）。患者将集成系统覆盖在头皮上，然后将他们现有的头发从网孔中拉出来。这样可以将头发牢固地贴在头皮上，也可以保持自然的外观。根据头发的数量和长度，集成系统可能相当昂贵。对于斑秃、雄激素性脱发、瘢痕或辐射性脱发的患者来说，它们用途极其广泛。

> 头发集成系统是定制的，它通过形成一个松散的网来贴合头皮，合成或天然的人发纤维被绑在上面。

绉发技术

绉发可以用来暂时遮盖非常小的、头皮脱发的局部区域。它适用于近期发作的斑秃

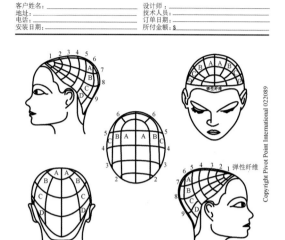

图 27-7 头发集成系统是定制设计的，在需要的地方添加头发来遮盖脱发

患者，其头发再生预后良好，需要廉价的短期伪装。绉发是由羊毛制成的，作为辫子购买，有多种颜色。将羊毛线从发辫中抽出，然后用黏合剂巧妙地粘在头皮上。这一过程必须在每次洗发时重新进行，用特殊配方的产品去除黏合剂。

> 绉发由羊毛纤维组成，羊毛纤维可以粘在头皮上，并用固定剂粘在头发上。

绉发的另一个更现代的用途是含有羊毛纤维的纤维发胶或纤维粉末。这些纤维带有静电，可以让它们附着在天然的头发纤维上，创造出头发更浓密的错觉。一些产品的配方中还含有发胶固定剂，以提高绉发的固定能力。产品有 7 种不同的色调，以匹配大多数发色。这些绉发产品在男性中很受欢迎，用来掩盖头顶的秃顶。该产品可以用洗发水去除，并必须在需要时重新使用。

头皮伪装技术

很多时候，苍白的秃发和深色头发之间的对比会加重脱发。这种对比可以通过暂时用蜡笔或植物染料或永久性地用文身颜料给头皮上色来最小化。蜡笔被艺术地涂抹在头皮上，模仿头发的颜色，但很容易用洗发水去除。文身颜料也可以呈条纹状，模仿毛干。当文身和头发结合在一起时，看起来很逼真，但如果某个部位的头发全部脱落，文身看起来就很不真实了。在进行头皮文身之前，患者应考虑他们的自然遗传秃头模式。

> 头皮伪装可以用蜡笔、植物染料或文身颜料进行。

小结

假发在伪装暂时或永久性脱发方面非常有效。许多患者不熟悉修复头皮毛发的方法，他们很欣赏自己信任的皮肤科医师不偏不倚的建议。本章介绍了假发应用的基本知识。还有其他美容方法，可以用来优化脱发和美化本章中提到的稀疏头发的外观。

参 考 文 献

[1] Panati C. Atop the vanity. In: Extraodinary Origins of Everyday Things. New York: Harper & Row Publishers, 1987:234-6.

建 议 阅 读

Beitone R, Sturla JM, Paty H, Meurice P, Samain H. Temporary restyling of the hair (Chapter 5). In: Bouillon C, Wilkinson J, eds. The Science of Hair Care. 2nd edn. Taylor & Francis Group, LLC, 2005:187-92.

Harrison S，Sinclair R. Hair colouring，permanent styling，and hair structure. J Cosmet Dermatol 2003;2:180-5.

O'Hara CM，Izadi K，Albright L，Bradley JP. Case report of optic atrohpy in pansynostosis:an unusual presentation of scalp edema from hair braiding. Pediatric Neurosurg 2006;42:100-4.

Seidel JS. The danger of scald burns during hair braiding. Ann Emerg Med 1994;23:1388-9.

第28章

烫　发

让直发永久卷曲的想法对想要打造时尚发型的男性和女性都很有吸引力。直发的人想要卷发，而卷发的人想要直发！虽然这看起来相当有意思，但整个行业都是建立在根据个人喜好改变发型形态的基础上的。烫发是一个复杂的化学过程，其基础是改变16％的胱氨酸与头发角蛋白丝中多肽链之间的二硫键结合。这些二硫键负责头发的弹性，并可以重新形成从而改变毛干的结构。

从古埃及时代起，人们就开始练习烫发和卷曲直发的方法。当时，人们把水和泥涂在头发上，然后将头发缠绕在树枝上，让其在阳光下晾干。古希腊人用热熨斗改进了这项技术：让熨斗上包裹着头发。1872年，Marcel重新发现了用热熨斗烫发的方法，这种方法至今仍用于黑种人男女中。1906年，Nessler发明了第一种卷发液，由硼砂膏组成，可以产生更持久的卷发，但对头发非常有害。这种方法利用外部热量，可以是电加热的空心铁管，也可以是用夹子固定在卷曲杆上的化学加热垫。温度达到115℃，加热持续10~15分钟。

在20世纪30年代，第一次冷烫被引入，它几乎取代了卷发的加热方法。这种溶液是以含游离氨和受控pH的巯基乙醇酸铵为基础的一种液体材料。最初的美国专利于1941年6月16日授予E. McDonough。有趣的是，这种冷烫解决方案虽然略有变化，但在今天仍然很受欢迎，在美发店和家庭中都

可以使用。据估计，在美国，每年有超过6500万个永久烫在美发店中被售出，4500万个家庭烫在家中进行。

> 烫发是一个复杂的化学过程，其基础是改变16％的胱氨酸与头发角蛋白丝中多肽链之间的二硫键结合。

化学

烫发是一个复杂的化学过程，有3个不同的步骤：化学软化、重新排列和固定。基本化学反应涉及用硫醇还原毛干二硫键。该过程的化学特征如表28-1所列。

表28-1　烫发过程

1. 硫醇化合物渗透到毛干中
2. 劈裂毛发角蛋白二硫键（kSSk）以产生半胱氨酸残基（kSH）和硫醇化合物与毛发角蛋白（kSSR）的混合二硫键

   $$kSSk + RSH \rightarrow kSH + kSSR$$

3. 与另一硫醇分子反应生成第二半胱氨酸残基和硫醇挥发剂（RSSR）的对称二硫化物

   $$kSSR + RSH \rightarrow kSH + RSSR$$

4. 头发蛋白质结构的重新排列，以减轻内部压力，这是由卷发器的大小和包裹头发的张力决定的
5. 氧化剂在二硫键交联改性中的应用

   $$kSH + HSk \xrightarrow{\text{氧化剂}} kSSk + water$$

> 烫发是一个复杂的化学过程,有 3 个不同的步骤:化学软化、重新排列和固定。

应用技术

冷烫可以在家里或美发店中进行,但使用的技术是一样的。根据头发的长度,完成整个过程通常需要 90 分钟。

标准程序包括最初用洗发水清洗头发以去除污垢和皮脂。这个润湿过程是头发化学处理的第一步,因为水进入头发的氢键,增加了头发的柔韧性。然后,根据头发的长度和厚度,将头发分成 30～50 个区域,并缠绕在芯棒上。棒的大小决定卷曲的直径,较小的杆产生更密的卷曲(图 28-1)。当头发缠绕在棒上时,必须对头发施加足够的拉力,以提供支持黏结断裂所需的应力。如果拉得太紧,头发会被拉得超出其弹性范围,变得更加易碎,很容易断裂。将大约 5cm×5cm 的方格纸巾(称为"尾纸")贴在远端毛干上,以防止末端不规则地缠绕在发棒周围。不使用尾纸可导致远端毛干卷曲外观(图 28-2)。

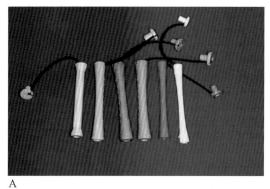

A

B

图 28-1　头发被缠绕在各种尺寸的芯轴上

A. 较小的卷发棒产生较紧的卷发;B. 较大的卷发棒产生较松的卷发。

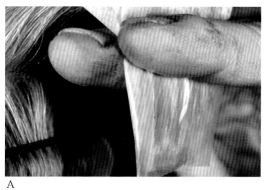
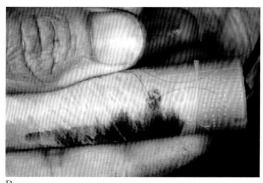

A

B

图 28-2　头发的末端用尾纸包裹,确保所有的头发都缠绕在芯轴上,以防止头发卷曲

接下来,根据头发的状况,涂抹卷发剂,并在头发上停留 5～20 分钟(图 28-3)。卷发剂的还原作用据说可以"软化"头发,它含有一种二硫键断裂剂(如铵或巯基乙酸钙),以及一种抗氧化剂(如亚硫酸氢钠),以防止洗液在到达头发之前与空气发生反应。添加四钠 EDTA 等螯合剂,是为了防止自来水中的铁等微量金属与巯基乙酸洗剂发生反应。其他成分包括 pH 调节剂、护发素和去除头发上剩余皮脂的表面活性剂(图 28-4)。粗发比细发需要更长的处理时间,未染色的头发比永久染色或漂白的头发需要更长的处理时间。然后检查"测试卷曲度",以确定是否获得了所需的卷曲量,避免过度处理(图 28-5)。

图 28-4　均匀涂抹卷发剂,使每个毛干的二硫键断裂,形成均匀卷曲

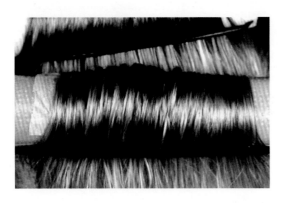

图 28-3　头发被缠绕在芯轴上,准备涂抹卷发剂

头发的二硫键随后在烫发棒周围以新的卷曲构象重新形成。这个过程被称为中和、固定或"硬化"(图 28-6)。化学上认为中和过程是一个氧化步骤,应该包括两个步骤。首先,2/3 的中和剂应该用棒完全浸透头发,并让头发固定 5 分钟。然后拆下棒,剩下的 1/3 的中和剂再用 5 分钟。然后仔细地冲洗头发。因为已进行了不完全中和,患者抱怨烫发后,特别是洗发后,有不良气味。重复上述的中和过程将减少过度气味。

新卷曲的头发现在可以晾干和定型了。

图 28-5　必须进行卷曲测试,以确保足够的卷曲形成,并避免毛干的过度处理

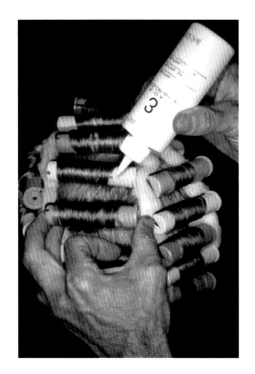

图 28-6 每根毛干必须与中和剂接触,以重新形成新的卷曲形状中的二硫键,并恢复头发强度

大多数公司建议冷烫后的 1～2 天内避免洗头或处理头发,以确保卷发持久。

烫发被设计为可以持续 3～4 个月。当头发恢复到原来的形态时,卷曲的松弛会随着时间的推移而发生。因此,美发师通常会选择比患者希望的卷发更细的卷发。大部分的卷曲松弛发生在处理后的前 2 周,这一事实让产生不良结果的患者感到放心。烫发后立即开始频繁洗头,可以稍微增加卷发的松弛度。有些强力洗发水,比如那些推荐用于治疗脂溢性皮炎的,会比调理洗发水更快地使卷发松弛下来。新的头发生长也减少了头发卷曲的外观。头发快速生长的患者需要更频繁地重复烫发。因为女性在妊娠期间头发生长加快,所以一些美发师指出,烫发不适合妊娠女性。颈后的头发也建议减少烫发。

影响烫发的因素

有几个因素决定冷烫程序的成败。导致患者寻求皮肤病学帮助的大多数结果是由于在执行程序时未考虑表 28-2 中列出的关键点。

表 28-2 烫发指南

1. 头发不得在杆状物周围过度拉伸,否则可能会发生更严重的断裂
2. 较小的棒会产生较小的卷曲,这对毛干更具破坏性
3. 短发患者的头发必须至少绕棒一次,以形成完整的卷曲
4. 强效的卷发液不会产生紧致的卷发。卷曲直径由杆直径决定
5. 对于受损的头发,应使用处理时间较短的弱卷发液
6. 可能有必要对新的近端生长和以前的远端生长使用不同强度的卷发液,特别是对头发漂白的患者
7. 应进行卷发测试,以避免过度处理头发。长时间的处理会过度损伤头发,增加断裂
8. 使用未完全氧化的对苯二胺基永久性染料的患者可能会出现头发变色

评估电烫的有效性

冷烫产品制造商常用几种方法来确定波浪效率和毛干损伤的程度。这些缺陷被称为紧密度(DIT)值、卷曲长度和 20% 指数。

DIT 值的确定如下所示:

$$紧密度不足值 = \frac{卷曲直径(mm) - 棒的直径(mm)}{棒的直径(mm)} \times 100$$

DIT 值越高,卷曲液的有效性越高。换句话说,弱冷烫溶液的 DIT 值较低。

通过悬挂一个新卷曲并观察成型线圈的弹簧来评估卷曲长度。松弛程度表明波浪的效率,也表明毛干损伤的程度。因此,长卷发表明毛干损伤更大。

20%指数是通过以均匀增加的负荷拉伸刚烫过的头发来确定的。为了把 12 根湿头发拉伸到原来长度的 20%，烫发后所需的负荷与烫发前所需的负荷之比称为 20%指数。指数越高，头发强度因冷烫处理而降低的程度越低。

冷烫化学家使用这 3 个标准不仅可以确定烫发程序的成功与否，还可以确定毛干损伤的程度。影响永久卷发产品功效的因素包括处理时间、处理温度、还原剂的浓度、洗剂与头发数量的比例、洗剂的渗透性、pH 以及未处理头发的性质和状况。市场上畅销的永久卷发液必须能产生最好的卷发，同时对头发的损伤最少。

> 影响永久卷发产品功效的因素包括处理时间、处理温度、还原剂的浓度、洗剂与头发数量的比例、洗剂的渗透性、pH 以及未处理头发的性质和状况。

烫发后的头发改变

烫发后，头发已经发生了不可逆转的变化。这些变化导致了化学卷发中出现的一些皮肤病问题。首先，干燥的波浪状毛干比原始毛干短。这可能是许多患者认为烫发后头发剪得太短的原因。其次，经过化学处理的毛干比以前弱了 17%，因此更不能够承受梳理和洗刷造成的创伤。患者评价说，他们的头发在烫发后会掉落，但实际上是因为头发更容易断裂。再次，头发在烫发后表现出更大的摩擦阻力。这意味着更难梳理。最后，头发肿胀能力增强，这是皮层损伤的证据。这种肿胀是由于其他化学物质（如染料）渗入头发的增加，产生了意想不到的结果（图 28-7）。

电烫的类型

卷发液主要由一种还原剂组成，其水溶液的 pH 可调。表 28-3 概述了卷发液的成分及其功能。最常用的还原剂是硫代乙醇酸盐、甘油硫代乙醇酸盐和亚硫酸盐。根据卷发液的种类，电烫可分为以下几组。

1. 碱性烫发剂。
2. 碱性缓冲烫发剂。
3. 放热烫发剂。
4. 自我调节烫发剂。
5. 酸性烫发剂。
6. 亚硫酸盐烫发剂。

表 28-3　烫发液成分

成分	化学例子	作用
还原剂	巯基乙酸亚硫酸盐	破坏二硫键
碱性剂	氢氧化铵，三乙醇胺	调节 pH
螯合剂	乙二胺四乙酸四钠	去除微量金属
润湿剂	脂肪醇	使用卷发液改善头发饱和度
护发素	蛋白质、保湿剂、季铵化合物	在烫发过程中保护头发
不透明剂	聚丙烯酸酯、聚苯乙烯胶乳	使卷发液变得不透明

Source：Adapted from Ref. 1.

表 28-4 总结了每种电烫类型之间的差异。

表 28-4　中和剂成分的功能

成分	化学例子	作用
氧化剂	过氧化氢，溴酸钠	重组断裂的二硫键
酸缓冲液	柠檬酸、乙酸、乳酸	保持酸性 pH
稳定剂	锡酸钠	防止过氧化氢分解
润湿剂	脂肪醇	使用中和剂改善头发饱和度
护发素	蛋白质、保湿剂、季铵化合物	改善头发感觉
不透明剂	聚丙烯酸酯、聚苯乙烯胶乳	使中和剂不透明

Source：Adapted from Ref. 1.

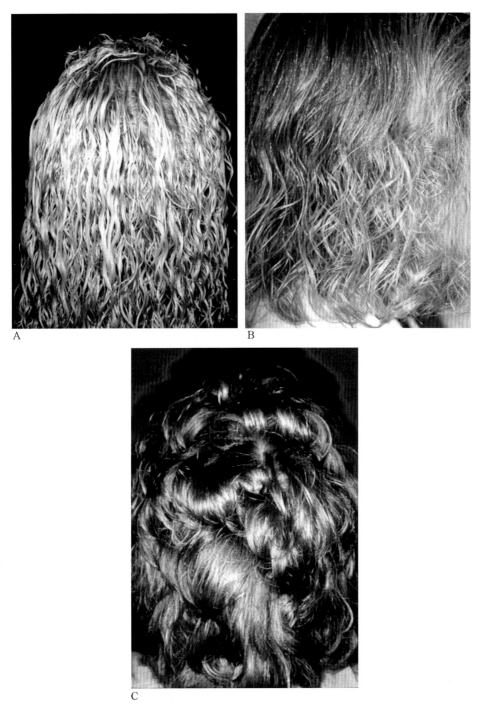

图 28-7 A. 一种紧密的永久性波浪,如紧密卷曲的头发;B. 一种中等强度的卷发,表现出放松的卷发;C. 一种松散的永久波浪,也被称为身体波浪,表现出松散的卷发

碱性烫发剂

碱性烫发剂利用硫代乙醇酸铵或乙醇胺硫代乙醇酸作为卷发液中的还原剂。由于巯基乙醇酸盐在较低的 pH 下不那么有效,因此会将 pH 调整到 9～10。这类产品加工速度极快,产生紧密、持久的卷曲;然而,它们对头发是苛刻的。碱度会导致毛干肿胀,这可能会对染过颜色的头发造成问题,尤其是漂白过的头发。出于这个原因,巯基乙酸卷发液的浓度从用于天然头发的 7%调整为用于深度漂白头发的 1%。

碱性缓冲烫发剂

为了减少由于碱性烫发剂的高 pH 而引起的毛发肿胀,使用了诸如碳酸氢铵之类的缓冲剂。这些产品被称为碱性缓冲烫发剂,在 pH 为 7～8.5 时,可以产生紧致的卷发。它们的优点是生产出紧致、持久的卷发和较少的头发损伤。

放热烫发剂

放热烫发剂会产生热量,可以增加客户的舒适度,因为一些人可能会在烫发过程中感到寒冷。当氧化剂(如过氧化氢)与基于巯基乙醇酸的卷发液混合在一起时,就会产生热量。硫代乙醇酸盐与过氧化物的反应产生二硫代二乙醇酸盐(巯基乙酸盐的二硫化物),这限制了烫发的作用范围。如果在使用前没有将卷发液与氧化剂混合,将导致不可逆的头发损伤。因此,放热烫发剂主要供专业人士使用。

自我调节烫发剂

自我调节烫发剂主要作用是限制头发二硫键断裂的数量,从而防止不可逆转的头发损伤。因为烫发剂在头发上停留时出现过度处理,会导致大面积的头发断裂,就像脱毛剂一样。对于一个忙碌的美发师来说,同时进行 3～4 个烫发是很常见的。自我调节烫发剂被设计成形成化学平衡,从而阻止二硫键的断裂。这是通过将二硫代乙醇酸添加到以硫代乙醇酸为基础的卷发液中来完成的。这和我们讨论的放热烫发剂的化学反应是一样的。

酸性烫发剂

酸性烫发剂发生在 pH 为 6.5～7 的酸性环境中。它们基于巯基乙酸酯,如甘油单巯基乙酸酯。较低的 pH 是一个优势,因为与较高的 pH 相比,毛干肿胀较少,因此头发损伤较小。这些产品的后果是头发更松散,更短的卷发,但留下柔软的头发。它们是漂白或染发的理想选择。如果在电吹风下加温处理永久卷发,可以获得更紧密的卷发,但会造成更多的毛干损伤。烫发剂中的甘油单硫代乙醇酸盐可导致美发师和客户的过敏性接触性皮炎。有趣的是,即使所有的产品都从头发上彻底冲洗干净,头发可能仍然会引起过敏。

> 在酸性烫发剂中发现的甘油单硫代乙醇酸盐是导致美容师和客户过敏性接触性皮炎的原因。

亚硫酸盐烫发剂

亚硫酸盐烫发剂主要用于家用,在美国的美发店中并不流行。此产品的不同之处在于还原剂是亚硫酸盐或亚硫酸氢盐,而不是硫醇。这就解释了为什么它们的主要优势是气味少。在 pH 为 6～8 的条件下,它们需要较长的处理时间,并导致卷曲松弛。必须在配方中加入一种调理剂,因为亚硫酸盐永久卷发会让头发感觉粗糙。

家居烫发剂

家居烫发剂是为非专业人士设计的,有

两种类型:硫代乙醇酸铵烫发剂和亚硫酸盐烫发剂。硫代乙醇酸铵烫发剂具有与美发店溶液相同的特性,除了它们是 1/3 的强度。这是为了防止头发被新手过度损伤。因此,家用巯基乙酸盐烫发剂会产生松散的卷发,不会像沙龙烫发剂那样持久。

如前所述,亚硫酸盐烫发剂仅供家居使用,没有专业配套产品。这种烫发剂的主要优点是气味少,头部覆盖一个塑料盖,利用身体热量进行加工,并使用碱性冲洗液作为中和剂。产生的轻微卷发不会持久。

中和剂

中和剂的作用是修复断裂的二硫键,使头发恢复原来的状态。有两种方法:自中和法和化学中和法。这两种方法都依赖于氧化。自中和允许空气氧化烫发剂,但这需要 6～24 小时。在此期间,头发必须留在卷发棒上,但这种方法很少使用。化学中和因为依赖于氧化剂的使用,而速度更快,因此更受欢迎。氧化剂通常为 2% 的过氧化氢,以适应酸性 pH。也可以使用溴酸盐,但价格较贵。表 28-4 概述了化学中和剂的成分及其作用。

不良反应

使用烫发溶液被认为是安全的;然而,有报道,含有巯基乙酸盐的波动洗剂会导致刺激性和过敏性接触性皮炎的发生。刺激性接触性皮炎更为常见,可通过尽量减少与该溶液的皮肤接触来避免。这对于局部使用维 A 酸的患者尤为重要,因为长期使用维 A 酸似乎更容易刺激皮肤。在使用卷发液之前,应在头皮边缘涂上一层凡士林,并覆盖一条吸水棉。这为没有毛发的皮肤提供了一种保护层,因为这些皮肤可能会接触到任何在头皮上流动的烫发液。头皮敏感的患者甚至可以使用凡士林来保护头皮。然而,凡士林会接触近端的毛干,阻止该区域卷曲。

过敏性接触性皮炎可在永久烫发后立即发生,也可因使用单硫代乙醇甘油酯进行永久烫发的患者的头发中存在过敏原而持续发生。北美接触性皮炎组织发现,这种化学物质是皮炎的第 5 大常见原因。该物质应在 1% 浓度的凡士林中进行斑贴试验。

小结

无论男女,烫发都是一种流行的发型技术。增加的卷发使直发显得更饱满,并提供时尚的风格。不幸的是,所有的烫发剂都会损伤和削弱头发纤维。本章评估了市场上各种烫发剂的化学作用,以及它们对毛干的影响,提供了相应信息,以帮助皮肤科医师理解程序,并在患者出现烫发问题时以有意义的方式向他们提供建议。

参 考 文 献

[1] Lee AE, Bozza JB, Huff S, de la Mettrie R. Permanent waves: an overview. Cosmet Toilet 1988;103;37-56.

[2] Wickett RR. Disulfide bond reduction in permanent waving. Cosmet Toilet 1991;106;37-47.

[3] Wickett RR. Permanent waving and straightening of hair. Cutis 1987;39;496-7.

[4] Zviak C. Permanent waving and hair straightening. In: Zviak C, ed. The Science of Hair Care. New York: Marcel Dekker, 1986, 183-209.

[5] Cannell DW. Permanent waving and hair straightening. Clin Dermatol 1988;6;71-82.

[6] Draelos ZK. Hair cosmetics. Dermatol Clin 1991;9;19-27.

[7] Brunner MJ. Medical aspects of home cold waving. Arch Dermatol 1952;65;316-26.

[8] Heilingotter R. Permanent waving of hair. In: de Navarre MG, ed. The Chemistry and Manufacture of Cosmetics. Illinois: Allured Publishing Co, 1988, 1167-227.

[9] Wortman FJ, Souren I. Extensional properties

of human hair and permanent waving. J Soc Cosmet Chem 1987;38:125-40.

[10] Shipp JJ. Hair-care products. In: Chemistry and Technology of the Cosmetics and Toiletries Industry, London: Blackie Academic & Professional, 1992, 80-6.

[11] Szadurski JS, Erlemann G. The hair loop test—a new method of evaluating perm lotions. Cosmet Toilet 1984;99:41-6.

[12] Garcia ML, Nadgorny EM, Wolfram LJ. Letter to the editor. J Soc Cosm Chem 1990;41: 149-54.

[13] Feughelman M. A note on the permanent setting of human hair. J Soc Cosmet Chem 1990; 41:209-12.

[14] Robbins CR. Chemical and Physical Behavior of Human Hair. New York: Springler-Verlag, 1988, 94-8.

[15] Shansky A. The osmotic behavior of hair during the permanent waving process as explained by swelling measurements. J Soc Cosm Chem 1963;14:427-32.

[16] Ishihara M. The composition of hair preparations and their skin hazards. In: Koboir T, Montagna W, eds. Biology and Disease of the Hair. Baltimore: University Park Press, 1975, 603-29.

[17] Gershon SD, Goldberg MA, Rieger MM. Permanent waving. In: Balsam MS, Sagarin E, eds, Cosmetics Science and Technology, 2nd edn, Vol. 2, New York: Wiley-Interscience, John Wiley & Sons, 1972, 167-250.

[18] Morrison LH, Storrs FJ. Persistence of an allergen in hair after glyceryl monothioglycolate-containing permanent wave solutions. J Am Acad Dermatol 1988;19:52-9.

[19] Lehman AJ. Health aspects of common chemicals used in hair-waving preparations. JAMA 1949;141:842-5.

[20] Fisher AA. Management of hairdressers sensitized to hair dyes or permanent wave solutions. Cutis 1989;43:316-18.

[21] Storrs FJ. Permanent wave contact dermatitis: contact allergy to glyceryl monothioglycolate. J Am Acad Dermatol 1984;11:74-85.

[22] Adams RM, Maibach HI. A five-year study of cosmetic reactions. J Am Acad Dermatol 1985;13:1062-9.

[23] White IR, Rycroft RJG, Anderson KE, et al. The patch test dilution of slyceryl thioglycolate. Contact Dermatitis 1990;23:198-9.

建 议 阅 读

Bolduc C, Shapiro J. Hair care products: waving, straightening, conditioning, and coloring. Clin Dermatol 2001;19:431-6.

Borish ET. Hair waving (Chapter 6). In: Johnson DH, ed. Hair and Hair Care. Marcel Dekker, 1997, 167-90.

DeGeorge, MS. Permanent waving, hair straightening, and depilatories (Chapter 32). Harry's Cosmeticology, 8th edn. Chemical Publishing Co., Inc., 2000, 695-723.

Han MO, Chun JA, Lee JW, Chung CH. Effects of permanent waving on changes of protein and physicomorphological properties in human head hair. J Cosmet Sci 2008;59:203-15.

Hishikawa N, Tanizawa Y, Tanaka S, Honiguchi Y, Asakura T. Structural change of keratin protein in human hair by permanent waving treatment. Polymer 1998;39:3835-40.

Kuzuhara A. Analysis of structural changes in permanent waved human hair using Raman spectroscopy. Biopolymers 2007;85:274-83.

Syed AN, Ayoub H. Correlating porosity and tensile strength of chemically modified hair. Cosmet Toilet 2002;117:1245-30.

Wickett RR. Permanent waving and straightening of hair. Cutis 1987;39:496-7.

Zviak C, Sabbagh A. Permanent waving and hair straightening (Chapter 6). In: Bouillon C, Wilkinson J, eds. The Science of Hair Care, 2nd edn. Taylor & Francis Group, LLC, 2005, 201-27.

第29章

头发拉直

头发拉直确实是一门艺术。这是波浪和卷发人群中普遍采用的一种方法,以使头发造型多样化,否则造型无法实现。头发拉直需要技巧、灵巧和知识,才能获得最佳效果。有组织、有条理地将直发膏均匀地涂抹在整个毛干上需要技巧。熟练使用直发膏,将头发梳直,并在 20 分钟内去除乳膏。最后,需要了解所选择的头发拉直化学品的知识,该化学品将破坏毛干中足够多的二硫键,以便在不削弱毛干至断裂点的情况下进行拉直。在拉直头发方面,没有什么可以替代训练有素的美容师的技能。这比烫发或染发要难得多。

头发永久拉直是一种技术上被称为"镧离子化"的过程。

头发可以通过加热或化学技术拉直。热拉直技术是暂时性的,已经包含在后面章节内。本章将讨论头发的永久性拉直方法,也称为镧离子化。头发拉直有许多原因,包括表 29-1 所列的原因。

第一个永久性直发器,也被称为头发松弛剂或烫发剂,是在 1940 年左右研制出来的,由氢氧化钠或氢氧化钾混合到土豆淀粉中而成。一旦二硫键断裂,头发就会被拉直,二硫键就会以新的形态重新组合。下文探讨了非裔美国人头发和白种人头发之间的物理和化学差异,讨论了头发拉直的化学技术,回顾了头发拉直技术的独特方面,并提出了相关的皮肤科考虑。

表 29-1　永久性头发拉直的基本原理

1. 头发的可打理性得到了改善
2. 头发可以更容易梳理和定型
3. 由于梳头摩擦较小,断发可能会减少
4. 随着毛干变直,头发的光泽得到改善
5. 时尚可能会决定对直发的需求
6. 拉直技术的多功能性允许多种造型选择:完全拉直、最低限度矫直、纹理化,或矫直和倒转

头发拉直的特点

白种人的头发和非裔美国人的头发有一些独特的区别,表 29-2 总结了一些关键差异。有趣的是,非裔美国人的头发比白种人的头发更粗,但断裂所需的力量更小。请注意,亚洲人的头发长得最长,也最不易断裂。这也许可以解释为什么大多数非裔美国人的假发是用经过处理的亚洲头发编织而成。非裔美国人和白种人头发中的氨基酸、硫、氮等化学物质也有细微差别(表 29-3)。

非裔美国人的头发比白种人的头发更粗,但断裂所需的力量较小。

表 29-2　与非裔美国人头发物理特征的比较

性能评价	非裔美国人	白种人	亚洲人
最大长度（mm）	15～30	60～100	100～150
直径	高	中	低
形状	肾形	椭圆形	圆形的
力（g）	33	43	63
干断裂强度（N/m^2）	0.153	0.189	
湿断裂强度（N/m^2）	0.089	0.165	
湿断裂点伸长率（%）	42	62	
干断裂点伸长率（%）	39	50	

Adapted from Vermeulen S, Banham A, Brooks G. Ethnic hair care. Cosmet Toilet 2002;117:69-78.

表 29-3　与非裔美国人头发化学氨基酸特征的比较

氨基酸和其他毛发成分	非裔美国人头发含量	白种人头发含量
甘氨酸	541	539
丙氨酸	509	471
缬氨酸	568	538
亮氨酸	570	554
异亮氨酸	277	250
丝氨酸	672	870
苏氨酸	615	653
酪氨酸	202	132
苯丙氨酸	179	130
天冬氨酸	436	455
谷氨酸	915	871
赖氨酸	23	213
精氨酸	482	512
组氨酸	84	63
硫黄	1380	1440
半胱氨酸	1370	1380
磺基丙氨酸	10	55
脯氨酸	662	672
氨素	935	780

Adapted from Vermeulen S, Banham A, Brooks G. Ethnic hair care. Cosmet Toilet 2002;117:69-78.

综上所述，可以说非裔美国人（7层）头发的角质层比白种人（12层）的少，毛干的直径大，但在头发开始扭结的地方容易断裂。最后，非裔美国人的头发比白种人的头发含水量低，这就降低了毛干的弹性，容易断裂。

> 非裔美国人的头发比白种人的头发含水量低，这就降低了毛干的弹性，容易断裂。

化学性头发拉直

头发放松，也称为镧离子化，是一种通过使用金属氢氧化物，如钠、锂、钾或氢氧化胍，将头发中约 35% 的半胱氨酸含量转变为镧硫氨酸，并轻微水解肽键，将卷曲的头发拉直的化学过程。化学松弛可以通过碱液基、无碱液、硫基乙酸铵或亚硫酸氢盐乳膏来实现。

碱液或氢氧化钠矫直剂是一种 pH 为 13 的碱性乳膏。氢氧化钠是一种腐蚀性物质，会损害头发，导致头皮烧伤，如果接触到眼，会导致失明。这些产品，通常仅限于专业人士或美容院使用（可能含有高达 3.5% 的氢氧化钠）。用碱液产品松弛头发的基本化学过程如表 29-4 所示，而头发重新排列的示意图如表 29-5 所示。

> 以碱液为基础的矫直剂是最受欢迎的直发剂，是 pH 为 13 的碱性乳膏。

表 29-4 松弛头发的化学

强碱化学松弛

$$NaOH + K\text{-}S\text{-}S\text{-}K \xrightarrow{OH^-} K\text{-}S\text{-}K + Na_2S + H_2O$$
（碱可以是 Na^+，K^+，或者 Li^+）

Adapted from Obukowho P, Birman M. Hair curl relaxers：a discussion of their function，chemistry，and manufacture. Cosmet Toilet 1995；110：65-9.

表 29-5 两部分胍基碳酸酯松弛

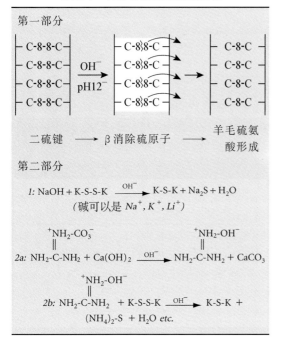

Adapted from Obukowho P, Birman M. Hair curl relaxers：a discussion of their function，chemistry，and manufacture. Cosmet Toilet 1995；110：65-9.

碱液松弛剂有"碱液"和"无碱液"两种形式（表 29-6）。"碱性基础"通常是凡士林，在使用氢氧化钠之前，应用于头皮和发际线。这可以防止头皮刺激和烧伤。"碱液基础"松弛剂含有 1.5% ~ 3.5% 的氢氧化钠，因此在使用前需要在头皮和发际涂上一层凡脂基质。这些高浓度的碱液产品对于难以拉直的头发是必要的。另一方面，"无碱液"松弛剂含有 1.5% ~ 2.5% 的氢氧化钠，只需要在发际线上涂抹。但它们更受欢迎，因为美容师将基底涂抹在头皮上很费时，而且大多数人重新拉直已经被化学削弱的头发。

表 29-6 无碱液松弛剂的成分

凡士林
矿物油
脂肪醇
脂类乳化剂
二甲硅油
水
丙二醇
十二烷基硫酸钠
氢氧化钠（碱液）

有时用来代替氢氧化钠的其他强碱化学品是氢氧化胍和氢氧化锂，它们被称为"无碱液"化学头发拉直剂（表 29-7）。这些松弛套件包含 4% ~ 7% 的奶油氢氧化钙和液体碳酸胍。然后将所述碳酸胍活化剂与所述氢氧化钙乳膏混合，生成碳酸钙和所述活化剂氢氧化胍。这些产品不需要以头皮或发际线为基础。与氢氧化胍产物发生的化学反应见表 29-5 所示。

> 无碱液松弛剂是基于氢氧化胍和氢氧化锂，如果使用不当，可能比碱液松弛剂对毛干更具破坏性。

表 29-7　无碱乳膏松弛剂中的成分

乳膏松弛剂成分
凡士林
矿物油
脂肪醇
乳化蜡
二甲硅油
水
丙二醇
氢氧化钙
液体活化剂组分
水
丙二醇
黄原胶
碳酸胍

表 29-8 比较了碱液松弛剂和无碱液松弛剂对毛干的影响。

表 29-8　碱液和无碱液化学松弛剂的比较

头发质量	碱液化学松弛剂	无碱液化学松弛剂
1～3 级的相对强度（数量越高,强度越大）	3	1
碱性松弛剂	氢氧化钠或氢氧化钾	氢氧化胍
化学药剂	OH	OH
pH	12.5～14	12.5～13.5
毛干穿透	快	慢
处理时间	短	长
刺激性	高	低
头发干燥潜力	头发和头皮干燥较少	头发和头皮更干燥

Adapted from Obukowho P, Birman M. Hair curl relaxers: a discussion of their function, chemistry, and manufacture. Cosmet Toilet 1995;110:65-9.

巯基乙醇酸也可以用作头发拉直的活性剂。这些都是被称为烫发液的巯基乙酸盐化

学物质,只是它们被配制成厚乳膏,而不是乳液。这种乳膏增加了头发的重量,有助于把头发拉直。此外,当巯基乙酸软膏与毛干接触时,头发不会缠绕在芯轴上,而是直接梳直。巯基乙酸盐直发器对头发的伤害非常大,因此是所有舒缓化学物质中最不受欢迎的。巯基乙酸乳膏的 pH 为 9.0～9.5,可以去除保护性皮脂,促进毛干渗透。这种化学头发拉直器也会造成化学烧伤。

在所有的头发拉直化学物质中,对头发伤害最小的是亚硫酸氢铵乳膏。这些产品含有亚硫酸氢盐和亚硫酸盐的混合物,其比例取决于洗剂的 pH 值。许多家用化学矫直产品都是这种类型,但只能产生短期矫直效果。这与家用亚硫酸盐烫发液非常相似,只是头发再次被梳直,而不是缠绕在卷发棒上。

> 化学头发拉直剂能产生最持久的直发效果,对毛干的伤害也最大。

一般来说,那些能使头发拉直效果最好、持续时间最长的化学物质,对毛干的损害也最大。表 29-9 列出了选择松弛剂产品时的重要注意事项。

表 29-9　选择头发松弛剂的注意事项

1. 松弛剂必须有效拉直头发
2. 松弛剂必须含有足够的凡士林和其他油,以防止刺激头皮和发际线
3. 松弛剂必须在室温下稳定
4. 松弛剂必须是一种易于涂抹的乳膏,涂在头发上,要有足够的重量把头发拉直
5. 松弛剂必须很容易用温水冲洗掉
6. 松弛剂不能超出损伤头发可接受的限度

应用技术

上文介绍了与头发松弛有关的基本化

学,现在介绍应用技术。无论患者选择使用碱液、无碱液、疏基乙酸盐或亚硫酸盐等化学物质诱导矫直,其应用技术是相似的(表 29-10)。松弛过程如图 29-1 所示。洗头是直发卷发技术的第一步,但在拉直头发时不用洗发。这是因为头发拉直的化学物质刺激性更强而洗发水会去除头皮上的保护性皮脂。事实上,保护性皮脂的补充与凡士林基础应用于头皮和发际线,以防止皮肤烧伤。在涂好基础后,头发被分成 4 个象限,允许发型师系统地工作。对于之前未经处理的头发,从发根到远端使用化学拉直剂,从颈背处头发开始,向前移动到前发际线。颈背处的头发首先接受化学物质,因为它受到的风化程度较低,从而产生更多的角质层。这意味着它对镧离子电离过程的抵抗力更强。这些化学物质只与头发接触 20～30 分钟,在此期间发型师将头发梳直。发型师必须迅速地工作,让直发膏迅速渗透头皮的各个部位,因为长时间接触这些化学物质会导致不可逆转的损伤。

发型师必须尽快将拉直头发的化学物质涂抹和清除,以避免过度处理,否则会不可逆转地削弱毛干。

表 29-10　头发松弛步骤

1. 不洗头
2. 将凡士林涂于头皮及发际
3. 将头发分区
4. 从发根到发梢,从颈背处头发开始涂抹乳膏松弛剂
5. 轻轻地将头发梳直 10～30 分钟,直到达到松弛的程度
6. 用水彻底冲洗
7. 使用中和剂
8. 洗头
9. 使用护发素
10. 造型
11. 应用造型护发素

对于之前处理过的头发,化学拉直剂只适用于新生长的头发,以减少与头皮的接触。通常情况下,直发膏首先涂在最靠近头皮的头发上,然后在最后 10 分钟梳理之前松弛的远端。将头发梳直,同时涂抹拉直膏。发型师应在 20 分钟内完全清除拉直的化学物质。这需要技巧和时间组织能力,正是因为这个原因,没有经过培训和经验的人不应该尝试头发拉直。

当头发松弛到所需的拉直程度时,必须用水冲洗彻底去除乳膏(图 29-2)。然后在头发上涂上中和剂,注意保持头发笔直和不缠结,因为在中和过程完成之前,毛干很容易断裂。头发彻底中和后,用非碱性洗发水洗发,以减少毛干肿胀。洗头后必须立即使用护发素,以减少毛干的水分流失。头发拉直的化学物质会在发轴的角质层上产生孔洞,水分通过这些孔洞蒸发,使毛干变得干燥和无弹性。这种保湿后拉直可最大限度地减少头发的脆性和断裂。表 29-11 所示的配方含有作为湿润剂的泛醇,作为调节剂的硬脂烷基氯化铵和二甲基二氯化铵,作为润肤剂的十六醇和矿物油,以及作为紫外线保护剂的辛基二甲基PABA。然后将头发烘干并定型。在定型之后,使用第二种护发素进一步调理毛干。表 29-12 所示的配方中含有凡士林、矿物油和蜂蜡,以防止水分流失并增加毛干光泽。

如果头发没有被适当中和,在松弛过程后,头发很容易断裂,因为二硫键没有被恢复。

还有另外两种发型松弛剂,称为吹发松弛剂和纹理松弛剂。所使用的化学品和镧离子电离过程与前面讨论的相同。吹发松弛剂最小限度地拉直了发干,使其更易于打理,但保留了一些卷曲。纹理松弛剂使头发呈波浪状,而不是完全直。这两种松弛剂在短发男性中最受欢迎。

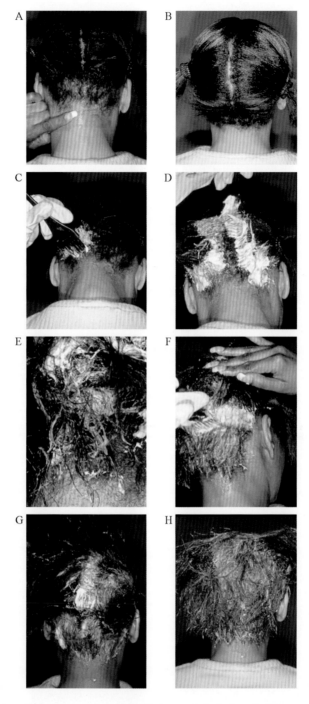

图 29-1 A. 在整个发际线和头皮上涂抹凡士林基底；B. 头发分为 4 个象限；C. 将药膏从罐子中舀出，用硬刷子涂抹在头皮上；D. 在靠近颈部头皮的头发上使用直发剂；E. 将直发剂应用于整个头部头皮附近的头发；F. 戴上防护橡胶手套，防止强碱造成皮肤灼伤；G. 松弛剂在 10 分钟内涂抹在整个头皮上；H. 将头发梳理并拉直

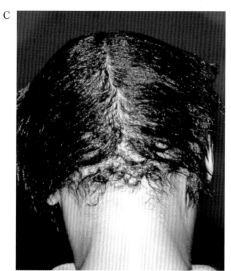

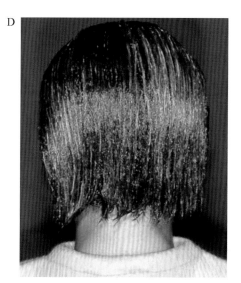

图 29-2　A. 中和剂乳液；B. 中和剂有一个 pH 指示器,当应用于任何仍含有碱性碱液的头发时,它会变成粉红色；C. 头发经过洗发和调理；D. 新拉直的头发的外观

表 29-11　矫正后保湿护发素

水	二甲基二氯化铵
对羟基苯甲酸甲酯	矿物油
咪唑烷基脲	聚山梨酯-20
泛醇	对羟基苯甲酸丙酯
吡咯烷酮羧酸钠	辛基二甲基 PABA
十六醇	香水

表 29-12　油性保湿乳液造型护发素的成分

凡士林	聚山梨酯-80
矿物油	水
对羟基苯甲酸丙酯	对羟基苯甲酸甲酯
蜂蜡	咪唑烷基脲
硬脂酰肼	硼酸钠
山梨醇倍半油酸酯	香水

成功松弛头发的关键是有经验的美容师能快速涂抹和去除化学物质,并确定何时发生所需的二硫键断裂。据估计,经过适当的化学矫直程序后,未经处理的头发会失去约 20% 的抗拉强度。它也变得更容易渗透,允许未来的松弛程序更快地进行。头发松弛是在拉直扭结的头发和减少不可逆的毛干损伤之间的谨慎平衡。

据估计,经过适当的化学矫直程序后,未经处理的头发会失去约 20% 的抗拉强度。

（续　表）

6. 将头发分成若干部分
7. 将头发缠绕在卷发棒上
8. 将患者置于带帽吹风机下 15～20 分钟
9. 测试卷头发卷曲情况
10. 彻底清洗头发
11. 在每个卷发上涂抹中和剂 15～20 分钟
12. 清除卷曲棒
13. 彻底清洗头发
14. 使用护发素 10～20 分钟
15. 吹干头发
16. 涂抹甘油卷发剂
17. 头发造型

烫发应用技术

另一种松弛卷曲头发的方法是烫发。所使用的产品类似于白种人的烫发剂,因为它们是基于巯基乙酸铵,用氢氧化铵中和。直发烫发和卷曲烫发的主要区别在于活性成分的水平和使用技术。烫发分 4 个阶段进行,包括重新排列、增强、中和和调节(表29-13)。

表 29-13　卷发烫发技术

1. 洗发
2. 将头发分成 4 个部分
3. 从颈部开始,从发根到发梢使用软化剂
4. 用水冲洗重排剂
5. 从颈部头发开始,从发根到发梢,使用卷发剂

如头发拉直所述,卷发的烫发开始于洗头和头发分区。然后使用含有 7%～7.5% 范围内的高浓度巯基乙酸铵乳膏,此种乳膏被称为还原乳膏或重排剂。从发根到发梢涂抹在未经处理的头发上,从颈背到前发线。在以前经过化学处理的头发中,这种重排剂只应用于新生长的头发。它的目的是拉直头发,为卷曲过程做好准备。然后冲洗重排剂,并从发根向远端施加还原乳液或卷曲增强剂。然后将头发分成薄片并缠绕在烫发棒上。将患者置于带帽吹风机下以增加与热的化学反应速率。15～20 分钟后,进行卷曲测试,以确定是否获得了所需的卷曲量。评估方法:打开几根头发棒,观察头发是否形成完整的"s",如是则意味着卷发已经达到了所需的卷曲量。这与直发烫的还原步骤相同。然后将头发彻底冲洗干净。

接下来,用含有 10%～13% 溴酸钠的氧化溶液中和头发 15～20 分钟。这将定型卷曲,并移除卷发棒。然后将头发彻底冲洗干净。现在有多种护发素和甘油卷曲激活剂可用于防止过度的毛干水分流失和头发脆性。然后将头发晾干,并根据需要定型。

这些卷发的烫发产品("Jheri"卷发的公司是这项技术的先驱)是在 20 世纪 70 年代末推出的。他们最近失去了一些原有的吸引力,因为卷曲过程对非裔美国人的头发造成了极大的伤害,使其卷曲、干燥和脆弱。在造型之前,需要每天使用丙二醇和甘油卷曲激活剂,以保持发型并减少断裂。不幸的是,甘油造型产品会让头发黏糊糊的,容易弄脏衣服和枕套。每 12 周重复一次这个过程也很有必要,但这将进一步削弱毛干,并容易因断裂而导致脱发。

解决患者问题

皮肤科医师可能会经常遇到与头发夹直器的使用有关的问题。大多数患者会抱怨在松弛程序后会立即脱发。重要的是要证实松弛剂确实是原因。松弛头发对头发强度的二硫键骨架造成了严重的损伤。如前所述,必须打破二硫键才能拉直头发,但并不是所有的二硫键都能重新连接起来,因此导致头发变弱。皮肤科医师可以通过抓住头发末端并拉扯来确认头发是否受损。如果头发断裂,说明它被过度松弛,并受到化学损伤。头发也应该在头皮处被拔,如果出现断裂,则可以确定是化学松弛剂引起的损伤。

一旦确认脱发是由于化学拉直所致,皮肤科医师应该提供一些有用的建议。受损的头发不能自我修复。脆弱的头发必须剪掉,新生长的头发应避免过度处理。可以通过降低溶液的强度来避免过度处理,更重要的是,缩短化学物质在头发上停留的时间。为了获得最佳效果,并将头发弱化程度降至最低,美容师必须迅速使用和去除这些化学物质。面

部周围的毛发比其他部位的毛发遭受更多的创伤,这种现象被称为风化(weathering)。由于这个原因,松弛剂应该首先应用在后颈部的头发并向前移动。这可以最大限度地减少松弛剂在受损头发上停留的时间,因为它是最后使用,然后首先去除。此外,通过间隔尽可能长时间的拉直头发,可以避免头发损伤恶化。

> 通过尽可能少梳理或造型头发,使用保湿护发素,并避免任何进一步的化学处理,如永久性染发或漂白,可以将头发断裂降至最低。

通过尽可能少梳理或造型头发,使用保湿护发素,并避免任何进一步的化学处理,如永久性染发或漂白,可以将头发断裂降至最低。

含有蛋白质的深层护发素可能有助于暂时将受损的头发强化 5%～10%。这种化学拉直剂在角质层中形成的孔洞永远不会完全密封,可用于被动地将小分子量蛋白质扩散到毛干中。富含蛋白质的深层护发素是涂在头发上的厚乳膏,有时在吹风机调低的温度下接触 20～30 分钟。长时间的接触和高温会促使蛋白质进入毛干。每周使用含蛋白质的免洗护发素可以最大限度地减少头发断裂。

过度松弛的头发也可能因为水分减少而断裂。当松弛剂在毛干上产生孔洞,并破坏皮质中的二硫键时,水分就会从头发中释放出来。水使头发具有弹性。虽然水不能被替换,但滋润毛干以恢复蛋白质的弹性可以减少断裂。含有凡士林、甘油和二甲硅油的重度封闭性护发素可以最大限度地减少水分流失,减少梳理摩擦,为松弛的头发增添光泽。这些产品最初被称为润发油,但现在被称为护发素。过度调节松弛的头发是不可能的。由于皮脂是最好的调理剂,每周或每隔一周

洗发一次也可以将头发损伤降至最低，但会损害头发卫生。

皮肤科医师还应该认识到，将头发拉直的化学物质都是众所周知的皮肤刺激物。正因如此，凡士林乳膏被用作头皮和发际线的基底。这一过程被称为"打底"，对不损害头皮皮肤很重要。头发拉直液不适用于斑贴试验，如果是新手进行拉直操作，可能会出现化学烧伤。患者应选择有经验、经过美发培训的专业人员进行头发拉直，以避免不良反应。

参 考 文 献

[1] Bernard B. Hair shape of curly hair. Supp J Am Acad Dermatol 2003;48:S120-6.

[2] McDonald CJ. Special requirements in cosmetics for people with black skin. In: Frost P, Horwitz SN, eds. Principles of Cosmetics for the Dermatologist. St. Louis: CV Mosby, 1982:302-4.

[3] Syed A, Kuhajda A, Ayoub H, Ahmad K. African-American hair. Cosmet Toilet 1995; 110:39-48.

[4] Franbourg A, Hallegot P, Baltenneck F, Toutain C, Leroy F. Current research on ethnic hair. Supp J Am Acad Dermatol 2003;48: S115-19.

[5] McMichael A. Ethnic hair update: past and present. Supp J Am Acad Dermatol 2003;48: S127-33.

[6] Cannell DW. Permanent waving and hair straightening. Clin Dermatol 1988;6:71-82.

[7] Syed A. Ethnic hair care: history, trends, and formulation. Cosmet Toilet 1993;108:99-108.

[8] Khalil EN. Cosmetic and hair treatments for the black consumer. Cosmet Toilet 1986;101: 51-8.

[9] Ogawa S, Fufii K, Kaneyama K, Arai K, Joko K. A curing method for permanent hair straightening using thioglycolic and dithiodiglycolic acids. J Cosmet Sci 2000;51:379-99.

[10] Bulengo-Ransby SM, Bergfeld WF. Chemical and traumatic alopecia from thioglycolate in a black woman. Cutis 1992;49:99-103.

[11] Brooks G. Treatment regimes for styled black hair. Cosmet Toilet 1983:59-68.

[12] Syed A, Ayoub H. Correlating porosity and tensile strength of chemically modified hair. Cosmet Toilet 2002;117:57-62.

[13] Burmeister F, Bollatti D, Brooks G. Ethnic hair: moisturizing after relaxer use. Cosmet Toilet 1991;106:49-51.

建 议 阅 读

De Sa Dias TC, Baby AR, Kaneko TM, Robles Velasco MV. Relaxing/straightening of afro-ethnic hair: historical overview. J Cosmet Dermatol 2007;6:2-5.

Draelos ZD. Understanding African-American hair. Dermatol Nurs 1997;9:227-31.

Etemesi BA. Impact of hair relaxers in women in Nakuru, Kenya. Int J Dermatol 2007;46 (Suppl 1):23-5.

Grimes PE. Skin and hair cosmetic issues in women of color. Dermatol Clin 2000;18:659-65.

Grimes PE, Davis LT. Cosmetics in blacks. Dermatol Clin 1991;9:53-68.

Halder RM. Hair and scalp disorders in blacks. Cutis 1983;32:378-80.

Holloway VL. Ethnic cosmetic products. Dermatol Clin 2003;21:743-9.

Kahre J. Ethnic differences in haircare products (Chapter 52). In: Barel A, Paye M, Maibach H, eds. Handbook of Cosmetic Science and Technology. Marcel Dekker, Inc., 2001:605-18.

Khumalo NP, Jessop S, Gumedze F, Ehrlich R. Determinants of marginal traction alopecia in African girls and women. J Am Acad Dermatol 2008; 59:432-8.

McMichael AJ. Ethnic hair update: past and present. J Am Acad Dermatol 2003;489 (Suppl): S127-33.

Quinn CR, Quinn TM, Kelly AP. Hair care practices in African American women. Cutis 2003;72:

280-2，285-9.

Quinn CR，Quinn TM，Kelly AP. Hair care practices in African American women. Drug Ther Topics 2003;72;280-9.

Roseborough IE，McMichael AJ. Hair care practices in African-American patients. Semin Cutan Med Surg 2009;28;103-8.

Smith W，Burns C. Managing the hair and skin of African American pediatric patients. J Pediatr Health Care 1999;13;72-8.

Syed AN. Ethnic hair care products（Chapter 9）. In:Johnson DH，ed. Hair and hair care. Marcel Dekker，Inc.，1997;235-59.

第30章

染 发

染发剂是男性和女性使用的主要头发化妆品。据估计，40%的女性经常使用染发剂来混合灰色调、遮盖灰色头发、增加颜色的光亮度、产生不自然的临时颜色，以及使原本的发色变亮或变暗。染发用于遮盖灰色，让头发看起来更年轻，但也可以根据个人喜好改变头发的自然颜色。为了满足所有这些需求，开发了许多不同的染发化妆品：渐进型、临时性、半永久性和永久性。染发剂市场中，大约65%是永久性染发剂，20%是半永久性染发剂，15%是其他类型。

染发是一项古老的传统，在古波斯人、希伯来人、希腊人和罗马人中很常见。指甲花是一种天然植物染料，它的使用可以追溯到4000年前的埃及第三王朝。埃及人将提取指甲花的罗索尼亚植物与热水混合，并将这种物质放在头发上，产生橘红色的头发颜色。含有醋酸铅的金属染料，是将铅梳浸在酸葡萄酒中得到的，罗马人用它来遮盖灰色头发。罗马女性则试图通过涂碱液，然后晒太阳来减轻头发的颜色。

永久性染发的现代概念可以追溯到1883年，当时Monnet为一项使用对苯二胺和过氧化氢为毛皮染色的工艺申请了专利。1888年，人们对羽毛和头发进行了染色，1890年在巴黎和1892年在美国密苏里州的圣路易斯进行了首次人类染色。临时性和半永久性染料直到20世纪50年代才被开发出来，当时它们被从纺织工业纳入化妆品工业。

在1867年的巴黎博览会上，Thillary和Hugo首次展示了用过氧化氢漂白头发的方法。所有这些产品构成了现代染发的基础，可以产生无数种头发颜色（图30-1）。

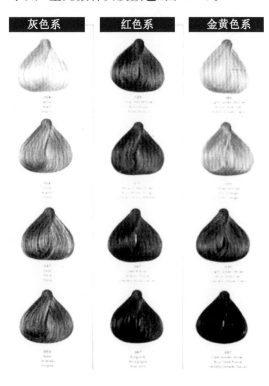

图 30-1　染发技术可以产生多种头发颜色

头发颜色生理学

色素只占头发纤维质量的不到3%，但却是头发最重要的美容成分之一。有3种色素可以产生人类头发中的各种颜色：真黑素、褐黑素和氧化黑色素。真黑素是不溶性聚合物,主要由 5,6-二羟基吲哚和少量的 5,6-二羟基吲哚-2-羧酸组成,呈棕色和黑色。褐黑素是一种可溶性聚合物,含有 10％～12％的硫和 1,4-苯并噻吩丙氨酸,呈黄色至红色。真黑素所含的硫比褐黑素少。一种较小的色素,被称为氧化黑色素,颜色为黄色或微红色,可能代表由于 5,6-二羟基吲哚单元部分氧化裂解而产生的漂白真黑色素。氧化黑色素的独特之处在于它不含硫。染发剂试图模仿这些色素来重现自然的发色。

> 人类天然头发颜色的巨大变化是由 3 种色素引起的:真黑素、褐黑素和氧化黑色素。

染发的主要目的是遮盖灰白的头发。然而,头发灰色化的机理还不完全清楚。据认为,在毛发黑色素细胞单位中,一些黑色素细胞的死亡会引发连锁反应,导致该单位的其他黑色素细胞在相对较短的时间内死亡。一种可能的死亡机制是毒性中间代谢物的积累,如多巴醌。

染发剂的种类

染发剂可以根据其配方和永久性分为几种类型:渐进型、临时性、半永久性和永久性(表 30-1)。

> 染发剂可根据其配方和持久性分为几种类型:渐进型、临时性、半永久性和永久性。

表 30-1　染发

类型	主要成分	效果持续时间	对头发的影响	优点/缺点
渐进型	氧化铅或氧化银、亚氧化物和硫化物的水溶液	不褪色	通过"电镀"毛干逐渐变暗	不能与永久性染料或烫发结合
临时性	高分子量,纺织染料	1 次洗发即可去除	大的颜色分子沉积在毛干中	可以混合或色调不良的发色
半永久性	低分子量,天然或合成纺织型染料	用 4～6 次洗发去除	小的颜色分子穿透头发皮质	色调对色调着色。将覆盖不到 30％的灰色。可能会过敏
永久性	使用初级中间体、偶联剂和氧化剂的氧化着色	永久性	毛干内部形成新的颜色分子	变亮(两步处理)或变暗(一步处理)。将 100％覆盖灰色。需要每月染色来覆盖新长出的头发。可能会过敏

渐进型

渐进型染发剂,也被称为金属或逐步式染发剂,需要反复使用才能使头发逐渐变暗。本产品会在数周内将头发颜色从灰色变成黄褐色再变成黑色(图 30-2)。头发的最终颜色无法控制,只能控制颜色的深浅。

它们使用水溶性金属盐,这些金属盐以氧化物、亚氧化物和硫化物的形式沉积在毛干上。最常用的金属是铅,但银、铜、铋、镍、铁、锰和钴也被使用过。在美国,2％～3％的醋酸铅或硝酸铅溶液被用来染头发,1％～2％的硝酸银溶液被用来染睫毛和眉毛。

渐进型染发剂使用水溶性金属盐，以氧化物、亚氧化物和硫化物的形式沉积在毛干上。

图30-2　渐进型染发剂在男性患者中很流行，他们希望随着时间的推移，头发颜色慢慢变黑

金属染发剂价格便宜，不需要专业操作人员来使用。它们的缺点包括颜色质量差，硬、脆或暗淡的头发，无法承受进一步的化学处理。此外，残留在头发上的微量金属会导致永久性染料或永久性烫发液的性能不佳。这种金属会导致漂白或永久烫发产品中的过氧化氢分解，导致毛干断裂。因此，使用渐进型染发剂处理过的头发必须在使用其他染色或烫发程序之前长出来，以确保达到最佳效果。

如果要保持颜色，金属染发剂引起的逐渐颜色变化需要持续使用；然而，该产品引起的毛干损伤是永久性的。因此，不适合那些想要比产品所能提供的颜色更深的女性患者，她们可能会经历永久卷发。这些产品最适用于经常理发、只需轻微变黑、不太可能进一步处理头发的男性患者。

临时性染发剂

临时性染发剂设计为在一次洗发过程中去除。它们被用来增加轻微的色调，提亮自然的色调，或改善现有的染色色调。由于它们的临时性质，因粒径太大而不能穿透角质层。不过，头发上的临时性染发剂很容易被擦掉，如果头发被雨水或汗水弄湿，染发剂就会沾到衣服上。它们可以被配制成液体、摩丝、凝胶或喷雾（图30-3）。

临时性染发剂设计为在一次洗发过程中去除，以着色、提亮或改善发色。

图30-3　喷雾临时染发剂在想要一绺粉色、蓝色或绿色头发的青少年中很受欢迎

液体临时性染发剂也被称为"头发漂洗剂",因为它们会冲洗去除多余的染色剂,所以经常在洗发后的淋浴中使用,它们含有与羊毛织物染色相同类型的酸性染料,如下列化学类别:偶氮、蒽醌、三苯甲烷、吩嗪、黄原酸或苯醌胺。这些染料被称为 FDC 和 DC 蓝、绿色、红色、橙色、黄色和紫色。这些染料不会对毛干造成损害,因为它们是由沉积在头发表面的大分子组成的,而且由于尺寸无法渗透入毛干中。

这种液体染发配方最受欢迎,尤其是那些希望去除不受欢迎的黄色头发,获得更纯净的铂金色的成年白发患者。用于此目的的样品产品中可能含有浓度为0.001%的亚甲基蓝、酸性紫 6B 和水溶性黑素(图 30-4)。对于成年患者,建议使用临时性染发剂,因为毛干没有受损,而且许多患者只需要每周洗发。这种液体漂洗剂也可以用于那些已经产生了不理想的永久性染色的患者,他们希望

图 30-4　使用紫色漂洗液可以减少灰头发中多余的黄色,但在某些情况下,漂洗液会无意中将头发染成紫色,如本图所示

在染色不佳的头发长出来并被剪掉之前改善不良的外观。

临时染发剂的摩丝配方有天然色和派对色两种。用完洗发水后,用毛巾擦干的头发很快就会涂上它们,并且不会被去除。因为着色剂分散在造型聚合物中,比如聚乙烯吡咯烷酮/醋酸乙烯酯,所以摩丝既是造型剂又是临时着色剂。本产品可用于头发灰白率低于 15% 的黑发患者增加高光或混合灰发。摩丝临时性染色剂非常适合于最小双颞区灰化的女性患者。这些产品还有黄色、橙色、蓝色、绿色、紫色、红色等派对颜色可供选择,可用于创造特殊的多色效果。

凝胶配方的临时性染发剂与摩丝配方相同,不同之处在于它们是以凝胶的形式包装在管中,而不是以气雾剂罐释放的泡沫形式。凝胶临时性染发剂还可以将定型剂和染发剂结合在一起;同时,凝胶提供的保持效果通常优于摩丝。这些产品只有派对颜色,有些产品包括头发亮片。凝胶临时性染发剂只适用于创造不寻常的发型。

专业的美容师也可以使用临时性染发剂的喷雾配方。使用加压喷雾器将临时液体染料涂抹在头发上。

对于受损或经过化学处理的头发患者,应小心使用临时性染发剂。因为由于表皮鳞片的损失,毛干的孔隙增加,多孔的毛干允许颜色分子进入毛干,使其更持久。在这种情况下,可能需要不止一次的洗发才能去除颜色。

半永久性染料

半永久染发剂在男性和女性中都很流行。它是为自然、未漂白的头发配制的,可以覆盖灰色,增加亮点,或者去除头发不需要的色调(图 30-5)。半永久性染发剂可以在 4～6 次洗发时被去除,因为它们的颗粒大小适中,可以进出毛干。最近,含有过氧化氢的这类长效产品已经上市。染料在弱极性和范德

华引力作用下保留在毛干中,因此分子尺寸越大的染料会保留更长的时间。典型的半永久性染发剂的配方包括:染料(硝基苯胺、硝基苯二胺、硝基氨基酚、偶氮和蒽醌)、碱化剂、溶剂、表面活性剂、增稠剂、香料和水。通常,要混合10～12种染料才能获得所需的颜色。

> 半永久性染发剂可以在4～6次洗发时被去除,可以覆盖灰色,增加亮点,或者去除头发中不需要的色调。

图30-5　半永久性染发剂用于灰色头发最少的人,以增加红色或金色的亮点

半永久性染料可有乳液、洗发水和摩丝等不同的配方,其中洗发水配方最受家庭欢迎。该染料与碱性洗涤剂洗发水结合,促进毛干肿胀,使染料能够渗透,增稠剂使产品留在头皮上,泡沫稳定剂使产品不会跑掉和染色面部皮肤。摩丝配方将染料融入雾化泡沫中。这两种产品都适用于刚洗过的湿发,并

在20～40分钟内冲洗干净。如果将半永久性染料应用于多孔的、经过化学处理的头发上,它会变得更持久。

半永久性染料产生的是色调对色调的染色,而不是产生剧烈的颜色变化,所以它们的作用实际上是调色而不是染色。患者要求的颜色变化越少,其对半永久性染色的结果就越满意。半永久性染料最适合那些灰发少于30%,想要恢复自然颜色的患者。这是通过选择一种比天然头发颜色更浅的染料颜色来实现的,因为染料会穿透灰色和非灰色头发,导致非灰色头发变深。由于半永久性染料不含过氧化氢,因此不可能用半永久性染料使头发变浅,也不可能将头发染成比患者自然发色更深的3个色度。因此,在化妆品行业,半永久性染料被认为只适合保持"色差"。

染色剂

一种新型的半永久性染发剂是头发染色剂。头发染色剂是一种合成聚合物,通常呈红色、蓝色、紫色或黄色等非自然色调,为头发添加色彩和亮点。例如,有红色斑点的深发会发出淡红色的光,有黄色斑点的金发会发出淡黄色的光。染色剂看起来是透明的,这样它就能与底层的发色融为一体。染色剂只能遮盖色调。如果在染色过程中加热,染色剂更不易被洗掉,如果加热和过氧化氢都被添加到染色过程中,染色剂可以深入毛干并成为永久性的染色。

> 半永久性头发染色剂是一种合成聚合物,旨在为头发添加色彩和亮点。

极少情况下,对多种染料敏感的个体可能希望用天然试剂染头发,如核桃染色剂(欧洲七叶树,核桃叶提取物;美国化妆品公司,克利夫顿,新泽西州)。这种黑核桃叶提取物涂在头发上时,会产生深棕黑色。

植物染料

植物染料是最早发展起来的一种染发剂,属于半永久性染发剂,但它们对角质层的渗透最小(尽管需要 4～6 次洗发才能去除)(图 30-6)。目前仅存的一种植物染料是指甲花染料,它来自一种叫 *Lawsonia alba* 黄花的植物。最初使用时,将干燥的植物叶子研磨成粉末,用水活化,形成酸性萘醌染料,然后将其作为糊状物涂抹在头发上 40～60 分钟。指甲花可以把头发染成淡红色。金属盐和指甲花染料结合在一起,就产生了所谓的"复合指甲花染料",从而提供了更广泛的颜色范围。如今,天然的指甲花染料已经被合成的指甲花类产品所取代,其颜色从红褐色到金色再到灰色不等。这些合成指甲花产品是将调理剂和染料混合在一起,但它们仍然是粉末,与水混合后形成糊状,可以与头发接触 40 分钟。指甲花可以用来加深头发颜色,但不能减轻原来的发色。天然的指甲花不如合成的指甲花,因为它们在反复使用后,会使头发变得又硬又脆。目前,用作染发剂的指甲花还没有引起过敏性接触性皮炎的报道。

> 来自指甲花的半永久性植物染料用于制造红色的头发色调,但大多数现代指甲花含有合成色素成分。

烫发

在美国,每 4 美元染发费用中,就有 3 美元用于永久性染发。女性比男性更喜欢永久性染发,因为女性比男性更有可能彻底改变头发的颜色。永久性染发之所以如此命名,是因为染发剂渗透毛干到皮质,形成无法通过洗发水去除的大颜色分子(图 30-7)。它可以用来覆盖灰色和产生一个完全新的发色。每 4～6 周就需要重新染色,因为在化妆品行业被称为"发根"的新生长物会出现在头皮上。

图 30-6　最近,指甲花作为染发剂越来越受欢迎,因为它是一种天然的植物染料

> 永久性染发剂含有无色的染料前体,这些前体与毛干内的过氧化氢发生化学反应,生成有色分子。

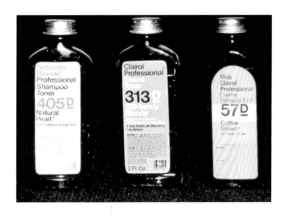

图 30-7　专业美发店的永久性染发剂可以产生比家庭使用的染发剂更显著的颜色变化

这种染发剂不含染料,而是无色的染料前体,在毛干内部与过氧化氢发生化学反应,产生有色分子。该过程需要使用初级中间体(对苯二胺、对甲苯二胺和对氨基酚),这些中间体与过氧化氢进行氧化。这些活性中间体然后暴露于偶联剂(间苯二酚,1-萘酚,间氨基苯酚等)中,产生各种各样的吲哚染料。这些吲哚染料可以产生从金色到棕色到黑色的

色调,并带有金色、红色和橙色的高光。过氧化氢浓度的变化以及为初级中间体和偶联剂选择的化学物质产生了这种颜色选择。红色是通过单独使用硝基对苯二胺或与对氨基苯酚与间苯二胺、α萘酚或1,5-二羟基萘的混合物结合而产生的。黄色是由邻氨基苯酚、邻苯二胺和硝基邻苯二胺的混合物产生的。蓝色没有单一的氧化染料中间体,是由对苯二胺、苯二胺、甲基甲苯二胺或2,4二氨基苯胺组合而成。

永久性染色可以获得比患者原始发色更浅或更深的颜色。较高浓度的过氧化氢可以漂白黑色素,因此氧化阶段在色素生产和漂白中都起作用。由于在新颜色分子的形成过程中使用了过氧化氢,因此必须调整染发剂,以便常规染色不会产生头发变白。然而,过氧化氢不能单独去除足够的黑色素,使深棕色或黑色的头发变淡为金色。像过硫酸铵或硫酸钾这样的催化剂必须加进去才能使颜色明显变淡。催化剂必须与头发接触1~2小时才能达到最佳效果。然而,那些把头发染成浅金色的深色头发的人,随着时间的推移,他们会注意到头发呈现出红色。这是因为过氧化氢/催化剂系统无法完全去除红色的褐黑素,而红色的褐黑素色素比棕色的真黑色素更难去除。

永久性染发剂以两瓶一套的形式出售,内含无色液体。一瓶含有碱性肥皂或合成洗涤剂的染料前体,另一瓶含有稳定的过氧化氢溶液。这两个瓶子在使用前混合并涂抹在头发上。染发剂前体和过氧化氢扩散到头发中,从而产生了新的颜色。

永久性染发剂对头发的伤害最大。这种染发剂改变了毛干的内部结构,从而降低了毛干的强度。想要最大限度地减少毛干损伤,应记住以下几个要点。

1. 如果要同时进行永久性烫发和永久性染色,则应先烫发,后染发。两次程序之间应该有10天的间隔。

2. 染白或漂白比将头发染成更深的颜色更有害。

3. 每次重新染发都会进一步损害毛干。因此,染发的间隔时间应该尽可能长,染料应该集中在新生长出的毛干上,而不是之前染过的远端毛干上。

永久性染发剂可供家庭和专业美发店使用。家庭用品和美发店用品的化学成分是相同的,只是更明显的颜色变化需要使用美发店用品(图30-8)。家用永久性染发剂有几种不同的配方:液体、乳膏和凝胶。液体洗发水配方最受欢迎。所有配方都带有染发剂和显影剂,涂于干发之前必须混合。该产品必须浸透头发,使用较厚的乳膏配方,要求头发分开成片区,以确保均匀涂抹(图30-9)。然后将多余的染料冲洗干净,并经常使用护发素。可以购买家用永久性染发剂,通过3种色调使头发变浅或变深。淡化头发的产品含有氨和更多的过氧化氢,因此可以对头发进行漂白和染色。大多数家用产品旨在实现35%的白发覆盖率。更明显的色彩变化需要专业的产品。

尽管氧化染料被认为是永久性的,但一些颜色漂移或"褪色"确实会发生。这是由于吲哚染料缓慢的化学变化造成的,这些染料会产生从红色到黄色的变化。因此,随着时间的延长,永久性的头发颜色可能会变为"黄铜色"。半永久性染发剂可用于覆盖黄铜色色调,直到重新染色。有时,染色后立即出现不希望出现的红色和黄色色调。在这种情况下,"Drabber"被用来去除刺眼的颜色。例如,间苯二酚产生深绿色至棕色,邻苯二酚产生深灰色,邻苯三酚产生金色,α-萘酚产生亮紫色,β-萘酚产生红棕色,对苯二酚产生黄褐色。

一步染发和两步染发

专业的永久性染发工艺可分为一步和两步染发。一步染发会使发色永久变暗,而两

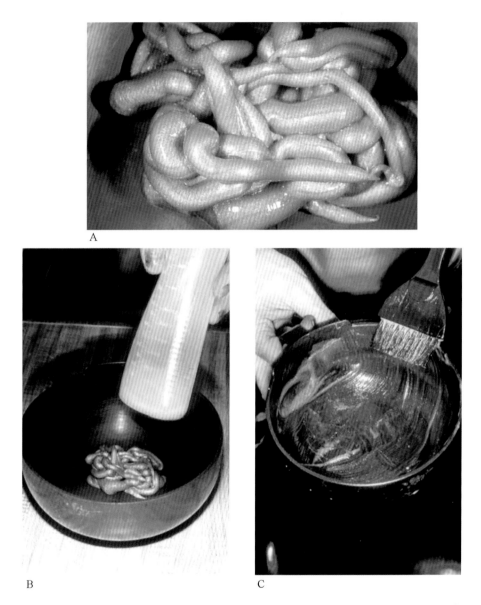

图 30-8　A. 乳霜专业永久性染发剂的外观；B. 永久性染发剂与过氧化氢混合；C. 将染发剂和过氧化氢混合，开始化学反应，即可用于头发

步染发则会使发色永久变浅。在一步染发中，乳膏染色剂被用于洗发水配方中。通常在处理前必须使用护发素或填充物，以确保整个毛干均匀吸收染料。受损的远端毛干或以前处理过的头发会更快地吸收或"获得"颜色。填充物可防止远端毛干染色比近端毛干染色更深。然而，对于极度受损的头发，填充物不能

保证染色均匀。在这些情况下，染料首先涂在头皮上，最后涂在发梢上，从而使远端毛干有更短的染色时间。然后将乳膏染色剂冲洗掉，并可使用染后调理剂。有时，在氧化染色过程中使用的过氧化氢可以淡化现有的头发颜色，这一现象被称为"提色"。美发化妆品公司制定了一步永久性氧化染料，以避免提色。

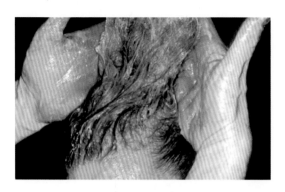

图 30-9 染发剂必须充分浸透头发以达到均匀的颜色

头发漂白

两步染发处理包括漂白或提亮头发的自然颜色,然后再重新染成所需的较浅色调。当使用这种技术时,患者希望自己的头发颜色比自然颜色浅得多。漂白是用过氧化氢和氨水的碱性混合物完成的,这会导致发干膨胀,从而使染料更容易渗透墨粉。当头发完全脱色后,其外观不理想,就必须使用墨粉。墨粉可以是永久性或半永久性染料。

> 用过氧化氢和氨水的碱性混合物漂白头发,使头发颜色变浅,这会导致毛干肿胀,使染料更容易渗透墨粉。

头发必须被调亮到所需的颜色组,然后被染成所需的色调。亮化有 7 个等级。

1. 黑色。
2. 棕色。
3. 红色。
4. 红金色。
5. 金色。
6. 黄色。
7. 淡黄色。

自然发色为黑色的患者要变成淡黄色的金发,必须经历所有 7 个阶段的亮化,而自然

发色为金色的患者则必须经历 3 个阶段的亮化才能变成淡黄色的金发。达到最终效果所需的亮化阶段越多,使用的漂白剂越强,对头发的损害也越大。对于希望头发极度变浅的患者,可以在过氧化氢和氨水溶液中加入过硫酸铵或过硫酸钾等"催化剂"。对过硫酸铵的变态反应已有报道。头发中的真黑色素很容易被过氧化氢漂白,但褐黑素有一定的抵抗力。这就是为什么染红头发人的头发越来越难漂白的原因。很难配制出一种强度足以降解头发色素而不破坏头发角蛋白结构的溶液。

有些患者不希望整个头皮的头发变淡。例如,如果只想把选定的头发变浅,即一种被称为"挑染"的技术,将一个带孔的帽子戴在头皮上,只有特定的头发被拉出并暴露在漂白和染色过程中。如果只对选定的头发的发梢进行处理,这个过程被称为"挑染发梢",而"挑染条纹"则涉及对特定头发的整个毛干进行处理。"霜化"头发需要漂白比条纹更大比例的整个毛干。时尚趋势决定了漂白头发和未漂白头发的比例。一种常用的头发增白和染成不同颜色的方法被称为头发"挑染"(图 30-10)。

毫无疑问,两步染发是最具破坏性的漂染发方式。漂白后的头发毛孔极其疏松,因此易碎,难以梳理,并且缺乏光泽。护发素对于改善受损如此严重的头发外观几乎没有什么作用。如果对头发的外观和质地不满意,建议大多数做过两次头发处理的患者剪掉受损的发干,等待新发生长。不幸的是,一旦头发被漂白,颜色比自然发色浅很多,近端的深色再生就不那么美观了。这进一步鼓励患者重新处理头发。也许可以鼓励患者在再生期改短发或戴假发。另一种选择是使用半永久性染料混合毛干的漂白和自然染色区域,但如果存在超过 3 种色调的色差,结果将不是最好的。所以应尽量减少两步染发。建议患者在自己的肤色组内,保持自然的外

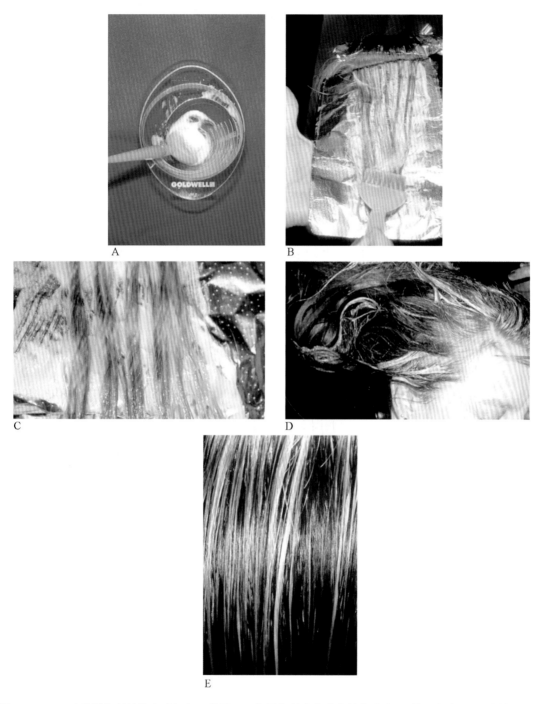

图 30-10　A. 头发漂白剂被放在碗里便于使用；B. 将漂白剂涂在选定的发丝上，用箔纸包裹约 20 分钟；C. 打开箔纸，露出新漂白的头发；D. 冲洗头发以去除多余的漂白剂，浅色头发的外观立即显现出来；E. 干燥的头发在深色头发中有选择性地漂白了金色的头发，这是一种流行的发型时尚

观,防止广泛的毛干损伤。通常情况下,患者的自然发色组会与眼睛的颜色和肤色相辅相成,形成整体的吸引力。打破这种平衡的患者会产生许多美容问题。

然而,对于具有深棕色头发并且现在具有超过60%白发的成年患者,两步染发是成功且有吸引力的。如果患者不喜欢这种外观,就需要一些染色程序。患者面临着两难的选择:是恢复原来的深棕色,还是将剩下的深棕色头发变淡,重新染成金色。这是一个个人决定,因为两种发色的改变都需要永久染色。对于患有女性型脱发的成年女性来说,将整个头皮还原为深棕色可能会增加浅头皮和深色头发之间的对比。另外,由于天然灰色与深棕色染色的色差,新毛发生长的问题将被放大。将头发调浅两个色调,然后涂上墨粉,可以让患者的头发变成深金色,并能很好地覆盖灰白的头发,使头皮形成最小对比,减少染过的头发和新发之间的色差。

黑色素对还原剂有很强的抵抗力,但很容易被氧化剂降解。因此,头发漂白可以被认为是一种氧化碱性处理。过氧化氢是这个过程中的主要氧化剂,导致氧气从头发角蛋白中释放出来。头发变白的量与释放的氧气量有关,这一量由化妆品行业用体积表示。过氧化氢溶液的体积是1L漂白溶液所释放出的氧气的升数。例如,20体积的溶液中含有6%的过氧化氢,30体积的溶液中含有9%的过氧化氢。家用漂白产品一般含有6%的过氧化氢,而专业漂白产品可能含有高达9%的过氧化氢。在应用之前,将过氧化氢溶液与碱性氨溶液混合以加速反应。最终溶液的pH为9~11。然而,碱性物质的添加量必须是有限的,因为碱性物质可能会导致过度的角蛋白损伤和头皮刺激。

头发在漂白之前不应该清洗,因为头皮皮脂可以保护头发免受刺激性化学物质的伤害。头发应该在漂白之后进行清洗,以去除多余的溶液。最好用酸性pH洗发剂以最小的去污

作用完成。洗发时要轻柔,以避免刺激头皮。

色素漂白的难易程度在整个毛干长度上有所不同,头皮附近的头发比远端毛干更容易漂白。这被认为是由于头皮散发的体温加速了漂白过程。正确的漂白要求先将溶液涂抹在发梢,然后涂抹在发根,以确保整个毛干的颜色均匀。

正如前面提到的,漂白对毛干的损害非常严重。这种损伤会导致单个发丝的重量减少2%~3%,从而导致发丝变弱,并增加头发断裂的可能性。发干中少量的氨基酸酪氨酸、苏氨酸和蛋氨酸被降解。据估计,15%~25%的头发的二硫键在中度漂白过程中被降解,高达45%的胱氨酸键在重度漂白过程中断裂。毛干的这种弱化在湿发中更为明显,因此头发在干燥前应尽量少处理。漂白后的头发也更具多孔性,容易吸收更多的水分,使其更容易受湿度变化的影响,从而延长干燥时间。表皮鳞片重叠的减少也会导致头发摩擦的增加,使得头发更容易打结。最后,增加的孔隙率可以让永久染色和卷发剂更好的渗透,所以漂白的头发会比天然头发染得更深,也比未经处理的头发更容易卷曲。所有进一步的化学处理都需要较弱的溶液才能获得理想的结果。

去除染发剂

染发剂的去除取决于所使用的染色工艺类型。如前所述,用1次洗发就可以去除临时染发剂,而用4~6次洗发就可以去除半永久性染发剂。染料洗除的时间与染料染发所需的时间相等。例如,如果一种半永久性染料需要20分钟才能从角质层渗透到皮质,那么该染料也需要20分钟才能离开毛干。因此,如果洗发5分钟,染发剂将在4次洗发中被去除,总时间为20分钟。

> 染发剂从毛干中去除的时间等于染发剂为毛干着色所需的时间。

然而,永久性染发剂的去除却是另一回事。实际上,漂白头发比去除这些非天然色素更容易。永久性染料可以用还原剂或氧化剂(如高强度过氧化物)去除。还原剂,如亚硫酸氢钠或甲醛亚砜酸钠,溶解在水中形成 2%~5% 的溶液,然后进行碱性冲洗。专业的美发店可提供特殊的去除产品(伊卡璐、美泰乐)。这一过程对头发的损害非常严重,因此在很大程度上不可用于美容。如果可能的话,应适当修剪头发,并尽可能用其他染料来调色。

金属染料不应该用过氧化氢去除,因为头发会变黑或变色。加入水杨酸或螯合剂的磺化蓖麻油可能是有效的。

不良反应

染发剂通常被认为是一种安全的产品,具有低致突变性和低致癌风险。一项关于使用永久性染发剂的前瞻性研究发现,造血系统癌症发生率没有增加。此外,皮肤渗透性最小,且限于染料量的 0.02%~0.2% 涂抹在头部。渐进型和临时性染发剂对刺激性和过敏性接触性皮炎的风险最小。然而,半永久性染料可能会导致接触性过敏性皮炎,因为它们可能含有"对偶"染料(二胺、氨基酚和苯酚)或与"对偶"染料发生交叉反应的染料。对苯二胺(PPD)是永久性染发剂中的增敏剂,据统计,过敏性接触性皮炎的发生率为每 50 000 例应用中有 1 例(图 30-11)。然而,斑贴试验可能高估了含有 PPD 的染发剂的反应发生率。这是由于染色过程中接触时间有限,且 PPD 的浓度<3% 导致的。此外,PPD 与染发剂中的氧化剂结合,迅速反应生成新的化学成分。

> 对苯二胺(PPD)是永久性染发剂中的增敏剂,估计每 50 000 次使用中就有 1 次过敏性接触性皮炎。

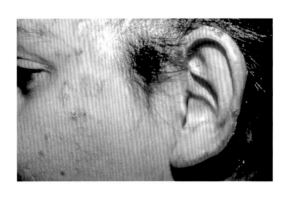

图 30-11　染发剂引起的过敏性接触性皮炎在每 50 000 次染发剂使用中就会发生 1 例

永久性和半永久性染发剂在使用前必须在患者身上进行测试,最好使用隐藏在后颈部的一小块头发和皮肤。避免染料引起的严重过敏性接触性皮炎的可能性,这些测试是必要的。除下列物质外,还应测试的染发剂:

对苯二胺,1% 凡士林
对甲苯二胺,1% 凡士林
邻硝基对苯二胺,1% 凡士林
间甲苯二胺,1% 凡士林
间苯二酚,2% 凡士林
间氨基苯酚,2% 凡士林
对苯二酚,1% 凡士林。

此外,染料应在头发上进行测试,以防止出现不良的颜色。未经处理的头发不像之前处理过的头发那样容易染色。未经处理且角质层完整的头发甚至可能对染色具有很强的抵抗力,以至于染色前需要使用碱性试剂来疏松角质层或增加孔隙率。这种头发被称为"耐染"。处理过的头发会很容易地吸收或"抓住"颜色,如果美容师不小心,可能会导致过度染发。用金属染料或护发素处理过的头发可能没有预期的效果。颜色测试区域被称为"发丝测试",可以让美容师确定头发是否被染上了合适的颜色,持续的时间是否合适。

一旦头发被半永久性或永久性染色,它就不再具有过敏性。然而,所有多余的染料必须用最终的酸性洗发水去除,这种洗发水被称为中和洗发水。有时,曾使用家用染色制剂的对苯二胺严重过敏的患者,在使用染料产品后,会立即出现肿胀和大疱形成。在匆忙赶往皮肤科医师的办公室时,他们可能会忽略去除所有多余的染料。Schueller 建议用过氯化物漂洗来中和多余的染料,其配方如下:

氯化钠,150g

过氧化氢(20 体积),50ml

水 1000ml。

该制剂可由药剂师混合并应用于患者的头发,以去除任何残留的过敏原。患者无需剪头发,但应避免进一步染发。

据报道,头发漂白会导致头发断裂、皮肤刺激、变态性致敏和瘢痕性脱发。据报道,过硫酸铵会引起皮肤和呼吸道变态反应,之前提到过硫酸铵是头发漂白过程中的催化剂。报告的反应包括过敏性接触性皮炎、刺激性接触性皮炎、局限性水肿、全身性荨麻疹、鼻炎、哮喘和晕厥。一些反应被认为是真正的变态反应,而另一些反应则是由于非免疫组胺释放所致。可以用 $2\% \sim 5\%$ 的过硫酸铵水溶液进行斑贴试验。

> 染发的致癌风险被比作吸 1 支烟的致癌风险。

人们对染发剂的致癌性及其在妊娠期间使用的适宜性存在一些担忧。染发剂和人类癌症之间没有联系,但每次头发染色时,癌症风险都被比作吸 1 支香烟。因此,患者染发的愿望必须与接触化学物质相平衡。在妊娠期间,孕妇经常询问染发是否安全。妊娠期间对染发剂没有任何限制,但还是要权衡风险。

参 考 文 献

[1] Corbett JF. Hair coloring. Clin Dermatol 1988;6:93-101.

[2] Spoor HJ. Permanent hair colorants:oxidation dyes 1. Chemical technology. Cutis 1977;19:424-30.

[3] Corbett JF. Changing the color of hair. In:Frost P, Horwitz SN, eds. Principles of Cosmetics for the Dermatologist. St. Louis:CV Mosby Company, 1982:160-3.

[4] Menkart J, Wolfram LJ, Mao I. Caucasian hair, negro hair, and wool:similarities and differences. J Soc Cosmet Chem 1966;17:769-89.

[5] Arakindakshan MI, Persad S, Haberman HF, Kurian CJ. A comparative study of the physical and chemical properties of melanins isolated from human black and red hair. J Invest Dermatol 1983;80:202-6.

[6] Brown KC, Prota G. Melanins:hair dyes for the future. Cosmet Toilet 1994;109:59-64.

[7] Cesarini JP. Hair melanin and hair colour. In:Orfanos CE, Happle R, eds. Hair and Hair Diseases. Berlin:Springer-Verlag, 1990:166-97.

[8] Vardy DA, Marcus B, Gilead L, et al. A look at gray hair. J Geriatric Dermatol 1993;1:22-7.

[9] Pohl S. The chemistry of hair dyes. Cosmet Toilet 1988;103:57-66.

[10] Spoor HJ. Part II:metals. Cutis 1977;19:37-40.

[11] O'Donoghue MN. Hair cosmetics. Dermatol Clin 1987;5:619-25.

[12] Casperson S. Men's hair coloring. Comet Toilet 1994;109:83-7.

[13] Spoor HJ. Hair dyes:temporary colorings. Cutis 1976;18:341-4.

[14] Wilkinson JB, Moore RJ. Harry's Cosmeticology, 7th edn. New York:Chemical Publishing, 1982:526-8.

[15] Corbett JF. Hair dyes. In:The Chemistry of Synthetic Dyes, Vol. 5, New York:Academic Press, Inc, 1971:475-534.

[16] Spoor HJ. Semi-permanent hair color. Cutis 1976;18:506-8.

[17] Corbett JF. Hair coloring processes. Cosmet Toilet 1991;106;53.

[18] Robbin CR. Chemical and Physical Behavior of Human Hair, 2nd edn. New York;Springer-Verlag, 1988;185-8.

[19] Zviak C. Hair coloring, nonoxidation coloring. In;Zviak C, ed. The Science of Hair Care. New York;Marcel Dekker, Inc, 1986;235-61.

[20] Tucker HH. Formulation of oxidation hair dyes. Am J Perfum Cosmet 1968;83;69.

[21] Corbett JF, Menkart J. Hair coloring. Cutis 1973;12;190.

[22] Zviak C. Oxidation coloring. In;Zviak C, ed. The Science of Hair Care. New York;Marcel Dekker, Inc, 1986;263-86.

[23] Spoor HJ. Permanent hair colorants;oxidation dyes. Part Ⅱ Colorist's art. Cutis 1977;19;578-88.

[24] Corbett JF. Chemistry of hair colorant processes-science as an aid to formulation and development. J Soc Cosmet Chem 1984; 35;297-310.

[25] Spoor HJ; Hair coloring-a resume. Cutis 1977;20;311-13.

[26] Zviak C. Hair bleaching. In;Zviak C, ed. The Science of Hair Care. New York;Marcel Dekker, Inc, 1986;213-33.

[27] Corbett JF. Hair coloring processes. Cosmet Toliet 1991;106;53-7.

[28] Fisher AA, Dooms-Goossens A. Persulfate hair bleach reactions. Arch Dermatol 1976;112;1407.

[29] Kass GS. Hair coloring products. In;deNavarre MG, ed. The Chemistry and Manufacture of Cosmetics, Vol. 4, 2nd edn. Allured Publishing Corporation, 1988;841-920.

[30] Robbins C, Kelly. Amino acid analysis of cosmetically altered hair. J Soc Cosmet Chem 1969;20;555-64.

[31] Robbins CR. Phsicial properties and cosmetic behavior of hair. In;Chemical and Physical Behavior of Human Hair, 2nd edn. New York;Springer-Verlag, 1988;225-8.

[32] Wall, FE. Bleaches, hair colorings, and dye removers. In;Balsam MS,Gershon SD, Rieger MM, Sagarin E, Strianse SJ, eds. Cosmet Sci Technol,Vol. 2, 2nd edn. New York;Wiley-Interscience, 1972;279-343.

[33] Marcoux D, Riboulet-Delmas G. Efficacy and safety of hair-coloring agents. Am J Contact Dermatitis 1994;5;123-9.

[34] Morikawa F, Fujii S, Tejima M, Sugiyama H, Uzuak M. Safety evaluation of hair cosmetics. In;Kobori T, Montagna W, eds. Biology and Disease of the Hair. Baltimore;University Park Press, 1975;641-57.

[35] Corbett JF. Hair dye toxicity. In; Orfanos CE, Montagna W, Stuttgen G,eds. Hair Research, New York; Springer-Verlag, 1981;529-35.

[36] Grodstein F, Hennekens CH, Colditz GA, Hunter DJ, Stampfer MJ. A prospective study of permanent hair dye use and hematopoietic cancer. J Natl Cancer Inst 1994;86;1466-70.

[37] Kalopissis G. Toxicology and hair dyes. In;Zviak C, ed. The Science of Hair Care. New York;Marcel Dekker, Inc, 1986;287-308.

[38] Goldberg BJ, Herman FF, Hirata I. Systemic anaphylaxis due to an oxidation product of p-phenylenediamine in a hair dye. Ann Allergy 1987;58;205-8.

[39] Rostenberg A, Kass GS. Hair Coloring, AMA Committee of Cutaneous Health and Cosmetics, 1969.

[40] Corbett JF. p-benzoquinonediimine-a vital intermediate in oxidative hair dyeing. J Soc Cosmetic Chemists 1969;20;253.

[41] DeGroot AC, Weyland JW, Nater JP. Unwanted Effects of Cosmetics and Drugs Used in Dermatology. Amsterdam;Elsevier, 1994;481-2.

[42] Reiss F, Fisher AA. Is hair dyed with paraphenylenediamine allergenic? Arch Dermatol 1974;109;221-2.

［43］Calnan C. Adverse reactions to hair products. In：Zviak C，ed. The Science of Hair Care. New York：Marcel Dekker，Inc，1986：409-23.

［44］Bergfeld WF. Hair research. In：Orfanos CE，Montagna E，Stuttgen G，eds. Berlin：Springer-Verlag，1981：534-47.

［45］Brubaker MM：Urticarial reaction to ammonium persulfate. Arch Dermatol 1972；106：413-14.

［46］Blainey AD，Ollier S，Cundell D，Smith RE，Davies RJ. Occupational asthma in a hairdressing salon. Thorax 1986；41：42-50.

［47］Calnan CD，Shuster S. Reactions to ammonium persulfate. Arch Dermatol 1963；88：812-15.

［48］Fisher AA，Dooms-Goossens A. Persulfate hair bleach reactions. Arch Dermatol 1976；112：1407-9.

［49］Czene K，Tiikkaja S，Hemminki K，Cancer Risks in Hairdressers. Assessment of carcinogenicity of hair dyes and gels. Int J Cancer 2003；105：108-12.

［50］Bolt HA，Golka K，The debate on carcinogenicity of permanent hair dyes. New insights. Crit Rev Toxicol 2007；37：521-36.

建 议 阅 读

Anderson JS. Hair colorants（Chapter 31）. In：Rieger MM，ed. Harry's Cosmeticology，8th edn. Chemcial Publishing Co.，Inc.，2000，669-94.

Brown KC. Hair coloring（Chapter 7）. In：Johnson DH，ed. Hair and Hair Care. Marcel Dekker，Inc.，191-215.

Corbett JF. An historical review of the use of dye precursors in the formulation of commercial oxidation hair dyes. Dyes Pigments 1999；41：127-36.

Harrison S，Sinclair R. Hair colouring，permanent styling，and hir structure. J Cosmet Dermatol 2003；2：180-5.

Krasteva M，Bons B，Ryan C，Gerberick GF，Consumer Allergy to Oxidative Hair Coloring Proudcts. Epidemiologic data in the literature. Dermatitis 2009；20：123-41.

Sosted H，Agner T，Andersen KE，Menne T. 55 cases of allergic reactions to hair dye：a descriptive，consumer complaint-based study. Contact Dermatitis 2002；47：299-303.

Takkouche B，Etminan M，Montes-Martinez A. Personal use of hair dyes and risk of cancer. JAMA 2005；293：2516-25.

Zviak C，Millequant J. Hair bleaching（Chapter 7）. In：Bouillon C，Wilkinson J，eds. The Science of Hair Care，2nd edn. Taylor & Francis Group，LLC，2005：229-301.

Zviak C，Millequant J. Hair coloring：non-oxidation coloring（Chapter 8）. In：Bouillon C，Wilkinson J，eds. The Science of Hair Care，2nd edn. Taylor & Francis Group，LLC，2005：251-75.

Zviak C，Millequant J. Oxidation coloring（Chapter 9）. In：Bouillon C，Wilkinson J，eds. The Science of Hair Care，2nd edn. Taylor & Francis Group，LLC，2005：277-312.

第31章

毛囊炎和剃须

剃须是一个关于巨大的皮肤科分支的重要的美容程序。剃须不仅会去除毛发,还会根据剃须的质量或多或少地去除角质层。成功的剃须需要优良的工具、良好的皮肤调理和出色的脱毛。剃须的想法是由亚历山大大帝推广开来的,他要求他的希腊士兵剃须,以防止胡子被用作割喉或斩首的辅助工具。随着剃须变得越来越普遍,剃须产品也随之发展起来。从14世纪到第一次世界大战,剃须皂是可用的主要制剂。泡沫剃须膏于1936年推出,并持续流行。

许多皮肤疾病都与不必要的毛发生长问题有关,需要以某种形式去除毛发。虽然剃须会加剧湿疹、胡须假毛囊炎、毛囊炎、脓疱病、扁平疣和敏感皮肤,但大多数皮肤科医师对这种修饰知之甚少。本章研究了常见的剃须做法,并提供了实用技巧,以优化脱毛,同时最大限度地减少皮肤并发症。要考虑的主题包括剃刀选择、剃刀设计、剃刀护理、剃须膏的选择、剃须技术、感染的传播以及特殊皮肤区域的剃须。

剃刀选择

剃刀的选择可能是获得良好脱毛效果的最重要考虑因素之一。没有好的工具,就无法获得好的结果。许多有皮肤病问题者抱怨剃须会引起疼痛、不适和剃刀灼伤,通过正确选择剃须刀可以将这些症状降至最低。

剃刀可以购买一次性刀片和手柄,也可以只购买一次性刀片。皮肤科毛囊炎患者不宜选择一次性剃须刀。首先,一次性剃须刀是由一层薄塑料壳制成,并不重。带有可更换刀片的优质剃须刀手柄上的重量会很重,以确保刀片以合适的角度接触皮肤。当剃须刀握在手中时,刀头使刀片与皮肤成一定角度,以达到最佳脱毛效果,同时最大限度地减少皮肤脱落(图31-1)。其次,一次性剃须刀通常没有高质量的激光切割和弹簧安装刀片。

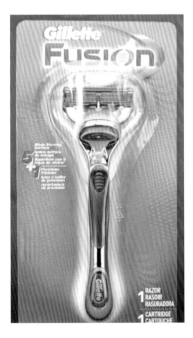

图31-1 一个重量合适的剃须刀刀柄是很重要的,它可以让剃须刀以合适的角度接触皮肤,从而在不划伤皮肤的情况下最佳地切割毛发

最近,在剃须刀上发现的刀片数量出现了增长。第一批进入市场的剃刀是单刃的。一些皮肤科医师使用这些老式刀片去除纵向断裂时的脂溢性角化病和痣。虽然这些刀片作为手术刀的功能可能很好,但它们并不是用来脱毛的好选择。当人们认识到第一片刀片会把毛发从皮肤表面掀起,然后用第二片刀片进行切割时,双刃剃须刀就取代了单刃剃须刀。这种撩头发的方式增加了服贴剃须的机会,同时最大限度地减少了不必要的皮肤脱落,这种情况通常被称为剃刀损伤。

剃刀设计的下一个发展是增加了滑动条。这种放置在刀片前缘的条带旨在减少刮胡刀在皮肤上拖动时的摩擦,从而减少在曲面上剃须时出现的问题。随后在该滑动条加入芦荟等皮肤调理剂,以提供额外的皮肤护理。在一些早期的剃刀设计中,加载滑动条是存在问题的,因为保湿霜变得黏稠,会堵塞刀片。这个问题现在已经通过使用更薄、更灵活的滑动条克服了(图31-2)。

图31-2 此剃须刀片上显示的绿色滑动条减少了剃须刀片和皮肤之间的摩擦,从而减少了剃刀损伤

剃须刀设计中最重要的发展是五刃剃须刀的开发(图31-3)。每个刀刃都会将毛发拉起并依次剪断,从而在不使用剃须刀对皮肤过度施压的情况下产生非常服贴的剃须效果。刀片对皮肤的压力会导致剃刀损伤,多刃剃须刀在不需要压力的情况下进行服贴剃须,造成更少的剃刀损伤,更少的皮肤刺激,更少的皮肤割伤。通过振动剃须刀并手动将其拖动到皮肤表面,可以进一步降低剃须压力。这就是新型电动剃须刀背后的基本原理。

> 多刃剃须刀在不需要压力的情况下进行服贴剃须,造成更少的剃刀损伤,更少的皮肤刺激,更少的皮肤割伤。

图31-3 这款五刃剃须刀通过允许每个连续刀片将毛发剪得越来越靠近皮肤,从而实现服贴剃须

最昂贵的剃刀刀片除了有多个刀片外,还配有带弹簧支架的激光切割刀片。激光切割刀片具有更精确的边缘,缺陷更少,提供更少的剃刀损伤和更近的剃须。弹簧有助于刀片在皮肤表面旋转,减少切口,并在弯曲表面(如下巴或膝盖)提供服贴剃须。虽然高成本的刀片可能会让一些患者望而却步,但额外的费用是完全合理的。为实现最佳性能而设计的刀片是无法替代的。刀片与皮肤之间的角度为 $28°\sim32°$ 的刀片可以产生最接近的剃须效果,且刺激程度最低。

剃刀护理

昂贵的刀片需要非常小心,才能在刀片的使用寿命内提供卓越的剃须效果。建议患者进行良好的刀片护理,以防止刀片损坏,从而影响剃须质量,这一点很重要。剃须刀片不应存放在淋浴的潮湿环境中。应允许它们在剃须之间保持干燥并放在干燥的地方,比如台面或抽屉里。干燥前,应彻底冲洗刀片上的毛发和皮肤碎屑,以防止材料粘在刀片上并损害刀片锋利的边缘。

同样重要的是,不要将刀片掉到地上或撞到其他物体上。把剃刀掉在刀片上会在刀刃上留下一个钝点。剃须刀刀片技术中有这样一句谚语:"患者总是用刀片最钝的部分刮胡子"。这意味着剃刀损伤是由受损的刀片区域造成的,而不是锋利的刀片区域。如果刀片只有 5% 的损坏,95% 未损坏,即使刀片的大部分仍然处于最佳状态,剃刀损伤仍然会发生。大多数剃须刀的刀片被设计成可以使用 5~7 次,这意味着刀片至少应该每周更换 1 次。

> 大多数剃须刀的刀片被设计成可以使用 5~7 次,这意味着刀片至少应该每周更换 1 次。

剃须产品选择

剃须准备是为了减少使用锋利的金属刀片从身体上去除毛发所造成的创伤。正确的剃须产品选择是实现最佳剃须的必要条件,目前可用的产品包括须前产品、剃须产品和须后水产品,下面将进行讨论。

须前产品

须前产品在使用电动剃须刀的男性中很受欢迎,其设计目的是减少剃须刀和胡须之间的摩擦,从而允许在剃须刀上施加更大的压力。这可以使剃须更服贴,但减少了刺激。这些产品主要是芳香乙醇溶液,通过减少表面水分和干燥毛发来减少表面摩擦,让毛发更直立。有些产品还含有挥发性硅酮,它起到润滑剂的作用。

剃须产品

剃须产品可以被配制成肥皂、条状物、粉末和面霜。然而,喷雾剃须膏实际上已经取代了其他形式的剃须膏。剃须膏本质上是一种现代版的脂肪酸剃须皂,但添加了更多的水和添加剂以确保其稳定性。剃须膏的目的是在不去除多余角质层或不促进剃须刀片腐蚀的情况下,进行服贴剃须。要做到这一点,必须通过充分的水分和皮肤润滑来软化毛发。修剪水分饱和的胡须所需的力量比修剪干燥的胡须少约 65%。因此,有效的剃须膏应具有低溶液黏度、高泡沫密度、小分子直径、低溶质浓度、良好的清洁作用、低膜强度和高扩散率。

> 剪掉水分饱和的胡须所需的力量比剪掉干燥的胡须要少约 65%。

剃须膏分为泡沫剃须膏和泡沫后剃须凝胶。有证据表明,泡沫后剃须凝胶是比剃须泡沫更好的润滑剂(图 31-4)。其原因尚不清楚,但可能与脂肪酸进入形成凝胶所必需的层状层的方向有关。

图 31-4　一款为男士设计的泡沫后剃须凝胶示例。它以凝胶形式分配,然后在摩擦皮肤时变成泡沫

剃须膏含有氢氧化钠或氢氧化钾和甘油或丙二醇,氢氧化钠或氢氧化钾是一种富脂剂(硬脂酸、植物油、矿物油或羊毛脂),可以让剃须膏保持柔软,并通过帮助保湿,改善泡沫。薄荷醇被添加到一些制剂中,为皮肤提供香味和冷却效果。胡须软化剂是湿润剂,如十二醇硫酸酯或脂肪酸酰胺。

须后水产品

须后水产品可缓解剃须引起的不适。它们的设计目的是安抚和冷却皮肤,同时给人一种健康的感觉。香型乙醇乳液是最受欢迎的。其他添加剂可能包括具有冷却效果的薄荷醇、防止感染的抗菌物质,以及作为润肤剂和保湿剂的甘油或丙二醇。这些产品现在重新受到欢迎,因为它们现在的配方是为了进入男士香水市场。

剃须产品的应用

对于易发生刺激性接触性皮炎的患者,正确地使用剃须膏非常重要。这些患者在剃须前通常没有让皮肤和毛干吸收足够的水分。对于大多数患者来说,将剃须膏放在皮肤上至少 4 分钟才可以减少剃刀造成的损伤。一些患者需要额外的润滑和软化,可以通过在该部位涂抹无脂清洁剂 15 分钟,然后再涂抹剃须膏来实现。

一个保养良好的刀片是优质剃须的一部分,但剃须膏也同样重要。剃须膏在刀片和皮肤之间形成界面。一个好的界面会带来一个好的剃须,而一个糟糕的界面会导致一个糟糕的剃须。许多患者认为剃须膏是多余的,不使用任何东西,或者沐浴时手边的其他东西,如肥皂、洗发水或护发素。重要的是要记住,所有的个人护理产品都是为他们的预期目的精心设计的,并不适合任何其他用途。肥皂、洗发水和护发素会在刀片上留下一层薄膜,加速刀片的钝化,并不能最佳地减轻刀片和皮肤之间的摩擦。但剃须膏是专门为此设计的。

市场上有许多剃须产品。其中一些是用刷子涂抹的老式肥皂,一些是涂抹在脸上时产生加热的,其他的是从罐子里喷射出来的泡沫,最好的是从喷雾罐中提取的凝胶,当其擦在脸上就会产生泡沫。后者被称为泡沫后剃须凝胶。泡沫后剃须凝胶是剃须困难人士的最佳选择,因为它们比任何其他类型的剃须产品更好地吸收水。带水是毛干变得有水时发生的事件。水合作用是准备剃须的第一步,因为角蛋白会软化,并且可以用较少的力量来修剪。干燥的毛发被比作直径相似的铜线,而潮湿的毛发被比作铝线。铝比铜容易切割。这些金属被用来模拟剃须的物理动力学。

剃须前皮肤准备的正确方法是先洗脸,然后用温水彻底湿润面部。湿润的步骤是在毛发和皮肤上涂上一层薄薄的水。接下来,将剃须凝胶从罐中取出,放在掌心。手掌相互揉搓,产生丰富的泡沫,并将其大量涂抹在预先湿润的脸上。剃须凝胶在剃须前应在脸上停留 3～4 分钟(图 31-5),这样就有时间让更多的水进入毛干。此时,毛发和皮肤都已经准备好,可以剃须了。

> 剃须凝胶在剃须前应在脸上停留 3～4 分钟。

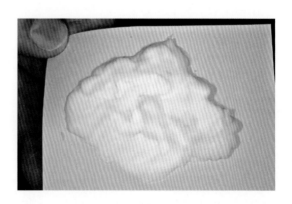

图 31-5　剃须凝胶在皮肤上摩擦时会变成泡沫,在开始剃须前,应保留 3～4 分钟,以软化毛发

最佳剃须技术

一旦皮肤做好了适当的准备,就必须执行适当的剃须。刀片应该以最小的压力在皮肤表面轻轻滑动。剃须的质量是由剃掉的毛发数量和剃掉的皮肤数量的比例来衡量的。如果比例高,剃须效果好。相反,如果比例低,则剃须效果差。剃须时,刀片应在每个区域上拖动一次。如果刀片在同一区域摩擦多次,剃刀损伤的概率就会增加。任何没有剃得很服贴的地方都应该留到第 2 天再剃。

剃须应平行进行,即使毛发可能会向许多不同的方向生长。较新的多刃剃须刀提供优良的剃须,显示不同的皮肤出口角度。同样重要的是,每次遇水后都要冲洗刀片,以清除毛发、皮肤和剃须凝胶碎片。

预防感染

与剃须有关的一个常见皮肤病问题是疾病的传播。除疣和传染性软疣等病毒性疾病外,脓疱病和耐甲氧西林金黄色葡萄球菌感染等细菌性疾病也可通过剃须刀片传播。一个好的剃须刀和剃须膏可以帮助减少皮肤创伤和感染的机会,但在治疗完成之前,有必要在感染区域停止剃须。

剃须刀刀片可以将细菌和病毒感染传播到患者的各个部位,或者在使用同一剃须刀的家庭成员之间传播。出于卫生原因,最好不要共用剃须刀,同时也是为了获得最佳的刀片性能。用于剃男性面部的刀片与用于剃女性腿部的刀片的磨损方式不同。刀片磨损的不同模式可能导致刀片损伤增加。

让剃须刀在使用期间保持干燥,可以最大限度地减少感染的传播。将剃须刀头和刀片浸泡在医用乙醇中 1 分钟也可以减少传播,但会缩短刀片寿命。如果有复发性感染的问题,患者可以将 2 英寸的异丙醇放入罐子中,让剃须刀在罐子中放置 60 秒,取出,然后晾干。

> 如果有复发性感染的问题,患者可以将 2in 的异丙醇放入罐子中,将剃须刀放置在罐子中 60 秒,取出,然后晾干。

特殊皮肤部位的剃须

特殊的皮肤部位,如女性腋下和比基尼部位,值得特别提及。腋下的独特之处在于,它们是凹的,而不是像大多数其他剃光的身体部位那样是凸的。同样,比基尼区域需要剃须,这些区域可能很难再看到剃须刀必须触及的紧密凹面区域。有专为男性和女性设计的剃须刀。男性剃须刀的设计目的是剃除脸上的小弯曲区域。女性剃须刀的设计目的是刮腿上又直又长的表面,而不一定是刮腋窝和腹股沟。选择适合用户使用的剃须刀是很重要。对于剃须困难的患者来说,花钱购买几个不同的手柄和几个刀片,看看哪一个能提供最好的剃须效果,是非常值得的。就像很多人都有自己喜欢的钢笔一样,找到一支最喜欢的剃须刀也是必要的。

小结

本章讨论了剃须的细节,从刀片设计到剃须凝胶的选择,再到剃须技术,尽量减少毛囊炎的发生。表 31-1 概述了这些要点。剃须

表 31-1　成功剃须的小技巧

1. 选择具有可更换刀片和滑动条的多刀片型剃须刀
2. 购买后发泡剃须凝胶
3. 每周更换刀片
4. 剃须前一定要清洁面部
5. 剃须前用温水打湿面部
6. 剃须前将剃须胶在脸上停留 3～4 分钟
7. 轻轻地刮胡须
8. 不要用损坏的刀刃刮胡须
9. 每天剃须
10. 用完将剃须刀放在干燥的地方

是男性和女性患者的日常活动。了解刀片和剃须刀设计背后的物理原理，以及头发和皮肤的生理功能，是实现最佳剃须效果的必要条件。

参 考 文 献

［1］　Saute RE. Shaving preparations. In：deNavarre MG，ed. The Chemistry and Manufacture of Cosmetics. Wheaton，IL：Allured Publishing Corporation，1975：1313-14.

［2］　Hollander J，Casselman EJ. Factors involved in satisfactory shaving. JAMA 1937；109：95.

［3］　Brooks GJ，Burmeister F. Preshave and aftershave products. Cosmet Toilet 1990；15：67-9.

［4］　Flaherty FE. Updating the art of shaving. Cosmet Toilet 1976；91：23-8.

［5］　Deem DE，Rieger MM. Observations on the cutting of beard hair. J Soc Cosmet Chem 1976；27：579-92.

［6］　Breuer MM，Sneath RL，Ackerman CS，Pozzi SJ. Perceptual evaluation of shaving closeness. J Soc Cosmet Chem 1989；40：141-50.

［7］　Saute RE. Shaving preparations. In：deNavarre MG，ed. The Chemistry and Manufacture of Cosmetics. Wheaton，IL：Allured Publishing Corporation，1975：1317-19.

［8］　Wickett RR. The effect of gels and foams on shaving comfort and efficacy. Skin Care J 1993；2：1-2.

［9］　Bell SA. Preshave and aftershave preparations. In：Balsam MD，Safarin E，eds. Cosmetics，Science and Technology. Vol. 2. 2nd edn. New York，NY：Wiley-Interscience，1972：13-37.

建 议 阅 读

Foltis P. Shaving preparations（Chapter 25）. Harry's Cosmeticology. 8th edn. Chemical Publishing Co.，Inc.，2000：501-21.

Olsen EA. Methods of hair removal. J Am Acad Dermatol 1999；40（2 Pt 1）：143-55；quiz 156-7.

第32章

脱　毛

　　脱毛是一项具有社会和宗教基础的重要卫生事业。例如，罗马士兵在参加战斗前会刮掉所有的体毛，以此作为他们战斗价值的一部分。在西方文化中，女性剃掉腿毛和腋毛，因为人们认为女性应该没有体毛，以保持身体的吸引力。另一方面，在地中海文化中，男性将胸毛视为男性气概的标志，而目前在美国年轻男性中流行的是刮掉胸毛和阴毛。没有一种单一的脱毛方法适用于所有身体部位和所有情况，因此有几种脱毛方法是目前可用的。第31章介绍了使用剃须刀进行湿剃须的讨论，本章讨论了剩余的毛发去除技术，这些技术可以用于基本的修饰，也可以用于多毛症的美容治疗。表32-1总结了各种脱毛方法。讨论的方法包括干式剃须、拔毛、脱毛、打蜡、脱毛手套、磨料、穿线、化学脱毛剂、电解和激光脱毛。

表 32-1　脱毛方法

技巧	设备	费用	再生期	使用的身体部位	优点	缺点
剃须	剃刀或（电动）剃须刀	＋	天	脸、手臂、腿、腋窝	快速，容易	刺激、快速再生
拔毛	镊子	＋	周	眉毛、脸毛	再生期较长	疼痛、缓慢
脱毛	脱毛器	＋	周	手臂、腿	再生期较长，快	疼痛、刺激
打蜡	蜡和熔炉	＋＋	周	脸、眉毛、腹股沟	再生期较长	疼痛、缓慢
脱毛手套	砂纸手套	＋＋	天	腿，男性面部	无	刺激、缓慢
磨料	浮石	＋＋	天	腿，男性面部	无	刺激、缓慢
穿线	线	＋	天	腿，手臂	无	疼痛、缓慢
脱毛剂	脱毛剂	＋＋	天	腿，腹股沟	快	刺激
电解	受过训练的专业人员	＋＋＋＋	可能是永久性的	所有	可能是永久的	疼痛、耗时长、昂贵
漂白	过氧化物漂白剂	＋＋	不脱毛	女性面部和手臂毛发	快速	刺激
激光	激光选择性光热分解	＋＋＋＋	永久的	所有身体部位，不适用于未着色的头发	持久	昂贵

干式剃须

剃须由于速度快、效果好、费用低，是最广泛使用的脱毛方法。剃须是男性去除面部毛发和女性去除腋下或腿部毛发的首选方法。这种技术的一个主要限制是，由于现在的发干没有自然变细的尖端，毛发快速再生。剃须可以用剃须刀片结合剃须膏（一种称为湿剃须的脱毛技术）或不含水分的电动剃须刀或剃须膏（一种称为干式剃须的技术）来完成。电动剃须刀包含多个刀片，刀片旋转或振动从而切割毛干。一般来说，电动剃须刀不能像剃刀那样把接近皮肤表面的毛发剃掉，但对皮肤的擦伤不是很大。皮肤刺激和皮肤感染的传播仍然可能发生。

影响干式剃须紧密度的因素很多，主要是通过活动刀片和皮肤之间的最佳互动来实现的。导致干性剃须紧贴的皮肤因素与湿性剃须紧贴的皮肤因素相同，包括丰富的面部皮下脂肪（导致弹性增强），毛囊周围没有深坑，以及毛囊口只有一根毛发。导致干燥剃须刺激性增加的因素包括旧刀片、剃须角度大、泡沫薄、皮肤张力高、逆毛发生长方向剃须、在给定面部区域重复剃须，以及剃须压力增加。

干式剃须的优点包括快速和容易地去毛。只要毛干较短，就可以用最小的力气刮掉大面积的毛发。电推剪是电动剃须刀的一种变体，可以用来轻松地刮掉较长的毛发。干燥剃须很难损伤皮肤，这对视力差和（或）手灵活性差的人来说是一个优势。然而，在头发快速再生或鬓毛的区域，如女性面部，不应该使用干式剃须。此外，锐利的再生发干可能会刺激腋下或腹股沟皱襞等硬组织间区域（图32-1）。干式剃须也可能会刺激毛囊口，导致毛囊周围脓疱，这个问题特别常见于女性会阴部。再生的毛干有一个尖锐的尖端，这可能会重新进入皮肤，导致假性毛囊炎，常见于黑种人患者的颈部区域。

> 干式剃须最大的问题是患者不能使用锋利的刀片。

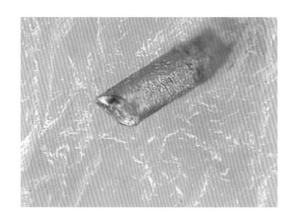

图32-1　男性胡须的一头剪得很粗糙，这是由机械剃须刀剪下来的

干式剃须最大的问题是患者不能使用锋利的刀片。由于剃须刀的刀片不能更换，因此患者根据需要磨快刀片非常重要。剃须刀刀片的设计并不是为了在电动设备的使用寿命内保持锋利。此外，刀片很难清洁，头发碎屑会阻碍刀片与皮肤的正常接触。最后，剃须刀头部防护屏下残留的潮湿皮肤和头发碎片也有可能传播传染病。正确的剃须刀护理是成功干性剃须的秘诀。

拔毛

拔毛是用镊子将整个毛干，包括毛球在内的整个毛干全部拔掉的一种方法（图32-2）。这是一种简单、廉价的脱毛方法，只需要极少的设备，但烦琐且不舒服。拔毛不能促进快速再生。大面积的拔毛是不可行的，但对于绝经后女性散乱的眉毛或下巴上孤立的粗毛，拔毛是有效的。只有末端的毛发才能被有效地拔除，因为胎毛通常在接近皮肤表面的地方断裂。

拔毛对皮肤的伤害很小，而且由于完全去除了毛干，可以提供更长的再生期。然而，应

图 32-2　各种各样的镊子。建议使用一副尖端平坦光滑的镊子，而不是一副尖端尖尖的镊子，如图中所示，尖端尖尖的镊子会在完全拔掉毛发之前折断毛发

该记住的是，反复拔一根毛发可能会导致毛发向内生长或由于毛囊损伤导致毛发无法再长。因此，应避免眉毛部位过度拔毛（图 32-3）。

> 只有末端的毛发才能被有效地拔除，因为胎毛通常在接近皮肤表面的地方断裂。

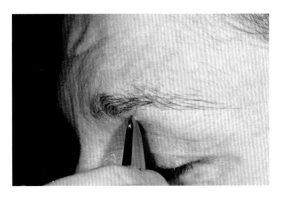

图 32-3　拔毛是去除不需要的眉毛毛发的廉价方法，但应该避免过度拔毛，以减少永久性脱毛

脱毛

脱毛现在指的是一种机械化的拔毛方法。大多数电动手持式脱毛装置都像电动剃须刀一样在皮肤上应用。它们由一个旋转的、紧紧盘绕的弹簧组成，弹簧将毛发固定在毛球的水平上，然后将毛发拉出。该设备的零售价为 30～50 美元。这种有效的拔毛可以提供很长的再生期，但有点痛苦。此外，该设备在弯曲表面（如腋下）的功能很差，而且会对皮肤较薄的身体部位（如面部）造成相当大的伤害。

脱毛最适用于大而平的表面，如手臂和腿部，但毛发必须有足够的长度，以便被卷曲的弹簧夹住。毛囊破裂是一个问题，可能导致皮肤表面下的毛发向内生长或盘绕。感染也可能是一个问题，所以建议在脱毛前后使用抗菌剂。如果脱毛器压在皮肤上太紧，可能会导致紫癜。

> 毛囊破裂是一个问题，可能导致创伤脱毛后皮肤表面下的毛发向内生长或盘绕。

打蜡

打蜡是拔毛的另一种变体。两种打蜡技术可用：热打蜡和冷打蜡。热蜡由松香、蜂蜡、石蜡、凡士林和矿物油或植物油组成。有些产品含有薄荷醇。蜡在双层蒸锅或专业的蜡锅中熔化，然后用木抹刀涂在毛发上（图 32-4）。毛发被嵌入蜡中，然后冷却变硬。当蜡从皮肤上脱落时，毛发从毛球的高度拔出。一定要小心，不要烫伤皮肤。

冷打蜡是一种较新的方法，它使用一种类似蜡的物质，从一个小袋中挤压成液体，从而消除了熔化的需要。有时冷打蜡，将一块布放置在脱毛区域，再使用液体涂抹。然后将布料与毛发和蜡一起从皮肤上扯下来（图 32-5）。这种布料的优点是它提供了强度，所以理论上蜡可以一块去除，而不是大量的小块。

打蜡的优点是可以充分去除末端毛和胎

图 32-4 一个典型的热蜡锅，这张照片是在一个美发店拍摄的，说明可能存在的卫生标准差

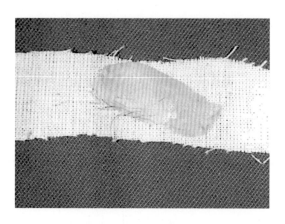

图 32-5 眉毛被显示附着在黏合剂上，黏合剂附着在布料上。冷打蜡是同时拔出多根毛发的有效方法

毛。这对需要去除所有毛发的女性上唇、下巴、眉毛、脸颊和腹股沟非常有效。男性通常不接受面部毛发打蜡，因为毛发必须长到至少 1/16 in 才能通过打蜡可靠地去除。贝克尔痣、先天性毛痣和良性毛痣中的多余毛发都可以通过这种技术在男性和女性中去除。

打蜡的主要缺点是不舒服，而且不能很好地去除不足 1/16 in 的毛发。患者可能还需要用镊子拔掉残留的几根毛发，浓密的毛发生长可能需要两次治疗才能完全去除。

打蜡的结果与拔毛的结果是相同的。两周的再生期比剃须更长，因为毛发是从根部

脱落的。当再生发生时，毛发有一个锥形的尖端，而不是由剃须产生的尖锐、钝的尖端。不会对周围皮肤造成损害，但患者必须在使用前测试加热的蜡，以避免烫伤。打蜡可以在美容院或家里进行。专业费用取决于去除区域的大小。比如，专业的眉毛打蜡大约需要 20 美元。家庭打蜡的费用要便宜得多：4 美元就能买到足够 30 次脱毛的蜡以去除多余的眉毛。

> 打蜡的优点是可以充分去除面部的末梢毛和胎毛。

脱毛手套

脱毛手套是由细砂纸制成的连指手套组成，以圆形的方式在有毛的皮肤上摩擦。这种方法会机械地使毛干断裂，但也会刺激皮肤。在一些国家，这是一种用来去除女性腿毛和男性面部毛发的方法，但在美国并不流行。脱毛手套最重要的用途是用于面部有过多白色胎毛的女性患者。它很容易脱落胎毛，不会因脱毛或剃须而产生刺激。

磨料

脱毛手套的一种变体是使用研磨性物质来断裂和去除毛发。浮石或其他磨料可以通过机械摩擦在皮肤上以去除毛发。同样，这种脱毛方法对皮肤非常刺激，在美国并不流行。这种脱毛方法在第三世界国家更常见。

穿线

穿线是一种在印度很受欢迎的脱毛技术，在美国也有一批追随者，特别是用于去除眉毛和难以拔下的多余的面部胎毛。将一根长线对折，线头一端拿在左手，另一端用牙咬住，将对折的端套在右手拇指和示指上，将右手顺时针方向结 2 圈使对折线在两条线的中部成交叉状。在拔毛时将面条线的交叉部贴

紧毛根部,左手往前拉,右手拇指和示指开合,将毛连根拔起。如果处理得当,穿线是一种有效的拔毛方法,而且创伤最小。脱毛效果的成功与否在很大程度上取决于操作者,但用于穿线的用品简单且价格低廉。

> 穿线的方法是将棉线绕在操作员的脖子上,并将另一端拧成一只手拿着的圈。

脱毛剂

机械脱毛方法已讨论,现在转向化学脱毛产品(称为脱毛剂)。化学脱毛剂的作用是充分软化皮肤表面上方的毛干,以便可以用软布轻轻擦去(图 32-6)。目前市场上销售的化学脱毛剂有膏状、粉状、面霜和乳液配方,特别适合用于腿部、腹股沟和面部。所有配方的作用都是通过软化富含半胱氨酸的毛发二硫键,使其溶解。这是通过组合 5 种不同的成分来实现的。

合成化学脱毛剂的试剂包括洗涤剂、毛干膨胀剂、黏合剂、pH 调节剂和断键剂。它们共同起到为毛发做准备和促进脱毛的作用。像十二烷基硫酸钠、月桂醇-23 或月桂醇-4 这样的洗涤剂可以去除保护性毛发皮脂,并允许断键剂渗透。进一步的渗透可以用尿素或硫脲等膨胀剂来完成。石蜡等黏合剂可使混合物黏附在头发上,而将 pH 调节到 9.0~12.5 对减少皮肤刺激很重要。最后,断键剂能够成功地破坏毛干。

有几种断键剂可用:巯基乙酸、巯基乙酸钙、硫化锶、硫化钙、氢氧化钠和氢氧化钾。最受欢迎的商业断键剂是巯基乙酸盐,因为它们可以在有效断键的同时减少皮肤刺激;然而,它们在溶解男性胡须等粗糙毛发方面效果较差。硫化物断键剂作用更快,但刺激性更强,有时会产生不良的硫黄气味。氢氧化钠,也被称为碱液,是最好的断键剂,但对皮肤极为有害。

图 32-6　男性面部毛发脱毛在非裔美国男性中很受欢迎,他们通过溶解毛囊口处的毛干来避免假性毛囊炎的损害

化学脱毛剂的设计是保持与皮肤接触 5~10 分钟,对于细毛来说时间更短,对于粗毛来说更长。由于毛干含有比周围皮肤更多的半胱氨酸,这些产品对毛干损伤有一定的选择性,但仍然对皮肤有刺激性,尤其是当接触时间延长时。一旦它们呈现出螺旋状的外观,毛发就会被擦掉。在任何情况下,化学脱毛剂都不能用于损伤或皮炎的皮肤。

化学脱毛的主要优点是再生速度比剃须慢,如果使用得当,该技术是无痛且不会留下瘢痕。主要的缺点是有皮肤刺激性。

> 化学脱毛的主要优点是再生速度比剃须慢。

化学脱毛剂最好用于去除腿部包括大腿上部的毛发。深色毛发似乎比浅色毛发更不易去除,粗毛比细毛更不易去除。这就解释了为什么这些产品很难用在男性胡须上。然而,含有硫化钡的各种粉末脱毛剂可用于患有假毛囊炎的黑种人男性。这些粉末状产品与水混合成糊状物,并用木制涂抹器涂抹在胡须上 3～7 分钟。然后用同一个涂抹器去除毛发和脱毛剂,用凉水冲洗皮肤。此操作的执行频率不应超过每隔 1 天 1 次。

使用化学脱毛剂可引起过敏性和刺激性接触性皮炎。过敏性接触性皮炎较少见,但可能由于香料、羊毛脂衍生物或其他化妆品添加剂所致。刺激性接触性皮炎很常见,特别是每周使用该产品一次以上或在黏膜附近使用该产品的个人。一般来说,该产品不适合任何有皮肤病问题的患者。大多数皮肤问题可以通过停止使用该产品和局部使用皮质类固醇来补救。脱毛剂也会损坏织物和家具。

电解

电解是一种永久性的脱毛方法。目前激光脱毛已成为主流方法,但并不常见。皮肤科医师非常清楚电解的并发症,包括瘢痕、未能破坏毛囊细胞的萌发,以及病毒和细菌疾病的传播。然而,电解法仍然是一种非常受女性欢迎的脱毛技术,用于去除脸上、颌部、颈部和比基尼部位的多余毛发。电解技术有 3 种:电偶电解、热分解法和混合法。

第一个使用电解脱毛的人是密苏里州的眼科医师 Charles E. Michel 博士,他于 1875 年将电解脱毛技术用于倒睫的治疗。这种技术在 19 世纪后期变得众所周知。1924 年,法国里昂的 Henri Bordier 博士发明了热分解技术。电解和热分解的结合,即所谓的混合法,是 Arthur Hinkel 和 Henri St. Pierre 在 1945 年发明的,并在 1948 年获得了这项技术的专利。

所有电解技术都涉及将针头插入毛囊口,直至毛囊萌发细胞。要永久性地阻止毛发生长,就必须破坏至真皮层乳头。在确定电解技术的有效性时,有以下几个重要的考虑因素。

休止期与生长期

只有肉眼可见的毛发才能被电解去除,只有生长期的毛发才能被充分处理。另一方面,处于休眠期的毛囊没有可见的毛干,不能治疗。如果休止期与生长期的比率很高,那么在治疗区域会看到大量毛发生长。这个比例因身体部位而异。

许多电解除毛学家建议他们的客户在治疗前几天剃掉要治疗部位的毛发,并避免使用其他临时脱毛技术。这确保了只有生长期的毛囊被处理。先上蜡或拔毛可能会延迟毛发的再生,从而降低电解的彻底程度。

水分含量

毛囊的水分含量对决定电解的成功方面也很重要。毛囊下部分的含水量比较浅的毛囊含水量更充足。水是在针头和毛乳头之间传输电能所必需的。因此,电解针必须插入毛囊的深处。

深度

针的插入深度由毛干直径决定。如表 32-2 所示,直径较大的毛发需要插入更深的针才能充分破坏。了解毛囊深度是必要的,可以确保充分的毛囊破坏而不留下瘢痕。

表 32-2 毛干直径和毛囊深度

毛干直径(in)	毛发描述	毛囊深度(mm)
<0.001	极细	<1
0.001～0.002	细	1～2
0.002～0.003	中等	2～3
0.003～0.004	粗	3～4
0.004～0.005	很粗	4～5
0.005～0.006	非常粗	5
>0.006	超级粗	5

Source：Adapted from Ref. 21.

强度和持续时间

真皮乳头的损伤取决于所施用电流的强度和持续时间。高强度能量可以用于短时间,或者较低强度能量可以用于较长时间。使用能量的多少取决于使用的技术和患者的疼痛耐受性。正如预期的那样,疼痛随着高强度能量的增加而增加。然而,低强度的能量无法破坏一些毛发。一般来说,粗毛比细毛需要更长时间的处理。

毛囊形状

对于卷发、烫发或扭结发质的个人来说,电解是非常困难的。这是因为很难将针准确地插入毛囊。

> 电解只能去除可见的毛发,因此只有生长期的毛发才能得到充分的处理。

脱毛技术

电解法、热分解法和混合法代表了可以用来永久去除多余毛发的 3 种技术。其他宣传的方法,如电子镊子,则不起作用。

电解法

这种技术实际上被称为“电偶电解”,是通过一根不锈钢针进入毛囊周围组织中的氯化钠和水中的直流电(DC)。直流电流使盐(NaCl)和水(H_2O)电离成游离的钠(Na^+)、氯(Cl^-)、氢(H^+)和氢氧化物(OH^-)离子。这些自由离子然后重新结合成氢氧化钠(NaOH)(也就是碱液)和氢气(H_2)。腐蚀性的氢氧化钠会破坏毛囊,而氢气则会被释放到大气中。由于毛囊底部的水分含量较多,产生的氢氧化钠量更多,而皮肤表面的氢氧化钠量最少。皮肤表面附近的碱液生成减少,并伴有皮脂的保护作用,可降低该技术对皮肤的刺激性。毛囊破坏的诱发量以碱液为单位来

测量,Arthur Hinkel 将其定义为:0.1mA 电流持续 1 秒(22)时产生的碱液量。

电偶电解是产生永久脱毛的最有效方法,但是烦琐且缓慢。这导致了多针技术的发展。

热分解法

热分解,也被称为短波无线电射频透热,不同于电偶电解,因为是交流高频(AC)电流通过针。这个电流引起毛囊周围水分子的振动并产生热量。因此,加热的方式与微波炉中的加热方式相同。

针首先从针尖开始加热,然后向皮肤表面扩散。这意味着热量在毛囊周围停留的时间比在皮肤表面停留的时间更长,最大限度减少不适和皮肤损伤。如果交流电流过多,会产生蒸汽,通过毛囊口排出,造成烧伤,甚至可能留下瘢痕。

热分解比电偶电解要快得多,但不会像电解法那样可靠地破坏毛囊。此外,热分解对变形或弯曲的毛囊也不起作用。几年前,人们引入了一种非常快速的热分解方法,称为闪速法,但不幸的是,这种方法被毛发再生速度过快所困扰。

混合法

混合法是电解法和热分解法两者的结合。直流电和高频交流电同时通过针产生氢氧化钠和热量。热碱液在破坏真皮层乳头方面非常有效,可以取得较好的效果,减少再生。此外,由热分解诱导的组织损伤使碱液通过毛囊扩散得更快。这种混合只需要 1/4 的电解时间。

针具选择

针的选择对电解的成功至关重要。针有多种形状:直针、锥形针、球状针和绝缘针(图 32-7)。大多数更喜欢使用一根尖端略圆的直针。锥形针头(针尖比针身窄)有时被用来

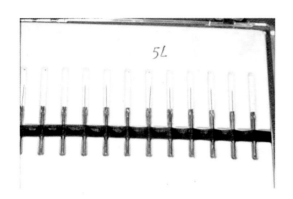

图 32-7 建议使用一次性电解针，以防止传染病的意外传播

去除深层的末端毛发。电解这些毛发需要更多的能量，这些能量可以在毛发的尖端传递，而不会使浅表的组织受到过度的损伤。

针的直径应该与要处理的毛干的直径相匹配，因此也有各种尺寸可供选择。较小的针头通常比较大的针头更热。选择尽可能大的针可减轻患者疼痛。

不锈钢是制作针的标准材料；然而，也有公司销售一种被称为"低过敏性"的镀金针。有时，电学家可能会同时使用多根针来加速治疗。一台计算机化的电解机被用来按适当的顺序和规定的时间将能量依次输送到针上。

针插入技术

针必须正确地插入毛囊口，以确保毛囊被破坏而不留下皮肤瘢痕。最流行的插针技术被称为正手技术。针座就像一支铅笔夹在拇指和示指之间。然后将镊子放在持针器和同一只手的拇指之间。这使得空闲的手可以用来拉伸皮肤。拉伸皮肤是打开毛囊口入针的重要步骤。

针始终与毛干平行插入，毛发生长方向相反。毛发可能以 $10°\sim90°$ 的角度从皮肤上脱落。针的插入角度必须与毛发生长的角度一致。如果毛发很长，而且长在皮肤表面，则应将其剪掉，以便更好地了解其出口角度。针也

应始终插在毛干下面。上述步骤对于在不损伤周围皮肤的情况下破坏毛囊是必要的。

重要的是针的插入要达到适当的深度。一般的规律是，粗毛比细毛有更深的毛囊。上覆皮肤的轻微凹陷和阻力意味着已经到达毛囊的底部，针应轻轻抽出，直到凹陷消失。正确的针头插入应该是无痛和无血的。浅针插入可能会导致患者疼痛和留下瘢痕。

电解脱毛技术

一旦毛发处理完毕，针头应该以与插入时完全相同的角度拔出。夹在拇指和持针器之间的镊子现在与毛干成 90°角，用于脱毛。如果治疗进行得当，毛发应该被牢牢地抓住，轻轻地从毛囊滑出。去除毛发的阻力意味着毛发已经脱毛，没有经过电解处理，因此可能发生再生。

电解的不良反应

必须正确进行电解以尽量减少患者的瘢痕。表 32-3 总结了成功电解必须遵循的要点。还必须注意在允许的卫生条件下进行手术，以防止细菌和病毒感染的传播。

表 32-3 电解瘢痕预防方法

1. 处理过的毛发应该毫不费力地从毛囊口拔出
2. 针的大小应与毛发直径相同
3. 皮肤应该是干燥的
4. 治疗后皮肤不应变白
5. 只有当针完全插入毛囊口至毛囊水平时，电流才应该流动
6. 只有当电流停止时，才应拔出针
7. 相同的毛囊口不应重新进入或治疗两次

关于电解的真正担忧是缺乏监管，因为有 23 个州不要求电子医师获得许可证。缺乏许可证意味着不同的沙龙在培训和健康标准上会有很大的差异。不恰当的技术可能导致永久性瘢痕，而设备消毒不当则可能导致

细菌和病毒感染的传播。如果能找到一个健康标准高的好操作员,电解可能对上唇或下颌有一些多余的面部毛发的女性有用。这种技术不适用于去除毛发较多的部位,如男性胡须,因为每次只能去除 25～100 根毛发。

漂白

漂白不是脱毛的一种方法,但在本章进行讨论,因为它可以使多余的毛发不那么明显。商业产品可用于漂白头发;然而,自制漂白剂可以用 40ml 过氧化氢和 7ml 20% 的氨水混合制成。漂白剂与头发接触直到颜色褪去,需要 5～10 分钟。本产品对皮肤有刺激性,不应在眼周或黏膜使用。

对于注意到手臂、上唇或下颌线有过多色素毛发的女性患者,毛发漂白最为合适。头发可能因西班牙裔、地中海或中东遗传背景而着色。当剃须产生不可接受的再生外观且面积太大无法打蜡时,漂白可能是最可接受的替代方案。

> 对于注意到手臂、上唇或下颌线有过多色素毛发的女性患者,头发漂白最为合适。

激光

激光已经彻底改变了专业脱毛,目前正准备进入消费者市场。家庭激光可能会变得普遍,因为这些设备的安全性和低成本使它们更有吸引力。激光脱毛显然比其他任何方法都更持久、更有效。许多不同类型的激光和光源可以用来破坏毛发生长,包括正常模式红宝石、钕∶钇铝石榴石(Nd∶YAG)、二极管和强脉冲光(IPL)。

尽管激光脱毛被认为是永久性的,但 FDA 对永久性的定义是指在一个特定部位超过一个完整的毛发周期的一段时间内,终末毛发数量的稳定减少。这并不意味着毛发都没了! 这就是为什么需要几次治疗才能完全去除毛发,一些毛发可能会重新生长,但它更细、色素更少。脱毛的程度取决于治疗的类型、毛发的位置和毛发的颜色。深色毛发的患者效果最好,但红色、金色、灰色或白色毛发的患者可能没有那么好,需要每 3 个月进行一次治疗。

> 激光脱毛对深色素的毛发效果最好,这意味着红色、金色、灰色或白色毛发的患者的脱毛效果会减弱。

为了永久去除毛发,只有当毛囊中的生发细胞和毛发膨出部位的干细胞都被破坏时,才会发生完全破坏。这个主题将在头发章节中进行更详细的讨论。毛发中的黑色素是激光能量的目标,这意味着选择性光热使用被用来破坏毛发的生长。毛发黑色素的作用是吸收 600～1100nm 范围内的能量,被称为发色团。这些能量随后被黑色素以热量的形式释放出来。这使得光能穿透毛囊底部,并迅速加热水,从而破坏毛发。处于休止期的毛发不能进行激光脱毛处理,需要多次处理才能达到满意的效果。只要遵循选择性热分解的概念,各种激光和光设备都可以用于永久性脱毛。

小结

这里讨论的脱毛技术应该与第 31 章讨论的湿剃须结合使用,以帮助担心多毛症的患者。每种脱毛技术都有优缺点,应该根据患者的需要和风险效益比来评估。在激光脱毛的情况下,还应考虑脱毛的成本和选择性光解的适用性。在适当的情况下,这些脱毛技术应与医疗相结合。

参 考 文 献

[1]　Bhaktaviziam C, Mescon H, Matolsky AG. Shaving. Arch Dermatol 1963;88:242-7.

［2］ Lynfield YL，MacWilliams P. Shaving and hair growth. J Invest Dermatol 1970；55；170-2.

［3］ Brooks GJ，Burmeister F. Preshave and aftershave products. Cosmet Toilet 1990；105；67-9.

［4］ Hollander J，Casselman EJ. Factors involved in satisfactory shaving. JAMA 1937；109；95.

［5］ Elden HR. Advances in understanding mechanisms of shaving. Cosmet Toilet 1985；100；51-62.

［6］ Strauss J，Kligman AM. Pseudofolliculitis of the beard. Arch Dermatol 1956；74；533-42.

［7］ Spencer TS. Pseudofolliculitis barbae or razor bumps and shaving. Cosmet Toilet 1985；100；47-9.

［8］ Richards RN，Uy M，Meharg G. Temporary hair removal in patients with hirsuitism：a clinical study. Cutis 1990；45；199-202.

［9］ Blackwell G. Ingrown hairs，shaving，and electrolysis. Cutis 1977；19；172-3.

［10］ Scott JJ，Scott MJ，Scott AM. Epilation. Cutis 1990；46；216-17.

［11］ Wright RC. Traumatic folliculitis of the legs：a persistent case associated with use of a home epilating device. J Am Acad Dermatol 1992；27；771-2.

［12］ Dilaimy M. Pseduofolliculitis of the legs. Arch Dermatol 1976；112；507-8.

［13］ Wagner RF. Physical methods for the management of hirsutism. Cutis 1990；45；319-26.

［14］ Breuer H. Depilatories. Cosmet Toilet 1990；105；61-4.

［15］ de la Guardia M. Facial depilatories on black skin. Cosmet Toilet 1976；91；37-8.

［16］ Halder RM. Pseudofolliculitis barbae and related disorders. Dermatol Clin 1988；6；407-12.

［17］ Goldberg HC，Hanfling SL. Hirsutism and electrolysis. J Med Soc NJ 1965；62；9-14.

［18］ Richards RN，Meharg GE. Cosmetic and medical electrolysis and temporary hair removal. Ontario：Medric Ltd. ，1991；17-18.

［19］ Richards RN，Meharg GE. Cosmetic and medical electrolysis and temporary hair removal. Ontario：Medric Ltd. ，1991；24-5.

［20］ Hinkel AR，Lind RW. Electrolysis，thermolysis and the blend. California：Arroway Publishers，1968；181-7.

［21］ Fino G. Modern electrology. New York：Milady Publishing Corp. ，1987；35-69.

［22］ Cipollaro AD. Electrolysis：discussion of equipment，method of operation，indications，contraindications，and warnings concerning its use. JAMA 1938；110；2488-91.

［23］ Wagner RF，Tomich JM，Grande DJ. Electrolysis and thermolysis for permanent hair removal. J Am Acad Dermatol 1985；12；441-9.

［24］ Hinkel AR，Lind RW. Electrolysis，thermolysis and the blend. California：Arroway Publishers，1968；199-223.

［25］ Gior F. Modern electrology. New York：Milady Publishing Corporation，1987；32-3.

［26］ Richards RN，Meharg GE. Cosmetic and medical electrolysis and temporary hair removal. Ontario：Medric Ltd. ，1991；85-6.

［27］ Petrozzi JW. Verrucae planae spread by electrolysis. Cutis 1980；26；85.

建 议 阅 读

Alster TS，Tanzi EL. Effect of a novel low-energy pulsed-light device for home-use hair removal. Dermatol Surg 2009；35；483-9.

Casey AS，Goldberg D. Guidelines for laser hair removal. J Cosmet Laser Ther 2008；10；24-33.

Dierickx CC. Photoepilation（Chapter 21）. In：Blume-Peytave U，Tosti A，Whiting DA，Trueb RM，eds. Hair growth and disorders. Springer，2008；427-45.

Fodor L，Menachem M，Ramon Y，et al. Hair removal using intense pulsed light（EpiLight）：patient satisfaction，our experience，and literature review. Ann Plast Surg 2005；54；8-14.

Gault D. Treatment of unwanted hair in auricular reconstruction. Facial Plast Surg 2009；25；175-80.

Gold MH，Bell WE，Teresa DF. Long-term epila-
tion using the epilight broad band，intense pulsed
light hair removal system. Dermatol Surg 2008；
23：909-13.

Görgü M，Aslan G，Aköz T，Erdogan B，ASVAK
Laser Center. Comparison of alexandrite laser and
electrolysis for hair removal. Dermatol Surg
2000；26：37-41.

Liew SH. Laser hair removal：guidelines for man-
agement. Am J Clin Dermatol 2002；3：107-15.

Littler CM. Hair removal using an Nd：YAG laser
system. Dermatol Clin 1999；17：401-30.

Ort RJ，Dierickx C. Laser hair removal. Semin Cu-
tan Med Surg 2002；21：129-44.

Pickens JE，Zakhireh M. Permanent removal of un-
wanted hair. Aesthetic Surg J 2004；24：442-5.

Ramos-el-Silva M，de Castro MCR，Carneiro LV.
Hair removal. Clin Dermatol 2001；19：437-44.

Spencer JM. Clinical evaluation of a handheld self-
treatment device for hair removal. J Drugs Der-
matol 2007；6：788-92.

Tatlidede S，egemen O，Saltat A，et al. Hair re-
moval with the long-pulse alexandrite laser. Aes-
thetic Surg J 2005；25：138-43.

Traversa E，Machado-Santelli GM，Velasco MVR.
Histological evaluation of hair follicle due to papain's
depilatory effect. Int J Pharm 2007；335：163-6.

Zoumaras J，Kwei JSS，Vandervord J. A case re-
view of patients presenting to royal north shore
hospital，with hair removal wax burns between
January and November 2006. Burns 2008；34：254-
56.

第33章

头发与光保护

毛发的光保护并不是皮肤科医师经常讨论的话题。毕竟，头发是无生命的，因此不需要防止 UV 辐射，因为毛干本身不可能致癌。如果头发的蛋白质因阳光暴晒而改变，受损的头发可以被去除，并被新生的头发取代。因此，似乎头发光保护的整个问题无关紧要；然而，患者经常向皮肤科医师咨询关于头发生长和外观问题的建议。头发的光保护是保持毛干美容价值的重要组成部分。本章将重点介绍 UV 辐射对毛干的化学影响、头发光老化、头发固有的 UV 光保护机制以及头发防晒霜的使用。头发的光保护目前还处于起步阶段，是头发护理产品和美容行业的一个重点研究领域。

头发和 UV 辐射

关于头发及其如何与 UV 辐射相互作用的大部分理解都来自纺织业。天然纤维，如羊毛、棉花、丝绸和人造丝，暴露在阳光下会变色。白色织物倾向于呈现浅棕色/黄色，这个过程被称为"光黄化"。同样的光黄化化学过程也可以发生在天然的未经处理的人类头发上。人类头发含有两种色素，真黑素和褐黑素，这两种色素分别构成了头发中的棕色和红色。第三种黑色素，被称为氧化黑色素，存在于未经处理的暴露在阳光下的头发中。氧化黑色素是一种氧化光降解产物。虽然这种光降解黑色素的存在降低了头发的美容价值，但它也会对染发剂和永久卷发液与

毛干的相互作用产生化学影响。最重要的是，氧化黑色素的含量与毛干光老化的程度相等。

> 氧化黑色素是一种光降解色素，可导致头发的光黄化。

UV 辐射也会损害头发脂质。正因如此，光损伤的头发会变得暗淡和干燥。完整的毛脂被要求涂在毛干上，以赋予毛发光泽和可打理性。可打理性是指可以轻松地对毛干进行修整和造型。缺乏完整脂质的头发容易受到静电的影响，梳理摩擦容易导致头发断裂，看起来卷曲。

头发光老化与内源性保护

为了了解头发的光老化，有必要了解 UV 辐射是如何与毛干蛋白质相互作用的。头发是一种复杂的非生命结构，其外层角质层为内部皮层提供了一个坚硬的保护屏障。皮质由负责毛干机械强度的纤维蛋白组成。黑色素包含在皮层中，嵌在无定形的蛋白质基质中。有时毛干可能含有髓质，但这种内部结构的功能在很大程度上是未知的，在成熟的毛干中很少发现。阳光通过增加胱氨酸二硫键的断裂来破坏毛干的强度。头发中的二硫键可以防止毛干在很小的损伤下断裂。因此，阳光对头发的主要光老化效应是毛干的物理弱化。

> 头发的蛋白质结构会被 UV 辐射破坏。

如前所述,阳光对毛干的第二个主要影响是产生氧化黑色素。氧化黑色素导致色素稀释和头发颜色变浅,它是毛干内的色素提供内源性光保护的唯一来源。天然色素实际上可以防止二硫键的破坏,即使头发发生颜色变化,也能保持毛干的强度。换句话说,头发色素的化学功能改变可以保护头发的蛋白质结构骨干。头发含有原始色素防晒,是在商业皮肤防晒霜行业中技术发展迅速的一个领域。

阳光对头发的第三个主要影响是头发颜色变白。由于黑色素的光氧化作用,深色头发会呈现红色,而金色头发则会呈现光黄化。黄色变色是由于在金发毛干内的胱氨酸、酪氨酸和色氨酸残基的光降解所致。此外,经永久性或半永久性染发剂处理过的头发暴露于 UV 辐射时也可能会变色。

局部头发光保护

局部外源性头发光保护的主要方法与皮肤光保护方法没有什么不同。UVB 和 UVA 防晒霜被添加到专为头发使用而设计的配方中,如即时护发素、定型凝胶和喷发胶。这种局部头发光保护方法的主要问题是未能形成均匀的薄膜来保护头部每根头发的整个表面区域。因为人类头上头发的总表面积是巨大的,保护每一根头发的整个表面区域是不可能的。另一个挑战是创造一种能黏附在头发角质层上的防晒霜配方。此外,在每根毛干上涂上同等厚度的防晒霜,同时又不会使头发显得松软或油腻,这是一项美容挑战,目前还没有任何护发产品能够克服。

针对护发产品提出了一种光保护评级系统,称为 HPF 或头发保护因子。这与 SPF 或皮肤保护因子的概念类似,不同之处在于使用毛干的抗拉强度评估来进行分级,而不

是使用晒伤评估。HPF 评分遵循从 2 到 15 的对数刻度。目前,这个系统还没有流行起来,因为标有 SPF 的护肤品被认为是非处方药(OTC)。护发产品是真正的化妆品,不希望被列入防晒专著或受 OTC 管理条例的约束。这种困境导致化妆品研究人员质疑是否可以通过另一种方式(也许可以通过毛干的内部结构)对毛干进行光保护。

内在的头发光保护

对毛干内部结构的分析使我们对光保护的可能机制有了一些有趣的见解。毛干的自然颜色是由分布在皮层内的色素颗粒对可见光的吸收和光的散射能力共同作用的结果。头发暴露在阳光下会导致发色变浅,也就是漂白,并最终损害头发纤维本身(如前讨论)。当看一位长着棕色头发的女人时,色素变亮是显而易见的。远端毛尖具有红色色调,而近端毛干具有棕色色调。这种色素的损失和由此产生的氨基酸变化似乎使毛干更易加速光老化。这使得化妆品行业开始质疑,改变头发颜色是否可以用来增强内在的头发光保护。

头发行业的研究人员已经证明,未着色的头发比着色的头发更容易受到 UV 诱导的损伤,这意味着颜色颗粒提供了一些保护,免受氧化损伤。$254 \sim 400$ nm 的波长可诱导毛发蛋白降解。从化学角度来看,这些变化被认为是由于紫外线诱导的毛干内硫分子的氧化。多肽链的酰胺碳也发生氧化,在发干中产生羰基。这可以解释为,由于环境暴露导致的胱氨酸二硫键断裂率,对未着色的头发比着色的头发更大。因此,白头发和年老的灰头发比年轻的着色头发更容易受到 UV 辐射的伤害。尽管传统上认为染发剂会损害毛干,但替代毛干色素的光保护作用可能会抵消部分损害。

> 色素头发比未着色头发更不容易受到 UV 的光损害。

增强内在光保护的方法

如果毛干内的天然色素提供了光保护，那么通过染发剂将合成色素沉积在角质层和皮质内，就有可能保持头发的美容价值。可以人工增加毛干色素的染发剂有两种类型：半永久性染发剂和永久性染发剂。

半永久性染发剂是由染料组合组成，如硝基苯二胺、硝基氨基酚和氨基蒽醌。这些染料在头发上停留 25 分钟，然后混合使用，以达到最终所需的颜色。可以想象，染发会对头发纤维造成损伤。然而，由于头发长时间暴露在 UV 辐射下，染色过程的最初破坏作用被沉积在毛干上的颜色的抗氧化作用所抵消。因此，暴露在 UV 下 4 天后，未染色的白头发比半永久性染色的头发表现出更多的机械强度损伤。这意味着染发剂的颜色越深，提供的光保护就越多。这种半永久性染发剂是一种混合染料，旨在创造理想的最终颜色。

通常，红色和蓝色的混合被用来创造棕色。有趣的是，红色颜料比蓝色颜料产生更好的光保护作用。这可能是因为红色染料比蓝色染料吸收了 UV 光谱中能量更高的部分。

永久性染发剂也观察到了同样的效果。由于氧化/还原反应，永久性染发剂会更深入地渗透到毛干中，产生颜色。它们也可以作为光保护剂；然而，永久性染发剂的破坏性更大，因为使用过氧化氢和氨水可以让化学物质渗入毛干。但是矛盾的是，碱性越强的染料，虽然会产生更多的角质层和结构毛干损伤，但是提供的光保护却越好。这是由于永久性染发剂能够通过入射光的衰减来减少头发纤维蛋白的损伤，从而起到被动滤光剂的作用。染料分子吸收光能，从而将其提升到更高的激发态，然后通过辐射和非辐射途径返回基态。这是染发剂可以作为抗氧化剂起作用以防止通过二硫键溶解而使头发变弱的机制（图 33-1）。

图 33-1　A. 染过的深色头发比灰色头发更耐光照，因为毛干内的染料能够吸收 UV 辐射，防止头发蛋白质受损；B. 染成金色的头发比染成深色的头发更容易受到光损伤

棕色永久性染发剂提供出色的光保护作用。

含有护发产品的防晒霜

除了染发剂之外，还有各种各样的护发产品，它们可以为头发提供一些光保护。这些产品包括洗发水、即时护发素、深层护发素和定型产品。一些价格较高的高档洗发水在配方中加入了防晒成分，专为染发设计。如前所述，由于 UVA 辐射改变了染色头发的颜色，这些洗发水被作为延长染发剂寿命的产品销售。它们可能会防止染成的金色头发和染成的深色头发发展成红色或黄铜色调。当然，洗发水的光保护作用具有挑战性，因为在定型之前，表面活性剂必须从头发上完全冲洗干净。在笔者看来，这些产品确实含有添加的化学防晒剂，如氧苯甲酮或甲氧基肉桂酸辛酯，但它们对头发的覆盖和保护能力有限。

更好的头发光保护方法是使用护发素。一些基于硅酮的新型护发素，如二甲硅油，确实可以在毛干上沉积一层护发素和防晒霜的薄膜。虽然这种薄膜可能不会均匀地覆盖在每根毛干上，但当以这种方式应用时，防晒霜具有更好的实质性。洗发后立即使用的即时护发素，在毛巾擦干前冲洗干净，不如深层护发素在头发上停留 15～30 分钟的效果好。护发素在毛干上停留的时间越长，添加的防晒霜成分就越有可能粘在头发上。因此，护发素与头发的接触的时间将在一定程度上决定所获得的光保护程度。

在头发干燥后使用造型产品可能是提供光保护的最有效的方法。这些方法包括吹干护发素、定型凝胶和喷发胶。吹干护发素是在头发潮湿的时候按摩头发，在头发干燥之前起到保护头发免受热损伤的作用。如果把它们彻底地按摩在头发上，进行彻底的按摩，它们可以提供极好的光保护。喷发胶可能只应用在头发的某些部位，如发干根部或发梢，由于其接触有限，可能不能提供太多保护。这种情况也适用于将喷发胶作为薄膜涂在定型的发型上。

含有喷发胶和调理喷雾的防晒霜可以减少 UV 对头发的伤害。

护发产品提供的光保护程度是最低的。更彻底、更厚的涂敷可以获得更好的光保护效果，但这很难做到，因为头发的表面积太大。许多目前可用的防晒活性物质对头发没有实质性作用，这意味着它们不能很好地粘贴或附着于头发上，防止防晒霜沉积并便于去除。更好的头发光保护方法可能是衣服的使用，如帽子、围巾或雨伞。在头发光保护领域仍有许多研究和开发。

小结

关于半永久性和永久性染料作为头发光保护手段的新见解很有趣。许多向皮肤科医师咨询毛发生长建议的女性患者都是成熟的白发患者。染发的诱惑在于将头发漂白，从而去除头发中残留的色素颗粒，使头发颜色变淡。灰色或漂白过的头发比棕色头发含有更少的色素颗粒，因此更容易发生光老化。深色的头发更能抵抗光降解。因此，对于喜欢户外活动的成熟女性来说，将头发染成深一点的颜色可能是有益的，可以防止毛干因暴露在 UVA 中而变弱。目前，染发剂是最好的防晒霜。含有洗发水和护发素的防晒霜最多只能提供有限的光保护。

参 考 文 献

[1] Launer HF. Effect of light upon wool. Ⅳ. Bleaching and yellowing by sunlight. Textile Res J 1965;35:395-400.

［2］ Inglis AS，Lennox FG. Wool yellowing. Ⅳ. Changes in amino acid composition due to irradiation. Textile Res J 1963;33;431-5.

［3］ Tolgyesi E. Weathering of the hair. Cosmet Toilet 1983;98;29-33.

［4］ Milligan B，Tucker DJ. Studies on wool yellowing. Part Ⅲ sunlight yellowing. Text Res J 1962;32;634.

［5］ Berth P，Reese G. Alteration of hair keratin by cosmetic processing and natural environmental influences. J Soc Cosmet Chem 1964; 15;659-66.

［6］ Nacht S. Sunscreens and hair. Cosmet Toilet 1990;105;55-9.

［7］ Arnoud R，Perbet G，Deflandre A，Lang G. ESR study of hair and melanin-keratin mixtures;the effects of temperature and light. Int J Cosmet Sci 1984;6;71-83.

［8］ Jachowicz J. Hair damage and attempts to its repair. J Soc Cosmet Chem 1987;38;263-86.

［9］ Holt LA，Milligan B. The formation of carbonyl groups during irradiation of wool and its releance to photoyellowing. Textile Res J 1977;47;620-4.

建 议 阅 读

Draelos ZD. Sunscreens and hair photoprotection. Dermatol Clin 2006;24;81-4.

Hoting E，Zimmerman M. Sunlight-induced modifications in bleached,permed, or dyed human hair. J Soc Cosmet Chem 1997;48;79-91.

Hoting E，Zimmerman M，Hilterhaus-Bong S. Photochemical alterations in human hair;Ⅰ. Artificial irradiation and investigation of hair proteins. J Soc Cosmet Chem 1995;46;85-99.

Jachowicz J. Hair damage and attempts at its repair. J Soc Cosmet Chem 1987;38;263-86.

Pande CM，Albrecht L. Hair photoprotection by dyes. J Soc Cosmet Chem 2001;52;377-89.

Tolgyesi E. Weathering of hair. Cosmet Toilet 1983;98;29-33.

第34章

脱发与美容

执业皮肤科医师经常遇到对脱发表示担忧的患者。一般来说,患者会说他们原本浓密、有光泽、易打理的头发变得稀疏且难以定型。如果这是皮肤科医师与患者的首次咨询,则很难验证脱发的程度。据估计,在一个不知情的观察者可以检查头皮并注意到毛干数量减少之前,一个人必须失去大约50%的头发。在头发化妆品行业中,头发丰满所需的头发数量见表34-1。请注意,头发颜色越浅,视觉上浓密的头发所需的头发数量就越多。

表 34-1　头发丰满度的头发数量(按头发颜色)

金色:140 000 根头发
棕色:110 000 根头发
黑色:108 000 根头发
红色:90 000 根头发

红色头发比金色头发需要更少的毛干就能显得饱满,因为红色毛干的直径最大,而金色毛干的直径最小。但是在笔者的实践中,金发和棕色头发的患者似乎比黑色或红色头发的患者更容易出现脱发问题。然而,脱发是一个复杂的皮肤科问题,由内部和外部因素介导。对于皮肤科医师来说,当帮助抱怨脱发的痛苦患者时,他们可能很难知道从哪里开始。当患者请求帮助时,必须牢记一种算法,以便高效且合乎逻辑地解决问题。本章描述了笔者对弥漫性非瘢痕性脱发患者的

治疗方法,这可以通过医学和美容来解决。瘢痕性脱发的原因超出了本书的范围,但不幸的是必须通过使用假发来解决,在其他章节中已经进行了讨论。

外部与内部脱发原因的评估

通过区分内部和外部因素,对脱发患者进行评估至关重要。一般来说,脱发的内因会导致包括毛囊在内的整个毛干的脱落。如果囊茎被拉长,毛发在生长期已经脱落,表明生长期脱落。另一方面,如果囊茎呈棒状,毛发在休止期脱落,表明休止期脱落。

> 患者脱发必须评估外部和内部原因。

外部原因导致的头发脱落的操作或化妆的化学头发治疗削弱毛干,从而导致毛干断裂。这些断裂的毛干不包含毛囊。然而,偶尔发现或与遗传性皮肤病(毛发分裂症、内陷性毛发破裂、扭转毛、念珠状毛发和结节性毛发撕裂症)相关异常形成的毛干也可能导致毛干强度降低和随后的断裂。为了确保头发结构正常,有必要在显微镜下检查几根拔下的头发。

通过在头皮的各个区域进行10次头发拉扯,可以容易地将脱发与头发断裂区分开。头发拉扯是通过用手指抓住头皮的毛干,并在毛干的长度上用力拉来完成的。除去的毛

发被检查是否存在毛囊的形成。如果每次拔毛发超过 6 根,就表示脱发过多。该程序还提供了确定不存在脱发的局部区域,消除头癣、斑秃等原因。

评估脱发的程度

在诊疗室拉扯头发可能会误导人,特别是如果患者在接受检查之前已经洗过头发,并且已经除去了松动或断裂的头发。事实证明,从患者那里得到准确的脱发量可能是困难的,因为大多数人都不知道正常人每天会掉 100～125 根头发。如果不经常梳理头发,洗发可能会导致多达 200 根头发脱落。

> 正常的脱发量是每天 100～125 根头发。

通过让患者连续 4 天收集掉的所有头发,并将每天掉的头发放在单独的信封中,注明洗发的天数/日期,可以获得关于脱发程度的最佳信息。头发应在水槽上刷洗或梳理,并从水槽和刷子或梳子上收集头发。洗头后,还应将头发从排水管中清除。皮肤科医师可以检查患者每天的脱发情况,记录头发毛囊的数量和存在与否。

脱发的内部原因

一旦确定每天的脱发量确实超过 100 根,并且正常形成的头发从瘢痕头皮扩散脱落且毛囊完整,则必须考虑生长期脱发和休止期脱发。生长期脱发通常是由内部给药引起的,如化疗药物,它作为细胞毒药,破坏生长中的毛囊。另一方面,休止期脱发是由于数量增加的毛囊过早退出生长期或头发周期。同步过早退出生长期可能是由于药物,如香豆素或肝素,而头发周期同步发生在妊娠期间和口服避孕药的使用。

表 34-2 总结了需要考虑的弥漫性、非瘢痕性休止期脱发的原因。通过系统的回顾和

一些基本的实验室工作,可以消除大多数这些考虑因素。贫血、甲状腺异常和许多疾病可以通过获得包括肝功能研究在内的具有差异的全血细胞计数、甲状腺检查和化学检查来评估。如果临床认为有必要,还可以获得抗核抗体,以排除任何胶原血管疾病。完整的病史可以确定任何严重的身体或情绪压力的性质,并记录处方或非处方药或维生素补充剂的摄入情况。

表 34-2 弥漫性、非瘢痕性脱发的内因

1. 激素原因:产后、口服避孕药、更年期、激素补充
2. 身体压力:手术、疾病、贫血、体重快速变化
3. 情绪压力:精神疾病,家庭成员死亡
4. 内分泌紊乱:甲状腺功能减退、甲状腺功能亢进、甲状旁腺功能减退、甲状旁腺功能亢进
5. 口服药物 a. 血液稀释剂:肝素、香豆素 b. 维 A 酸:高剂量维生素 A、异维 A 酸、阿维 A 酯 c. 抗高血压药物:普萘洛尔、卡托普利 d. 杂项:喹那克林、别嘌呤醇、碳酸锂、硫氧嘧啶化合物

身体或情绪压力

皮肤科医师必须对 6 个月前的外科手术、发热性疾病和严重的情绪压力进行评估。在许多情况下,在实际发生脱发和患者开始脱发之间有 3 个月的延迟。此外,可能还需要 3 个月的延迟才能恢复明显的毛发再生。因此,整个脱发和再生周期可能持续 6 个月甚至更长时间。患者应该接受教育,知道何时可以合理地再生。

饮食的考虑因素

快速减肥导致的脱发并不罕见。很多时候,患者在医师的指导下进行特定饮食计划,使用规定的膳食和膳食补充剂。有时患者被

告知,作为减肥计划的一部分购买的维生素补充剂对于预防与节食相关的脱发是必要的。然而,从皮肤科医师的角度来看,维生素并不能防止与快速、显著减肥相关的脱发。

激素的考虑因素

女性患者因激素引起的脱发值得特别注意。许多女性没有意识到脱发会出现在产后或停用口服避孕药后。重要的是要提醒女性患者,激素状态改变后脱发可能会延迟 3 个月,并且可能需要另外 3～6 个月才能充分再生。

卵巢雌激素分泌减少的更年期女性也可能会经历弥漫性头发稀疏,通常在头顶双颞部更明显。在发际线的前面通常有一些薄薄的头发。可以通过获取促卵泡激素(FSH)水平来记录绝经期的开始,尽管在 FSH 水平不低的情况下,也可能存在绝经期头发稀疏的脱发。雌激素替代疗法可以防止进一步的脱发,但尚未被证明能促进再生。可能需要其他治疗方法,如局部使用米诺地尔。

最后,重要的是要排除女性患者的任何激素异常。询问月经规律和不孕问题的存在,可以发现卵巢激素衰竭或内源性雄激素过多。还应询问患者是否摄入了具有雄激素作用的口服类固醇。如有必要,可以提取游离睾酮和硫酸脱氢表雄酮(DHEA-S)等激素水平,并进行内分泌评估。关于激素引起的脱发的更详细的讨论超出了本书的范围。

脱发的外部原因

没有毛囊的脱发被视为断发。头发断裂通常是由外部因素造成的;但是,必须消除毛干的形成异常。表 34-3 包含用于描述毛干异常的技术术语和术语的定义。毛发分裂症、内陷性毛发破裂、扭转毛和念珠状毛发都是毛干固有的异常。脱毛症和毛发结节病可能是由于对头发进行美容操作所致。结节性毛发撕裂症可能是由于内在异常或美容操作所致。所有这些情况都容易使头发断裂,而

大量的梳理、化学烫发处理或永久性染色会使情况变得更严重。

> 脱发患者的毛干应在显微镜下检查,以评估毛干的内在畸形和(或)因美容手术引起的异常。

表 34-3 结构性毛干异常

内在的异常

1. 毛发分裂症:一种干净的、横向的断裂,穿过毛干的角质层和皮层。毛发硫代营养不良症中的先天性形式,其特征是头发中硫含量异常低
2. 内陷性毛发破裂:毛干的结节状扩张,在其中形成一个球窝关节,也被称为竹毛。内瑟顿综合征的先天性形式
3. 扭转毛:一种扁平的毛干,在自身轴线上扭曲 180°
4. 念珠状毛发:沿着毛干的椭圆形结节性肿胀,中间有无髓鞘的锥形缩窄

外在的异常

1. 脱毛症:毛干远端的纵向分裂或磨损,也称为分叉端
2. 毛发结节病:毛干打结

内在的或外在的异常

1. 结节性毛发撕裂症:与角质层缺失相关的小的珠状肿胀。在精氨酸琥珀尿症和门克斯病中出现的先天性形式,但也可能是由于美容毛干操作所致

毛干评估

一旦确定脱发的主要原因是断裂,应仔细检查患者的头皮、头发,以评估毛干的状态。应形成整体印象:

1. 头发有光泽吗?
2. 头发摸起来柔软吗?
3. 头发梳得整齐吗?
4. 有证据表明使用了发型辅助工具吗?
5. 头发颜色是否自然,与患者的眉毛、

睫毛和体毛相配吗？

6. 头发是卷曲的还是直的？

7. 头发有多长，最后一次剪发是什么时候？

头发光泽

拥有完整角质层和紧密重叠的角质层鳞片的头发是有光泽、健康的头发。正是重叠鳞片的平滑度促进了光线的反射，被眼解读为光芒。梳理和刷洗等正常梳理过程会导致角质层鳞片的脱落，在远端毛干处更为明显。这一过程被称为"风化"，过度侵略性的修饰和化学处理加速了风化过程（图 34-1）。

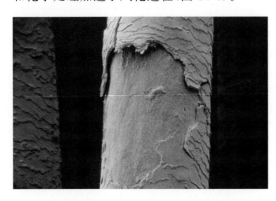

图 34-1 风化的头发以角质层损失为特征

头发柔软

头发柔软，也由于完整的角质层，创造了一个平滑的毛干表面。永久卷发或染色的头发必须有一层被破坏的角质层，以便让卷发液或染料渗透。因此，经过化学处理的头发，即使使用了护发素试图暂时抚平受损的角质层，永远不会像原始头发那样柔软，粗糙的触感是角质层损伤的证据。

头发卷曲

经过化学处理的头发容易产生静电。这使得头发显得卷曲而不规则，尤其是在远端的毛干处。一般来说，由于表皮鳞片较少，涂抹在头发上的化学物质在远端毛干处渗透性更好。受过良好教育的美容师会意识到这一点，尤其是在处理长发时，他们会先将化学物质涂抹在头皮处的毛发上稀释产品，再将溶液涂抹在远端毛干上。过度处理的头发会显得卷曲，而且严重受损。

造型辅助工具的使用

在评估头发的光泽、柔软度和卷曲度时，不要被发型辅助工具（如发胶、摩丝和定型凝胶）的使用所误导，这很重要。这些产品通常含有一种聚合物，在毛干上形成一层薄膜，赋予毛干光泽和硬度。梳理头发会去除聚合物薄膜，聚合物薄膜会在头发上呈现出细小的白色薄片，同时，梳理头发可以更好地了解毛干的真实状态。

染发剂的使用

一些染发的患者不会公开承认他们染发了。此外，许多患者不知道头发上使用了哪种染发剂，也不知道是否发生了漂白。这意味着皮肤科医师必须依靠自己的观察能力。

头发颜色应与睫毛、眉毛或其他体毛进行比较（可以给睫毛和眉毛染色）。如果头皮的颜色比身体其他部位的毛发浅，则发生了漂白。如果头皮出现再生，则使用了永久性染发剂。如果颜色从近端毛干到远端毛干逐渐变化，并出现了一些灰色头发，则使用了半永久性染发剂。如果头发呈淡黄色，则使用了金属染发剂。这些指南可用于在获取病史时启动对话。

卷曲度

由于紧密卷曲的头发更容易断裂，因此头发的卷曲度也应评估。还应确定卷曲是自然的还是因为烫发。经过化学处理的头发在头皮上呈直发状，发梢呈卷曲状。自然卷曲的头发会在整个毛干长度上均匀卷曲。如果头发是用化学方法烫发的，那么烫发的类型和处理长度应该从患者或发廊获得。因为这些因素不能通过肉眼检查来确定。

头发长度

最后，重要的是要注意头发的长度，并询问患者上次剪头发是什么时候。头发越长，越容易风化，因此会出现更多的断裂。患者还可以通过梳子或水槽中的头发数量来评估脱发情况,即使已经掉落了相同数量的头发,长头发会比短头发产生更大的团块。因此,头发较长的患者往往会高估他们的实际脱发量。经常剪的头发比不经常剪的头发显示出更少的损伤迹象。如果在去看皮肤科医师之前,已经将受损的毛干末端去除,可能无法了解头发受损的全部程度;然而,化学处理会损伤整个毛干,损伤的证据很快就会再次出现。

毛干的显微镜检查

整体结果应通过对脱落毛干的显微镜检查来确认。应检查表皮鳞片,注意是否存在风化。鳞片的减少或缺失可以证实肉眼观察到的毛发是暗淡的、粗糙的和卷曲的。如果远端毛干处的表皮鳞片显著肉眼见减少,则脱毛症是由于暴露软髓质所致。如果观察到毛发结节病,头发扭曲或梳理可能是导致头发结易断裂的原因。如果存在结节性毛发撕裂,而不是遗传性皮肤病的一部分,则表明存在广泛的表皮缺失。

减少脱发的美容技术

头发梳理包括头发的清洁、干燥、梳理、刷洗和造型。虽然任何对毛干的操作都可能导致毛干断裂,但通过向患者推荐适当的梳理方式以将损失降至最低。

> 适当的梳理方式可以最大限度地减少脱发。

头发清洁

只有当头发有污垢或皮脂过多时,才应该清洗头发。如果皮脂分泌很少,且患者有久坐不动的生活方式,则不需要为了保持良好的卫生而每天清洗。患者应选择适合自己头发类型的洗发水:正常、油性、干燥、纤细、受损或化学处理过的。这些标签通常出现在洗发水瓶子的外面。如果皮脂分泌正常或极少的患者坚持每天洗头,应建议使用清洁作用较小的干性洗发水。积极地去除皮脂会导致头发很容易打结,显得暗淡,并吸引静电。

头发调理

即时护发素或乳膏冲洗液可以通过打理头发来减少脱发,尤其是长发。皮脂分泌过多的患者可能更喜欢用乳膏冲洗液,而不是护发素。所有即时护发素的配方都是通过平滑头发角质层和减少摩擦来打理头发。然而,如果头发已经严重受损,且表皮鳞片稀疏并伴有脱毛症,则只有含有蛋白质的护发素才能穿透毛干并暂时修复分叉端。这是由于只有蛋白质调节剂对头发角蛋白有实质性作用。

吹发(干发)

最好让头发在没有外部加热的情况下干燥;然而,许多患者希望加快头发干燥的过程,或在干燥的同时设计发型。不恰当地使用吹风机,热损伤的头发末端会出现卷曲。它也可能会发展为一种被称为"泡沫头发"的异常(图 34-2)。任何施加在烧伤毛干上的张力都会导致头发断裂成细小碎片,其中一些可以被手指压碎。使用最低温度设置,并

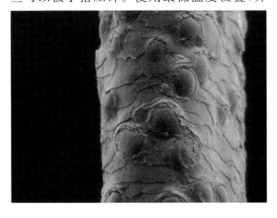

图 34-2　当头发被快速加热时,毛干内的水变成高能量蒸汽,并从发干流出,形成气泡,就产生了泡沫头发

将喷嘴保持在离头皮至少 6in 的位置,可以避免热损伤。应使用专门设计的通风式吹干刷,以防止出现高温。

头发梳理和刷洗

由于弹性的增加,毛干在潮湿时最容易断裂。湿发干比干发干更容易伸展到断裂点。因此,头发应该先用手指打理,稍干后再用宽齿梳子打理。不应该用刷子直接打理。湿发梳理和刷洗应保持在最低限度。每天梳100 次头发是有益的想法是错误的。选择梳子时应考虑到其光滑、间距大的牙齿,这样它们可以在头发中自由滑动。出于同样的原因,刷子的刷毛间距应该较宽,刷头应该是圆形的。刷毛是人造的还是天然的不如刷毛的间距重要。

> 毛干在潮湿时最容易断裂,这是因为头发弹性增加,拉伸超过了断裂点。

发型设计

发型应该是宽松的,以尽量减少断裂,不需要过多的发夹或梳子。所有发夹边缘都应涂上光滑的橡胶,以便在扣合时头发不会断裂。不幸的是,发卡必须紧紧地扣住头发,否则头发就会脱落。不应在头发上使用橡皮筋,因为它们很难去除。

有几种常见的患者因发型设计而出现断发。第一种是将头发扎成马尾辫或扎成辫子,并声称头发生长减少的患者。对头发的检查显示,毛干在离头皮相同的距离处断裂。这是由于放置发卡的地方屡次断裂造成的。第二种情况是,患者在头皮上扎辫子(也被称为玉米辫发型),注意到发际线前部变薄。在这种情况下,头发因前发际线的张力大而断裂;牵引性脱发也可能存在。第三种是患者将接发(假发)用胶水粘住或编织进他们的自然头发中。牵引线的重量会导致头发断裂和

牵引性脱发。可能有必要询问患者的发型设计习惯,因为他们在看皮肤科医师的当天可能会有不同的发型。

头发用具

卷发钳、卷发夹子、直发器和加热卷发器也可能导致头发损伤和随后的断裂。大多数患者更喜欢在最热的挡位下使用这些设备,因为这样会产生最紧密、最持久的卷发,但也会导致最大程度的头发损伤。如果选择较低的温度设置,这种损伤会最小化。用加热设备烫发的头发末端会显得卷曲。

永久性染发剂

由于原始的真黑色素和褐黑色素没有被去除,因此染深天然发色比染浅天然发色伤害更小。任何染浅色发都需要使用漂白剂去除现有的色素。一般来说,为了达到最后的发色需要漂白的次数越多,化学过程结束时毛干的强度就越弱。许多患者错误地认为,如果将漂白后的金发重新染成更深的颜色,就会更健康。事实并非如此。任何进一步染色只会进一步削弱毛干强度。

永久性卷曲的头发

由于毛干的蛋白质结构实际上被降解并以一种新的形式重建,所以永久卷曲发比染色破坏发干。不过,通过把头发松散地缠绕在较大的卷发器上,可以将损伤降至最低。这会使卷曲变得更松、更短暂,但断裂会最小化(图 34-3)。

缩短处理时间,也可以降低断键程度。通过执行"测试卷曲"来检查处理时间。测试卷曲是一根棒,通常选择在颈部的头发定期展开,以确定是否达到了所需的卷曲量。并非所有的美容师都使用测试卷曲,但强烈推荐使用。也建议测试卷曲不要放在颈后,而是放在发际线的前面。传统上,之所以选择颈后,是因为这里的头发比头皮上其他部位

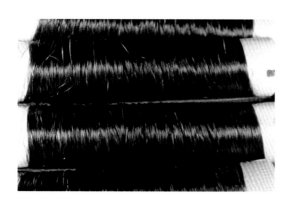

图 34-3　这是一种将头发缠绕在芯轴上进行烫发损伤的正确方法

的头发更难烫卷。如果在后颈处有适量的卷发，那么头皮的其他部分也会卷曲。然而，发际线前面的头发更容易卷曲，可能在颈部卷曲时已经被处理了。这说明患者会出现前发际线的更多断裂。

许多患者既染发又烫发。虽然这些过程产生的损害是累加性的，但可以通过在两个操作之间留出 10 天的时间，先烫发，然后再对头发进行染色，将其损伤降至最低。

女性型脱发的伪装技术

易受女性型脱发影响的女性从青春期开始，40 岁时头发明显稀疏。这些女性出现整个头皮的脱发，但脱发最明显的部位是额顶区，沿前发际线有稀疏的刘海。Ludwig 首先阐述了这种模式。头皮顶部的伪装脱发比头皮两侧的伪装脱发更具挑战性。女性雄激素性脱发的伪装美容方法应结合适当的药物治疗。下文仅讨论雄激素性脱发的美容方法：发型设计、发型设计产品，头发永久卷发，头发染发剂，假发和头发添加物。

发型设计

谨慎的发型选择可以最大限度地减少女性型脱发的出现。由于头发主要在头顶稀疏，因此造型技术应该以增加这一区域的体积和丰满度为目标。头发浓密的感觉是基于头发离头皮的距离，发型设计和造型产品可以创造丰满的错觉。

两种造型技巧对创造头发体积的错觉很有价值：卷发和背梳。卷发不像直发那样靠近头皮，因此看起来更丰满。可以用吹风机和圆刷进行热造型，将湿发放在卷发器上，将头发缠绕在加热的卷发器或卷发棒上，并在头皮附近形成针形卷发，可以产生暂时的卷发。更紧的卷发会让头发看起来更丰满。

背梳就是把头发梳向与正常情况相反的方向，头发通常位于头皮上。对于大多数女性来说，头发的样式是这样的：头皮顶部的头发是向前的。将头发从头部前面向后梳到头顶，可以提升头发的体积。头发不会长时间保持这种形态；因此，为了保持头发的这种形状，发型辅助工具是必要的。

倒梳是另一种技术，在 20 世纪 60 年代流行于"蜂巢"发型，这种发型的变化用来增加头发的体积。梳理包括用细齿梳子或梳理刷从远端到近端毛干梳理头发，在毛干之间形成缠结。这些缠结（也称为"老鼠"）使头发远离头皮。然而，梳理头发会导致毛干角质层的破坏，加速头发断裂。在头发已经稀疏的地方避免头发断裂是很重要的。

发型设计产品

发型设计产品可以让头发远离头皮，有助于产生丰满的错觉。可用的造型产品包括定型凝胶、塑型凝胶、摩丝和喷发胶。定型凝胶、塑型凝胶和摩丝通常用在毛巾擦干的头发上，而喷发胶则用于改善成品发型的稳定性。塑型凝胶比造型凝胶的手感更硬，造型凝胶比摩丝的手感更好。

将少量的发胶或摩丝按摩到毛干底部，然后用吹风机吹干头发，同时将头发梳离头皮。这将增加头发远离头皮的能力，产生体积丰满的错觉。一旦头发被梳理或弄湿，定型产品就会失去作用,所以每次定型都需要重新使用。

可以用喷发胶来保持最终的发型。例如,在向后梳理头发后,可以喷大量的发胶,让头发向后而不是向前落在前额上。

烫发

永久卷发增加明显的头发体积,因为卷曲度增加,所以可以让较少的头发覆盖更多的头皮区域。因此,在额顶叶区域的烫发可以很好地掩饰女性型脱发。然而,化学卷曲会通过降低毛干的强度、破坏其结构和导致蛋白质损失来损害毛干。如果小心地进行烫发,这种损害可以降到最低。

将头发松散地缠绕在较大的卷发棒上,可以减少对毛干的伤害,从而使卷发更松散,持续时间更短,但也不太可能折断毛干。减少毛干损伤的另一种方法是缩短处理时间,从而降低黏结断裂的程度。也建议在两次烫发操作之间留出尽可能多的时间间隔。

染发

头发颜色变浅是女性型脱发的一种有效伪装技术,因为它能很好地与白皙的头皮融合。在所有可用的染发剂中,只有永久性染发剂才能实现颜色染淡,但永久性染发剂也会对毛干造成最严重的损害。

假发

对于患有雄激素性脱发的女性来说,宝贵的假发是一种毛发增稠剂,它位于头顶,为额顶叶区域提供额外的毛发。头发被编织成一个网状物,通过这个网状物,患者可以拉动自己的头发来固定假发,并提供一个自然的外观。这种假发的价格在 30～100 美元,这取决于它是由人造头发还是天然头发制成。

头发添加物

头发添加物可以很好地掩饰额顶稀疏,但必须谨慎使用,因为头发添加物的重量可能导致牵引性脱发,从而增加脱发。根据完成发型所需的时间,头发添加物可能会很昂贵,而且并不适合所有患者。

男性型脱发的伪装技术

前面描述的用于女性型脱发的基本伪装技术同样适用于男性型脱发。然而,男性型脱发并不会在发际线前部留下一缕薄薄的头发。这使得重建自然出现的前发际线更具挑战性。

受损头发的美容技术

美容损伤的头发不能自行修复。然而,美容疗法可能会让头发呈现出可接受的外观,直到新的头发生长出来。表 34-4 列出了针对常见头发问题的美容建议。

建议患者针对头发问题进行美容治疗的第一步是确保他或她使用了合适的洗发水。浅色头发的患者在含有铜藻酸盐或铜管产生的铜污染的水的游泳池游泳后可能会出现浅绿色变色。低 pH 的水、氯化水和铜污染都必须存在才会发生头发变色。这个问题在头发漂白的个体中最为明显,因为由于胱氨酸和其他阴离子磺酸盐基团的含量增加,铜很容易被吸收。据报道,使用特殊洗发水(伊卡璐、美乐)或 2% 青霉胺洗发水可有效去除异常颜色。使用含铜的自来水和一些焦油洗发水后,头发也会变绿。特殊的洗发水可以帮助去除不喜欢的色调。

对于经过化学处理的头发来说,洗发水的选择也很重要,因为与健康的头发相比,化学处理的头发比较干燥,更容易受到静电和缠结的影响。如果选择调理洗发水,患者可以获得更好的感觉和可打理性。然而,经过化学处理的头发的患者可能会发现,调理洗

表 34-4　常见头发问题的美容建议

问题	可能的美容原因	可能的美容解决方案
头发质地		
纤细、柔软的头发	过度调节	使用即时油性护发素
粗糙、难以打理的头发	欠调节	使用深层护发素
纤细、卷曲的头发	欠调节	干性头发使用即时护发素
头发轮廓		
太卷曲	欠调节	干性头发使用即时护发素
太直	过度调节	油性头发使用即时护发素
头发颜色		
早期变灰,低于 15%	正常过程	植物或合成半永久性染料或染色剂
黄灰色的头发色调	真黑素的逐渐流失	洗头后使用临时冲洗液
头发长出来	新的未染色头发生长	将染发剂涂在根部,而不是整个毛干
不受欢迎的永久性染发剂	以前化学处理过的头发染色	使用半永久性染料来调色不需要的色调,直到长出来
绿色头发	游泳池水中的铜	戴泳帽,处理池水,使用特殊的洗发水
头发稀疏		
全头皮	许多医疗问题	假发
头皮顶部	男性或女性型秃顶	局部发片,现场烫发;使用定型凝胶、塑形凝胶或摩丝
缩短长度	生长速度慢,脱发	去除受损的头发以防止不可避免的破损
头发断裂		
脱毛症	远端毛干角质层缺失	剪掉受损的头发或使用含有水解动物蛋白的即时护发素进行临时修复
结节性断发病	造型创伤	避免紧扣发夹,使用球头造型梳子和(或)刷子
通用轴脆性	过度处理的头发	使用半永久性染发剂代替永久性染发剂,使用较短的烫发处理时间
头发外观		
无光泽的	角质层不规则性	使用造型釉或免洗护发素
毛干缺失	细发质	烫发、造型凝胶,或定型凝胶,以增加牢固
头发质地		
干燥的、粗糙的	过度洗发,烫发时间长	深层护发素,缩短烫发时间,3 个月内不要重复烫发
油腻的,光滑的	过度调节或洗发不足	避免使用调理洗发水和深层或油性护发素

发水在 1~2 周内效果良好,然后头发变得柔软,无法保持卷曲。这是因为毛干上的护发素过多,温和的洗发水不能充分清除。每周用深度清洁洗发水洗头可以防止护发素堆积。应该鼓励患者在梳头前让头发干燥,因为湿头发更有弹性,更容易断裂。

建议头发经过化学处理的患者在洗发后立即使用护发素。最佳即时护发素应含有水解动物蛋白。对于严重受损的头发,建议每两周使用一次深层护发素,尽管过于频繁地使用会使头发柔软。拥有永久卷发的患者会注意到,大量的护发素往往会使卷发松弛,这可能是可取的,也可能是不可取的。

经过化学处理的受损头发应尽可能少地承受物理压力。单独烫发会使头发强度降低15%。造型,包括梳理和梳头,应该保持在最低限度。应避免使用紧绷的发卡和紧绷头发的发型。应该鼓励患者不要在睡觉的时候使用刷子式塑料卷。应避免使用将头发夹在加热棒上的卷发器。换句话说,任何可能导致头发断裂的因素都应尽量减少,因为经过化学处理的头发更有可能出现脱毛症和结节性断发病。推荐的造型程序包括在吹干头发的同时使用圆形的球型头的卷发梳和热定型的卷发器。

> 烫发会使头发强度降低至少15%。

用发釉或免洗护发素可以使化学损伤的头发恢复光泽。用最小限度的定型凝胶或用最大限度的塑型凝胶可以获得额外的光泽和定型效果。在造型之前,这些产品用于潮湿的头发并按摩整个头发时效果最佳。

许多患者通过另一种化学过程来改善受损头发的外观。例如,一个患者注意到她的永久染色的头发没有卷曲,可能会进行"调理"烫发。最终的结果是更多的头发损伤和进一步的问题。最好建议患者选择有吸引力的假发,这可能比烫发更便宜,直到新头发长出来。

医疗美发美容技术

许多遗传性医学毛发疾病(结节性毛发撕裂症、内陷性毛发破裂、环状毛发等)表现出各种毛干缺陷。所有这些情况的最终结果是脆弱的毛干缺乏光泽或生长缓慢。有缺陷的毛干不应进行永久性染色或烫发处理。最终的结果将是美容效果不佳,头发更容易断裂。但是,可以使用临时或半永久性染发剂;这些涂层或最低限度地穿透毛干,而不会造成严重的内部毛干损坏。

应尽量减少对头发的处理,包括洗发、梳头、梳理和卷曲。通常情况下,患者最好留短直发。不要经常用调理洗发水,然后使用即时护发素,这样可以减少断裂,增加可打理性。

如果头皮的头发质量较差,患者可能希望研究戴发片的可能性。

小结

对许多患者来说,脱发是一种身体和情感上的致残状态。皮肤科医师可能会发现,帮助脱发患者很有挑战性,因为在医学教科书上有关这一主题的知识相对较少,而且住院期间没有接触过头发护理问题。本章将脱发的医疗和美容治疗浓缩到每个基本步骤。熟悉和个人定制这些指导原则可以使帮助头发问题患者获得回报和成效。

参 考 文 献

[1] Bergfeld WF. Scarring alopecia. In: Roenigk RR, Roenigk HR, eds. Dermatolgic Surgery, Principles and Practice. New York, NY: Marcel Dekker, 1989: 759-79.

[2] Headington JT. Telogen effluvium. Arch Dermatol 1993; 129: 356-63.

[3] Redmond GP, Bergfeld WF. Diagnostic approach to androgen disorders in women. Cleve Clin J Med 1990; 57: 423-32.

[4] Sperling LC, Heimer WL. Androgen biology as a basis for the diagnosis and treatment of androgenic disorders in women. I. J Am Acad Dermatol 1993; 28: 669-83.

[5] Sperling LC, Heimer WL. Androgen biology as a basis for the diagnosis and treatment of androgenic disorders in women. II. J Am Acad Dermatol 1993; 28: 901-16.

[6] Whiting DA. Structural abnormalities of the hair shaft. J Am Acad Dermatol 1987; 16: 1-25.

[7] Camacho-Martinez F, Ferrando J. Hair shaft

dysplasias. Int J Dermatol 1988;27:71-80.

[8]　Wolfram L，Lindemann MO. Some observations on the hair cuticle. J Soc Cosmet Chem 1971;2:839.

[9]　Rook A. The clinical importance of "weathering" in human hair. Br J Dermatol 1976;95:111.

[10]　Robbins C. Weathering in human hair. Text Res J 1967;37:337.

[11]　Menkart J. Damaged hair. Cutis 1979;23:276-8.

[12]　Detwiler SP，Carson JL，Woosley JT，et al. Bubble hair. J Am Acad Dermatol 1994;30:54-60.

[13]　Ludwig E. Classification of the types of androgenetic alopecia (common baldness) occurring in the female sex. Br J Dermatol 1977;97:247-54.

[14]　Bergfeld WF. Etiology and diagnosis of androgenetic alopecia. In:DeVillez RL，ed. Clinics in dermatology. Vol. 6. Philadelphia:JB Lippincott，1988:102-7.

[15]　Hamilton JB. Patterned long hair in man: types and incidence. Ann NY Acad Sci 1951;53:708.

[16]　Roomans GM，Forslind B. Copper in green hair: a quantitative investigation by electron probe x-ray microanalysis. Ultrastruct Pathol 1980;1:301-7.

[17]　Zultak M，Rochefor A，Faivre B，Claudet MH，Drobacheff C. Green hair: clinical, chemical, and epidemiologic study. Ann Dermatol Venereol 1988;115:807-912.

[18]　Person JR. Green hair:treatment with a penicillamine shampoo. Arch Dermatol 1985;121:717-18.

[19]　Nordlund JJ，Hartley C，Fister J. On the cause of green hair. Arch Dermatol 1977;113:1700.

建 议 阅 读

Chartier MB，Hoss DM，Grant-Kels JM. Approach to the adult female patient with diffuse nonscarring alopecia. J Am Acad Dermatol 2002;47:809-18.

De Lacharriere O，Deloche C，Misciali C，et al. Hair diameter diversity. Arch Dermatol 2001;137:641-6.

Feughelman M. Morphology and properties of hair (Chapter1). In:Johnson DH，ed. Hair and hair care. Marcel Dekker，Inc.，1997:1-12.

Feughelman M. Physical properties of hair (Chapter2). In:Johnson DH，ed. Hair and hair care. Marcel Dekker，Inc.，1997:13-32.

Feughelman M，Willis BK. Mechanical extension of human hair and the movement of the cuticle. J Cosmet Sci 2001;52:185-93.

Fiedler VC，Alaiti S. Treatment of alopecia areata. Dermatol Clin 1996;14:733-7.

Gamez-Garcia M. Cuticle decementation and cuticle buckling produced by Poisson contraction on the cuticular envelope of human hair. J Cosmet Sci 1998;49:213-22.

Gamez-Garcia M. Plastic yielding and fracture of human hair cuticles by cyclical torsion stresses. J Cosmet Sci 1999;50:69-77.

Gamez-Garcia M. The cracking of human hair cuticles by cyclical thermal stresses. J Cosmet Sci 1998;49:141-53.

Gummer CL. Cosmetics and hair loss. Clin Exp Dermatol 2002;27:418-21.

Harrison S，Sinclair R. Optimal management of hair loss (alopecia) in children. Am J Clin Dermatol 2003;4:757-70.

Hermann S. Hair 101. GCI. 2001;14.

Price VH. Treatment of hair loss. Drug Ther 1999;341:964-73.

Ross EK，Shapiro J. Management of hair loss. Dermatol Clin 2005;23:227-43.

Rushton DH，Morris MJ，Dover R，Busuttil N. Causes of hair loss and the developments in hair rejuvenation. Int J Cosmet Sci 2002;24:17-23.

Shapiro J，Wiseman M，Lui H. Practical management of hair loss. Can Fam Physician 2000;46:1469-77.

Sinclair RD. Healthy hair:what is it? J Investig Dermatol Symp Proc 2007;12:2-5.

Swift JA. Human hair cuticle:biologically conspired to the owner's advantage. J Cosmet Sci 1999;50:23-47.

Swift JA. Letter to the editor(The cuticle controls bending stiffness of hair). J Cosmet Sci 2000;51:37-8.

Wolfram LJ. Human hair:a unique physicochemical composite. J Am Acad Dermatol 2003;48 (6 Suppl):S106-14.

第35章

脂溢性皮炎

脂溢性皮炎被认为是一种严重的症状性头皮屑,是皮肤科医师治疗的最具挑战性的疾病之一,因为它是一种慢性复发性疾病。虽然已知确切的病因是真菌生物如球形马拉色菌和限制分枝杆菌的过度生长,但一些人表现出炎症状态而另一些人没有表现出炎症状态的原因尚不清楚。正确的治疗需要考虑处方药物和正确的洗发水选择,以防止复发。这些生物虽然是头皮上的正常菌群,但在没有完整的免疫系统的情况下,利用皮脂作为生长的食物,可以快速繁殖,因此最大的挑战是复发性。皮脂被分解成游离脂肪酸,引起头皮刺激和脂溢性皮炎的体征和症状。脂溢性皮炎常见于免疫抑制患者和老年人,尤其是在心肌梗死、卒中(中风)和帕金森病发病后。有趣的是,在没有真菌的情况下,将油酸(一种游离脂肪酸)涂抹在易感个体的头皮上,可引起脂溢性皮炎的症状和体征。这意味着头皮卫生是预防脂溢性皮炎的关键。

脂溢性皮炎的症状和体征可通过将油酸涂抹在易感个体的头皮上重现。

脂溢性皮炎的洗发水选择

脂溢性皮炎的治疗可包括多种处方抗真菌药物,如酮康唑,口服 5 天,伴有出汗,使酮康唑通过小汗腺分泌物到达皮肤表面,或局部使用。许多其他局部抗真菌药物,如克霉唑、特比萘芬和环吡酮也可使用。通常添加外用皮质类固醇来减少马拉色菌产生的游离脂肪酸所引起的炎症。值得注意的是,在没有抗真菌药物的情况下,仅局部使用皮质类固醇也可以减轻脂溢性皮炎的症状。然而,如果不采取措施减少马拉色菌的数量,症状将迅速恢复。这就是洗发水在辅助治疗和防止复发方面显得重要的地方。

洗发水在辅助治疗和预防脂溢性皮炎方面很重要。

如果没有选择适当的洗发水,脂溢性皮炎就无法得到充分控制。有效的洗发水成分包括硫、焦油、硫化硒、吡啶硫酮锌和水杨酸。硫洗发水因为会把浅色头发染成黄色已经不再受欢迎,但由于每周或每两周洗发一次,所以硫黄油仍被用于头发和头皮上有卷发的人,以控制真菌的生长。硫是一种有效的抗真菌剂,可以在不洗发的情况下保持头皮卫生,但由于没有通过擦洗去除皮屑,头皮上的头皮鳞屑会积聚。因此,非裔美国人头皮鳞片的累积不能作为脂溢性皮炎的决定性标志,尽管这两项观察结果有多次相关。

焦油洗发水是治疗脂溢性皮炎最有效的清洁剂之一。这是因为焦油是一种天然的抗炎药。根据定义,抗炎药会减少特定皮肤区域的白细胞数量。皮肤发炎总是有原因的,但皮肤科医师可能无法确定原因。许多皮肤病都是在不了解病因的情况下非特异性使用抗炎药治疗的，银屑病和脂溢性皮炎就是很好的例子。抗炎药只能控制症状而不能治愈。虽然在脂溢性皮炎中用焦油将白细胞逐出皮肤可以缓解与该疾病相关的脱屑和瘙痒，但出于同样的原因，它也是一种致癌物。焦油的致癌性在一些消费者网站上引起了争议。焦油是一种致癌物，但去除杂酚油的精制焦油的致癌物较少。新型的去头皮屑洗发水使用净化焦油，因为它不会弄脏毛巾，而且有一种更宜人的气味，并且它的致癌物质更少。但有趣的是，同时它对脂溢性皮炎的治疗效果也较差。

> 小颗粒的吡硫锌（硫氧吡啶锌）去屑洗发水可以减少头皮上的真菌定植。

硫化硒和吡硫锌是对头皮有相似作用的两种成分。它们也有抗真菌和抗炎的作用。由于锌对皮肤的已知益处，吡硫锌被认为比硫化硒具有更好的抗炎作用。然而，抗真菌药物只有在头皮上才有效。较新的去头皮屑洗发水配方使用较小粒径的吡硫锌，使瓶子中含有相同比例的活性成分的颗粒更多。只有颗粒边缘接触头皮才能有效防止真菌生长，所以颗粒越小的配方效果越好。此外，在毛囊口留下小的吡硫锌颗粒的配方更有效。由于毛囊口是头皮皮脂最丰富的区域，此区域含有更多马拉色菌，是吡硫锌沉积的目标部位。

最后，水杨酸可用于脂溢性皮炎，以去除头皮鳞屑并起到抗炎作用，因为它属于水杨酸盐家族。水杨酸洗发水对患有脂溢性银屑病（脂溢性皮炎和银屑病的重叠情况）的患者最有效。另一个关于这种用途的洗发水的讨论可以参见关于银屑病的章节。

尽管大多数皮肤科医师关注的是洗发水中的活性剂，但洗发水中的主要成分其实是洗涤剂。这些清洁剂可以去除马拉色菌的皮脂营养来源，并从物理上分解皮肤。使用清洁剂时，用力摩擦和按摩，进一步去除皮肤鳞屑。洗发既是一种化学过程，也是一种物理过程，可以防止脂溢性皮炎的复发，这一点不容忽视。大多数去头皮屑洗发水都含有优良的起泡剂和强力表面活性剂。泡沫可以让清洁剂有效地散布在头发和头皮上，在一定程度上更彻底地去除皮脂。虽然消费者将丰富的泡沫与良好的清洁联系在一起，但配方设计师可以根据需要添加任意数量的起泡剂。清洁的头发比脏头发更容易起泡，因此患者不应将其作为有效洗发水选择的标准。

> 许多脂溢性皮炎患者仅在头发上使用洗发水，而没有充分清洁头皮。

脂溢性皮炎是头皮而不是头发的疾病。许多患有此病的患者都只专注于头发美观，只在头发上使用洗发水，而没有充分清洁头皮。提醒患者洗发水主要是清洁头皮而不是头发。正确的方法应该是将类似于硬币大小的洗发水涂在手掌上，然后彻底地揉搓到头皮上。清洗身体其他部位时，将洗发水留在头皮上。这就增加了洗发水中的活性成分（如焦油或吡硫锌）与头皮接触的时间，从而提高功效。然后，洗发水可以穿过头发，并立即冲洗。用头皮刷或指甲轻轻地擦洗是去除头皮皮屑和清洁所有头皮的必要步骤。洗头的频率是由头皮分泌的皮脂决定的。油性头皮可能需要每天洗发，而干性头皮可能只需要每周洗发两次。头皮卫生不良是导致脂溢性皮炎的最大诱因之一。

脂溢性皮炎的护发素

调理头发对脂溢性皮炎患者非常重要。大多数去头皮屑洗发水在美化头发方面做得不好，因为它们试图彻底去除头皮上的皮脂，但会使头发过度干燥。这样会使头发干燥、易碎、粗糙、卷曲、难以定型、暗淡，并且易受湿度和静电的影响。所有这些问题都可以通过适当的调节来克服。

含有吡硫锌治疗护发素可用于处理皮屑。护发素在毛囊口留下的吡硫锌浓度高于含吡硫锌的去屑洗发水。这可能有助于防止马拉色菌的生长，但许多女性确实喜欢使用这种护发素后头发的感觉。不过，这些产品很受短发男性的欢迎。使用去头皮屑洗发水的女性应该被鼓励使用护发素。护发素不会加重脂溢性皮炎，因为它们不会增加马拉色菌的生长，也不会影响处方药的使用。

> 护发素不会加重脂溢性皮炎。

即时护发素是克服头皮屑洗发水不美观的最好方法。去头皮屑洗发水往往会过度清洁头发，护发素可以让头发恢复光泽。在洗发后立即使用即时护发素，并在离开淋浴前冲洗干净，然后用毛巾擦干头发。用即时护发素应从近端到远端多次梳理头发，在每根毛干上涂上厚厚的一层。如果可能的话，护发素应该在头发上停留3～5分钟。应该用凉水冲洗，这样会留下更多的护发素残留物来美化头发。

> 在使用去头皮屑洗发水的患者中，用凉水冲洗即时护发素可以增加残留在头发上的二甲硅油的含量，从而改善外观。

脂溢性皮炎患者的两种最佳调理剂是二甲硅油和聚季铵盐化合物。这两种方法都能覆盖毛干并使角质层光滑，从而增加头发的光泽。它们还在头发上提供一层保护涂层，以最大限度地减少湿度和静电的影响。护发素可以保护头发免受由于使用吹风机、卷发钳、热卷发器、卷发夹或加热的头发拉直装置而造成的热损伤。护发素可以减少梳理摩擦，减少头发断裂，提高头发的柔软度。用毛巾擦干头发后，可以使用即时护发

素和（或）免洗护发素，以增加头发的美感。目前还没有针对脂溢性皮炎患者的专用护发素，关于这个话题的详细讨论参考护发素章节。

仪容仪表

仪容仪表对于提高脂溢性皮炎患者的治疗成功率非常重要。轻柔地梳理和刷洗有助于去除皮肤鳞屑，但应避免过度的头皮操作。脂溢性皮炎患者应避免抓挠头皮。但是，瘙痒是脂溢性皮炎最令人烦恼的症状，也可能是患者寻求治疗的主要原因。头皮抓挠必须立即停止，以防止头发受损。因为只抓头皮是不可能的；头发会同时被刮伤。只需45分钟抓挠，整个角质层就可以从毛干上去除。一旦去除角质层，它就无法恢复，没有角质层的头发很容易断裂。这就是为什么许多脂溢性皮炎患者抱怨头发生长不良。由于脂溢性皮炎一般不会影响毛干，因此头发生长良好；但是头皮抓挠会损害头发的外观，给人留下头发生长不良的印象。

局部涂抹皮质类固醇缓解瘙痒可能是脂溢性皮炎患者头发质量差的最佳解决方案。这将比任何昂贵的美发程序或调理剂能更好地美化头发。这可能看起来太简单了，但对于脂溢性皮炎患者来说，让头发看起来漂亮的关键是控制瘙痒。

> 脂溢性皮炎患者头发美观的关键是减轻瘙痒。

OTC 治疗

多种基于水杨酸和氢化可的松的非处方（OTC）头皮治疗方法可用来治疗脂溢性皮炎。这些治疗可能不足以缓解瘙痒，但可用于疾病的维持阶段。水杨酸可以去除部分皮肤鳞片，但对于皮肤鳞片不断脱落的银屑病/脂溢性皮炎重叠的患者来说，水杨酸可能

更有效。一旦治疗得当,1%氢化可的松溶液可以帮助控制瘙痒。

> OTC脂溢性皮炎治疗包括水杨酸和氢化可的松。

脂溢性皮炎是一种很难治疗的疾病,但明智地选择洗发水和护发素可以延长病情缓解期,并改善头发的外观。两者对患者以及皮肤科医师都很重要,皮肤科医师了解头发护理市场可为患者提供更好的建议。

第36章

银屑病和头发

皮肤科医师最关注的是改善头皮银屑病,以缓解患者瘙痒和减少脱屑。虽然这些都是重要的目标,但头皮银屑病患者也关心他们头发的健康和外观。大多数患者在银屑病治疗后才会有漂亮的头发,但在治疗的早期阶段提供美发建议有助于建立牢固的医患关系,并鼓励患者遵守。本章讨论银屑病患者和头发护理实践。

洗发水

有多种洗发水可供选择,以满足头皮银屑病患者的需要。这些洗发水被认为是非处方(OTC)药物,并在标签上列出了一种活性剂,这是所有 OTC 药物的独特包装属性。OTC 的局限性是它们只能包含一种活性剂,而且这种药物必须从政府规定的批准的活性药物列表中选择。目前尚无银屑病头皮相关专著;因此所有治疗银屑病的洗发水的活性成分都是从去屑洗发水专论中提取的。本专论选择的成分有限,这就是为什么银屑病的病因与脂溢性皮炎的病因有很大的不同,但大多数治疗银屑病的洗发水基本上都是去头皮屑洗发水。

> 银屑病洗发水基本上是去头皮屑洗发水,尽管银屑病和脂溢性皮炎有不同的病因。

治疗银屑病的洗发水通常含有非常强的洗涤剂,可将活性剂输送至头皮,并尽可能去除皮脂。虽然这对改善头皮银屑病很重要,但这种洗发水并不能美化头发。因此,银屑病洗发水的选择是在优化头皮治疗的同时不损伤头发的平衡。月桂醇聚醚硫酸酯钠或月桂硫酸酯钠是洗发水中两种主要的清洁剂。一种新的趋势是去除洗发水中的硫酸盐,因为它们被认为是"非天然"成分。硫酸盐是当今所有身体和头发清洁剂中最重要的合成洗涤剂,去除它们以用另一种清洁剂替代实际上是无关紧要的,因为清洁用品在去除之前会与皮肤保持短暂接触,不会被摄入。

除洗涤剂外,银屑病洗发水还可能含有硫、焦油、植物性药物、水杨酸、吡硫锌和硫化硒。硫是一种抗真菌和抗菌物质。一些皮肤科医师认为,细菌引起的炎症可能会加重银屑病,这可能表明含硫洗发水的价值。此外,许多患者患有与脂溢性皮炎重叠的银屑病,他们可能会发现抗真菌特性很重要,但在大多数情况下,硫不是洗发水中的良好成分。它会使浅色的头发染色,并对毛干造成损害。如果焦油没有经过净化去除杂酚油,它同样也可以使浅色的头发染色。然而,杂酚油是天然合成的焦油混合物中最有效的抗炎剂之一,但杂酚油也是致癌物。市面上也有混合绿茶、薰衣草、洋甘菊、茶树油和燕麦提取物的植物性抗炎混合物。在改善头皮银屑病方面,这些成分不太可能与它们的洗涤剂载体分开发挥多大作用。

水杨酸是治疗头皮银屑病最有效的洗发水成分。

在笔者看来,水杨酸是治疗头皮银屑病最有效的成分。它是一种油溶性物质,可与头皮皮脂混合,使收集的厚头皮角质细胞脱落。除非去除头皮鳞片,否则处方药局部治疗不会接触到头皮,也无法改善头皮状况。洗洁剂对头皮的化学作用和擦洗的物理作用大大改善了头皮状况,水杨酸的去角质作用增强了这种效果。水杨酸也可以起到温和的抗炎作用,但是水杨酸与头皮的短暂接触可能会使这种作用减小。但是,水杨酸并不是一种对头发友好的物质。它可以去除头皮皮肤鳞屑,也可以去除头发角质层鳞屑。这意味着,洗发后必须使用护发素来光滑角质层,恢复头发的柔软和光泽。

最后两种可用来治疗头皮银屑病的成分是吡硫锌和硫化硒。由于硫化硒是一种橙色物质,价格相当昂贵且难以配制,因此它的使用量并不大。其功效与吡硫锌相似,但吡硫锌是一种较好的抗炎药。新的研磨技术允许生产非常小尺寸的吡硫锌颗粒,这些颗粒可以沉积在毛囊口。这项技术在治疗银屑病方面可能是有价值的,因为这种给药方式可以提供更持久的抗炎作用。吡啶硫酮锌也具有抗真菌作用,对脂溢性皮炎和银屑病重叠的脂溢性银屑病患者有治疗效果。

银屑病患者使用轮换洗发水非常重要,因为使用一种洗发水可能会造成头皮和头发的美容问题。

对银屑病患者使用轮换洗发水非常重要,因为使用一种洗发水可能会造成头皮和头发的美容问题。许多银屑病患者希望每天用洗发水来优化鳞屑去除,这可能会造成头

发干燥问题。表 36-1 列出了一种可能的洗发方案,以最大限度地改善头皮和头发的外观。头发较干且头皮鳞屑较少的患者可能希望每周洗发 2～3 次,可能的治疗方案见表 36-1。使用护发素在所有的疗法中都是非常重要的,可以保持头发的美容美感,这是下一个讨论的话题。

表 36-1 头皮银屑病患者洗发方案样本

(A)头皮银屑病每日洗发方案样本	
星期一	水杨酸洗发水
星期二	调理洗发水
星期三	吡硫锌洗发水
星期四	调理洗发水
星期五	水杨酸洗发水
星期六	调理洗发水
星期日	调理洗发水
(B)头皮银屑病每周 3 次洗发方案样本	
星期一	水杨酸洗发水
星期二	没有洗发水
星期三	调理洗发水
星期四	没有洗发水
星期五	吡硫锌洗发水
星期六	没有洗发水
星期日	没有洗发水
(C)头皮银屑病每周 2 次洗发方案样本	
星期一	水杨酸洗发水
星期二	没有洗发水
星期三	没有洗发水
星期四	调理洗发水
星期五	没有洗发水
星期六	没有洗发水
星期日	没有洗发水

护发素

护发素对于银屑病患者来说是非常重要的,它可以美化头发,同时最大限度地减少疾病的发生。对于银屑病患者来说,一些较新的吡硫锌去屑护发素是很有用的,因为在洗

发后使用这些即时护发素可以在毛囊口留下额外的吡硫锌,以减少炎症和马拉色菌在头皮上的定植。这种护发素应该每周使用1～2次。洗头后立即使用的标准是即时护发素应该在其他时间使用。即时护发素在洗发过程中会留下二甲基硅油,以尽量减少银屑病洗发水表面活性剂的破坏作用。即时护发素在沐浴时如果长时间留在头发上,会给头发带来更多的好处。一个可能的建议是先让患者在淋浴时洗头并冲洗,然后使用即时护发素。在洗澡或剃须时,护发素应该保留,然后在离开淋浴前冲洗干净。这使得护发素有更多的时间覆盖毛干并光滑毛发角质层。即时护发素也可以揉进头皮,以软化银屑病鳞片,然后冲洗。

> 免洗护发素可以作为头皮保湿剂,润滑皮肤鳞片,减少头皮瘙痒。

一旦冲洗了即时护发素,立即用毛巾擦干头发,再涂上免洗护发素。这些乳霜提供额外的二甲硅油,进一步平滑角质层。这种乳霜应该通过按摩头发,然后轻轻地揉进头皮。这种免洗护发素可以作为头皮保湿剂,润滑头皮鳞片,减少头皮瘙痒。头发干燥后,可使用含二甲硅油的头发精华液进一步调理。这些都是透明液体,也被称为控制头发毛躁的产品;它们可以进一步使角质层光滑。头发精华液应该每天使用以保持头发湿润,但也可以作为保湿剂涂抹在头皮上。银屑病患者经常使用皮肤保湿霜,使皮肤感觉更光滑、更柔软,也可以用头发精华液来润滑头皮。

仪容仪表

头皮银屑病患者对自己的头发非常在意,有时精心的梳理可能会对疾病治疗有害。为了减少头皮鳞屑的数量,患者有时每天都要进行积极的梳理和刷洗。银屑病患者有时会错误地认为自己可以梳掉所有的头皮问题。由于银屑病表现出 Koebner 现象,即对头皮的创伤会增加炎症并导致脱屑,因此不建议对头皮进行梳理和刷洗。头发应轻轻梳理,头皮操作应尽量少。银屑病患者也可能希望用化学物质永久染发、烫发或拉直头发,这些化学物质也会损害头皮。减少炎症的一种方法是在化学护发前后的晚上用氯倍他索溶液或凝胶对头皮进行预处理,有助于减轻炎症,防止银屑病发作。一般情况下,建议银屑病患者尽量减少对头皮的操作。

> 应避免积极梳理和刷洗,减少头皮损伤,以免加重头皮银屑病。

OTC 治疗

缓解头皮银屑病脱屑和瘙痒的 OTC 治疗方法有很多。同样,由于只能存在一种活性剂,大多数头皮银屑病溶液要么含有氢化可的松,要么含有水杨酸。使用高浓度含氟皮质类固醇的处方配方更有效。了解 OTC 市场对皮肤科医师很重要。OTC 水杨酸溶液中可含有高达 2% 的水杨酸,同时应该直接涂在头皮上,而不是头发上。OTC 外用皮质类固醇溶液可以含有高达 1% 的氢化可的松,这仅对最薄的斑块有效。对于预算有限或处于维持治疗阶段的患者,早晨使用 2% 的水杨酸,晚上使用 1% 的氢化可的松,可获得最佳疗效。

小结

本章评估了 OTC 和护发产品在银屑病患者中的使用情况。对于皮肤科医师来说,随着患者病情的好转,熟练地将患者从处方药转向 OTC 治疗是很重要的。治疗时可辅以精心选择的洗发水和护发素,以优化头皮银屑病的治疗。

第37章

头发老化问题

头发的老化与身体其他结构不同,因为它是少数几个不断更新的非生命组织之一,唯一相似的结构是指甲。随着年龄的增长,头发护理变得越来越重要,因为头发的损伤是不可逆转的,头发成熟的平均时间是3年。这意味着任何美容手术出错的影响都会持续很长一段时间。当毛囊成熟时发生的变化包括毛发生长速度减慢、毛干直径减小以及毛干色素缺乏。所有这些观察结果都与毛囊活力的丧失相一致。由于头发的生长需要高能量输出,这种活力的下降与身体其他活动随着年龄的增长而减缓是一致的,但毛干的衰老尤其明显。不论男人还是女人,灰白的头发都是衰老的第一个标志。

本章介绍了保持头发健康状态的方法。有关头发行为的许多资料都是来自纺织品文献的,特别是羊毛织物的加工和染色。人类的头发经历了羊毛所展示的大部分相同的现象,可以准确地进行推断。健康的头发是饱满的,有光泽、柔软且易打理。它能抵抗静电,保持理想的发型,并随着运动而弹跳。由于头发是无生命的,所以护发变得非常重要,特别是随着年龄的增长。考虑到头发老化的独特需求,本章提出了9个重要的概念。

健康的头发是天然的头发

许多成熟女性对自己的头发不满意,想要对头发进行改变,如染发或烫发。这些方法对生长迅速的头发效果很好,因为化学过程中受损的头发会被剪掉,而不会重复处理。这与老化头发的情况不同,因为老化的头发的生长速度较慢。所有类型的头发处理应保持在最低限度,并且在化学处理之间应留出尽可能多的时间间隔。在户外时,应始终戴上帽子或围巾来保护头发。日晒、风吹和潮湿是头发老化的敌人。让一位女性相信对头发处理越少越好可能很难。因为这太简单了,以至于让人无法相信。

> 日晒、风吹和潮湿是头发老化的敌人。

经常修剪头发

许多老年的患者在剪头发时犹豫不决,因为头发的生长速度减慢,减少了头发可以生长的最长长度。如果毛干因为过多的物理和化学处理而受损,没有任何特殊的洗发水或昂贵的护发素可以恢复头发的外观。对于这些患者,每隔1个月,根据头发生长的速度,从远端毛干处移除1~2in,可以改善头发的整体外观。此种方法可以修剪掉缺失的角质层暴露出较柔软的内部皮质时形成的分叉,并创造出不那么卷曲、更容易保持卷曲、更少受到静电影响的新发端。修剪头发还可以消除头发不整齐的断裂,使头发看起来更饱满、更健康。建议经常剪头发,以改善头发的外观。

治疗潜在的头皮状况

头发的健康与头皮的健康直接相关。许

多老年患者出现绝经后头皮瘙痒、脂溢性皮炎或头皮毛囊炎。当评估一位老年患者的头发时，不要忘记评估头皮。任何头皮瘙痒性疾病都会引起头发问题。用指甲连续抓挠头发 45 分钟，就可以去除毛干上的所有表皮鳞片。大多数患者不会连续抓挠头皮 45 分钟，但抓挠对毛干的影响是叠加的。如果患者每天抓挠 5 分钟，持续 9 天，可以很容易地累计 45 分钟。因此，治疗头皮瘙痒和体检中观察到的任何其他头皮状况非常重要。

头发老化和热暴露

老年人通常会通过外加热来加速头发干燥，防止身体寒冷。虽然吹风机是重新加热湿头发的一个极好的方法，但热量可能会永久性地损坏头发的蛋白质结构。一旦水从毛干外部蒸发，毛干内部的水就会变成蒸汽并离开毛干，从而造成角质层的损失，头发就会过度干燥，被称为"泡热头发"（第 34 章图 34-2 是一张扫描电子显微照片，展示了高能蒸汽产生的气泡）。这种情况是永久性的，泡沫头发会导致成熟毛干变弱，最终断裂。因此，老化的头发应该干燥到微湿状态，但没有完全干燥，以避免泡沫头发。皮肤科医师用一只手抓住患者头发末端 1in 处，用另一只手拉动头发末端，就可以很容易地检测到毛干损伤的存在，如泡沫发。如果头发断裂，可能存在泡沫发或其他原因的头发损伤。

头发老化与化学处理

化学处理成为老化头发梳理打理的重要组成部分。灰白的头发会被染成更年轻的颜色，而且还会永久地烫发，使头发看起来更浓密、更饱满。这两种方法都会损伤老化的头发，但大多数成熟女性都不愿意放弃化学处理。对许多人来说，去美发店是一种每周的必须社交外出活动，是退休生活中令人愉快的一部分。只要美发师意识到老化的头发比年轻的头发处理得更快，化学处理就可以在老化的头发上继续进行。老化的头发直径较小，化学物质更容易渗透，而生长速度较慢则意味着同一根头发需要反复处理。由于已经受损的角质层，化学处理头发的过程会随着每次化学接触而加快。

笔者在临床中，最常见的问题是：烫发液留得太久或头发漂白剂留得太久，导致老化头发处理过度。如果美容师意识到这些问题，就很容易避免。当处理时间结束时，美容师必须立即为患者护理，而不是在护理其他客户时让患者再等待 10～15 分钟。但是，没有办法能够消除过度处理所造成的损害。这意味着，老年患者必须选择一位技术和处理老化头发方面经验丰富的美容师。

> 老化头发的过度处理会导致头发断裂和不易打理。

适于老化头发的洗发水

许多到皮肤科就诊的老年患者已经严重永久性损伤了头发，修复是不可能的。重要的是，应建议患者如何优化头发外观，直到出现新的头发生长出来。减少头发损伤的一种方法是选择一种既能去除皮脂又能美化头发的洗发水，这种洗发水被称为调理洗发水。也被称为二合一洗发水，根据洗发和漂洗阶段洗发水与水的比例不同，具有两种不同的功能。在洗发阶段，洗发水被涂抹在潮湿的头发上并按摩到头皮上。在这个阶段，洗发水的用量较高，而水量较少，导致清洁剂主要清洁头皮，但也清洁头发。清洁阶段完成后，洗发水从头发中冲洗出来，逐渐减少洗发水的用量，增加水的用量。在冲洗过程中，会留下一层薄薄的护发素，覆盖在每根毛干上，从而最大限度地减少伤害。

适用于老化头发的护发素

护发素在老化的头发中非常重要，它可

以保护角质层的结构,使头发柔软有光泽。由于头发生长的速度随着年龄的增长而减慢,因此剪头发的频率就会降低。这意味着老年患者必须更好地护理自己的头发,任何不成功的美容操作所造成的损伤都将会持续更长的时间。护发素在毛干上涂上一层保护膜,可以防止吹风机和加热的头发造型器具造成的热损伤。护发素还可以减少头发梳理摩擦,从而最大限度地减少头发断裂和脱发。老年患者应该首先使用即时护发素,在洗发后立即淋浴。然后用凉水冲洗护发素,用毛巾擦干头发。当头发微湿时,用 1/4 大小的含有二甲硅油的免洗护发素涂抹在手上,并按摩头发,覆盖每根毛干。应用于远端发干,少用于近端发干。然后让头发自然风干,以尽量减少热损伤。当头发快干的时候,在掌心喷 2~4 次护发精华液,然后再在头发上轻轻揉搓。逐步使用这些护发素可保护头发,增强头发的光泽。护发素还能提高头发保持发型的能力。

适用于老化头发的造型产品

一旦头发经过洗发、调理和干燥后,就可以进行造型了。头发造型最好在头发几乎干燥的时候进行。无论头发的形状是什么,当头发从湿转干的瞬间,它将决定头发的最终形状。出于这个原因,最好把头发做成几乎干的发型。处理头发时要轻柔,因为湿发比干发更容易断裂。此时应涂抹另一层含有二甲硅油的头发精华液。也可以使用含有防晒霜(最常见的是二苯甲酮)的头发调理喷雾剂,以尽量减少紫外线对头发的伤害(图 37-1)。然后,可以用手指给头发定型,或者用卷发钳或卷发筒给头发定型,设置在低挡位以避免热损伤。最后,一旦定型,就可以用灵活定型的发胶泵喷头发。

老化的头发应尽可能少地进行处理,以防止头发造型时断裂。

图 37-1　用于染色头发的含有光保护作用的护发喷雾

适合老化头发的发型

老化头发选择的发型应该简单,并且不需要太多的头发处理。经常梳理和刷洗会使老化头发所特有的细发干断裂(图 37-2)。梳子应该是宽齿的,如果可能,应避免刷洗(图 37-3)。头发应该在干燥的时候做造型,在潮湿的时候尽量少处理,因为潮湿的头发更容易断裂。不建议使用需要梳理、拉扯、卡扣、发夹、橡皮筋等的复杂发型,因为这样会

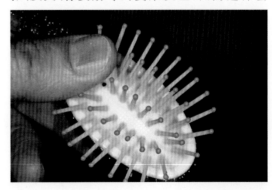

图 37-2　宽齿光滑刷毛刷不太可能断裂脆弱老化的毛干

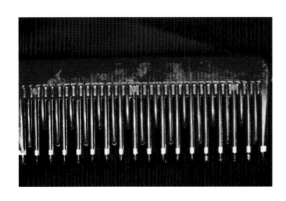

图 37-3　齿距宽的梳子既能打理头发，又能最大限度地减少毛干角质层的损伤

增加头发断裂。也不建议只能通过永久卷发或频繁定型才能实现的发型。选择发型以优化老化头发的外观时，简单再一次成为最重要的考虑因素。

小结

对于皮肤科医师来说，了解头发老化的需求是很重要的。老年男人和女人在任何年龄都希望自己看起来最好，而头发是外表的重要组成部分。虽然老化的头发不像年轻的头发那样允许出错（允许被损伤/伤害），但可以精心梳理和设计，以优化外观。最重要的是不要进行可能导致灾难性美容结果的高风险处理，因为头皮毛发的生长会随着年龄的增长而减慢，在预期再生的情况下剪掉不好看的毛发也不那么容易长出来。

第38章

受损头发问题

皮肤科医师面临的最常见的问题之一是患者正在经历脱发,这可能是由医疗或美容原因造成的。无论脱发的原因是什么,过早的头发断裂都是一个重要的因素。头发的主要成分是角质蛋白,任何削弱蛋白质结构的东西都会导致头发在很小的损伤下断裂。患者通常会寻求医疗帮助,以确定如何增强头发的强度,有时会求助于烫发、强化头发的染发剂或昂贵的鱼子酱护发素。事实是,一旦无生命的头发受损,它就无法永久修复。此外,任何额外的美容操作都会导致更多的问题。对于希望恢复头发健康的患者来说,最好、最简单的方法是剪掉头发,让新的头发生长出来,同时避免过去的错误美容。这是一个很好的建议,但通常不会被采纳。

本章有 10 个简单的建议与患者分享,提供这些想法可以帮助患者将问题最小化,或许还会让他们觉得医师已经认真地处理了他们的问题。表 38-1 总结了这些建议,可以很容易地放在分发给患者的讲义中。

头发控制

> 尽可能少地处理头发(图 38-1)。

有些发型师会说你对头发做得越多,它就变得越健康,然而事实并非如此。没有所谓的"身体恢复烫发"或"强化染发剂"。染发或烫发越多,头发就变得越弱。越是梳头、卷

表 38-1 受损头发的护理说明

1. 尽可能少地处理头发
2. 选择尖端有聚四氟乙烯涂层的宽齿梳子
3. 选择一款透气球头造型刷
4. 头发潮湿时不要梳头
5. 让头发风干,避免使用加热干燥设备
6. 避免抓伤头发和头皮
7. 选择一种调理洗发水
8. 每次洗头后使用即时护发素
9. 考虑每周使用一次深层护发素
10. 剪掉受损的毛干

图 38-1 被过度处理过的稀疏头发会断裂,看起来更薄

发、扭曲、修剪、梳理、编辫子,头发就越容易受损。这种损伤是永久性的,因为头发是无生命的。基本上,任何对毛干的操作都可能导致角质层损伤,这在护发行业被称为"风化"。即使在最健康的头发上,风化也是可见的,因为在新生长的近端毛干上有紧密重叠的完整角质层,而在较老的远端毛干上有破损的角质层,有时没有角质层。风化基本上是化学和物理环境对毛干的损害的总和,这可以通过减少操作来最小化。

头发梳子的选择

选择尖端有聚四氟乙烯涂层的宽齿梳子(图 38-2)。

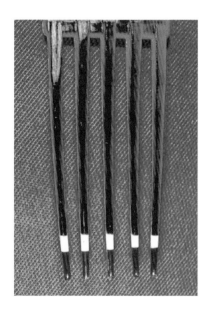

图 38-2　**特别是在洗发后打理时应使用宽齿梳子,以尽量减少毛干断裂**

头发每天受到的最常见的伤害之一就是梳理,梳理通常由一把梳子来完成。因此,重要的是要选择一种梳子,通过尽量减少头发和梳子齿之间的摩擦,以减少头发断裂。因此,梳子应该有宽间隔的光滑齿,最好是聚四氟乙烯涂层,以减少梳理摩擦。当梳子穿过打结头

发时,在角质层鳞片断裂或完全缺失的地方往往会抓住毛干,增加毛干断裂。

毛干缠结时,梳理摩擦最大。但是,梳头最常见的原因是为了去除头发打结。这意味着应该保护头发不受可能导致头发打结的情况的影响,比如风、无意识的头发缠绕或摆弄。减少梳发摩擦的最有效方法,除了选择合适的梳子外,就是使用护发素。

发型设计

选择一款透气球头造型刷(图 38-3)。

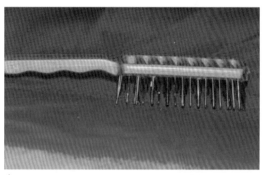

A

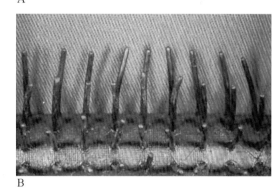

B

图 38-3　**A. 一个透气的球头吹发刷被证明可以最大限度地减少头发因梳理而断裂;B. 没有球头的刷子被证明是一种糟糕的美容刷选择**

第二种最常用的梳理工具是刷子,也需要仔细选择。主要的目标是再次减少刷子与毛干之间的摩擦。天然硬毛刷或有鬃毛密集

排列的刷子最近很受欢迎,因为它们非常符合当前"回归自然"的趋势,以及植物学在头发护理行业的使用;然而,这些刷子会使头发更容易断裂。一个更好的选择是一种被称为吹发梳的梳子设计,可以满足一般的美容需求。这些梳子在梳头上有通风口或开口,以防止热量在头发和刷头之间积聚。宽间隔的刷毛也是塑料和球头,以尽量减少摩擦。如果将梳子划过手掌会引起不适,则不建议将梳子用于头发上。

头发梳理

头发潮湿时不要梳理(图 38-4)。

图 38-4　刚洗过的头发纠结而脆弱,
容易导致发干断裂

头发湿的时候比干的时候更容易断裂。因此,建议在洗发后用手指从远端到近端轻轻梳理头发(先梳开远端打结部分),直到头发几乎干燥时才尝试梳理或梳洗。许多人认为,为了达到理想的发型,头发必须是湿的。这只是部分正确。头发会在最后一个水分子从毛干蒸发的瞬间固定在它被放置的位置。这意味着在头发完全干燥之前,再做发型是最佳的。因此,最好是用手指把头发弄湿,然后让它几乎干后再做造型,以防止头发断裂。

风干头发

让头发风干,避免使用加热干燥设备(图 38-5)。

A

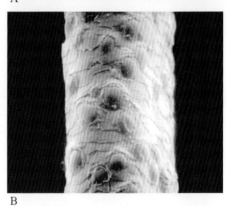

B

图 38-5　A. 吹干头发会导致热损伤和一种被称为泡沫头发的情况;B. 泡沫头发的电子显微照片,显示毛发干中因蒸汽逸出而产生的气泡或团块

许多人较喜欢通过加热毛干来加速干燥过程,以加速水分的蒸发。这可以用手持式吹风机或带帽的专业美发吹风机来完成。加热也被用来以加热辊或卷发棒的形式塑造毛干。但是,任何形式的加热都可能对头发的蛋白质结构造成永久性的损害。

重要的是要区分湿发时存在于毛干外

部的水和存在于毛干内部作为增塑剂的水。吹风机试图加速毛干外部的水分蒸发，而加热造型设备则试图重新排列毛干内部的水变形。水是身体所有角蛋白结构的增塑剂，包括皮肤、头发和指甲。当头发迅速暴露在高温下时，毛干内的水会变成蒸汽，离开毛干，造成角质层的损失，这种情况被称为"泡沫头发"。在扫描电子显微镜下，可以看到高能蒸汽产生的气泡。这种损伤是永久性的，泡沫头发会导致毛干弱化，从而导致头发断裂。

皮肤科医师应该意识到，许多脱发患者可能会因为泡沫头发而导致头发断裂。虽然在光学显微镜下不可能看到泡沫头发，但可以让患者收集 4 天的脱发量，把每天的脱发放在一个单独的袋子里。皮肤科医师可以检查这些袋子，以确定没有毛囊的断毛与含有毛囊的休止期脱发的比率。如果断发数量超过 20%，患者就经历了头发损伤。这时，皮肤科医师应该询问吹风机和加热型的造型器具的使用情况，并提出一些建议；然而，大多数患者不会停止使用吹风机等。

尽管所有形式的热量都对毛干造成损害，但通过改变头发接触热量的方式，有可能将损害降至最低。如果毛干在室温下突然暴露在高温下，则更容易产生泡沫头发。头发逐渐暴露在高温下，损伤效果就没有那么大。因此，建议逐步升温。这意味着，如果吹出热空气的喷嘴与头发保持至少 12in 的距离，让空气在接触毛干之前冷却，则可以安全使用吹风机。电吹风也应该以低热启动，在用较高的温度烘干头发之前先给头发加热。

如果在用于头发之前冷却，可以安全地使用加热卷发器和卷发棒。这些恒温控制装置倾向于略微过热，这会在头发接触时立即引起泡沫头发。在将加热的造型设备与头发接触之前，应拔掉插头 1～2 分钟。如果可能的话，造型设备应该在低温而非高温设置下

操作。如果设备没有多重温度设置，可以将接触头发的金属或塑料放入湿毛巾中降低温度。许多患者更喜欢在高温设置下使用加热的造型设备，因为高温会导致更多的水变形键重新排列，使卷发更紧密、更持久。但被热损伤的头发看起来是卷曲且易碎的。

头皮抓伤

避免抓伤头发和头皮（图 38-6）。

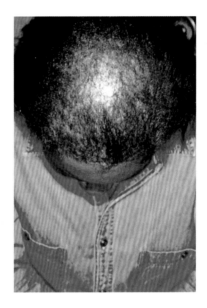

图 38-6　抓挠头皮会导致更多的头发断裂，瘢痕性脱发的脱发特征

脂溢性皮炎患者通常不以脱发为主诉。从医学上，很难解释头皮皮肤的真菌感染是如何改变位于真皮深处和皮下浅表组织的毛囊的毛发生长的。脂溢性皮炎患者脱发的解决办法是，让患者在 24 小时内收集洗发或梳洗时脱落的头发。对这些毛发的检查可以发现角质层的缺失和毛干的断裂。值得注意的是，经过 45 分钟的剧烈抓挠，可以去除毛干的整个角质层。大多数患者不会持续抓挠头皮 45 分钟，但抓挠对毛干的影响是叠加的。每天抓挠 5 分钟，连续抓挠 9 天，即可轻松达

到 45 分钟。通常情况下,患者只打算抓挠头皮上的瘙痒部位,但也不可能不抓挠毛干而只抓挠头皮。

因此,解决脂溢性皮炎患者脱发的方法是治疗其潜在疾病。除了标准的脱发检查外,笔者还多次积极治疗因头皮瘙痒而抱怨脱发的患者。指甲对毛干的损伤会导致发质暗淡、无法打理、断裂,外观不佳。治疗头皮瘙痒导致的发干损伤是解决一些患者脱发原因的关键。

洗发水的选择

选择一种调理洗发水(图 38-7)。

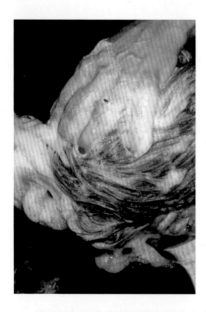

图 38-7　使用调理洗发水可以最大限度地减少洗发水洗涤剂引起的毛干损伤

许多向皮肤科医师就诊的患者已经严重损坏了头发,因此,永久性修复是不可能的。然而,重要的是要建议患者如何优化他们受损头发的外观,停止破坏性的美容程序,直到新的头发长出来。其中一个减少头发损伤的方法是选择一种调理洗发水。皮脂是最佳的护发素,所有的合成护发素都不

是理想的替代品,然而,患者不喜欢皮脂给毛干带来的油腻、扁平的外观。这导致了用于去除头发上皮脂的洗发水的出现。记住,洗发水的初衷是去除皮脂、皮肤鳞屑、环境污垢以及头皮上的顶浆和小汗腺分泌物。患者在淋浴时忘记了洗发水是用来清洁头皮而不是头发的。

在清洁头皮的同时改善头发的需求导致了调理洗发水的发展。这项技术的主要成分是硅酮,这是一种轻质、透明的油,可以覆盖毛干,平滑受损的角质层。这项技术是最早应用于潘婷系列洗发水(宝洁,辛辛那提,俄亥俄州),至今仍在生产。这些洗发水最初被称为二合一洗发水,因为它们既能清洁头皮,又能调理头发。它们适用于所有类型的头发,包括干性、普通、油性和化学处理过的头发。硅酮在这些配方中起到了重要作用,因为它可以覆盖毛干而不留下皮脂的油腻外观。硅酮还可显著减少梳理和洗刷时的摩擦,最大限度地减少头发断裂。因此,脱发或化学损伤头发的患者可以从使用含硅的调理洗发水改善发质。

护发素的选择

每次洗头后使用即时护发素(图 38-8)。

图 38-8　即时护发素对于防止毛干之间形成缠结从而导致毛干断裂非常重要

有机硅技术也被应用于即时护发素。即时护发素是在沐浴或淋浴后立即使用的产品。它们会在头皮上停留很短的一段时间，然后从头发上被彻底冲洗干净，因此称为"即时"护发素。由于这些产品不含有去除头皮油脂的表面活性剂，它们可以专注于增强先前使用的调理洗发水的效果。除季铵盐化合物外，即时护发素通常还含有环甲基硅酮、二甲硅油或二甲聚硅氧烷作为其活性剂。二甲聚硅氧烷是一种环状硅氧烷，对头发角蛋白具有更强的活性。这意味着它能更好地附着在角质层上，抵抗水的冲洗，从而提供更持久的护理。季铵盐化合物，也称为季铵化合物，在减少静电方面非常出色，静电会导致头发卷曲难以打理。

这些重要的成分可以平滑松散的角质层，增加头发光泽，也可以减少摩擦。可以更容易地梳理刚洗过的头发，从而减少头发在干燥过程中的断裂。护发素还能减少梳子、刷子和头发纤维之间的摩擦。护发素还能在毛干上提供一层保护膜，防止热损伤和 UV 辐射的影响。

简而言之，皮肤科医师能为脱发患者提供的最佳建议之一就是在洗头后立即使用即时护发素。无论脱发的根本原因是什么，使用本产品都能延长头发寿命。实际上，反复洗涤后，一件柔软的纯棉 T 恤就会变成又硬又褪色的布块。同样的变化也发生在头发上。所有的面料都要经过整理，这样可以改善面料的磨损，并增加面料的光泽。在洗衣机或烘干机中使用织物柔顺剂恢复织物的柔软性，类似于在头发上涂抹即时护发素。

深层护发素

考虑每周使用一次深层护发素（图38-9）。

图 38-9　深层护发素化学方法拉直
当非裔美国人用化学方法拉直头发时，用深层护发素防止毛干断裂尤为重要。

偶尔有必要对头发纤维进行比即时护发素更多的护理。这种情况在未化学处理的头发中尤为明显，如染色、漂白、烫发或化学拉直。这些过程都是有意破坏角质层，以到达毛干的皮质和髓质，从而诱导颜色或结构的改变。一旦角质层被化学处理破坏，它就永远无法完全恢复。因此，患者应权衡化学处理毛干的美容价值和其最佳功能下降。通过使用所谓的深层护发素，可以使一些损害达到最小化。

沐浴或淋浴后，在头发上涂抹深层护发素 20～30 分钟。它们既可以在家里使用，也可以在美发店使用。深层护发素基本上有两种类型：油处理和蛋白质包裹（护理）。油处理通常用于已经拉直的卷发。碱液拉直头发的过程导致头发含水量降低，导致发干弹性降低致头发断裂。毛干上涂一层重油，就像给皮肤保湿一样，既能平滑角质层，又能防止毛干进一步失水。一般来说，原本直发不使用油处理，因为重油会使头发柔软，难以定型。

蛋白质包裹（护理）是第二种深层护发

素,可用于所有头发类型。这些护发素被配制成乳霜或乳液,是即时护发素的一种变体,只是它们在冲洗之前会在头发上停留更长时间。如前所述,蛋白质护理(包裹)可能含有硅酮和季铵盐化合物,但它们也含有某种形式的水解蛋白质。通常使用动物来源胶原蛋白,但任何水解蛋白都可以。这种蛋白质可以通过化学处理产生的表皮缺损扩散到毛干中。与速效护发素相比,这种蛋白质可以增强毛干强度,也可以比即时护发素更彻底地抚平角质层。

对于那些用化学方法处理过头发的患者,笔者建议除了在洗发后使用即时护发素外,每隔 1～2 周使用一次深层护发素。

头发修剪

剪掉受损的毛干(图 38-10)。

许多脱发的患者都不愿意剪头发。他们认为,应该紧紧抓住头发以防头发不再长出来。但是,由于化学处理过多和护发素使用太少而致受损的头发无法恢复。对于这些患者,只需从远端毛干上移除 1～2in,头发的整

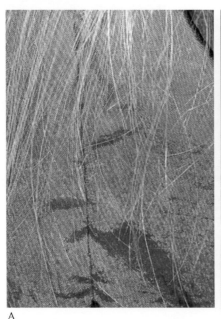
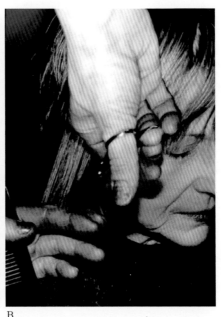

A   B

图 38-10 A. 由于头发是无生命的,所以必须将断裂的不规则毛干剪掉,以使头发恢复到一个像样的外观。B. 头发稀疏的患者可能会减少修剪头发的频率。在大约 6 周的基础上修剪头发,以保持头发看起来饱满和健康

体外观就可以得到改善。修剪掉分叉的发梢,创造出新的发梢,这样头发就会不那么卷曲,更容易保持定型,更少受到静电的影响。修剪还可以消除头发断裂的不整齐,使头发看起来更细。简而言之,去除受损的头发可以创造出头发更饱满、更健康的错觉。当然,新暴露的末端必须得到适当的护理,否则随着时间的推移,它们也会变得不好看。

小结

尽管头发是一种非生命物质,但适当的护理可以使其抵抗导致脱发的断裂。关于头发护理的大部分产品开发都是将纺织加工技术应用于人类头发纤维。当头发被认为是一种织物

时,很容易理解正确处理头发纤维、有限接触有害化学物质及环境变量是如何影响其美容性能的。本章提出了一些想法,供皮肤科医师在帮助关心医疗或美容脱发的患者时参考。

建 议 阅 读

Robbins C. Hair breakage during combing. Ⅰ. Pathways of breakage. J Cosmet Sci 2006;57:233-43.

Robbins C. Hair breakage during combing. Ⅱ. Impact loading and hair breadage. J Cosmet Sci 2006;54:245-57.

Robbins C,Kamath Y. Hair breakage during combing. Ⅳ. Brushing and combing hair. J Cosmet Sci 2007;58:629-36.

第四部分 指甲

引 言

指甲是有趣的结构。也许它们是动物用来吃东西和自我保护的爪子的遗迹。也许，它们对于保护指尖高度神经支配的组织是必要的。也许指甲只是用来装饰的！当然，有无数的产品可以改善指甲的外观，从像指甲剪这样简单的东西到在指甲上用于伸长的聚合丙烯酸假体这样复杂的东西。据说，指甲能透露出一个人的很多信息。指甲油污说明你是汽车修理工，而指甲发黄则说明你吸烟过多。干净整洁的指甲可能意味着身体健康和良好的卫生习惯，而畸形的指甲可能意味着潜在的皮肤病。指甲可能是潜伏在体内的肺部或肾疾病的线索，这需皮肤科医师的慧眼才能诊断出来！毫无疑问，指甲讲述了一个人生活中不为人知的故事。

鉴于人们对指甲的关注，化妆品行业找到了一个商机。有些产品可以让褪色的指甲变白，让脆弱的指甲变滋润。有一些指甲油可以让指甲颜色与服装、情绪或时尚趋势相协调。有些假指甲的设计是一次只戴一天或几个月，长度有短、中、长和过长等。对许多人来说，假指甲已经成为一种艺术形式，在天然的指甲板上镶嵌着精致的绘画、珠宝或雕塑。而且，这些操作不仅在指甲上进行，也在趾甲上进行，创造了 20 个小画布的艺术表达。

除了化妆诱惑，指甲也有特殊的修饰和卫生需求。据说，在口腔外，指甲下面的皮肤是人体最脏的部位之一。事实上，许多疾病都是通过指甲从手传到嘴、眼睛或鼻子的。这意味着无论男女老少，指甲卫生都是至关重要的。儿童和指甲疾病，包括指甲营养不良和甲银屑病，对指甲有特殊需求。这本书的这一部分涵盖了所有这些领域，提供了指甲健康和疾病中的指甲化妆品的概要。

第39章

以问题为导向解决指甲问题

因为指甲没有生命,所以在很多方面对于皮肤科医生来说,它比皮肤问题更棘手,更令医生困惑。

指甲问题困扰着皮肤科医师,其在很多方面比皮肤问题更具有挑战性,因为指甲是无生命的(图 39-1)。角质层的更新时间只有 2 周,但新指甲的生长需要 3～6 个月,新趾甲的生长需要 6～12 个月。这意味着从治疗到可见效果之间的时间被延长了,这会给患者带来不切实际的期望。然而,指甲作为一个重要的外观属性,通过非语言方式传达我们的性别、个人护理习惯、职业、爱好和习惯。虽然指甲的主要功能是保护柔嫩的指尖,便于精细操作,但也有用指甲的外观来展示社会地位者。从事体力劳动的人不能留长指甲,而从事管理工作的人则留较长的指甲作为职业成功的一种展示。女性花费时间和金钱来追求色彩鲜艳的长指甲和趾甲,将其作为非语言身体艺术来展示社会地位。

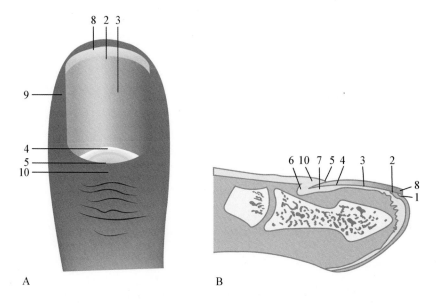

图 39-1 指甲的正常解剖

A. 俯视图;B. 矢状剖面图。1. 远端沟;2. 指芯;3. 甲床;4. 甲半月远端;5. 指皮;6. 近端基质;7. 远端基质;8. 指甲前缘;9. 侧甲襞;10. 近端甲襞。Reproduced from Richert B,Di Chiachio N,Haneke E. Nail Surgery. Informa Healthcare,2010.

指甲装饰是一个有趣的话题,因为它可以表达微妙的个性特征。是否涂红色指甲油的人是外向的,而涂透明指甲油的人是内向的?咬伤的指甲是否表明你性格紧张胆怯?这一推理进一步延伸到对指甲疾病的关注。真菌感染的黄色/绿色增厚指甲是否表明有传染性?银屑病的指甲凹陷特征是否与健康不良有社会关联?当然,当与一个新认识的人见面时,手和指甲是第二个视觉接触的区域。毫无疑问,指甲在很大程度上反映了我们是谁,以及我们渴望成为什么样的人。

本章采用问题导向的方法,探讨指甲美容问题和指甲疾病问题。它首先将甲问题分为与指甲、趾甲和儿童特有的相关问题。常见的患者美容问题与可能导致和改善病情的问题及产品一起讨论。由于大多数美容问题都需要受损的指甲不断生长,直到被新的正常生长所取代,所以发现问题,并提出解决方案是至关重要的。另一方面,指甲疾病可能很难治疗;然而,在新指甲出现之前,美容干预可能提供一个暂时的解决方案。本章将指甲化妆品和指甲美容过程中造成的问题和伪装联系起来(表 39-1)。

表 39-1　指甲化妆品

指甲化妆品	主要成分	作用	不良反应
指甲油	硝化纤维素、甲苯磺酰胺树脂、增塑剂、溶剂和着色剂	为指甲盖添加颜色和光泽	甲苯磺酰胺树脂过敏性接触性皮炎,指甲盖染色
指甲硬化剂	甲醛、醋酸盐、丙烯酸树脂或其他树脂	增加指甲强度,防止断裂	甲醛过敏性接触性皮炎
指甲釉质去除剂	丙酮、乙醇、乙酸乙酯或乙酸丁酯	去除指甲油	刺激性接触性皮炎
角质层去除剂	氢氧化钠或氢氧化钾	破坏在指甲盖上形成多余角质组织的角蛋白	刺激性接触性皮炎
指甲漂白剂	过氧化氢	去除指甲盖上的染色剂	刺激性接触性皮炎
指甲油干燥剂	植物油、醇或硅酮衍生物	加快指甲油的干燥时间	几乎没有
指甲抛光膏	浮石、滑石或高岭土	光滑指甲上的纹路	几乎没有
指甲保湿剂	封闭剂、保湿剂和乳酸	增加指甲的含水量	几乎没有

指甲变色

指甲变色是一个常见的美容问题(表 39-2)。正常的甲盖是透明的,通过近端指甲盖可见甲床呈粉红色,远端自由边缘可见指甲呈白色。随着年龄的增长和指甲疾病的发生,指甲盖变得不那么透明,使甲床显得更苍白,给人一种血流量减少的印象。老化的指甲也可能会变黄,原因可能是指甲盖成形不良,也可能是环境物质(如尼古丁、食品、清洁液、色素化妆品等)造成指甲染色(图 39-2)。

表 39-2　指甲变色原因

1. 指甲盖老化,角蛋白生成不良
2. 吸烟引起的尼古丁染色
3. 处理带有黄色、橙色或红色类胡萝卜素的水果(桃子、橘子、番茄、草莓)和蔬菜(黄南瓜、甜菜、南瓜)
4. 红色和橙色指甲油染色
5. 溶剂接触,如松节油、戊二醛、甲醛等
6. 内部健康不良(呼吸系统疾病、癌症化疗、心脏病)
7. 接触色素产品,如染发剂、美黑剂、面部粉底等
8. 黄甲综合征
9. 甲真菌病

指甲生长减慢,延长指甲盖更替时间和增加指甲染色机会。指甲变色最容易的化装就是使用指甲油,这也是最常见的指甲装饰化妆品。变色的指甲也可以通过漂白来处理。

是使用不透氧的人造指甲。因此,指甲油会在指甲盖上涂上一层惰性保护涂层,不会对指甲造成损害。

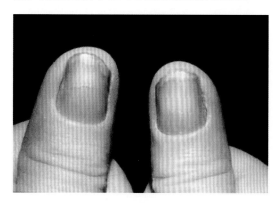

图 39-2　变色的指甲盖

指甲油

指甲油,也被称为指甲釉质,是涂在指甲盖上的一种色素涂层。它是在 20 世纪 20 年代被引入的,当时汽车工业发展出漆技术,以取代慢干油基涂料。指甲油的基本成分是硝化纤维素,它是由棉短绒或木浆中的纤维素纤维与硝酸反应生成的。煮沸后的硝化纤维素溶解在有机溶剂中,挥发后会留下一层坚硬、光滑的漆膜。1930 年,Charles Revson 萌生了在透明漆中添加颜料以形成不透明彩色指甲油的想法,并于 1932 年创立了化妆品公司露华浓。

图 39-3　指甲油有多种现代颜色可供选择

> 指甲油可用于伪装指甲变色。

指甲油由悬浮在挥发性溶剂中的颜料组成,其中添加了成膜剂(图 39-3)。成分如表 39-3 所示。硝化纤维素是指甲油中最常用的主要成膜剂,因为它能产生一层有光泽、坚韧的膜,能很好地黏附在指甲盖上。该膜具有透氧性,对指甲盖的健康有重要意义。这是使用指甲油来掩饰指甲变色的优点,而不

表 39-3　指甲油成分

1. 初级成膜剂(硝化纤维素、甲基丙烯酸聚合物、乙烯基聚合物)
2. 二次成膜树脂(甲醛、对甲苯磺酰胺、聚酰胺、丙烯酸酯、醇酸树脂和乙烯基树脂)
3. 增塑剂(邻苯二甲酸二丁酯,邻苯二甲酸二辛酯,磷酸三甲酚酯,樟脑)
4. 溶剂和稀释剂(醋酸盐、酮、甲苯、二甲苯、醇)
5. 着色剂(有机 D&C 颜料、无机颜料)
6. 特殊填料(鸟嘌呤鱼鳞或二氧化钛涂层云母片或用于彩虹色的氯氧化铋)
7. 悬浮剂

在许多指甲油中发现的甲苯磺酰胺甲醛树脂是一种常见的过敏原。

然而,必须添加二次成膜树脂,以使指甲油膜具有弹性,否则它会随着指甲盖的移动而开裂。用于增强硝化纤维素膜的主要树脂是甲苯磺酰胺甲醛;然而,这种树脂是致敏性的,可以在标准的皮肤斑贴试验上找到。标有"低过敏性"的指甲油,意思是减少过敏,不应该使用这种树脂。实际上这种树脂仍然被广泛使用,然而,一些人对这种物质敏感,这是在标准皮肤斑贴试验上发现的。这种树脂已经在一些低过敏性指甲油中被淘汰了,取而代之的是聚酯树脂或醋酸丁酸纤维素,但致敏性仍然存在,且该指甲油的耐磨性较差,这意味着它很容易通过摩擦从指甲盖上移除。

指甲油还含有其他成分,如邻苯二甲酸二丁酯和邻苯二甲酸二辛酯等增塑剂,它们的作用是保持产品在瓶子中的柔软和柔韧。应该提到的是,邻苯二甲酸盐最近因其可能的雌激素副作用而受到批评。一些州正在考虑通过立法将这类成分从市场上移除,这些成分也用于防腐目的。然而,几乎没有证据表明邻苯二甲酸盐已经引起了人类的健康问题。

接下来讨论溶于溶剂中的所有的成分,如乙酸正丁酯和乙酸乙酯,在指甲盖上留下一层彩色薄膜。可加入甲苯和异丙醇作为稀释剂,保持漆的薄度,并降低漆的成本。在这个载体中,可以添加多种着色剂和特殊填充剂,以决定指甲油的最终外观。着色剂,如有机颜料,可以从食品和药物管理局(FDA)批准的认证颜色列表中选择。也可以使用无机颜料和色素,但必须符合低重金属含量标准。这些颜色可以用悬浮剂(如硬脂铝镁石)悬浮在漆中,以产生从白色、粉红色、紫色、棕色、橙色、蓝色、绿色等颜色。

由于光反射增强,可以添加特殊填料,如鸟嘌呤鱼鳞、氯氧化铋或二氧化钛涂层云母,以提供磨砂外观。切碎的铝、银和金也可以添加,以获得金属光泽。为了达到最佳的指甲变色伪装效果,指甲油应该是不透明的,并且使用得当。接下来将讨论指甲油的使用技术。

指甲油伪装技术

指甲油不会损坏指甲盖,但洗甲水会使指甲盖脱水。

适当地涂指甲油,可以掩饰变色的指甲盖。正确的使用指甲油可以保证伪装效果的寿命。因为损坏指甲盖的不是指甲油,而是洗甲水,这一点很重要。正确使用需要三层指甲油:底层、着色指甲油和顶层(表 39-4)。底涂层确保与指甲盖有良好的附着力,防止指甲油脱落。它不含色素,初级成膜剂较少,次级成膜树脂较多,由于需要较薄的膜,所以黏度较低。第二层是真正的着色指甲釉质。面漆或第三层提供光泽和抗剥落性。它含有较多的一次成膜剂、较多的增塑剂和较少的二次成膜树脂。一些最上面的涂层可能含有防晒霜,以防止指甲油褪色,但不含有色素。最后,用一种由植物油、醇类和硅酮衍生物组成的指甲油干燥剂刷或喷在已完成的指甲上,通过蒸发指甲油溶剂导致釉质迅速硬化。

表 39-4 指甲油应用技术

1. 基础涂层:采用透明抛光剂设计,用薄薄的成膜剂密封指甲盖
2. 指甲釉质:色素抛光剂,产生不透明的薄膜,伪装下面变色的指甲盖
3. 顶层:薄而透明的含抛光剂的防晒霜,以防止抛光褪色,增加高度光泽,防止指甲釉质脱落
4. 指甲油干燥剂:一种液体,通过促进溶剂的蒸发来加速指甲油的干燥

这三层连续的涂层增加了指甲油在指甲盖上停留的能力，这一特点被称为指甲油的"耐用性"（wear）。指甲油的耐用程度是由涂膜硬度、耐水性、对指甲的附着力及抗磨损能力决定的。由于洗甲水会损坏指甲盖，因此希望指甲油尽可能长时间地留在指甲盖上。

指甲油染色

> 含有 D&C 红色 6 号、7 号、34 号或 5 号 lake 的指甲油会暂时将指甲盖染成黄色。

指甲油也会使指甲盖染色，这要重点记住（图 39-4）。当指甲油颜料溶解而不是悬浮时，指甲就会变色。最常见的是含有 D&C 红色 6 号、7 号、34 号或 5 号 lake 的深红色指甲油。指甲盖会在连续磨损 7 天后变黄，如果不进行处理，大约 14 天后，一旦釉质被去除，染色剂就会褪色。用手术刀刮指甲盖可以用来确认只有指甲表面被染色，这是指甲色素沉着异常的一个重要区别。

图 39-4　深红色指甲油导致的甲板染色

法式美甲伪装

一种被称为法式美甲的伪装技术，艺术地利用各种颜色的指甲油来模拟正常的指甲盖，可以治疗指甲变色（图 39-5）。首先，在指甲上涂上一层不透明的白色底漆来遮盖变色处。在整个指甲盖上添加浅粉色的釉质，以模拟甲床。最后，在远端甲尖处涂上白色釉质，模拟无甲边缘。最后涂一层透明的面漆，以防止颜色褪色，并尽量减少釉质剥落（图 39-6）。法式美甲可以由专业的美甲师进行，也可以在家中通过大众商店提供的预包装套件进行。

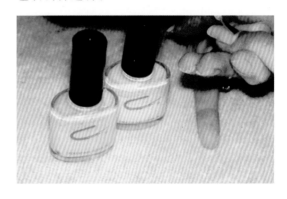

图 39-5　白色和粉色指甲油用来模拟健康的天然指甲盖

指甲漂白剂

指甲漂白剂可以将指甲盖表面的污渍漂白掉。例如，食物和尼古丁污渍可以用指甲漂白剂中大量的过氧化氢去除；然而，也可能发生刺激性接触性皮炎。一种比指甲漂白剂更安全的替代品是指甲填充物。下面将讨论这种技术，它也可用于治疗甲隆起。

指甲隆起

> 使用指甲锉或指甲抛光膏可以尽量减少指甲隆起。

另一个常见的指甲问题是指甲隆起，主要见于 40 岁以上的人。随着甲床的老化，纵向指甲隆起很常见，可以比作头部的白发。纹路代表一组指甲基质细胞，它们不再产生光滑的指甲盖，就像老化的毛囊不再产生色素而产生的灰色头发一样。通常，纹路是永

A   B

图 39-6　法式美甲是一种有效的方法以掩饰变色的、不好看的指甲

A. 彩色釉被艺术地应用在指甲盖上；B. 装饰过的指甲的成品外观。

久性的，随着年龄的增长，纹路会出现更多。幸运的是，纹路仅位于指甲盖的表面，可以通过打磨或抛光指甲盖以及可能出现的指甲盖变色来去除。

指甲盖最好用 3 个指甲锉打磨（表 39-5）。第一个指甲锉比较粗糙，应该打磨指甲隆起直到光滑。最好的方法是用另一只手同一根指甲的手指腹揉搓处理过的指甲。一旦指甲光滑，然后用更细的锉刀锉平，以增加平滑度。最后锉平，以达到高光泽。通常情况下，这 3 个指甲锉在大卖场以不到 5 美元的价格出售，并被贴上清洁、调理和闪亮指甲锉的标签。每次修剪指甲时，必须重复锉削顺序，因为新指甲生长将包含纵向峭（图 39-7）。

表 39-5　指甲隆起的锉磨技术

1. 清洁锉刀：用粗锉研磨指甲盖，留下粗糙表面
2. 调理用锉刀：用更细的锉刀去除指甲上的灰尘
3. 闪亮锉刀：光滑的锉刀，为指甲盖增加高光泽

如果患者不希望在家自行操作，可以去美甲店按次顺序锉磨指甲。无论男女，都可以使用该技术来减少指甲纵向隆起，去除指甲盖变色，并恢复指甲盖更年轻的外观。

指甲锉的另一种可供替代的方法是使用

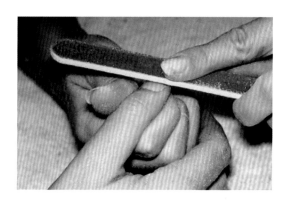

图 39-7　演示抛光技术以平滑指隆起

指甲抛光膏来平滑甲隆起。指甲抛光膏含有磨细的浮石、滑石、高岭土或沉淀的白垩作为研磨剂。还添加了蜡以增加指甲光泽。

指甲隆起的另一成因是刻板行为。在这种情况下，指甲的特点是在指甲中心向下出现水平隆起，而不是纵向隆起。这是由于指甲反复受到损伤所致，最常见于用一手指抠另一手指甲。在大多数患者中，导致他们重复这种机械动作。这是一个很难改掉的习惯。给患者光滑的石头、一串珠子、一块布或一个可压缩球把玩，可以避免抠指甲。一旦停止抠指甲，可以使用与纵向隆起相同的打磨技术对隆起进行平滑处理。

指甲开裂

指甲开裂是由于缺水导致指甲可塑性丧失。

除了指甲隆起外,指甲也可能因多种原因开裂,但主要是由于指甲失去了可塑性。水是指甲盖的增塑剂,可以使指甲盖在受伤时弯曲和反弹。由于手抓、打字、写字、挖洞、抓挠、挤压等动作,指甲比身体的其他非生命部位更容易受到伤害。所以这就难怪指甲会裂开。保持指甲盖的含水量是防止指甲开裂(脆甲)的最好方法。没有人确切知道指甲盖中应该含有多少水分,因为水合不足会导致角蛋白破裂,水合过度会导致指甲盖角蛋白软化,这两种情况都会导致指甲盖对创伤的抵抗力下降。研究表明,普通指甲的含水量约为16%,在饱和度为30%时,指甲会变软。指甲角蛋白的含水量与相对湿度成正比,相对湿度为20%时含水量为7%,相对湿度为100%时含水量为30%。

有几种不同的技术来解决患者的指甲开裂问题,有时也被称为脆性指甲。显然,指甲应该受到保护,免受各种创伤,但这不是一个实用的建议。表39-6列出了一些帮助患者减少指甲开裂和断裂的美容方法。

由于指甲盖的非生命性,一旦水分流失,就永远无法完全更换。因此,建议指甲开裂患者不惜一切代价防止指甲脱水。洗手是导致指甲盖脱水的明显原因,这让人们相信,除非指甲脏了,否则就不应该洗指甲,只应将清洗集中在手上。指甲盖脱水的另一个原因是使用免洗洗手液。这些产品在快速蒸发的载体中含有三氯生(一种抗菌剂)。与传统的肥皂和水相比,该蒸发载体能有效去除指甲盖上的水分。因此,应该避免使用免洗洗手液,以防止指甲开裂。

表 39-6　尽量减少指甲盖开裂和断裂的方法

1. 尽量减少指甲盖的水分流失
   a. 如果没有弄脏,请洗手,不要洗指甲
   b. 避免使用免洗洗手液
   c. 使用含三氯生的抗菌肥皂和清洁剂
   d. 使用清洁溶剂、染发剂和烫发液时要戴手套
2. 涂上指甲保湿霜,以锁住指甲盖内的水分
   a. 使用含凡士林的指甲保湿霜锁住水分和甘油,以便将水分吸收到指甲盖上
   b. 用尿素或乳酸增加指甲角蛋白上的水结合位点
3. 增加口服生物素摄入量
4. 涂上纤维指甲油
5. 谨慎使用指甲硬化剂

使用含有氨、漂白剂和强力洗涤剂的清洗液也会使指甲脱水。接触这些物质可能是必要的,但应戴手套以防止指甲脱水。值得提醒的是,患者只需与强表面活性剂接触一次,就会发生脱水。因此,持续的手部保护是很重要的。

指甲保湿霜通过增加指甲角蛋白上的水结合位点,暂时增加指甲盖的水合作用。

指甲保湿霜可能会暂时增加指甲盖的水合作用以防止开裂。这些产品通常是含有封闭剂的面霜或乳液,如凡士林、矿物油、羊毛脂等。保湿剂,如甘油、丙二醇和蛋白质,也可以加入。α-羟基酸、乳酸和尿素是用来增加指甲盖的水结合能力的活性成分。配方良好的指甲保湿霜应该包含上述所有类别的物质,以最大限度地处理脱水的指甲盖。

一种可能解决指甲开裂的方法是口服补充生物素。各种商业产品都有生物素片供应。生物素最初是兽医用来防止赛马蹄裂的,后来被用于人类。老年人生物素在胃肠黏膜的转运可能减少,因此可能存在生物素缺乏症。此外,蛋白中的生物素浓度最高,而老年人通常会因为胆固醇问题而限制鸡蛋的

摄入量。所以,对于指甲脆性开裂的人,医师可能得考虑服用生物素补充剂(每天 250mg)。没有证据表明在指甲保湿霜中添加生物素具有类似的有益效果。也没有证据表明外用明胶、钙、铁、植物提取物、生物提取物等对治疗脆性指甲有效。

指甲化妆品也可以用来防止指甲开裂。如前所述,指甲油可以增加指甲盖的厚度,从而提高指甲盖抵抗创伤的能力。由于指甲油形成了一种柔韧的薄膜,它可以在指甲变形时弯曲,增加了抗断裂能力。指甲油含有 1% 的尼龙或人造丝纤维,可以进一步增加指甲的强度。这些抛光剂被称为纤维指甲油,为指甲盖增加了更多的灵活性。对于指甲非常脆弱的人来说,它们可以作为一种替代顶层。指甲油实际上可以防止洗涤剂与指甲盖接触,起到保护作用,并将指甲盖的水分损失从 $1.6mg/(cm^2 \cdot h)$ 减少到 $0.4mg/(cm^2 \cdot h)$,从而防止指甲盖脱水。

> 指甲硬化剂的主要活性成分是过敏原甲醛。

最后,可以使用称为指甲硬化剂的产品(图 39-8)。指甲硬化剂的主要活性成分是甲醛,最初使用浓度超过 10% 会导致指甲剥离、指甲下角化过度、可逆性指甲下出血和指甲盖发蓝变色。甲醛也是过敏性接触性皮炎的原因之一。对这个问题的认识导致美国 FDA 规定,用于州际销售的指甲硬化剂制剂中,禁止甲醛浓度超过 5%。目前仍然使用浓度为 1%～2% 的游离甲醛,但乙酸酯、甲苯、硝化纤维素、丙烯酸树脂和聚酰胺树脂(先前讨论的指甲油中发现的物质)现在被用于结构上加固指甲盖。

一旦指甲盖裂开,除了解决表 39-6 中列出的问题和等待新的指甲盖生长外,几乎没有什么可以做的。有时指甲会裂入甲床,引起疼痛和出血。这可以通过一种叫作"茶包

图 39-8　一种市面上可买到的指甲加固产品

修复法"的指甲修复技术来辅助。

修补裂开的指甲

> 裂开的指甲可以用茶包修复,直到新的生长出现。

一种可以安全地推荐给患者修复疼痛裂开的指甲的技术是"茶包修复术"。该方法可用于修复断裂的指甲,其中在无指甲边缘附近发生断裂,导致指甲从甲床上脱落。这种类型的指甲断裂是痛苦的,并且是感染的创伤处。虽然医学上解决这个问题的方法是长出新指甲,但美容修复有助于减轻疼痛和防止感染。这种技术用到茶包和透明指甲油,患者可以在家里进行。将茶包切开,清空茶叶,得到周围的纤维纸。剪下一小片纤维纸,覆盖指甲裂口,并在裂口周围再剪 2mm。把断了的指甲放回原位,并涂上一层透明的指

甲油。将纤维纸放在裂缝上,嵌入透明的指甲油中,然后再涂2～3层。这项技术通过涂指甲油将纤维纸固定在伤口处,作为半永久性创可贴来保护伤口,直到伤口愈合。

这种修复可以重复进行,因为指甲在不断生长。它使用常见的材料,成本很低。大多数经历过这种痛苦的断裂指甲的患者指甲太长了。最简单的治疗复发性断裂指甲的方法是剪断指甲,以便从手掌上看不到指尖上方的自由边缘。虽然患者可能不会接受短指甲的建议,但这是临床上可重复使用的可减少这种类型断裂指甲的唯一方法。

指甲剥落

用垂直于指甲盖的锋利剪刀剪指甲盖可以防止指甲剥落。

指甲剥落,也称为指甲分裂,是指甲的层状分裂。角蛋白从指甲尖端分层剥落,削弱了指甲,并附着在衣服上。这种情况最常见的原因是指甲操作技术不佳。如果指甲没有垂直于指甲盖被锋利地切割,就会发生指甲剥落。回顾进行指甲修复以防止指甲开裂的步骤。

修甲的主要目的是适当修剪指甲,以保持指甲盖坚固、健康。为了美观,指甲尖应该是圆形的,但指甲的棱角应该是方形的,以最大限度地增强力度。从外侧指甲边缘延伸到内侧指甲边缘的弧线太尖,会削弱指甲结构,导致指甲断裂。理想情况下,指甲盖不应被切割,而应经常用锉刀锉平,以避免因剪刀或剪子产生的剪切力而使指甲盖开裂。然而,大多数患者很少需要修剪指甲。剪指甲时应使用弯曲的指甲钳,因为剪刀可能不会垂直切割甲盖(图39-9)。远端指甲盖上有一个角度,容易导致指甲剥落。任何剩余的锋利边缘都应使用金刚石锉刀锉平。在任何情况下,角质层都不应切除或创伤表皮,因为这可

能会导致甲沟炎、甲真菌病或指甲营养不良的形成。

图39-9　使用设计合理的指甲剪,最大限度地减少指甲剥落

指甲油也可以减少指甲剥落。修剪好指甲后,在远端自由边缘和自由边缘下面涂上一层薄薄的指甲油。这种方式可以保护指甲尖,免受导致指甲开裂的创伤。然而,需要指出的是,去除指甲油也可能导致甲真菌病。洗甲水是一种可以将指甲油从甲板上剥离的液体。它们可能含有丙酮、乙醇、乙酸乙酯或乙酸丁酯等溶剂。这些溶剂会分解指甲油膜,但也会使指甲盖脱水,导致指甲脆裂和指甲剥落。可使用含有脂肪物质的调理指甲珐琅质去除剂,如十六醇、棕榈酸十六酯、羊毛脂、蓖麻油或其他合成油。人们认为,这些油性物质可以起到指甲保湿剂的作用,延缓水分蒸发,但如果经常使用,它们并不能完全防止指甲盖脱水。因此,应该恰当地涂指甲油,正如标题"指甲开裂"所讨论的那样。

指甲剥离

指甲剥离最常见的美容原因是假指甲。

指甲剥离通常是指由于外伤而将指甲盖从甲床上剥离。指甲剥离也见于指甲真菌感染,这种情况被称为甲真菌病。然而,本讨论

将集中在与美容指甲产品使用相关的指甲剥离。

指甲剥离最常见的原因是使用人造指甲，也称为假指甲。造成指甲剥离的原因是人造指甲与天然指甲盖之间的黏合力强于天然指甲与甲床之间的黏合力（图 39-10）。因此，轻微的创伤会将指甲从甲床上撕裂，这种损伤直到新指甲生长时才能修复。由于对甲基丙烯酸酯聚合物的敏感性，指甲松离也可能发生。

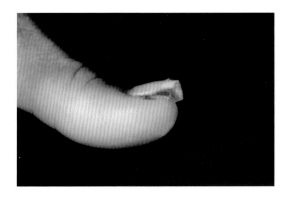

图 39-10 自然甲床和假指甲之间的指甲剥离

除指甲剥离外，许多患者还对雕刻移除后指甲断裂、变薄、变黄感到震惊。这是由于干扰了指甲的正常蒸汽交换、移除过程中的指甲盖损伤，以及对底层甲床的损坏。虽然假指甲在各个年龄段的女性中都非常流行，但它们也为指甲疾病的发生提供了机会。下文探讨了假指甲及其相关的皮肤问题。

预制假指甲

最初的人造指甲是一块预成型的塑料，用甲基丙烯酸酯基黏合剂粘在天然指甲盖上（图 39-11）。这些指甲至今仍然很流行，有多种款式可供选择：预着色的、未着色的、预剪的和未剪的。预成型的指甲有压合型、预涂胶型和需要涂胶型，但是其通常在外伤导致指甲剥离之前就会脱落。假指甲的大小和形状也多种多样，以匹配求美者的天然指甲盖。即使假指甲种类繁多，自大多数求美者也找不到合适的预制指甲，这就是定制假指甲越来越受欢迎的原因。

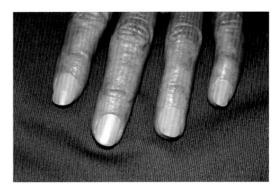

图 39-11 按压指甲是最简单的在家应用的假指甲

定制假指甲

雕刻指甲是一种定制的假指甲，它是在附着在天然指甲盖上的模板上制作的。

定制的假指甲被称为雕刻指甲，这是一种越来越流行的获得长而坚硬的指甲的方法。之所以使用"雕刻"一词，是因为定制的假指甲是在附着在天然指甲盖上的模板上雕刻而成的。雕刻的指甲非常适合，如果做得好，很难与天然的指甲区分开来。在皮肤科医师面前，这些雕刻的指甲是女性指甲剥离最常见的美容原因。

应用技术总结见表 39-7 和图 39-12。如若制作一套（10 个）指甲，整个过程需要 2 个小时。最初，甲基丙烯酸甲酯是用来制作指甲的单体，但由于其潜在的致敏性，已经停止使用。目前主要采用液体甲基丙烯酸乙酯或甲基丙烯酸异丁酯作为单体，与粉末状聚甲基丙烯酸甲酯聚合物混合。该产品与过氧化苯甲酰促进剂进行聚合，并制成可成型的丙烯酸，在 7～9 分钟内固化。通常，加入对苯二酚、对苯二酚的单甲醚或邻苯三酚以减缓聚合，然后将丙烯酸树脂塑成患者所需的指

表 39-7　雕刻的假指甲技术

1. 所有指甲油和油脂都要从指甲上去除	6. 丙烯酸树脂混合后,用油漆刷涂在整个天然指甲盖上,并延伸到模板上,达到所需的指甲长度。在甲床的天然指甲盖上涂上透明的丙烯酸树脂,这样就能让甲床呈现出自然的粉色。指甲盖的自由边缘使用白色丙烯酸树脂
2. 用粗糙的金刚砂板、浮石或磨钻打磨指甲,为雕刻指甲创造最佳的黏附表面	
3. 将抗真菌抗菌液(例如脱色碘)涂抹于整个指甲盖上,以最大程度地减少甲真菌病和甲沟炎的发生	7. 假指甲被打磨至高光泽
4. 角质层的松散边缘被修剪、移除或推回,这取决于操作者	8. 根据患者的时尚品位,可以添加指甲油、珠宝、贴花、装饰金属条和气刷设计
5. 在天然指甲盖下方安装一个灵活的模板,在该模板上将构建细长的雕刻指甲	

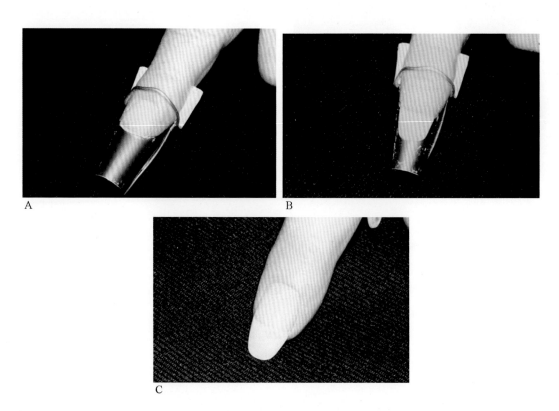

图 39-12　A. 在自然滑块下面放置一个模板,假指甲将在滑块上形成;B. 在天然指甲盖和模板上形成聚合的丙烯酸酯,以产生指甲长度的错觉;C. 指甲雕塑的成品外观

甲长度和样式。丙烯酸树脂和天然指甲盖之间形成的黏合力非常强,因为假指甲板是通过化学方法,有时是通过物理钻孔进行蚀刻,以增加可发生聚合的表面积。正因如此,创伤通常会将天然指甲盖与甲床分开。

许多患者没有意识到,成品指甲雕塑比天然指甲需要更多的护理。随着雕塑的不断磨损,丙烯酸树脂会从天然指甲上脱落,尤其是边缘处。这些松动的边缘必须被剪掉,并且大约每 3 周使用一次新的丙烯酸树脂,以防止形成感染的环境。雕塑随着天然指甲盖生长,根据指甲的生长速度,必须在近端添加更多的聚合物材料,这个过程被称为"填充"。如果每 2～3 周不进行一次填充,将导致杠杆臂的产生,容易导致外伤性指甲剥离或自然指甲盖损伤。如果有必要,可以用丙酮浸泡去除雕刻的指甲。

使用指甲雕塑时,即使患者认真,天然指甲盖仍会受损。经过 2～4 个月的磨损,天然指甲盖会变黄、变干、变薄。大多数美甲师更喜欢让求美者的天然指甲生长,并充当雕塑的支撑物。然而,雕刻指甲会使指甲变薄、变弯曲且脆弱,因此,不建议连续佩戴雕刻指甲超过 3 个月,两次使用之间间隔 1 个月。

带有预制尖端的指甲雕刻

> 预成型的指甲尖会产生过长的指甲,从而增加指甲剥离的概率。

制作定制假指甲的一种省时省钱的方法是将定制的指甲雕塑与预制的人工指甲尖结合起来(图 39-13)。这包括将液态丙烯酸涂在天然指甲上,并在远端嵌入一个预制指甲尖。这种方法适用于希望指甲特别长或指甲内嵌大量珠宝的求美者。由于指甲过长,这增加了发生创伤性指甲剥离的可能性。

光诱导性指甲剥离

> 当口服光敏药的患者使用光刻雕刻指甲时,可能会发生光诱导性指甲剥离。

指甲雕塑的另一种类型,被称为光黏合指甲,可以导致光诱导性指甲剥离。这种美甲技术利用紫外线固化的丙烯酸树脂在天然指甲上雕刻而成。将指甲暴露在镁光灯下 1～2 分钟。这种技术类似于恢复性牙科黏合,但服用光敏药物(如四环素或多西环素)的患者可能会出现光诱导性指甲剥离(图 39-14)。当指甲剥离不涉及远端指甲盖和指

甲雕塑时,医师应询问是否使用光黏合指甲。除了光诱导性指甲剥离外,指甲还可能患上过敏性接触性皮炎。

过敏性接触性皮炎

> 指甲油过敏不仅可能发生在手指上,也可能发生在眼周围。

应评估近端甲襞红斑和水肿、指尖压痛、肿胀和(或)眼睑炎患者对美甲产品导致的过敏性接触性皮炎。这种过敏性接触性皮炎最常见的原因是指甲油过敏。如前所述,北美接触性皮炎小组确定,4% 的斑贴试验阳性是由于指甲油中使用的甲苯磺酰胺/甲醛树脂所致。对甲苯磺酰胺/甲醛树脂过敏的患者应考虑使用含有替代性的聚酯树脂的低致敏性指甲油。尽管变态反应最常见的原因是湿指甲油,但 Tosti 等发现,在 59 名湿指甲油斑贴试验呈阳性的患者中,有 11 人对干指甲油也有反应。变态反应可能很严重,可能产生误工期。

可以使用标准的斑贴试验托盘或患者的指甲油瓶进行斑贴试验,以验证对甲苯磺酰胺/甲醛树脂是否过敏。指甲油可以"按原样"进行测试,但应让其彻底干燥,因为如果不干燥的话,挥发性溶剂可能会引起刺激性反应。甲苯磺酰胺/甲醛树脂也可以单独在 10% 凡士林中进行测试。对该树脂过敏的患者应选择低过敏性指甲油。

甲区过敏性接触性皮炎的第二个最常见原因是对甲基丙烯酸盐过敏,甲基丙烯酸盐用于黏合假指甲和制作雕刻假指甲。即使不再使用甲基丙烯酸甲酯,甲基丙烯酸异丁酯、乙基和四氢糠酯仍然是强增敏剂。聚合的、固化的丙烯酸不是增敏剂,只有液体甲基丙烯酸酯单体才是,这一点要重点记住。因此,谨慎的美甲师避免皮肤接触未固化的丙烯

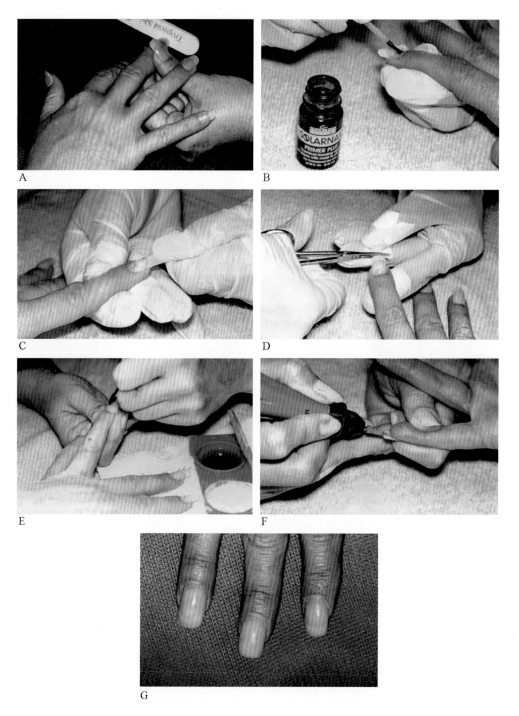

图 39-13　A. 用锉刀将指甲盖表面磨粗，以增加假指甲附着的表面；B. 在天然指甲盖上涂抹抗真菌溶液以防止感染；C. 用甲基丙烯酸酯胶将人造指甲粘到天然指甲盖上；D. 用剪刀将人工指甲盖剪至所需长度；E. 将粉末状的聚甲基丙烯酸甲酯与液态的甲基丙烯酸异丁酯混合，形成可成型的丙烯酸，以填充天然指甲盖与近端甲襞之间的距离；F. 使用钻头使假指甲内的天然指甲盖光滑；G. 假指甲的成品外观

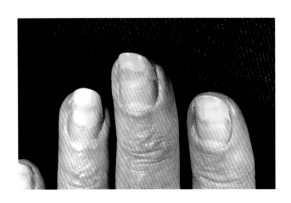

图 39-14　光诱导性指甲剥离

酸树脂，可以避免求美者过敏。应使用甲基丙烯酸甲酯单体（10％在橄榄油中）和甲基丙烯酸酯（1％和5％在橄榄油和凡士林中）对疑似过敏的个体进行斑贴试验。

表皮问题

> 很大一部分美甲问题是由去除或修剪角质层引起的。

角质层的问题是多种多样的，从甲沟炎感染到刺激性接触性皮炎。大多数角质层问题都是由于去除组织引起的，因为角质被认为是不美观的。也许去除角质层的真正原因是为了帮助美甲师更容易地涂指甲或应用假指甲。角质层可以通过化学或物理方法去除。化学角质层去除剂配方为液体或乳膏，其中含有一种碱性物质来消化角蛋白。这些碱性物质可能含有2％～5％氢氧化钠或氢氧化钾，并加入丙二醇或甘油作为保湿剂。这是引起刺激性接触性皮炎的常见原因。较温和的制剂可以用磷酸三钠或焦磷酸四钠制备，但它们的效果也较差。

角质层去除剂的另一种形式为角质层软化剂。这些是浓度为3％～5％的季铵化合物，有时与尿素结合，旨在软化角质层蛋白质并促进机械去除。机械去除包括修剪软化的角质层或用塑料或木棍将角质层推回。积极的物理去除角质层会损害指甲基质细胞，导致指甲营养不良，根据损伤的严重程度，可以是暂时的或永久性的。

化学和物理去除角质层都会破坏甲襞近端和指甲盖之间提供的防水密封。去除角质层为水和其他液体创造了一个潜在的居住空间。由于这个区域很难干燥，水和身体的温暖为细菌和酵母的生长创造了环境。通常，酵母定植首先发生，为随后的细菌感染和甲沟炎奠定了基础。如果角质层被去除，异丙醇（医用乙醇）或醋酸（醋）可以帮助水分蒸发，防止甲沟炎的形成。中效局部皮质类固醇结合局部抗真菌药有助于解决甲沟炎。然而，如果病变部位正在流脓，可能需要口服抗生素治疗。

医师希望能与愿意在不去除角质层情况下修甲的美甲师沟通。使角质层保持在适当的位置可以防止甲沟炎，因为角质层有重要的解剖功能。这对于复发性或慢性甲沟炎的患者尤为重要。

嵌甲

> 正确的指甲护理可以最大限度地减少嵌甲的复发。

另一个常见的医学指甲问题是嵌甲。嵌甲最常见的原因是指甲修剪不当。大多数嵌甲患者要么是咬指甲，要么是把指甲剪得太短。大多数人喜欢把指甲剪成柔和的弧线，指甲最长的部分放在手指的中间。这种修甲方法会导致指甲边缘的问题，因为不恰当的修剪会留下可能向内排列的指甲碎片。

剪指甲最好的方法是剪直指甲，不要剪弯。这样一来，两边的指甲就变长了，指甲太长而不能向内排列。如果指甲向内生长，笔者更喜欢在向内生长的指甲下面包裹一块牙科用的特氟隆胶带，将其提升到皮肤表面。

也可以使用普通牙线，但特氟隆不太可能断裂，而且边缘更光滑，可以防止皮肤损伤。最后在牙科胶带上覆盖一层黏合剂敷料，必要时可以更换。

小结

对医师来说，了解常见的指甲问题以及通过医疗和美容技术进行治疗是很重要的。美甲装饰品既能引发疾病，又能提供宝贵的伪装效果。据说指甲能反映社会地位、年龄、性别和总体健康状况。也许美甲化妆品之所以流行，是因为它们可以隐藏潜在的真相。为了充分诊断疾病，医师应该毫不犹豫地去除指甲油或假指甲。因此，花 1 美元买一瓶含有丙酮的洗甲水是值得的。指甲油去除剂可以放在一个棉球上，在指甲上抚摸以去除指甲油，或者倒入坩埚中浸泡假指甲。不要因为看不到天然指甲盖而错过诊断，这非常重要。

参 考 文 献

[1] Mautner G，Scher RK. Yellow nail syndrome. J Geriatric Dermatol 1993;1:106-9.

[2] Nelson LM. Yellow nail syndrome. Arch Dermatol 1969;100:499-500.

[3] Venencie PY, Dicken GH. Yellow nail syndrome. J Am Acad Dermatol 1984; 10: 187-92.

[4] Samman PD，White WF. The "yellow nail" syndrome. Br J Dermatol 1964;76:153-7.

[5] Wimmer EP，Scholssman ML. The history of nail polish. Cosmet Toilet 1992;107:115-20.

[6] Wing HJ. Nail preparations. In:deNavarre MG, ed. The chemistry and manufacture of cosemtics. Wheaton:Allured Publishing Corporation,1988;983-1005.

[7] Schlossman ML. Nail-enamel resins. Cosmet Technol 1979;1;53.

[8] Schlossman ML. Nail polish colorants. Cos-

met Toilet 1980;95;31.

[9] Samman PD. Nail disorders caused by external influences. J Soc Cosmet Chem 1977; 28:351.

[10] Daniel DR，Osmet LS. Nail pigmentation abnormalities. Cutis 1980;25:595-607.

[11] Wilkinson JB, Moore RJ. Harry's cosmeticology. 7th edn. New York:Chemical Publishing, 1982;371.

[12] Lewis BL，Montgomery H. The senile nail. J Invest Dermatol 1955;24:11-18.

[13] Cohen PR，Scher RK. Nail changes in the elderly. J Geriatic Dermatol 1993;1:45-53.

[14] Mast R. Nail products. In:Whittam JH, ed. Cosmetic safety a primer for cosmetic scientists. New York:Marcel Dekker, Inc, 1987: 265-313.

[15] Scher RK. Brittle nails. Int J Dermatol 1989; 28:515-16.

[16] Kechijian P. Brittle fingernails. Dermatol Clin 1985;3:412-29.

[17] Silver H，Chiego B. Nail and nail changes. III Brittleness of nails (fragilitas unguium). J Invest Dermatol 1940;3;357-73.

[18] Samman PD. Nail disorders caused by external influences. J Soc Cosmet Chem 1977; 28:351.

[19] Finlay AY, Frost P, Keith AD, Snipes W. Effects of phospholipids and water on brittleness of nails. In:Frost P, Horwitz SN, eds. Cosmetics for the dermatologist. St. Louis: CV Mosby, 1982;175-80.

[20] Finlay AY, Frost P, Keith AD, Snipes W. An assessment of factors influencing flexibility of human fingernails. Br J Dermatol 1980; 103;357-65.

[21] Cohen PR，Scher RK. Geriatic nail disorders: diagnosis and treatment. J Am Acad Dermatol 1992;26:521-31.

[22] Hochman LG, Scher RK, Meyerson MS. Brittle nails:response to daily biotin supplementation. Cutis 1993;51:303-5.

[23] Wing HJ. Nail preparations. In:Navarre MG,

ed. The chemistry and manufacture of cosmetics. 2nd edn. Wheaton: Allured Publishing Company, 1988:994-6.

[24] Mast R. Nail products. In: Whittam JH, ed. Cosmetic safety a primer for cosmetic scientists. New York: Marcel Dekker, Inc, 1987: 265-313.

[25] Jawny L, Spada FJ. Contact dermatitis to a new nail hardener. Arch Dermatol 1967; 95:199.

[26] Paltzik RL, Enscoe I. Onycholysis secondary to toluene sulfonamide formaldehyde resin used in a nail hardener mimicking onychomycosis. Cutis 1980;25:647-8.

[27] Donsky HJ. Onycholysis due to nai hardener. Canadian Med Assoc J 1967;96:1375-6.

[28] Lazar P. Reactions to nail hardeners. Arch Dermatol 1966;94:446-8.

[29] Huldin DH. Hemorrhages of the lips secondary to nail hardeners. Cutis 1968;4:709.

[30] Engasser PG, Matsunaga J. Nail cosmetics. In: Scher RK, Daniel CR, eds. Nails: therapy, diagnosis, surgery. Philadelphia: WB Saunders Company, 1990:214-15.

[31] Wallis MS, Bowen WR, Guin JD. Pathogenesis of onychoschizia (lamellar dystrophy). J Am Acad Dermatol 1991;24:44-8.

[32] Goodwin P. Onycholysis due to acrylic nail applications. J Exp Dermatol 1976;1:191-2.

[33] Lane CW, Kost LB. Sensitivity to artificial nails. Arch Dermatol 1956;74:671-2.

[34] Baden H. Cosmetics and the nail. In diseases of the hair and nails. Yearbook Publishers, 1987:99-102.

[35] Baran R. Pathology induced by the application of cosmetics to the nails. In: Frost P, Horwitz SN, eds. Cosmetics for the dermatologist. CV Mosby, 1982:182.

[36] Brauer EW. Selected prostheses primarily of cosmetic interest. Cutis 1970;6:521-4.

[37] Barnett JM, Scher RK, Taylor SC. Nail cosmetics. Dermatol Clin 1991;9:9-17.

[38] Viola LJ. Fingernail elongators and accessory nail preparations. In: Balsam MS, Sagarin E, eds. Cosmetics, science and technology. 2nd edn. New York: Wiley-Interscience, 1972: 543-52.

[39] Fisher AA. Adverse nail reactions and paresthesia from photobonded acrylate sculptured nails. Cutis 1990;45:293-4.

[40] Scher RK. Cosmetics and ancillary preparations for the care of the nails. J Am Acad Dermatol 1982;6:523-8.

[41] Adams RM, Maibach HI. A five-year study of cosmetic reactions. J Am Acad Dermatol 1985;13:1062-9.

[42] Tosti A, Buerra L, Vincenzi C, et al. Contact sensitization caused by toluene sulfonamide-formaldehyde resin in women who use nail cosmetics. Am J Contact Dermatitis 1993; 4:150.

[43] Liden C, Berg M, Farm G, et al. Nail varnish allergy with far-reaching consequences. Br J Dermatol 1993;128:57-62.

[44] deGroot AC, Weyland JW, Nater JP. Unwanted effects of cosmetics and drugs used in dermatology. 3rd edn. New York: Elsevier, 1994:526.

[45] Shaw S. A case of contact dermatitis from hypoallergenic nail varnish. Contact Dermatitis 1989;20:385.

[46] Marks JG, Bishop ME, Willis WF. Allergic contact dermatitis to sculptured nails. Arch Dermatol 1979;115:100.

[47] Fisher AA. Cross reactions between methyl methacrylate monomer and acrylic monomers presently used in acrylic nail preparations. Contact Dermatitis 1980;6:345-7.

[48] Fisher AA, Franks A, Glick H. Allergic sensitization of the skin and nails to acrylic plastic nails. J Allergy 1957;28:84.

[49] Baran R, Dawber RPR. The nail and cosmetics. In: Samman PD, Fenton DA, eds. The nails in disease. 4th edn. Chicago: Yearbook Publishers, 1986;129.

[50] Brauer E. Cosmetics: the care and adornment

of the nail. In: Baran R, Dawber RPR, eds. Diseases of the nail and their management. Oxford: Blackwell, 1984: 289-92.

[51] Wilkinson JB, Moore RJ. Harry's cosmeticology. 7th edn. New York: Chemical Publishing, 1982: 369-72.

建 议 阅 读

Baran R. Nail cosmetics: allergies and irritation. Am J Clin Dermatol 2002; 3: 547-55.

Baran R, Schoon D. Nail beauty. J Cosmet Dermatol 2004; 3: 167-70.

Barnett JM, Scher RK, Taylor SC. Nail cosmetics. Dermatol Clin 1991; 9: 9-17.

Chang RM, Hare AQ, Rich P. Treating cosmetically induced nail problems. Dermatol Ther 2007; 20: 54-9.

Draelos ZD. Nail cosmetics issues. Dermatol Clin 2000; 18: 675-83.

de Berker DAR. Nails. Medicine 2004; 32: 32-5.

De Wit FS. An outbreak of contact dermatitis from toleuneseulfonamide formaldehyde resin in a nail hardener. Contact Dermatitis 1988; 18: 280-3.

Egawa M, Ozaki Y, Takahashi M. In vivo measurement of water content of the fingernails and its seasonal change. Skin Res Technol 2005; 12: 126-32.

Haneke E. Onychocosmeceuticals. J Cosmet Dermatol 2006; 5: 95-100.

Heising P, Austad J, Talberg HJ. Onycholysis induced by nail hardener. Contact Dermatitis 2007; 57: 280-1.

Kanerva L, Estlander T. Allergic onycholysis and paronychia caused by cyanoacrylate nail glue, but not by photobonded methacrylate nails. Eur J Dermatol 2000; 10: 223-5.

Lazzarini R, Duarte I, de Farias DC, Santos CA, Tsai AI. Frequency and main sites of allergic contact dermatitis caused by nail varnish. Dermatitis 2008; 19: 319-22.

Militello G. Contact and primary irritant dermatitis of the nail unit diagnosis and treatment. Dermatol Ther 2007; 20: 47-53.

Mowad CM, Ferringer T. Allergic contact dermatitis from acrylates in artificial nails. Dermatitis 2004; 15: 51-3.

Norton LA. Common and uncommon reactions to formaldehyde-containing nail hardeners. Semin Dermatol 1991; 10: 29-33.

Rich P. Nail cosmetics. Dermatol Clin 2006; 24: 393-9.

Rich P. Nail cosmetics and esthetics. Skin Pharmacol Appl Skin Physiol 1999; 12: 144-5.

Scher RK. Cosmetics and ancillary preparations for the care of nails. Composition, chemistry, and adverse reations. J Am Acad Dermatol 1982; 6 (4 Pt 1): 523-8.

Schoon D. Nail varnish formulation (Chapter 20). In: Baran R, Maibach HI, eds. Textbook of cosmetic dermatology. 2nd edn. Martin Dunitz, 1988: 213-18.

Schoon D, Baran R. Cosmetics for nails (Chapter 44). In: Paye M, Barel AO, Maibach HI, eds. Handbook of cosmetic science and technology. 2nd edn. Informa Healthcare USA, Inc., 2007: 593-6.

Slodownik D, Williams JD, Tate BJ. Prolonged paresthesia due to sculptured acrylic nails. Contact Dermatitis 2007; 56: 298-9.

Vilaplana J, Romaguera C. Contact dermatitis from tosylamide/formaldehyde resin with photosensitivity. Contact Dermatitis 2000; 42: 311-12.

Wimmer E. Nail polishes (Chapter 27). In: Rieger MM, ed. Harry's cosmetology. 8th edn. Chemical Publishing Co., 2002: 573-88.

Yokota M, Thong HY, Hoffman CA, Maibach HI. Allergic contact dermatitis caused by tosylamide formaldehyde resin in nail varnish: an old allergen that has not disappeared. Contact Dermatitis 2007; 57: 277.

第40章

认识和治疗脆性指甲

有一种情况比大疱性类天疱疮或环状肉芽肿更具挑战性,它被简单地称为"脆性指甲"。大多数皮肤科医师都有这样的经历:在就诊期间因严重皮肤病接受治疗的患者,在就诊结束后,要求医师为她脆弱的指甲提供建议。脆弱的指甲似乎是一个简单的问题,但这种常见疾病的治疗却令人困惑。甚至有人认为,脆性状态是与老化有关的正常变化的一种变体,甚至不应该被认为是一个值得治疗的问题。然而,关于为什么指甲会脆化,以及如何有效地减少这个问题的一些想法是值得的。

本章探讨了易碎指甲背后的生理学,并提出了如何预防这种情况的建议。指甲问题的治疗尤其具有挑战性,因为无生命的指甲无法愈合,只能由新生长的指甲代替。新指甲生长缓慢,需要 6 个月或更长时间才能长出。治疗指甲问题永远不会带来即时的满足感,这需要患者的信任,他们最终会听从皮肤科医师的建议,以获得积极的结果。

指甲生理学

脆性指甲相当于干性湿疹。水是指甲和皮肤的增塑剂。脱水的指甲会变得易碎和断裂,而脱水的皮肤会开裂和剥落,将下面的神经末梢暴露在环境中,从而引发瘙痒。虽然局部皮质类固醇抗炎药和保湿霜是湿疹治疗的主要手段,但只有保湿霜可以用于治疗脆性指甲。由角质细胞和细胞间脂质组成的屏障将皮肤含水量保持在 30%。皮肤的愈合

通常发生在 2 周内,这是角质层的更替时间。简单地说,指甲不会愈合。

含水量为 30% 时,指甲水过多且质地柔软,这与皮肤不同。指甲的最佳含水量为 16%,但这一数值会随着环境湿度的变化而变化。在相对湿度为 20% 的条件下,指甲的含水量降至 7%。适当的水合作用是关键,因为水可以使指甲弯曲而不会断裂。当水分流失时,问题就出现了,因为不可能永久地补充水分。浸泡指甲会导致更多的水分流失,而不是再水化。

> 指甲的适当含水量为 16%。

预防脆性指甲

治疗脆性指甲的最佳方法是防止新长出的指甲板受损。指甲暴露在表面活性剂和溶剂中会脱水。免水洗手时,指甲也要洗。曾经给患者的一条建议是洗手,但不要在指甲上涂表面活性剂,除非需要清洁。免水洗手液取代了洗手,它对指甲板的损害非常大。快速蒸发的载体和三氯生的结合都会导致水分流失。所有的肥皂和家用清洁剂都会导致指甲失水,因此手套保护指甲是必不可少的。

> 指甲暴露在表面活性剂和溶剂中的脱水是导致脆性指甲的最常见原因。

加强脆性指甲

很多美容技术都可以用来加强指甲,因为这是一个有利可图的市场。常见的产品是含有甲醛的指甲硬化剂。甲醛通过交联角蛋白使指甲变硬。虽然这种交联使角蛋白更硬,但矛盾的是,它也会使指甲更脆弱。因此,不建议使用指甲硬化剂来加固易碎的指甲。

也许加强脆弱指甲的最好方法就是涂指甲油。指甲油在指甲板上覆盖一层保护膜,使指甲变厚。这种柔韧的指甲油聚合物可能是甲苯磺酰胺树脂或聚酯,也可以增加指甲的柔韧性,并起到阻隔指甲与水接触的作用。然而,当去除指甲油时,问题就出现了。含丙酮和不含丙酮的洗甲水都会使指甲板脱水。因此,指甲油可用于脆性指甲的治疗,但应尽可能少地去除(图40-1)。

也有些人建议使用假指甲治疗脆性指甲。虽然假指甲确实可以保护下面的指甲板,但移除假指甲总是会对指甲造成创伤。随着长时间佩戴,氧气运输减少,指甲变弱。虽然假指甲可在一定时间内佩戴,但不建议继续用于脆性指甲的治疗。

> 指甲油可能有助于在脆性指甲上涂抹聚合物涂层以增加柔韧性。

饮食与脆性指甲

一些人还认为,脆性指甲可以通过饮食调整来改善。指甲主要成分为纯蛋白质,因此摄入足够的蛋白质对健康的指甲是必要的。许多严格的素食者发现他们的指甲是第一个显示蛋白质摄入不足所影响的地方。健康指甲的必要成分是生物素。蛋白是生物素最丰富的来源,许多人不吃鸡蛋。营养学家还认为,小肠对生物素的吸收随着年龄的增长而减少。这是为成熟个体提供生物素补充作为指甲健康的一部分基本原理。

生物素在人类指甲中的应用是从兽医在赛马中使用生物素演变而来的。如果赛马的马蹄裂开,它的职业生涯也就结束了。兽医们在马的饮食中补充生物素,认为这可以防止马蹄开裂。在大型双盲安慰剂对照研究中,生物素是否有助于人类预防指甲开裂尚未得到证实。

> 摄入足够的蛋白质对于良好的指甲板形成是必要的,这在严格的素食饮食中可能不存在。

指甲保湿

也许治疗脱水性脆性指甲的最好方法是用保湿霜。两种成分的功效最大:尿素和乳酸。尿素和乳酸都被归类为保湿剂,因为它们增加了指甲的锁水能力。这是由于指甲角蛋白的消化打开了水结合位点,增强了水合作用。然而,水合作用只是暂时的,所以需要持续使用保湿霜。

尿素浓度应在5%~20%。20%~40%的尿素会消化过多的指甲角蛋白,软化指甲。记住,40%的尿素是用来撕脱足(脚)趾甲的。乳酸浓度应在5%~10%。每天使用两次尿素或乳酸制剂就足够了,因为过于频繁地使用会损坏指甲板。可以在每次洗手时更频繁地使用富含甘油和凡士林的非药物保湿霜。

> 尿素和乳酸是保湿剂,通过打开指甲角蛋白上的水结合位点来增加指甲水合作用。

小结

脆性指甲确实是一个令人困惑的问题。表40-1总结了关于脆性指甲的基本概念。对于脆性指甲,预防和治疗同样重要。本文介绍了造成脆性指甲的指甲生理机制及预防措施。预防也许是最好的治疗方法,但也讨

A　　　　　　　　　　　　　　　B

图 40-1　A、B. 指甲生长和指甲强化产品,主要是指甲油,但含有其他成分来支持他们的营销声明

表 40-1　脆性指甲小结

指甲需要水合作用才能保持柔韧性	指甲处理的任何变化都需要 3～6 个月才能看到结果
指甲水分过多或过少都会导致问题	避免指甲接触三氯生溶剂、家用清洁剂
指甲油和假指甲只能暂时提高指甲强度	戴手套
生物素可能是一种有用的膳食补充剂	应用尿素或乳酸来增加指甲角蛋白上的水结合位点

论了其他的选择。希望本章内容能够揭开脆性指甲的神秘面纱,为诊疗下一位患者提供见解。

建 议 阅 读

Baran R，Schoon D. Nail fragility syndrome and its treatment. J Cosmet Dermatol 2004；3：131-7.

Kechijian P. Brittle fingernails. Dermatol Clin 1985；3：421-9.

Stern DK，Diamantis Smith E，Wei H，et al. Water content and other aspects of brittle versus normal fingernails. J Am Acad Dermatol 2007；7：31-6.

第41章

化妆品与指甲疾病

化妆品可用于治疗指甲疾病，以提供遮盖或恢复受损指甲板的功能。任何一个指甲被撕裂或撕破的人都能感受到指甲损伤带来的疼痛。许多患有指甲疾病的人在指甲被修复之前都会经历同样的不适。由于指甲没有生命，根据生长速度，指甲修复可能需要 3～6 个月；然而，在指甲疾病的情况下，可能修复的时间更长。表 41-1 总结了指甲问题的美容解决方案。

表 41-1　受损指甲的美容技术

损害	可能的美容原因	可能的美容解决方案
指甲颜色		
淡黄色的污渍	含 D&C 红色 6 号、7 号、34 号和 5 号 Lake 的指甲油	停止使用指甲油
指甲颜色不好	多种医疗状况	法式美甲技术
指甲结构		
甲裂	甲板脱水	应用乳酸或含尿素的乳霜
轻度正中神经管营养不良	创伤	雕刻指甲与亚麻包裹
指甲表面轮廓不平整	甲基质损伤	人造或雕刻指甲
指甲脆弱	多种医疗状况，特发性的	纤维指甲油
指甲变薄	指甲雕刻磨损时间过长	去除指甲雕刻
指甲营养不良	多种医疗状况，特发性的	雕刻的指甲
破损的指甲	创伤	"茶包修复"技术

银屑病指甲

皮肤科医师所见的最常见的指甲疾病之一是银屑病指甲，其特征是轻微的指甲凹陷到剧烈的甲板崩解。银屑病指甲的指甲疾病的严重程度是可变的。轻微的"顶针样"甲导致指甲板不平整。这可以很容易地通过在指甲板上涂一层薄薄的指甲雕刻聚合物来纠正，这个过程被称为"成膜"（shellacking）。

这一术语来源于涂在木材上的紫胶光泽面漆，它可以密封多孔材料并提供防水保护。成膜对银屑病指甲也有同样的好处。就像之前在第 39 章中讨论的假指甲一样，使用液体乙基或甲基丙烯酸异丁酯作为单体，并与粉末状聚甲基丙烯酸甲酯聚合物混合。允许紫胶在过氧化苯甲酰促进剂的存在下聚合，并制成可成型的丙烯酸，其在 7～9 分钟内硬化。然后在指甲上涂上一层薄薄的丙烯酸漆,而不是用来拉长指甲。丙烯酸可以涂上任何颜色来遮盖下面的指甲,为轻度银屑病患者创造光滑闪亮的时尚指甲外观。该涂层还可以加强指甲,防止因指甲创伤而产生更深的凹痕。

对于患有更严重的银屑病指甲(包括整个指甲板的破裂)的患者,可以使用布包裹物来加固和制作用于装饰的指甲板。简单的丙烯酸甲油不能创造出光滑的表面,指甲也不够坚固,不能抵抗剥落和开裂。布包裹可以加固整个指甲板,但最适合女性患者(图 41-1)。如前所述,通过在指甲板上放置一层丙烯酸树脂来创建布包裹。在腈纶干燥之前,一块丝绸或亚麻材料被放置在腈纶大小适合指甲的容器中。一旦干燥,另一层丙烯酸层被放置在上面,将布料嵌入两层丙烯酸之间(图 41-2)。然后可以在指甲上涂上颜料来遮盖布料。这项技术对严重营养不良的女性银屑病指甲非常有效。

> 可以用紫胶或布包裹来遮盖银屑病的指甲凹陷特征。

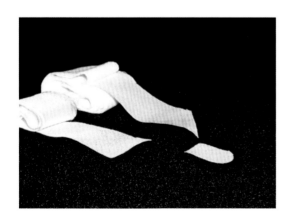

图 41-1　用丝绸或亚麻布包裹受损的指甲

甲真菌病

甲真菌病包括指甲增厚、指甲下碎屑和指甲变色。适当的足疗可减少甲增厚和甲下

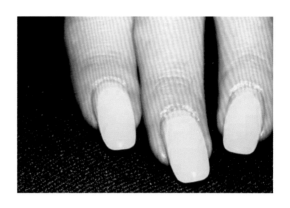

图 41-2　指甲布包裹物的成品外观

碎屑。指甲应该在温水中浸泡至少 30 分钟,再滴几滴洗洁精。浸泡会软化营养不良的甲盖和甲下碎屑。指甲可以用连动指甲刀修剪,指甲下碎屑可以用指甲刮刀去除。当然,应该考虑口服抗真菌治疗,但可以暂时使用假指甲。掩盖病甲最简单的方法之一是采用法式美甲,这对男女患者都适用。法式美甲使用了大量的彩釉来模拟未上漆的指甲的自然外观。最初,指甲会被涂上一层无色的不透明底漆来遮盖变色的地方。在整个指甲板上添加浅粉色的釉质,然后在甲板的顶端添加白色釉质,模拟无指甲边缘。最后,涂上一层透明的表面涂层,以防止釉质脱落。法式美甲可以由专业的美甲师或在家用工具包进行。在甲癣患者进行足疗后,这种对正常指(趾)甲板的艺术再创造是有效的(图 41-3)。

> 法式美甲可以使男性和女性患者变色的病甲恢复到更正常的外观。

甲营养不良

甲营养不良是一种遗传性或获得性的指甲疾病,涉及全部 20 个指(趾)甲或选择性指甲和趾甲。导致这种情况的原因尚不清楚,但甲营养不良可能是一些皮肤病的表现,超出了本文的讨论范围。一种可以用来掩盖营

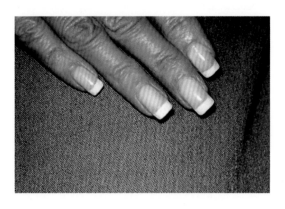

图 41-3　法式美甲的成品外观

养不良指甲的方法叫作"光黏合"。光黏合指甲是固化丙烯酸雕刻指甲的一个变异，已经在第 39 章中讨论。光黏合是指光固化的丙烯酸，而不是化学固化。最近，光黏合指甲被称为"凝胶指甲"，因为丙烯酸树脂是一种从管子里挤出来的透明凝胶，在镁光灯下晾干 1～2 分钟。这种同类型的光黏合也被用于牙科，以密封儿童的牙齿，防止龋齿。然而，据报道，经过此手术后出现了光线性甲分离和感觉异常。综上所述，光黏合是一种很好的解决男性或女性甲营养不良的方法，它可以使指甲表面光滑，并恢复指甲形状。

　　光黏合可以使表面光滑，并使营养不良的指甲恢复形状。

正中神经管营养不良和刻板行为

　　正中神经管营养不良和刻板行为可能导致指甲板损伤。外部创伤包括咬指甲、职业损伤，暴露于恶劣的化学品或溶剂中也可能造成甲损伤。咬指甲和刻板行为在缺乏自制力的患者中很难治疗；然而，指甲的釉质可以作为一个操作的阻碍，因为采摘会损坏釉质，这需要花费时间。

　　指甲畸形也可以被修复，这样指甲就不会刮到衣服上或妨碍手的使用。"茶包修复"是一种临时、有效、廉价的解决方案，需要茶包和纤维透明指甲油；第 39 章对此进行了讨论。将指甲边缘的破损部分重新氧化，并将整个指甲涂上透明纤维指甲油。然后将一块茶袋纸或其他纤维纸剪成适合指甲表面的形状，嵌入湿指甲油中。随后再涂几层指甲油。修复覆盖了粗糙的破损指甲边缘，并提供了强度。这种修复可以用卸甲油去除，并在修复磨损时重新涂抹。如果需要更专业的解决方案，也可以使用甲银屑病中讨论的布包裹。

　　对于指甲边缘不易接近的正中神经管营养不良患者，茶袋可以暂时帮助他们。

小结

　　指甲表面轮廓的异常是由多种医疗状况引起的，可能是暂时的，也可能是永久性的。在治疗甲沟炎或手部皮炎后，可出现短暂的异常，包括近端甲襞，或持续时间较长，如银屑病。对于指甲外观不好的患者，只有雕刻指甲才能提供解决方案。在这些患者中使用雕刻指甲需要熟练的操作人员和积极配合的患者。指甲雕塑的使用或维护不当可能导致指甲畸形的恶化。医师应该亲自拜访一些美甲美容院，并选择一个维护最高卫生标准的美甲师为患者转诊。同样重要的是，美甲师与医师合作，接受美甲建议。在这些患者中，角质层不应被移除，必须小心谨慎，避免液体丙烯酸与皮肤接触。如果在社区找不到合适的美甲店，患者不应进行美甲再造。患者的安全和美容效果取决于美甲师的技巧和智慧。

参 考 文 献

[1]　Barnett JM，Scher RK，Taylor SC. Nail cosmetics. Dermatol Clin 1991;9:9-17.

［2］ Fisher AA. Adverse nail reactions and paresthesia from photobonded acrylate sculptured nails. Cutis 1990;45:293-4.

［3］ Baden HP. The physical properties of nail. J Invest Dermatol 1970;55:115-22.

［4］ Scott DA, Scher RK. Exogenous factors affecting the nails. Dermatol Clin 1985; 3: 409-13.

［5］ Samman PD. Nail disorders caused by external influences. J Soc Cosmet Chem 1977; 28:351.

建 议 阅 读

Baran R. Nail beauty therapy:an attractive enhancement or a potential hazard? J Cosmet Dermatol 2002;1:24-9.

Baran R. Nail cosmetics:allergies and irritations. Am J Clin Dermatol 2002;3:547-55.

Baran R, Andre J. Side effects of nail cosmetics. J Cosmet Dermatol 2005;4:204-9.

Baran R, Schoon D. Cosmetics for abnormal and pathological nails (Chapter 22). In: Baran R, Maibach HI, eds. Textbook of cosmetic dermatology. 2nd edn. Martin Dunitz Ltd, 1998: 233-44.

Dahdah MJ, Scher RK. Nail diseases related to nail cosmetics. Dermatol Clin 2006;24:233-9.

Iorizzo M, Piraccini BM, Tosti A. Nail cosmetics in nail disorders. J Cosmet Dermatol 2007;6:53-8.

Rich P. Nail cosmetics and camouflaging techniques. Dermatol Ther 2001;14:228-36.

第42章

儿童和指甲美容问题

软指甲

儿童的甲板不像成人的甲板那样厚,也不像成人的甲板那样角质化。因为指甲很软,很容易被撕破。因此,传统的指甲剪不太适合修剪儿童指甲。指甲板容易弯曲,不易折断。最好是用剪刀修剪儿童的指甲;然而,对于那些不愿安静坐着的儿童来说,这可能是不切实际的。有时,最好是用手直接撕掉柔软的甲片。

很多家长都担心孩子指甲长长时,指甲会变得松软,这是正常的。笔者不建议用指甲油涂抹儿童的指甲,大多数儿童会把指甲放在口中,可能会吞下指甲油,因此不推荐这样做。

> 软甲在一个孩子中是正常的,不需要治疗。

指甲和手指吮吸

吸吮手指导致的指甲持续受潮会致使不寻常的指甲畸形,这可能会引起父母的关注。水分过多的甲片可能非常柔软和易溶解,但会重新生长,因为指甲基质保持完整。此外,水分过多的甲片可能会出现不透明的白色。这是指甲角蛋白水合作用的结果,但一旦指甲板恢复到正常的水合状态,这是可逆的。

许多父母担心由于牙列和语言问题而导致的吸吮拇指或手指。有时,孩子成熟后会放弃这种行为,但有些孩子会持续这种习惯。笔者发现打破这个习惯最有效的方法是在喜欢吮吸的手指指甲上涂一层薄薄的含有辣椒素的指甲油。辣椒素从漆器中释放出来,与水分一起进入口腔,在不损害口腔的情况下产生不愉快的味道。这种类型的厌恶疗法似乎对大多数儿童有效,因为吮吸拇指和(或)手指是一种潜意识的习惯。

> 吮吸拇指和(或)手指可能是一种潜意识的习惯,可以通过一种令人厌恶的指甲油的味道来打破。

指甲修剪

对于活跃的幼儿的父母来说,修剪指甲可能是一个巨大的挑战。一些修剪指甲的方法已经在之前提出了,如简单撕裂软甲板。如果无法做到这一点,父母可以在一个亲子游戏中小心地咬掉指甲而不伤害孩子,然后用一根柔软的橙色指甲锉锉平指甲板(图42-1)。剪刀可能会吓到孩子,让他们在醒着的时候剪指甲变得困难。父母可以考虑在孩子睡觉时用剪刀小心地剪指甲,或者买一个专为孩子设计的指甲钳。成人指甲钳的

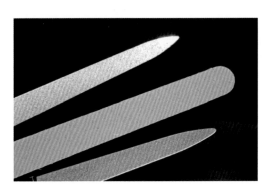

图 42-1　可用于修饰指甲的指甲锉示例。推荐的橙色指甲锉在中间显示

弧度太大,不能修剪小指甲。然而,要记住,软指甲是不能用指甲钳剪断的。

儿童的指甲可以在睡觉时修剪。

小结

儿童应尽量避免使用指甲化妆品。儿童指甲生长非常迅速,因此大多数问题无需治疗即可解决。你能给忧心忡忡的父母的最好建议是,随着孩子长大,指甲会正常化。

第43章

趾甲和美容问题

趾甲对于保护趾尖的软组织是最重要的，但大多数女性更看重它的美容价值，而不是生理用途。趾甲的生长速度比指甲慢，随着年龄的增长，生长速度逐渐减慢。新趾甲的再生可能需要 6 个月至 1 年的时间，这需要皮肤科医师和患者在解决趾甲问题时保持耐心。本章探讨了与趾甲相关的美容问题，并提出了可供考虑的美容补救措施。

趾甲营养不良

趾甲营养不良可表现为趾甲增厚、趾甲皱纹或趾甲剥离。很多时候，所有的发现都是同时观察到的。趾甲增厚最常见的原因是外伤，其次是真菌感染，这将在下文中讨论。趾甲的创伤传递到趾甲基质，导致甲板增厚，如果创伤严重，有时还会出现水平增厚。这种创伤通常是由于趾甲的游离缘受到来自鞋子的垂直正面撞击造成的。这种创伤可能是由于穿的鞋太短，或者在走路、跑步或其他运动时脚在鞋里向前移动所致。如果患者足部前宽后窄，在购买鞋子时，会遇到为了适应前脚的宽度而后脚太宽松的问题。趾甲增厚可以通过在鞋后跟放置一块形状为"8"字形的黏性泡沫来补救。这会占用额外的空间并将足固定到位。这些鞋垫可以在大多数鞋店买到。另外，系带鞋比套脚鞋更能固定脚，因此选择合适的鞋子也会有所帮助。

某些体育活动也容易使趾甲增厚。这些运动包括网球，在发球时要拖着足趾穿过地面，还有足球和英式足球等需要踢球的运动。篮球运动员在拦网和投篮过程中，当足趾快速旋转撞到鞋子时，趾甲也会增厚。解决这些运动中趾甲增厚的方法就是芭蕾舞鞋。将羊毛放在鞋尖，防止趾甲钻入鞋内，并防止趾甲受伤。同样，在运动鞋里也可以放羊毛，防止趾甲增厚。与棉质或其他纺织品相比，羔羊毛更受青睐，因为它既硬又软，穿在鞋里也不会太紧。

如果趾甲损伤严重，还可能在趾甲上出现水平沟槽。用指甲油很难掩饰这些凹槽。改善凹槽趾甲外观的最佳解决方案是用顺序锉趾甲。顺序锉具有不同纹理的砂纸。首先使用粗锉把凹槽磨平，再把趾甲削薄。其余的抛光锉刀使用越来越细的砂纸，通过光滑表面来逐步打磨趾甲。锉甲可以改善趾甲的平滑度，也可以通过去除不透明的劣质趾甲角蛋白来增加趾甲的透明度。一旦趾甲被锉光滑，就可以使用指甲油来达到更好的美容效果。

虽然前面讨论的这种类型的趾甲创伤通常见于蹰趾甲，但由于不同的原因，它也可以见于其他趾甲。例如，在运动员的足趾中，第2个足趾比蹰趾长，这一趾会优先出现增厚和隆起。此外，对于足宽或足趾小的人，行走时会侧翻，小趾甲也会变厚。小趾甲是第2常见的变厚的趾甲。通常情况下，增厚是由于穿鞋时小足趾被挤压，尤其是在尖头鞋和高跟鞋中。足后跟向前移动，小趾甲紧紧地压在鞋子上。针对这种情况的补救办法是建议患者避免穿高跟鞋和方形鞋,为小足趾提供足够的空间。许多患者根据时尚来选择鞋子,这可能不是最好的方法。购买的鞋子应该适合足(脚)。足不应该变形以适合鞋子!这就是趾甲问题产生的原因。对于鞋引起的趾甲损伤,皮肤科医师没有真正有效的治疗方法,只能建议患者选择更合足的鞋子。

严重的趾甲损伤会导致甲剥离,也就是指甲板从甲床上分开。这对趾甲来说尤其痛苦,因为行走和其他活动会继续对指甲板造成创伤。一旦甲盖被提起,它就无法重新接上,这让患者非常沮丧。当趾甲被提起时,甲床立即角化,因此没有组织可供再植。最好的解决办法是剪掉撕裂的趾甲,但这并不完全符合实际,因为趾甲可能是不规则附着。对于没有甲基丙烯酸酯过敏的患者,最好的解决办法是在甲盖下面滴入一些甲基丙烯酸酯类的强力胶水,将甲板压在甲床上,直到胶水聚合。这样可以防止指甲进一步撕裂,也可以减轻疼痛。这对外观没有帮助,因为指甲会有一个空气界面,看起来是白色的。如果患者愿意,可以用指甲油来掩饰甲剥离。

> 趾甲营养不良最常见的原因是不合足的鞋子。

真菌感染

趾甲真菌感染是趾甲营养不良最常见的医学原因。最好的治疗方法是口服药物,在甲盖中加入抗真菌屏障,防止感染从甲盖远端游离边缘向近端扩散。特比萘芬是最常用药物,但是真菌甲盖必须长出来才能形成正常的甲盖。这可能需要3~6个月或更长时间,这取决于甲盖的受累比例。一些患者可能会在等待口服抗真菌药发挥作用的同时,要求使用美容解决方案来改善指甲。如上所述,趾甲营养不良最常见的原因是不合脚的

鞋子。甲营养不良的顺序锉甲可以用来削薄甲盖,然后涂上指甲油来掩饰感染。更深颜色的指甲油,如紫红色、棕色或黑色,提供了最好的伪装。另外,假趾甲也可以应用于真菌性趾甲,这个话题将在本章后面的美容问题中讨论。

患者也可能会被真菌趾甲下碎屑的气味和外观所困扰。用含有三氯生的表面活性剂将足和趾甲浸泡在水中后,可以更容易地清除这些碎屑。三氯生存在于所有除臭液体肥皂中,如 Dial 洗手液,或外科手术用洗涤剂中,如消毒液体肥皂。建议患者在温水中加入大量含三氯生的表面活性剂,直到产生泡沫。每天晚上将双足泡在盆中 30 分钟,用指甲锉刀轻轻地除掉松动的指甲碎屑。这种气味部分是由于细菌在甲盖和甲床之间潜在空间的细菌定植所致。三氯生可以杀死细菌,从而减少气味。这与除臭剂肥皂中的三氯生减少腋窝气味的作用相同。手工清创术对于去除甲下以角蛋白为食的生物也很重要。最后,可以在指甲下面滴上干净的醋,去除残留的水分,降低指甲下面的 pH,以抑制甲下生物的生长。明智地使用这种在家自我管理的足疗可以帮助治疗甲真菌病。

> 将真菌趾甲浸泡在含有三氯生的表面活性剂中 30 分钟可以减少趾甲异味。

嵌甲

嵌甲是另一个复杂的皮肤病问题,治疗方法很差。最重要的考虑因素之一是分析为什么会发生嵌甲,然后采取措施防止复发。一般来说,跗趾甲长入的原因是由于外伤、不合脚的鞋子、不恰当的趾甲修饰或剪趾甲过短。确定嵌甲的原因对于促进愈合和防止复发非常重要。笔者发现教育患者正确修剪趾甲是很有帮助的。大多数人喜欢把趾甲最长的部分放在足趾中央,剪成一

个平缓的弧线，类似于修剪指甲的方法。这种修剪方法会对趾甲造成麻烦，但不会对指甲造成麻烦，因为双足被迫穿上坚硬的鞋子，趾甲会紧贴皮肤。

如果趾甲经常向内生长，并引起疼痛（有时伴有感染）时，最好的修剪方法是将趾甲的两侧剪得比中心长。这个弧线与趾垫所产生的弧线相反。当趾甲中间较短时，趾甲受到压力棱角会向外移动，而不是向皮肤移动。这种趾甲力学上的变化阻止了趾甲向内生长。趾甲越长，侧面向内长就越困难。

一旦趾甲向内生长，最好的方法是在进入皮肤的趾甲下面放置一个小棉球，以促进趾甲正常生长。棉花会抬高趾甲，让它生长超出周围肿胀的组织。对于皮肤科医师来说，最简单的方法是用无牙的 Adson-Brown 镊子将棉花少量地插入趾甲中，以最小的疼痛将棉花尽可能地插入趾甲中。如果棉花脱落，患者可以更换棉花，患者可以在治疗室参与更换过程。

一旦趾甲开始长出，可以用特氟隆牙科胶带代替棉球。将牙科胶布放置在趾甲下面，继续将趾甲提起到周围组织之上，以防止嵌甲的复发。

> 通过适当地将趾甲的边缘切割得比中心更长，可以防止嵌甲。

美容问题

使用指甲油伪装趾甲的问题在前面已经讨论过，但是使用假趾甲的人数正在快速增加（图 43-1）。由于趾甲的大小和形状比手指甲更多样化，定制的雕刻趾甲很受欢迎。雕刻的趾甲的制作方式类似于雕刻的指甲，详见表 43-1。笔者建议患者带着自己的趾甲美容工具去美甲店，以防止感染。甲真菌病患者因为不能自己剪趾甲，经常去美甲店，

所以趾甲器械有可能被真菌污染。这增加了感染甲真菌病的机会。

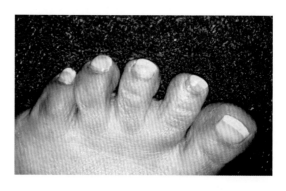

图 43-1　一个趾甲假体的例子

表 43-1　趾甲雕塑假体

1. 趾甲用粗糙的金刚砂板、浮石或研磨钻进行粗糙处理，为雕刻的趾甲创造最佳的黏附表面
2. 将一种抗真菌、抗菌液，如脱色碘，涂抹在整个甲盖上，以减少甲真菌病和甲沟炎的发生
3. 操作员通常会修整甲周毛燥的角质。患有趾甲疾病的患者应避免这一步
4. 一个柔韧的模板安装在自然的趾甲板下面，在这个趾甲板上可以构建细长的雕刻趾甲
5. 在过氧化苯甲酰作为促进剂的存在下，将液体甲基丙烯酸酯单体与粉末状聚甲基丙烯酸甲酯聚合物混合，得到可成形聚合物，使用画笔将其覆盖整个天然甲板。在连接到甲床的天然指甲板上使用透明丙烯酸，这样就能让甲床呈现出自然的粉色。甲板的远端游离缘使用白色丙烯酸
6. 最后的雕塑用砂纸抛光
7. 根据客户的意愿，可以在趾甲上使用气刷设计或模板

趾甲雕塑必须每 3 周修剪一次，视趾甲生长情况而定，否则可能会发生甲剥离。松动的聚合物必须更换为新的聚合物，以覆盖近端的新趾甲。即使甲基丙烯酸甲酯不再使用，对甲基丙烯酸甲酯敏感的患者也可能发生过敏性接触性皮炎；甲基丙烯酸异丁酯、乙基和四氢糠醇酯仍然是强增敏剂。但应该强调的是，聚合、固化的丙烯酸不是增敏剂，只

是液态情况下的增敏剂。因此,谨慎的操作,使皮肤不接触未固化的丙烯酸,可以避免患者敏感。应使用甲基丙烯酸甲酯单体(10%在橄榄油中)和甲基丙烯酸酯类(1%和5%在橄榄油和凡士林中)对可疑致敏个体进行斑贴试验。

> 趾甲假体可以用来遮盖不好看的趾甲,直到新的趾甲生长出来。

小结

趾甲在功能和美容方面都很重要。增厚、起皱、甲臭和甲剥离是传统处方药无法治疗的疾病。在新趾甲长出来取代受损的甲盖之前,美容治疗是唯一的建议。因为患者想要照顾自己的身体,皮肤科医师必须提出建议,否则患者会觉得医疗访问是不完整的。本章介绍了一些治疗常见趾甲疾病的实用想法。

参 考 文 献

[1] Barnett JM, Scher RK, Taylor SC. Nail cosmetics. Dermatol Clin 1991;9:9-17.

[2] Marks JG, Bishop ME, Willis WF. Allergic contact dermatitis to sculptured nails. Arch Dermatol 1979;115:100.

[3] Fisher AA. Cross reactions between methyl methacrylate monomer and acrylic monomers presently used in acrylic nail preparations. Contact Dermatitis 1980;6:345-7.

[4] Fisher AA, Franks A, Glick H. Allergic sensitization of the skin and nails to acrylic plastic nails. J Allergy 1957;28:84.

[5] Baran R, Dawber RPR. The nail and cosmetics. In: Samman PD, Fenton DA, eds. The nails in disease. 4th edn. Chicago: Yearbook Publishers,1986:129.

总 结

化妆品和护肤品可以作为传统皮肤护理的佐剂。健康皮肤的特点是有一个完整的皮肤屏障，在疾病消退后必须保持。保湿霜和清洁剂可以改善多种皮肤病的治疗效果，从湿疹到特应性皮炎、银屑病、脂溢性皮炎到痤疮。此外，皮肤也会受到指甲和头发辅助美容治疗的影响。如果不了解使用非处方药（OTC）产品所产生的基本护理问题，就不可能治疗所有皮肤科患者。本书提供了创建皮肤科医疗设备所需的基本信息，扩展了传统的治疗思考。

只有通过创建标准化合理模式，才能将皮肤、头发和指甲等的各种护理信息整合纳入患者随诊计划。在这篇总结中，我想讲的最后一个主题就是如何帮助有这些需求的患者。

在推荐产品时保持客观是很重要的，不能只考虑在办公室出售产品，而是要通过皮肤科医师、商家、spa 馆、零售店等给客户们推荐最适合的方案。所有这些都必须加以考虑，只有通过亲身体验才能产生熟悉。皮肤科医师的知识基础越广，推荐就越有价值。

了解患者的购买习惯

提出皮肤护理建议的第一步是确定患者的首选购买点，这直接决定了成本。护肤品制造商有意生产产品，通过各种市场到达消费者。有些护肤品只在杂货店、药店、折扣店等大众商店销售。通过这些销售商销售的护肤品的价格通常在 2～15 美元，尽管最近一些公司正在推动在 30 美元范围内的高端产品的营销。还有一些护肤品只在百货公司的化妆品柜台销售。即使在百货商店市场中，也有为低价位百货商店和高价位百货商店设计的产品。较低价位的百货公司市场化妆品售价为 10～50 美元，而较高价位的百货公司化妆品售价为 40～200 美元。最昂贵的护肤产品是通过精品店、美容中心和医疗机构销售的。这些产品的价格为 50～400 美元，甚至可能更高。昂贵化妆品的范围正在向上扩展，价格更高的新技术正在进入市场。有趣的是，其中一些独家产品是由同一家公司生产的，而这些公司生产的产品却打着不同的标签，以供大卖场销售。一般来说，精品产品有更具吸引力、更精致的包装，并配有更多的颜色选择、更昂贵的香水和创新的专业添加剂。记住，优质产品可以便宜买到！

另一种购买产品的流行途径是在家庭聚会上，或者在附近挨家挨户推销产品的个人。其中一些产品是通过分销商销售的，这些分销商并不亲自维护产品库存，而是将他们的订单转换为一个中央分销中心，以执行和邮寄订单。另一种个人销售模式要求销售人员维护自己的库存并亲自交付订单。这种区别很重要，因为独立的销售人员可能不会注意保持新鲜的库存，也可能不会在最佳条件下存储产品。这些产品通常在 4～100 美元。

最后，自有品牌护肤品可以在合同基础上生产，通常通过小型制造商生产。产品可以根据业务的需要进行定制，也可以简单地使用带有定制标签的标准配方。这个市场的价格变动很大。值得注意的是，在同一州销售和生产的护肤品不需要遵循任何可能适用的食品和药物管理局（FDA）审批。各州之间生产和销售的所有产品都属于 FDA 的管辖范围，记住化妆品和护肤品是不受监管的。FDA 监管下的产品是非处方药，包括防晒霜、止汗剂、含防晒霜的保湿霜、痤疮治疗产品以及任何含有活性成分的产品。仔细评估这些产品是很重要的，因为较小的化妆品制造商没有资本或设施来进行产品测试。

确定患者独特的皮肤需求

第二步是了解患者的特定皮肤需求。首先确定患者的皮肤类型：非常油性、油性、混合性、正常、干燥、非常干燥等。必须根据皮肤类型仔细选择护肤品。有趣的是，许多患者并不知道自己的皮肤类型，或者是化妆品柜台的销售人员或在阅读了一本书后错误地给自己划分了皮肤类型。根据皮脂分泌量来判断患者的皮肤类型是很简单的。通过询问患者在早晨清洗后一天中的不同时间点其鼻部的皮脂分泌量，可以很容易地确定皮肤类型。

可以通过让患者在清洗后数小时用手指触摸鼻来评估皮脂分泌。如果患者的鼻整天都有皮屑，早上到下午 5 点都没有皮脂，那么他们的皮肤就会非常干燥。如果患者下午 5 点时鼻上没有皮脂，也没有剥落，那表示皮肤干燥。如果患者在下午 5 点时鼻上皮脂很少，他们的皮肤是正常的。如果患者中午鼻上有皮脂，则表明他们是油性皮肤。最后，如果患者在晨洗 1 小时后鼻上有皮脂，他们的皮肤非常油腻。

成熟男女最常见的皮肤类型是混合性皮肤。这是可以理解的，因为中央前额、鼻子、内侧脸颊和中央颈部有很多的皮脂腺。可以通过比较下午 5 点时鼻上的皮脂量和脸颊上的皮脂量来评估混合性皮肤。如果鼻上的皮脂比脸颊上的皮脂多，则患者为混合性皮肤。混合性皮肤可能更具挑战性，因为不同的面部区域有不同的需求。可能需要在中央面部使用不同的洁面乳和保湿霜，在侧面面部使用另一种配方。因此，如果下午 5 点没有皮

脂出现，那么侧面脸的皮肤就会被划分为干燥皮肤；如果中午有皮脂出现，那么鼻就会被划分为油性皮肤。上述皮肤类型的任何组合都可能存在。

这是一个简单，但准确和有效的识别皮肤类型的方法，但除了干性、正常和油性之外，护肤品上还有许多其他标签。事实上，现在已经不再按照皮肤类型对产品进行分类，而是转向以问题为导向的方法。例如，针对油性皮肤的产品可能会被贴上"容易长粉刺"皮肤的标签。此外，针对干性皮肤的产品可能会标明为"敏感"皮肤开发的标签。这可能会在患者的头脑中造成混乱，使他们无法选择使用哪种产品。因此，皮肤科医师的教育对于给患者提供准确建议很重要。

了解产品使用历史

一旦确定了患者的购买习惯和皮肤需求，就有必要了解产品使用历史。这意味着询问患者目前正在使用的产品，包括洗面奶、面部保湿霜、身体清洁霜和身体保湿霜。此外，还应该讨论药妆产品和皮肤治疗产品（去角质剂、收敛剂、抗衰老血清、家用设备、剃须用品等）。很多时候，患者在拜访了 3 位皮肤科医师、6 个化妆品柜台和 4 天美容中心之后，就制定了一套皮肤护理方案。这就导致了护肤品过载。患者遇到的问题可能是由于过度热心的皮肤护理造成的皮肤屏障损伤。皮肤科医师的首要目标是检查产品，并达成一个合理的、有益的皮肤护理方案。

在任何皮肤护理方案中，都有一些共同因素，如清洁剂、保湿霜和防晒霜。这些产品不需要复制。检查患者的治疗方案，去除重复的产品。查看每种产品的成分，选择一种你认为最有益、问题最少的成分。例如，当乙醇酸清洁剂与去角质产品结合使用时，会造成屏障损伤，而与乙醇酸清洁剂短暂接触的好处是微乎其微的。应避免使用乙醇酸清洁剂，而应使用温和的保湿霜，以防止产生自身

感敏性皮肤。同样，也可以对防晒霜进行评估。选择防晒系数（SPF）最高的防晒霜。虽然 SPF 是 UVB 光防护的指标，但 SPF 为30＋的防晒霜如果没有一些 UVA 光保护，就无法达到这个 SPF 等级。在新的防晒专著与 UVA 评级系统一起发布之前，SPF 可以间接用于评估 UVA 光保护。由于 UVA 辐射在预防皮肤癌和过早的光老化方面是最重要的，这于患者而言是一项有价值的服务。

不要忘记询问患者他们使用设备的情况，包括手持微刮皮器、旋转或超声波皮肤刷、红光设备、蓝光痤疮治疗设备、家庭激光和手持式脱毛设备。你可能会发现一些有趣的组合，它们可能会导致皮肤病，也可能会给你的治疗带来问题。去角质是使皮肤更光滑、引起少量水肿、减少面部细纹的最快方法。当患者采取攻击性态度并破坏皮肤屏障时，问题就出现了。几年前，我们做了一项研究，将电脑芯片放在一个面部刷中，以测量研究对象使用该设备清洁的时间。提供了详细的说明和演示，表明刷子每天使用 5 分钟，每天 2 次，持续 2 周。正如预期的那样，一些刷子返回时总共使用了 10 分钟，而另一些刷子则记录了 8 小时的使用时间。要确保询问受试者使用该设备的时间。

也许最难评估的地方是保湿霜的使用。如果你真的使用了药妆市场上所有的"有益"成分，完成申请需要 8 小时。笔者认为很难建议患者哪种保湿霜最好。当然，含防晒霜的保湿霜应该在早上使用，而不含防晒霜的保湿霜应该在晚上使用。除此之外，几乎没有绝对的建议。尽管如此，患者还是在寻找更详细的指导。考虑到药妆市场的快速变化，这很难做到。

笔者认为，最好的方法是在保湿霜中寻找能够保持皮肤屏障水合作用的成分，为屏障修复创造最佳的环境。这些成分包括凡士林、二甲硅油和甘油。它们是任何配方中最常用的保湿成分。凡士林是减少经皮水丢失的主要

成分，与二甲硅油混合以减少黏稠度，使之变得更加美观。甘油，作为一种保湿剂，有助于提高皮肤的持水能力。然而，这些都不是新的或不常见的成分。从市场营销的角度来看，这种保湿霜并没有什么新奇之处。这就解释了为什么在拥挤的市场中，需要找到不寻常的物质添加到基本配方中，以提供独特的特性。希望本书已经澄清了其中一些问题。

根据皮肤疾病的存在评估皮肤护理需求

大多数寻求皮肤科护理的患者都患有某种皮肤病，并伴有不可避免的光老化。皮肤护理产品可以用来补充大多数皮肤疾病的处方治疗。如果不使用合适的护肤品，疾病复发和缓解时间短是肯定的。精益求精的皮肤科医师不仅要治疗疾病，还要考虑治疗的预防方面。如果患者患有脂溢性皮炎，在皮炎成分消失后，应建议使用能减少头皮皮脂并具有抗真菌特性的洗发水，如含有强表面活性剂基中的吡硫锌的配方。如果患者患有银屑病，应该推荐一种优秀的保湿霜，以防止屏障损伤，并引发由于 Koebner 现象造成新的银屑病斑块。正是这种思维方式将处方领域与OTC 领域结合起来，产生了卓越的治疗效果。

为患者开发一种皮肤护理算法

为了方便地将处方和 OTC 产品组合成一个治疗方案，有必要开发一种护理算法。这种护理算法意味着大脑中已经印有一份心理清单，当患者出现时，可以很容易地回忆起来。本书的每一章都旨在为开发这些个人算法提供材料。已经讨论了配方及其对皮肤、头发和指甲的影响。回顾前面读过的章节，记住这一点，可能会帮助您个性化的算法。

根据需要更新个人和患者数据库

现在已经了解了患者的产品使用情况，

并制定了建议,请在病历中做记录。就像记录过去的病史和系统检查结果的必要性一样,您也必须记录您的皮肤护理档案。在每次遇到患者时更新此信息。这将使皮肤、头发和指甲护理产品能够最彻底地整合到您的皮肤科医疗设备中。

本文试图认真研究皮肤科医学实践中护肤品、化妆品、头发装饰和指甲化妆品的整合,从而将疾病治疗的领域从诊断和治疗扩展到健康皮肤、头发和指甲的维护阶段。OTC 对机体外部结构的影响不容忽视。这一领域的飞速发展,需要皮肤科医师保持常学常新。笔者希望您能喜欢读这本书,并将它作为未来学习的基础。也许您能感受到笔者的热情,不会再困惑地看着这个领域,而是会接受挑战!